Go 语言与云原生系列

etcd 工作笔记

架构分析、优化与最佳实践

朱荣鑫　刘　峰◎编著

中国铁道出版社有限公司
CHINA RAILWAY PUBLISHING HOUSE CO., LTD.

内 容 简 介

近年来，容器和云原生生态蓬勃发展。如何实现数据分布式和一致性存储，确保云原生环境的可扩展性和高可用性，是亟待解决的现实问题。

云计算时代，etcd 将成为云原生和分布式系统的基石，三个关键因素是分布式一致性 raft 协议、Go 语言和生态。本书的内容聚焦于如何正确部署和运维 etcd 集群，理解 etcd 实现的原理并对 etcd 集群进行优化，以及在开发层面如何正确调用 etcd 客户端 API 接口实现一致性存储等功能。

图书在版编目（CIP）数据

etcd 工作笔记：架构分析、优化与最佳实践/朱荣鑫，刘峰编著.—北京：中国铁道出版社有限公司，2021.10

ISBN 978-7-113-28221-9

Ⅰ. ①e… Ⅱ. ①朱… ②刘… Ⅲ. ①分布式存贮器 Ⅳ. ①TP333.2

中国版本图书馆 CIP 数据核字(2021)第 153773 号

书　　名：etcd 工作笔记：架构分析、优化与最佳实践

etcd GONGZUO BIJI: JIAGOU FENXI, YOUHUA YU ZUIJIA SHIJIAN

作　　者：朱荣鑫　刘　峰

责任编辑：荆　波　　编辑部电话：（010）51873026　　邮箱：the-tradeoff@qq.com

封面设计：MXK DESIGN STUDIO Q:1765628429

责任校对：孙　玫

责任印制：赵星辰

出版发行：中国铁道出版社有限公司（100054，北京市西城区右安门西街 8 号）

印　　刷：国铁印务有限公司

版　　次：2021 年 10 月第 1 版　2021 年 10 月第 1 次印刷

开　　本：787mm×1092 mm　1/16　印张：23　字数：475 千

书　　号：ISBN 978-7-113-28221-9

定　　价：99.00 元

推荐序

近年来，随着计算基础设施的迅速发展，云原生实践变得越来越火热，越来越多的开发者倾向于将服务上云，利用云基础设施为服务提供更好的健壮性和稳定性。软件架构也衍生出诸如微服务架构、服务网格、无服务架构等来适应云原生时代服务上云的开发要求。

服务上云同样也带来管理和技术上的诸多挑战，比如服务模块的划分、服务间的通信方式、服务实例的管理和数据存储等。目前这些问题都有对应的方法论和基础设施来处理，如 DDD 领域驱动设计划分系统领域模型，RPC 远程调用和消息队列进行跨服务通信，Kubernetes 进行容器管理和编排，redis 和 etcd 进行分布式数据缓存等。

在微服务架构分布式系统的实践中，分布式系统的数据一致性是开发人员经常需要面对的问题。etcd 作为一个高可用的分布式存储系统，通过 raft 一致性算法保障数据的强一致性；它被广泛应用于服务发现与注册、元数据存储等场景，为解决分布式系统中的数据一致性问题提供了可靠方案。在本书中，将由浅入深，层层了解 etcd 的应用和实现原理，并借助 etcd 解决分布式系统中数据一致性问题，从而加深我们对分布式系统应用的实践理解。

黄迪璇

国内知名社交互联网公司技术专家

《Go 语言高并发与微服务实战》联合作者

前　言

写作背景

互联网应用经历了从早期单一架构到垂直架构，再到分布式架构的技术发展过程。在业务体系不断发展变化，用户体量和性能要求远非传统行业所能比拟的当下，越来越多的公司跨入了分布式、云原生架构的行列，分布式架构成为主流趋势。

但分布式架构系统面临着一些与生俱来的问题，比如部署复杂、响应时间长、运维复杂等，其中最根本的是多个节点之间的数据共享问题。面对这些问题，你可以选择自己实现一个可靠的共享存储来同步信息，或者是依赖一个可靠的共享存储服务。

至于可靠的共享存储服务，etcd 是一个优秀的可选项。etcd 是一款分布式存储中间件，使用 Go 语言编写，并通过 raft 一致性算法处理和确保分布式一致性，解决了分布式系统中数据一致性的问题。

etcd 在分布式架构和云原生时代落地实践；作为一款分布式、可靠的键值存储组件，etcd 常用于微服务架构中的服务注册与发现中心，相较于 ZooKeeper 部署更简单，而且具有数据持久化、支持 SSL 客户端安全认证的独特优势。

此外，由于 etcd 中涉及了数据一致性、多版本并发控制、Watch 监控、磁盘 I/O 读写等知识点，深入学习 etcd 可以帮助我们从开源项目中学习底层原理，进一步提高分布式架构设计的能力。

除了分布式架构中的应用，etcd 还是目前非常热门的云原生存储组件，它自 2018 年底作为孵化项目加入 CNCF（云原生计算基金会），并于 2020 年 11 月成功“毕业”。

我们都知道，上“云”的过程必然是曲折的。以笔者所在的在线教育行业为例，从原有的单体业务改造到逐步替换成云原生架构，其中花费的人力、时间成本都很大，这不仅与实际的业务复杂度、升级的决心有关，更关乎技术复杂度，在线课程直播场景甚至要求架构实现高性能、高并发和高可用性，这些都远远超出传统单体应用的设计和开发范畴。

etcd 作为云原生架构中重要的基础组件，各个微服务之间通过 etcd 保证调用的可用性和正确性。其他许多知名项目（包括 Kubernetes、CoreDNS 和 TiKV 等）也都依赖 etcd

来实现可靠的分布式数据存储，它的成功可见一斑。

IBM 开放技术高级软件工程师兼 etcd 维护者 Sahdev Zala 也指出：“etcd 在提供分布式键-值存储方面发挥着关键作用。其存储功能不仅具有很高的可用性，而且能够满足大规模 Kubernetes 集群所提出的强一致性要求。”

etcd 不断提高的普及率、开放的治理以及完善的功能成熟度使它在云原生时代大受青睐，也因此被越来越多的公司在系统服务中引入，甚至替代原有的类似组件（如 ZooKeeper、Consul、Eureka 等）。目前，etcd 已被许多公司用于生产，包括阿里巴巴、亚马逊、百度、Google 等。

本书主要内容

当前，云原生架构逐步成为系统架构的主流，由于其可以大大提升产品的开发迭代效率，降低运维和硬件成本；因此企业要不要上“云”已不再是一个艰难的选择题，而成为必然趋势。etcd 作为分布式架构下的一款优秀组件，在云原生时代更是大放异彩，成为 Kubernetes 平台默认的容器注册与发现组件。

希望通过 etcd 学习分布式组件的“道”，掌握学习之道会在后续的自我提升中发挥长期价值。无论在将来的面试还是开发中，切中分布式系统开发的要点，并将原理和应用结合起来，才能充分体现个人的核心竞争力。

本书围绕 etcd 组件，从基础知识点到底层原理全面深入地展开介绍，主要包含如下的三个模块。

（1）基础概念与操作篇

首先浅谈云原生架构背景，分布式系统中如何保证一致性；接着介绍 etcd 是一款什么样的组件、etcd 相关的特性、应用场景、部署的方式，还包括了客户端命令行工具的使用以及 etcd 通信加密 TLS。初步了解 etcd 的这些基本使用以及核心 API，为后面的学习打下基础。

（2）etcd 实现原理与关键技术篇

介绍 etcd 的工作方式与内部实现原理，并重点介绍 etcd 的 etcd-raft 模块、WAL 日志与快照备份、多版本控制 MVCC、backend 存储、事务实现、Watch 和 Lease 机制等，最后梳理 etcd Server 的启动流程，以及如何处理客户端请求。通过这一模块的学习，可以帮助我们从原理层面深入了解 etcd 的工作机制以及整体架构，同时将有助于后续二次开发或者排查遇到的问题。

（3）实践案例篇

在掌握了 etcd 相关知识点的情况下，在应用实践部分将会带你学习 etcd clientv3 的具体应用，包括如何基于 etcd 实现分布式锁应用，以及如何在微服务中集成 etcd 作为服务注册与发现中心；最后我们会分析在 Kubernetes 中如何基于 etcd 完成容器的调度。

适合哪些读者

服务端开发的工程师，往往会使用部分分布式组件，但是对分布式系统的实现原理，对分布式组件的实现细节不清楚。这种情况阻碍了他们完成高质量的开发任务、提升个人能力以及职业晋升。etcd 是云原生架构下的重要组件，从学习 etcd 开始，在了解 etcd 的基础上更容易快速熟悉分布式系统实现的一些细节和原理。

本书适合具有分布式基础，且正在从事分布式系统开发的工程师、微服务开发者、分布式系统的架构师和运维人员学习，特别适合正在基于 etcd 进行相关实践和二次开发的工程师。对云原生架构感兴趣的同学通过本书也可以学习到分布式系统的原理与实践。建议读者在阅读本书时首先了解基本的 Go 语言语法，推荐本书同系列其他图书《深入 Go 语言开发与实践》以及《Go 语言高并发与微服务实战》。

源代码获取

纸上得来终觉浅，绝知此事要躬行。

毋庸置疑，读者学习和掌握 etcd 的目的是提升实践工作的技能，因此笔者非常希望本书的读者在阅读书中知识点并理解作者实践思路的同时，将书中的实现代码和示例代码根据自己的理解程度进行实践操作，这样可以更透彻地了解书中所讲知识，并通过动手实践检查自己的不足，深刻领会源码内涵；因此笔者将书中源代码打包整理，倾囊相送；读者可以通过如下的地址获取使用：

https://github.com/longjoy/etcd-book-code

作者团队与致谢

本书由朱荣鑫、刘峰共同完成。全书由朱荣鑫统稿。本书的完成需要感谢很多朋友和同行的倾力帮助，感谢笔者的好友张天和黄迪璇在本书撰写前后提供了很多内容组织方面的建议；感谢公众号的读者袁洋与王金怀利用休息时间帮忙审稿，提出了宝贵的意见，帮助进一步完善了本书的内容，给了笔者很多实质性的指导；感谢拉勾教育平台以及编辑佟可欣老师，其出品的《etcd 原理与实践》课程帮助笔者积累了大量 etcd 写作的素材，本书也是对课程内容的进一步完善。

写书是一件枯燥的事情，一本书从想法、策划到出版非常不易，编辑老师给了笔者很大的信心和帮助。在内容和结构组织上，笔者同本书责任编辑荆波老师进行了多次讨论和校正，因此特别感谢中国铁道出版社有限公司为本书的出版所作的努力。

朱荣鑫

2021 年 6 月

目　录

第 1 章　云原生架构概述

第 2 章　初识 etcd

第 6 章 MVCC 多版本控制与事务的实现原理

第 7 章 etcd 的 Watch 机制与租约机制

第 8 章 etcd 服务端

第 9 章 etcd clientv3 客户端的使用

第 11 章 etcd 提供的扩展功能

第 12 章 etcd 在微服务和云原生架构中的应用

第 1 章　云原生架构概述

Cloud Native 翻译成中文是云原生，最早是由 Matt Stine 提出的一个概念。云原生架构是目前互联网行业的技术热点，在本书的开始，先学习相关的架构演进以及架构设计思想等基础知识。

在云原生架构之前（传统非云原生应用），底层平台负责向上提供基本运行资源，而应用需要满足业务需求和非业务需求。在 SOA、微服务时代，部分功能以后端服务的方式存在，在应用中被简化为对其客户端的调用代码，然后应用将这些功能连同自身的业务实现代码一起打包。而云的出现，可以在提供各种资源之外，还提供各种能力（如基础设施，以及基础设施的中间件等），从而帮助应用，使得应用可以专注于业务需求的实现。

随着云原生技术理念在行业内进一步实践发展，云原生架构完成了 IT 架构在云计算时代的进化升级。以 CI/CD、DevOps 和微服务架构为代表的云原生技术，以其高效稳定、快速响应的特点引领企业的业务发展，帮助企业构建更加适用于云上的应用服务。对企业而言，新旧 IT 架构的转型与企业数字化的迫切需求也为云原生技术提供了很好的契机，云原生技术在行业的应用持续深化。

1.1　云计算的前世今生

在介绍云原生之前，先看看过去几十年云计算领域的发展演进历程。总的来说，云计算的发展分为三个阶段：虚拟化的出现、虚拟化在云计算中的应用以及容器化的出现，如图 1-1 所示。云计算的高速发展，则集中在近十几年。

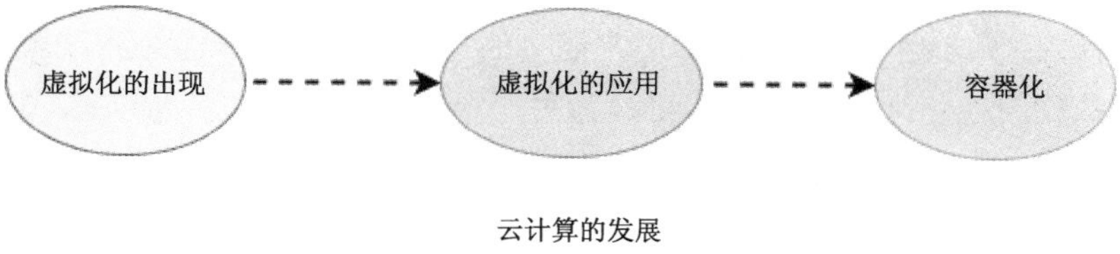

图 1-1　云计算的发展

下面将介绍这三个阶段的发展，以及云计算的深远影响。

1.1.1　云计算的鼻祖：虚拟化技术

云计算的历史需要追溯到 60 多年前，与计算机发展史相伴而生，直到 2000 年左右，虚拟化技术才逐渐发展成熟，如图 1-2 所示。

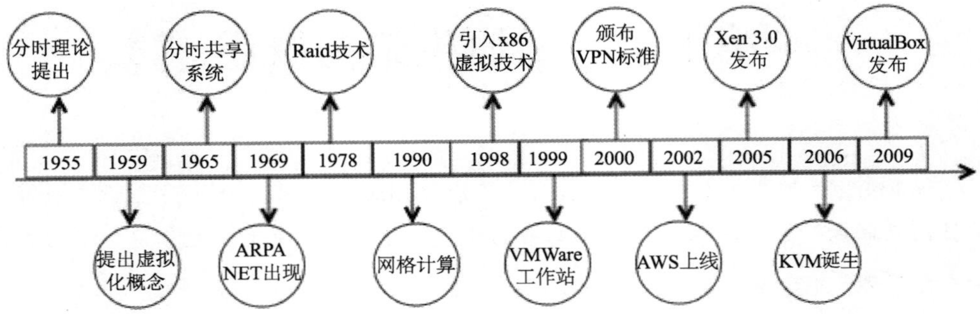

图 1-2 虚拟化技术的发展历程

自 1955 年到 20 世纪 70 年代末，云计算所依赖的底层技术全部出现：操作系统，管理物理计算资源；虚拟化技术，把资源分给多人同时使用；互联网，远程接入。

从计算机被发明以来，人们对计算的需求没停止过。在这之后的十余年中，计算机商业一片繁荣，大型机、小型机、X86 服务器相继出现，而 Utility Computing（公共计算，John McCarthy 于 1961 年提出）进入休眠期。

在 2000 年左右虚拟化技术成熟之前，市场处于物理机时代。当时如果要启用一个新的应用，需要购买一台或者一个机架的新服务器。云计算的重要里程碑之一是在 2001 年，VMware 带来的可用于 X86 的虚拟化计划。通过虚拟化技术，可以在同一台物理机器上运行多个虚拟机，这意味着虚拟化技术可以降低服务器的数量，而且速度和弹性也远超物理机。

1.1.2 虚拟机的市场化应用

在虚拟化技术成熟后，云计算市场才真正出现。一般认为，亚马逊 AWS 在 2006 年公开发布 S3 存储服务、SQS 消息队列及 EC2 虚拟机服务，正式宣告现代云计算的到来。2008 年，AWS 证明云是可行业务后，越来越多的行业巨头和玩家注意到这块市场并开始入局，因此从行业视角来看，2008 年可作为另一个意义上的云计算元年。AWS 是目前商业上最成功的云计算公司之一，也是业界的一个标杆。

随着云计算的多个重要里程碑：IaaS、PaaS、SaaS、开源 PaaS 和 FaaS 相继出现。云服务提供商出租计算资源有 3 种模式，满足云服务消费者的不同需求，分别是 IaaS、SaaS 和 PaaS。

（1）IaaS（Infrastructure as a Service）：即基础设施即服务，IaaS 是云服务的最底层，主要提供一些基础资源。

（2）SaaS（Software-as-a-service）：软件服务，提供商为企业搭建信息化所需的所有网络基础设施及软件、硬件运作平台，并负责所有前期实施，后期维护等一系列服务。

SaaS 是软件的开发、管理、部署都交给第三方，不需要关心技术问题，可以拿来即用。

（3）PaaS（Platform-as-a-Service）：平台服务，它是 SaaS 的延伸。PaaS 提供软件部署平台（runtime），抽象硬件和操作系统细节，可以无缝扩展（scaling）。开发者只需关注自己的业务逻辑，不需要关注底层。

需要注意的是，云服务提供商只负责出租层及以下各层的部署、运维和管理，而租户自己负责更上层次的部署和管理，两者负责的“逻辑层”加起来是一个完整的四层 IT 系统，如图 1-3 所示。

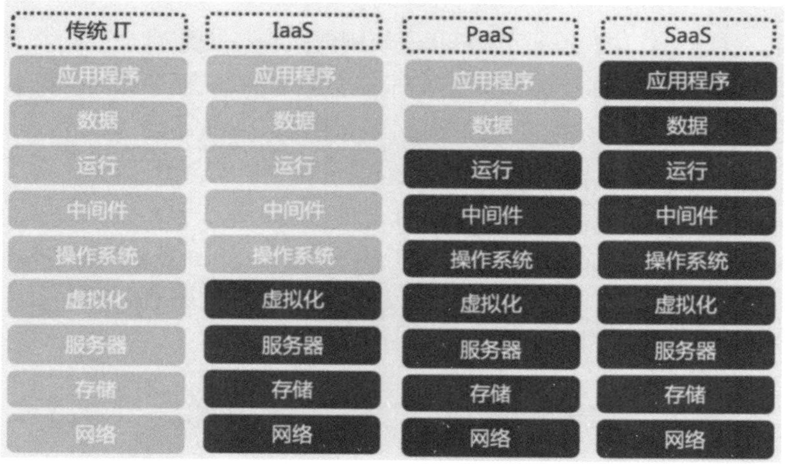

图 1-3　四层 IT 系统

2006-2009 年，云服务尚处于推广阶段，只有少数大公司有基础和资本在做。当 AWS 证明云是可行业务后，越来越多的互联网巨头开始入场。于是在 2009-2014 年，世界级的供应商都无一例外地参与到云市场的竞争中。同时，亚马逊的商业成功也带动了中国互联网公司对云计算的投入。众所周知，国内的阿里云也是从 2008 年开始筹办和起步的。云计算的时代，开始形成一个真正的多元化市场，并随着众多互联网公司的加入开始良性竞争。阿里云、腾讯云、华为云、滴滴云和京东云等在中国市场逐渐成长起来，并开始向海外探索。

1.1.3　容器化与容器编排的兴起

在 1.1.2 节提到 PaaS，PaaS 的开源产品 Docker 对云计算领域产生深远的影响，从虚拟机到容器，整个云计算市场发生了一次重大变革。

容器化本质上是虚拟化的改进版本，这种技术允许多个应用程序驻留在同一个服务器中。两者之间的主要区别是虚拟化在硬件级别分离应用程序，而容器化则在操作系统级别分离硬件程序。这意味着虚拟化使用一种称为 Hypervisor 的硬件，将应用程序从物理上分离出来，并为每个应用程序提供自己的操作系统，而容器化则将它们与软件分离开，并允许它们共享服务器的操作系统。这消除了虚拟机低效利用资源的问题，降低存储成本并提高了可扩展性和可移植性。基于容器方法的一个缺点是安全性，因为应用程序在服务器内没有被物理隔离。

Docker 自 2013 年发布开始，就带动着容器技术的热度。其实在 Docker 之前，已经有 LXC（Linux Container），但是 LXC 更多侧重于容器运行环境的资源隔离和限制（类似于一个进程沙箱），而没有涉及容器镜像打包技术，这使得 LXC 并没有得到普及，LXC 是 Docker 最初使用的具体内核功能实现。Docker 在 LXC 的基础上更进一步，规范并建设一套镜像打包和运行机制，将应用程序和其所依赖的文件打包到同一个镜像文件中，从而使其在转移到任何运行 Docker 的机器中时都可以运行，并能保证在任何机器中该应用程序执行的环境都一样。Docker 所提出的 Build，Ship and Run 的概念迅速得到认可，Docker 也逐渐成为容器技术的领导者，甚至让很多人误认为容器就是 Docker。

随着 Kubernetes 的成熟，以及它和 Docker 的融合，基于容器技术的容器编排市场，则经历了 Mesos、Swarm、Kubernetes 三家的大战，Kubernetes 最终赢得容器编排的胜利，云计算进入 Kubernetes 时代。PaaS 技术的主流路线逐渐过渡到 Docker + Kubernetes，如图 1-4 所示，并于 2018 年左右开始占据统治地位。

图 1-4　Docker + Kubernetes 的组合

2015 年 7 月，Google 联合 Linux 基金会成立了 CNCF 组织（见图 1-5），然后把 Kubernetes 1.0 版本的源代码捐献给 CNCF。Kubernetes 成为 CNCF 管理的首个开源项目。

图 1-5　CNCF 组织

CNCF 力推 Cloud Native，完全基于开源软件技术栈，Cloud Native 强调的理念是：以微服务的方式部署应用，每个应用都打包为自己的容器并动态编排这些容器以优化资源利用。2018 年 3 月，Kubernetes 从 CNCF 毕业，成为 CNCF 第一个毕业项目。在容器编排大战期间，以 Kubernetes 为核心的 CNCF Cloud Native 生态系统也得以迅猛发展，云原生成为云计算市场的技术新热点。

1.1.4　云计算的深远影响

云计算背后的理念由来已久，虽然目前流行的云计算形式直到 20 世纪 90 年代末才开始兴起，但是在 20 世纪 60 年代，当大型机开始流行时，共享计算的概念就开始出现。在这个时期出现的另一个重大突破是虚拟化技术的发展。虽然这些早期的突破很重要，但直到 20 世纪 90 年代互联网的普及，现代云才出现。自从 Salesforce 和亚马逊在 2000 年初创建 IaaS、PaaS 和 SaaS 以来，已经有大量的云计算公司出现在各种行业中。Docker 和 Kubernetes 的出现是云计算的里程碑。

在过去的 20 年，云计算几乎重新定义了整个行业的格局，越来越多的企业开始降低对 IT 基础设施的直接资本投入，不再倾向于维护自建的数据中心，而是开始通过上云的方式来获取更强大的计算和存储能力，并实现按时按需付费。这不仅仅降低 IT 支出，同时也降低了整个行业的技术壁垒，使得更多的公司尤其是初创公司可以更快地实践业务想法并迅速推送到市场。

那么什么是云原生架构呢，云原生与云计算又是什么关系？我们继续来看云原生架构的定义及其相关背景。

1.2　什么是云原生架构

云原生是云计算的下半场，是否上云已经很少被提及，因为它已成为一个热门话题，渗透到各行各业。进入 2017 年后，云计算已经不再是新兴行业了，换句话说，对于企业用户来说，云计算技术成为企业发展“战术”的一部分。

近几年，云原生火了起来，“云原生”一词已经被过度消费，很多软件都号称是“云原生”。云原生本身甚至不能称为是一种架构，它首先是一种基础设施，运行在其上的应用称为云原生应用，只有符合云原生设计哲学的应用架构才称为云原生应用架构。在了解关于云原生的具体定义之前，首先介绍云原生出现的背景和背后的诉求。

1.2.1　云原生出现的背景

移动互联网时代是业务高速发展的时期，不同于传统的应用，移动互联网提供了新的用户体验，即以移动端为中心，通过软件对各行各业的渗透和对世界的改变。移动互联网时代巨大的用户基数下快速变更和不断创新的需求对软件开发方式带来的巨大推动力，传统软件开发方式受到巨大挑战。面对业务的快速迭代，团队规模不断扩大降低沟通协作成本并加快产品的交付速度，为用户呈现更好的体验是各个互联网公司都在努力的方向。

在这样的背景下，微服务和云原生的概念开始流行。康威定律是微服务架构的理论基础，组织沟通的方式会在系统设计上有所表达，通过服务的拆分，每个小团队负责一个服务，增加了内聚性，减少了频繁的开会，提高了沟通效率；快速交付意味着更新的频次也高了，更新也容易造成服务的故障问题，更新与高可用之间需要权衡。云原生通过工具和方法减少更新导致的故障问题，保证服务的高可用。

图 1-6 所示为当前几大科技公司的人员组织方式，从中可以看出它们的差异。

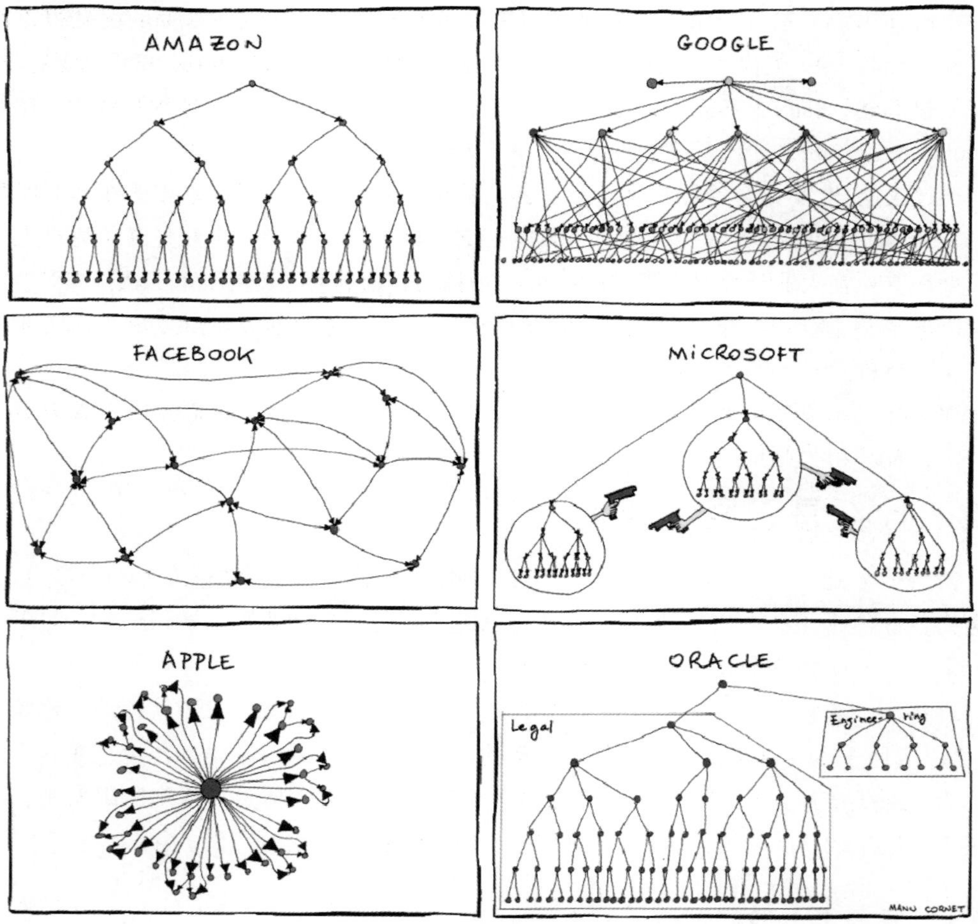

图 1-6　各个公司的人员组织方式

1.2.2　云原生解决了哪些问题

介绍完云原生出现的背景，我们具体看看云原生背后的诉求以及云原生架构解决了哪些痛点。

1. 云原生背后的诉求

企业在数字化转型中普遍面临 IT 系统架构缺乏弹性，业务交付周期长，运维效率低，高可靠性低等痛点和挑战。具体来说，有以下的诉求：

- 产品快速迭代，更快的上线速度；
- 系统的高可用，故障时能够自动恢复与回滚；
- 快速解决问题，细致的故障探测和发现；
- 避免雪崩，故障时能自动隔离；
- 系统的弹性伸缩，简便快速的水平扩容。

2. 云原生能解决什么

将软件迁移到云上是应对这一挑战的自然演化方式，在过去 20 年，从物理机到虚拟机到容器，从 IaaS 诞生到 PaaS、SaaS、FaaS 一路演进，应用的构建和部署变得越来越轻，越来越快，而底层基础设施和平台则越来越强大，以不同形态的云对上层应用提供强力支撑。云计算的第一个浪潮是关于成本和业务敏捷性，这使得云计算的基础设施更加廉价。

很多企业倾向于使用微服务架构来开发应用。微服务开发快速，职责单一，能够更快速地被客户所采纳。同时，这些应用能够通过快速迭代的方式，得到进化，赢得客户的认可。Cloud Native 可以打通微服务开发、测试、部署、发布的整个流程环节。所以企业可通过云原生的一系列技术，例如基于容器的敏捷基础设施、微服务架构、DevOps 等解决企业面临的这些 IT 痛点，满足其背后的诉求。

1.2.3 不断更新的云原生定义

自从云原生提出以来，云原生的定义就一直在持续地更新。这也说明云原生的概念随着技术的发展而不断地被深刻认知。

Pivotal 是云原生应用的提出者，并推出 Pivotal Cloud Foundry 云原生应用平台和 Spring 开源 Java 开发框架，成为云原生应用架构中的先驱者和探路者。在 2015 年，Pivotal 公司的 Matt Stine 写了一本《迁移到云原生应用架构》的小册子，其中探讨了云原生应用架构的几个主要特征：符合 12 因素应用、面向微服务架构、敏捷架构、基于 API 的协作和抗脆弱性。而在 Pivotal 的官方网站（https://pivotal.io/cloud-native）上，对云原生（Cloud Native）的介绍包括 DevOps、持续集成、微服务架构和容器化 4 个要点，如图 1-7 所示。

云原生计算基金会（CNCF）最开始（2015 年成立之初）对云原生的定义则包含以下 3 个方面：

- 应用容器化；
- 面向微服务架构；

- 应用支持容器的编排调度。

图 1-7　云原生的关键技术

到 2018 年，随着云原生生态的不断壮大，加入 CNCF 的企业和组织越来越多，且从 Cloud Native Landscape 中可看出云原生项目涉及领域也变得很大，CNCF 基金会中的会员以及容纳的项目越来越多。CNCF 给出的云原生景观图，其中包括云原生各种层次的提供者和应用，如下：

- IaaS 云提供商（公有云、私有云）；
- 配置管理，提供最基础的集群配置；
- 运行时，包括存储和容器运行时、网络等；
- 调度和管理层，协同和服务发现、服务管理；
- 应用层。

之前的定义已经限制了云原生生态的发展，CNCF 为云原生进行了重新定位：

云原生技术有利于各组织在公有云、私有云和混合云等新型动态环境中，构建和运行可弹性扩展的应用。云原生的代表技术包括容器、服务网格、微服务、不可变基础设施和声明式 API。

这些技术能够构建容错性好、易于管理和便于观察的松耦合系统。结合可靠的自动化手段，云原生技术使工程师能够轻松地对系统做出频繁和可预测的重大变更。

云原生计算基金会（CNCF）致力于培育和维护一个厂商中立的开源生态系统，来推广云原生技术。通过将最前沿的模式民主化，让这些创新为大众所用。

云原生实际上是一种理念或者说是方法论，云原生应用是为了在云上运行而开发的应用。

1.2.4　云原生与 12 因素

Heroku（Heroku 于 2009 年推出公有云 PaaS）于 2012 年提出 12-factors（一般翻译为 12 因素，网址：https://12factor.net/）的云应用设计理念，指导开发者如何利用云平台提供的便利来开发更具可靠性和扩展性、更加易于维护的云原生应用。

1. 方法论和核心思想

12 因素适用于任何语言开发的后端应用报务，它提供了很好的方法论和核心思想。12 因素为构建如下的 SaaS 应用提供了方法论：

- 使用声明式格式来搭建自动化，从而使新的开发者花费最少的学习成本加入这个项目；
- 和底层操作系统保持简洁的契约，在各个系统中提供最大的可移植性；
- 适合在现代的云平台上部署，避免对服务器和系统管理的额外需求；
- 最小化开发和生产之间的分歧，实现持续部署以实现最大灵活性；
- 可以在工具、架构和开发实践不发生重大变化的前提下实现扩展。

2. 编码、部首和运维原则

12 因素（见图 1-8）理论适用于以任意语言编写，并使用任意后端服务（数据库、消息队列、缓存等）的应用程序。12 因素最终是关于如何编码、部署和运维的原则。这些是软件交付生命周期中最常见的场景，为多数开发者和 DevOps 整合团队所熟知。

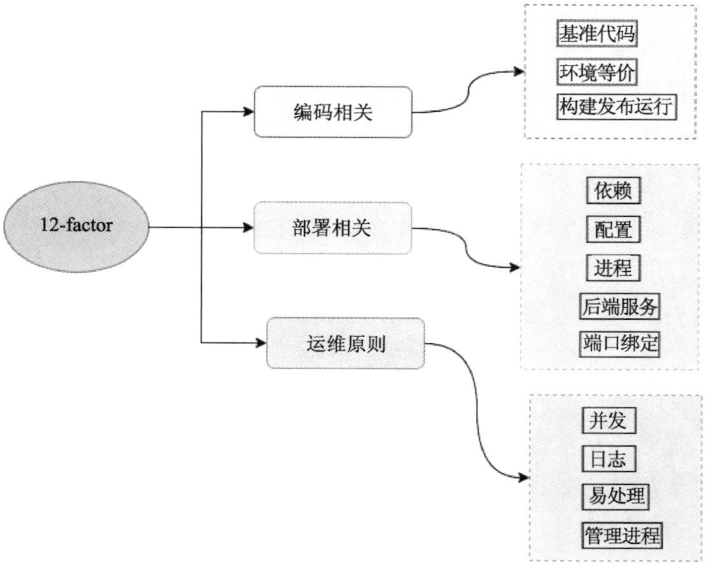

图 1-8　12 因素的组成

（1）编码有关：Codebase（基准代码）、Build release run（构建发布运行）、Dev/prod

parity（环境等价）与源码管理相关。

（2）部署有关：Dependencies（依赖）、Config（配置）、Processes（进程）、Backing services（后端服务）、Port binding（端口绑定）与微服务该如何部署以及如何处理依赖相关。

（3）运维原则：Concurrency（并发）、Logs（日志）、Disposability（易处理）、Admin processes（管理进程）与如何简化微服务的运维相关。

12 因素创作于 2012 年左右，是对 Web 应用程序或 SaaS 平台建立非常有用的指导原则。12 因素提出已有 8 年多，有些细节可能已经跟不上时代发展，在有些方面并不适合微服务体系，也有人批评 12 因素的提出从一开始就有过于依赖 Heroku 自身特性的倾向。但不管怎么说，12 因素依旧是目前最为系统的云原生应用开发指南，在开发时可以参考，却不用拘泥于教条规则。

1.3 云原生架构的挑战

云原生架构虽然给开发者和运维人员带来了全新的体验，但是分布式系统以及云环境的复杂性，使得云原生架构也遇到不少的挑战，最常见的是分布式系统本身所具有的问题以及一致性的相关问题。

1.3.1 分布式系统的问题

随着大型网站的各种高并发访问、海量数据处理等场景越来越多，如何实现网站的高可用、易伸缩、可扩展、安全等目标就显得越来越重要。为了解决这些问题，大型网站的架构也在不断发展。提高大型网站的高可用架构，不得不提的就是分布式。集中式系统用一句话概括就是：一个主机带多个终端。终端没有数据处理能力，仅负责数据的录入和输出。而运算、存储等全部在主机上进行。

现在的银行系统大部分是这种集中式系统，此外，在大型企业、科研单位、军队、政府等也有分布。集中式系统主要流行于 20 世纪。集中式系统最大的特点是部署结构非常简单，底层一般采用从 IBM、HP 等厂商购买的昂贵的大型主机。因此无须考虑如何对服务进行多节点的部署，也就不用考虑各节点之间的分布式协作问题。但是，由于采用单机部署。很可能带来系统大而复杂、难于维护、发生单点故障（单个点发生故障时会波及整个系统或者网络，从而导致整个系统或者网络瘫痪）、扩展性差等问题。

对于淘宝，腾讯等亿级用户量以及复杂的业务逻辑，且不说耦合严重，难于维护，单是这么庞大的并发量，集中式架构根本扛不住，所以需要进行分布式，从 2009 年开始，阿里启动了去“IOE”计划，其电商系统正式迈入分布式系统时代。分布式系统是一个硬件或软件组件分布在不同的网络计算机上，彼此之间仅仅通过消息传递进行通信和协调的系统。可以将不同的业务模块、数据进行水平切分部署。分布式意味着可以采用更多的普通计算机（相对于昂贵的大型机）组成分布式集群对外提供服务。计算机越多，CPU、内存、存储资源等就越多，能够处理的并发访问量也就越大。

分布式因为网络的不确定性，节点故障等情况，会带来各种复杂的问题。实际应用中网络具有不可靠性，网络分区以及节点宕机是常态。另外，网络带宽资源是极其珍贵的，必须在网络不可靠、分区以及节点宕机的前提下，构建高性能、高可用的分布式系统。

总体来说，分布式环境一般具有如下的问题。

（1）通信异常：从集中式向分布式演变过程中，必然会引入网络因素，而由于网络本身的不可靠性，因此也引入额外的问题。分布式系统需要在各个节点之间进行网络通信，因此当网络通信设备故障就会导致无法顺利完成一次网络通信，即使各节点的网络通信正常，但是消息丢失和消息延时也是非常普遍的事情。

（2）网络分区（脑裂）：网络发生异常情况导致分布式系统中部分节点之间的网络延时不断增大，最终导致组成分布式系统的所有节点，只有部分节点能够正常通行，而另一些节点则不能。我们把这种情况称为网络分区（脑裂），当网络分区出现时，分布式系统会出现多个局部小集群（多个小集群可能又会产生多个 Master 节点），所以分布式系统要求这些小集群要能独立完成原本需要整个分布式系统才能完成的功能，这就对分布式一致性提出了非常大的挑战。

（3）节点故障：节点宕机是分布式环境中的常态，每个节点都有可能会出现宕机或僵死的情况，并且每天都在发生。

（4）三态：由于网络不可靠的原因，因此分布式系统的每一次请求，都存在特有的“三态”概念，即成功、失败与超时。在集中式单机部署中，由于没有网络因素，所以程序的每一次调用都能得到“成功”或者“失败”的响应，但是在分布式系统中，网络不可靠，可能就会出现超时的情况。可能在消息发送时丢失或者在响应过程中丢失，当出现超时情况时，网络通信的发起方是无法确定当前请求是否被成功处理的，所以这也是分布式事务的难点。

1.3.2 一致性问题（拜占庭将军问题）

一致性问题可以算是分布式领域的一个经典问题，关于它的研究可以回溯到几十年前。下面一段文字是 Leslie Lamport 在 30 多年前发表的论文《拜占庭将军问题》中的描述，通过它来了解究竟什么是一致性问题。

拜占庭位于如今土耳其的伊斯坦布尔，是东罗马帝国的首都。由于当时拜占庭罗马帝国国土辽阔，为了防御目的，因此每个军队都分隔很远，将军与将军之间只能靠信差传消息。在战争时，拜占庭军队内所有将军必须达成一致的共识，决定是否有赢的机会才去攻打敌人的阵营。但是，在军队内有可能存有叛徒和敌军的间谍，既左右将军们的决定又扰乱整体军队的秩序，在进行共识时，结果并不代表大多数人的意见。这时候，在已知有成员不可靠的情况下，其余忠诚的将军在不受叛徒或间谍的影响下如何达成一致的协议，拜占庭问题就此形成。拜占庭假设是对现实世界的模型化，由于硬件错误、网络拥塞或断开以及遭到恶意攻击，计算机和网络可能出现不可预料的行为。

Lamport 花费了大量时间研究一致性相关的问题，并发表了一系列论文。他提出的问题总结如下：

- 问题 1，类似拜占庭将军这样的分布式一致性问题是否有解？
- 问题 2，如果有解的话需要满足什么样的条件？
- 问题 3，在特定前提条件的基础上，提出一种解法。

前两个问题 Lamport 在论文《拜占庭将军问题》已经回答，即通过口头协议（Oral Messages）和 Signed Messages（书面协议）两个方案来解决第一个问题，以口头协议算法为例，如果有 m 个叛军，必须至少有 $3m+1$ 位将军才能保证拜占庭将军问题得以解决。而第三个问题在后来的论文《The Part-Time Parliament》中提出了一种算法并命名为 Paxos。这篇论文使用了大量的数学证明，考虑到大部分人理解起来比较困难，后来 Lamport 又写了另一篇论文《Paxos Made Simple》，完全放弃了所有数学符号的证明，使用纯英文的逻辑推导。

在拜占庭将军问题模型中，leader 即将军，是不可信的，可能发送虚假消息给其他节点，而在大多数的分布式场景下，默认 leader 节点消息是可信的。比如 ZooKeeper 的 ZAB 协议，只会考虑节点是否宕机、网络通道是否稳定等情况。不会考虑 leader 节点恶意发送混乱消息的情况。而在区块链的应用中，如比特币通常还需要考虑 leader 节点恶意发送混乱消息的情况。

下面将具体介绍一致性相关的理论，根据这些分布式一致性理论，才能更好地设计和实现分布式系统。

1.4 分布式一致性理论

从本质上来讲，云原生中的微服务应用属于分布式系统的一种落地实践。在分布式环境中，由于网络的复杂性、不确定性以及节点故障等情况，会产生一系列问题。最常见的、最大的难点就是数据存储不一致的问题，即多个服务实例自身的数据或者获取的数据各不相同。因此需要基于一致性的存储组件构建可靠的分布式系统。

分布式系统中需要理解的一致性理论包括：CAP 和 BASE 理论。CAP 定理是指分布式系统中的一致性、可用性以及分区容错性，可以作为进行架构设计、技术选型的考量标准；BASE 理论对 CAP 中一致性和可用性权衡的结果，其来源于对大规模互联网系统分布式实践的结论，是基于 CAP 定理逐步演化而来。下面将具体介绍这两个理论。

1.4.1　三选二的 CAP 理论

分布式系统的最大难点就是各个节点的状态如何同步。CAP 定理是这方面的基本定理，也是理解分布式系统的起点。

1．原理定义

CAP 定理，又被称作布鲁尔定理或者帽子定理，是由加利福尼亚大学伯克利分校 Eric Brewer 教授于 1999 年提出，他指出 Web 服务无法同时满足以下 3 个属性：

- 一致性（Consistency）：客户端知道一系列的操作都会同时发生（生效）；
- 可用性（Availability）：每个操作都必须以可预期的响应结束；
- 分区容错性（Partition tolerance）：即使出现单个组件无法可用，操作依然可以完成。

2002 年，麻省理工学院的塞斯·吉尔伯特和南希·林奇发表了布鲁尔猜想的正式证明，使之成为一个定理。

一个非常简单的分布式系统，由两个服务器 S1 和 S2 组成。这两个服务器都跟踪相同的变量 v0，其初始值为 v0。S1 和 S2 可以相互通信，也可以与外部客户端通信，如图 1-9 所示。

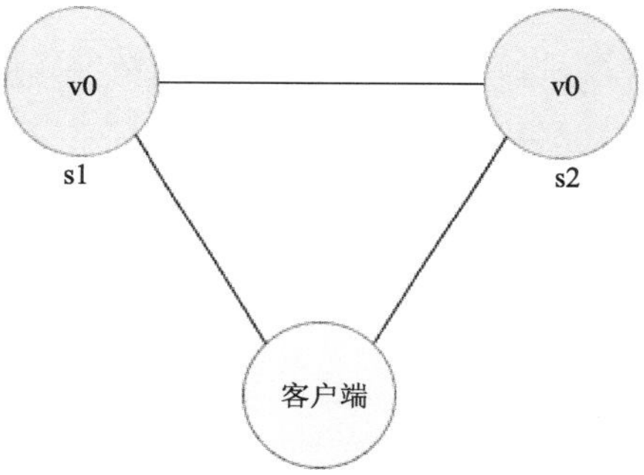

图 1-9　分布式系统 S1 和 S2 初始状态

客户端可以从任何服务器进行写入和读取操作。服务器收到请求后，将执行对应的操作，然后响应客户端。写入 S1 的过程如图 1-10 所示。

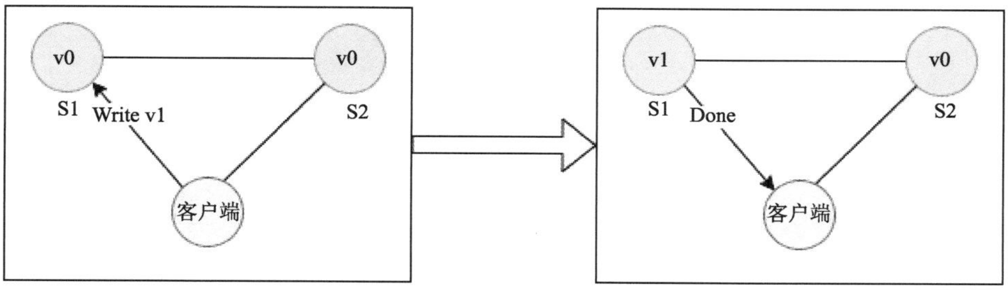

图 1-10　写入 S1 的过程

客户端请求对 S1 进行写入操作，当 S1 完成写入后，返回 ok 给客户端。读取过程如图 1-11 所示。

客户端请求 S1 读取数据值，S1 收到请求后返回当前的最新值 v0。现在已经建立了系统，接下来让我们回顾一下对于系统一致性、可用性和分区容错性意味着什么。

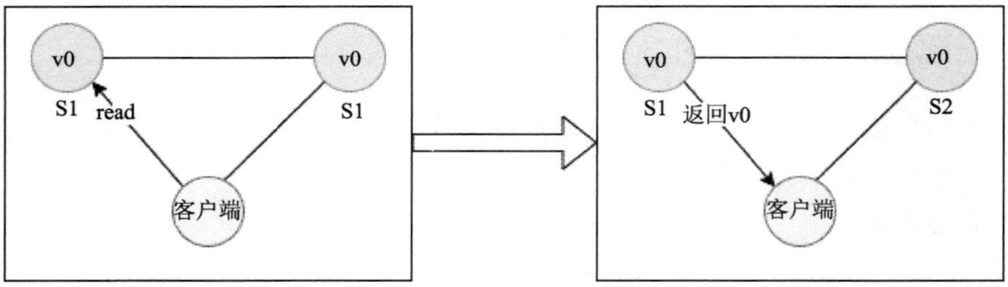

图 1-11　客户端读取 S1 的过程

2．一致性

一致性要求在写操作完成后开始的任何读操作必须返回该值，或者以后的写操作的结果。

在一致的系统中，客户端将值写入分布式集群中的任意一个服务实例，并获得响应后，我们期望从任何服务实例都能读取到最新的值，或更新的值。

如图 1-12 所示的场景是不一致的分布式系统示例，节点定义与上面的案例一样。客户端将 v1 写入 S1 系统，此时客户端从 S2 读出对应的值，S2 返回的值不是写入 S1 的最新值，导致不一致情况的发生。

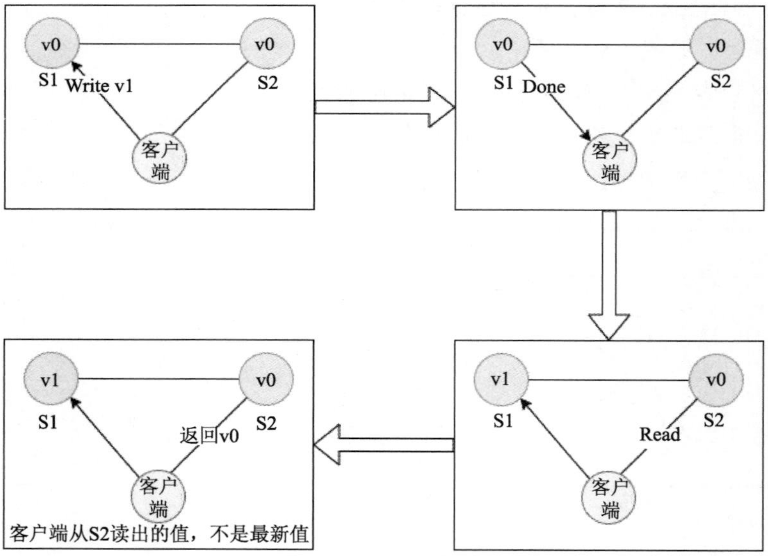

图 1-12　不一致的分布式系统示例

客户端更新值 v1 至 S1 服务实例，并收到 S1 写入确认的响应，但是当它从 S2 读取时，它将获取旧的数据 v0，如图 1-13 所示。

在上面的示例中，S1 在向客户端发送确认前，首先将其值复制到 S2。因此，当客户端从 S2 读取，它获取 v 的最新值 v1。满足分布式系统一致性的要求。

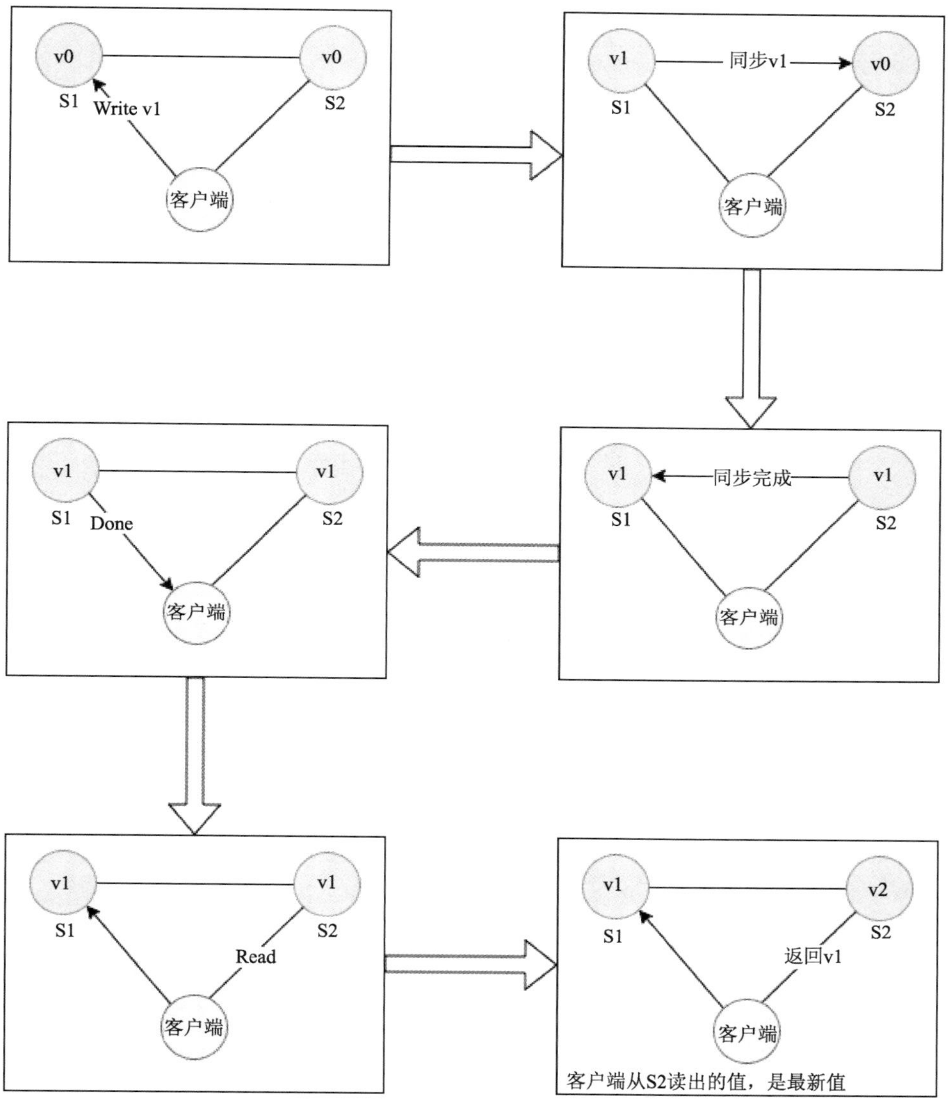

图 1-13　客户端读取最新值的过程

3. 可用性

系统中非故障节点收到的每个请求都必须得到响应。

在高可用的分布式系统中，在服务器没有崩溃的场景下，客户端向服务器发送请求，则服务器最终必须响应客户端。服务器不会忽略任何客户端的请求，即有问必答。

4. 分区容错性

分布式网络允许丢失从一个节点发送到另一节点的任意多条消息。

这意味着 S1 和 S2 互相发送的任何消息能被删除。如果所有消息都被丢弃，那么分布式系统将如图 1-14 所示（注：初始值为 v0）。

为了达到分区容错性，系统必须能够在任意网络分区下正常运行。

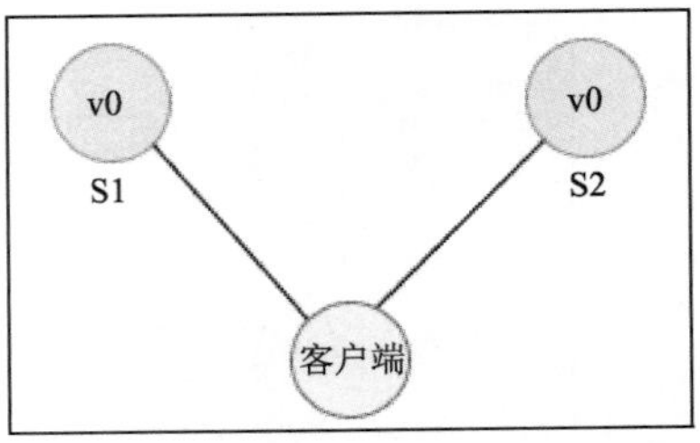

图 1-14　分区可用性

5. CAP 三选二还是二选一

在分布式系统中，任何数据库设计、Web 应用至多只能同时支持两个属性。

通过 CAP 理论，我们知道无法同时满足一致性、可用性和分区容错性这三个特性，那么要舍弃哪个呢？

（1）CA without P

如果不要求 P（不允许分区），则 C（强一致性）和 A（可用性）是可以保证的。但其实分区不是你想不想的问题，而是始终会存在，因此 CA 系统更多的是允许分区后各子系统依然保持 CA。

（2）CP without A

如果不要求 A（可用），相当于每个请求都需要在 Server 之间强一致，而 P（分区）会导致同步时间无限延长，如此 CP 也是可以保证的。很多传统的数据库分布式事务都属于这种模式。

（3）AP wihtout C

要高可用并允许分区，则需放弃一致性。一旦分区发生，节点之间可能会失去联系，为了高可用，每个节点只能用本地数据提供服务，而这样会导致全局数据的不一致性。现在众多的 NoSQL 都属于此类。

CAP 定律的前提是 P，当 P 决定后才有 CA 的抉择。因此，简单粗暴地说 三选二 具有一定误导性。

对于一个分布式系统而言，要始终假设网络是不可靠的，因此分区容错性是对一个分布式系统最基本的要求。更多的是尝试在可用性和一致性之间寻找一个平衡点，但这也并非要求在系统设计时一直建立在网络出现分区的前提下，然后对一致性和可用性在选择时非此即彼。

其实传统对于 CAP 理论的理解认为，在设计分布式系统时必须满足 P，然后在 C 和 A 之间进行取舍，也是片面的。实际中网络出现分区的可能性还是较小的，尤其是目前网络环境正在变得越来越好，甚至许多系统都拥有专线支撑，所以在网络未出现分区时，还是应该兼顾 A 和 C。另外就是对于一致性、可用性，以及分区容错性三者在度量上也应该有一个评定范围，最简单的以可用性来说，当有多少占比请求出现响应超时才可以被认为是不满足可用性，而不是一出现超时就认为是不可用的。最后需要考虑的一点是分布式系统一般都是一个比较大且复杂的系统，应该从更小的粒度上对各个子系统进行评估和设计，而不是简单地从整体上武断决策。

1.4.2 柔性事务 BASE 理论

在 CAP 定理中，我们知道 CAP 不可能同时满足，而分区容错对于分布式系统而言是必需的。如果系统能够同时实现 CAP 是再好不过的了，所以出现了 BASE 理论。

1. 定义

BASE 是 Basically Available（基本可用）、Soft state（软状态）和 Eventually Consistent（最终一致性）三个短语的缩写，由来自 ebay 的架构师提出，如图 1-15 所示。

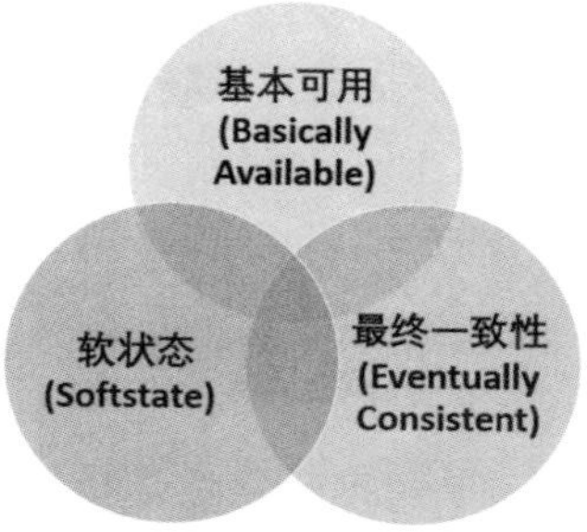

图 1-15　BASE 的定义

BASE 理论是对 CAP 中一致性和可用性权衡的结果，其来源于对大型互联网分布式实践的总结，是基于 CAP 定理逐步演化而来的。其核心思想是：

即使无法做到强一致性（Strong consistency），但每个应用都可以根据自身的业务特点，采用适当的方式来使系统达到最终一致性（Eventually Consistent）。

2. Basically Available（基本可用）

什么是基本可用呢？假设系统出现了不可预知的故障，但还是能用，相比较正常的系统而言，有以下两个方面的损失。

（1）响应时间上的损失：正常情况下的搜索引擎 0.5 秒即返回给用户结果，而基本可用的搜索引擎可以在 1 秒作用返回结果。

（2）功能上的损失：在一个电商网站上，正常情况下，用户可以顺利完成每一笔订单，但是到了大促期间，为了保护购物系统的稳定性，部分消费者可能会被引导到一个降级页面。

3. Soft state（软状态）

什么是软状态呢？相对于原子性而言，如果要求多个节点的数据副本都是一致的，则是一种“硬状态”。而软状态是指允许系统中的数据存在中间状态，并认为该状态不影响系统的整体可用性，即允许系统在多个不同节点的数据副本存在数据延时。

4. Eventually Consistent（最终一致性）

上面提到了软状态的概念，然而系统不可能一直处于软状态，必须有个时间期限。在期限过后，应当保证所有副本保持数据一致性，从而达到数据的最终一致性。这个时间期限取决于网络延时、系统负载、数据复制方案设计等因素。

具体来说，系统能够保证在没有其他新的更新操作的情况下，数据最终一定能够达到一致的状态，因此所有客户端对系统的数据访问最终都能够获取最新值。

而在实际工程实践中，最终一致性分为以下 5 种。

（1）因果一致性（Causal consistency）

如果节点 A 在更新完某个数据后通知节点 B，那么节点 B 之后对该数据的访问和修改都是基于 A 更新后的值。同时，和节点 A 无因果关系的节点 C 的数据访问则没有这样的限制。

（2）读所写（Read-your-writes consistency）

读取数据时，假如读到的是自己修改后的数据，那么至少应该读取到自己上一次修改的最新数据。

（3）会话一致性（Session consistency）

会话一致性将对系统数据的访问过程框定在一个会话中：系统能保证在同一个有效的会话中实现“读所写”的一致性。也就是说，执行更新操作后，客户端能够在同一个会话中始终读取到该数据项的最新值。

（4）单调读一致性（Monotonic read consistency）

单调读一致性是指如果一个节点从系统中读取出一个数据项的某个值后，那么系统对于该节点后续的任何数据访问都不应该返回更旧的值。

（5）单调写一致性（Monotonic write consistency）

单调写一致性是指一个系统要能够保证来自同一个节点的写操作被顺序地执行。

然而，在实践中，这 5 种系统会结合使用，以构建一个具有最终一致性的分布式系统。

BASE 理论是对 CAP 的一种适应妥协和弱化，为了保证可用性，对一致性也做出一些削弱。分布式一致性理论经过这么多年的实践，出现了一些较为成熟的分布式一致性协议。

1.5 分布式一致性协议

目前分布式系统中常见的一致性协议有：二阶段提交协议、三阶段提交协议、向量时钟和 RWN 协议等。

一致性协议可以有多种分类方法，这里从单主和多主的角度对协议进行分类。单主协议，即整个分布式集群中只存在一个主节点，采用这个思想的主要有 2PC、3PC、Paxos、raft 等；多主协议，即整个集群中存在多于一个主节点，包括 Pow 和 Gossip 协议。

单主协议由一个主节点发出数据，传输给其余从节点，能保证数据传输的有序性。而多主协议则是从多个主节点出发传输数据，传输顺序具有随机性，因而数据的有序性无法得到保证，只保证最终数据的一致性。这是单主协议和多主协议最大的区别。

下面重点介绍其中的二阶段提交协议和三阶段提交协议以及 Paxos、raft 四种协议，这几种协议较为常用和经典，且可以帮助我们理解分布式一致性的原理。

1.5.1　二阶段提交协议（2PC）

二阶段提交的算法思路可以概括为：参与者将操作成败通知协调者，再由协调者根据所有参与者的反馈情报决定各参与者是否要提交操作还是中止操作。

第一阶段：准备阶段（投票阶段）；第二阶段：提交阶段（执行阶段），图 1-16 所示为二阶段提交协议的时序图。

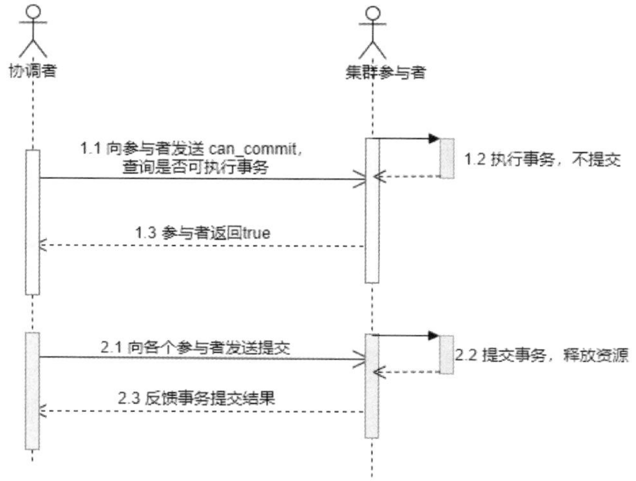

图 1-16　二阶段提交协议的时序图

1. 第一阶段：投票

第一阶段的主要目的是打探数据库集群中的各个参与者是否能够正常地执行事务，具体步骤如下：

（1）协调者向所有的参与者发送事务执行请求，并等待参与者反馈事务执行结果；

（2）事务参与者收到请求后，执行事务但不提交，并记录事务日志；

（3）参与者将自己事务执行情况反馈给协调者，同时阻塞等待协调者的后续指令。

2. 第二阶段：事务提交

在经过第一阶段协调者的询盘后，各个参与者会回复自己事务的执行情况，这时候存在以下 3 种可能性：

- 所有的参与者都回复能够正常执行事务；
- 一个或多个参与者回复事务执行失败；
- 协调者等待超时。

对于上面第一种情况，协调者将向所有的参与者发出提交事务的通知，具体步骤如下：

（1）协调者向各个参与者发送 commit 通知，请求提交事务；

（2）参与者收到事务提交通知后执行 commit 操作，然后释放占有的资源；

（3）参与者向协调者返回事务 commit 结果信息。

对于第二种和第三种情况，协调者均认为参与者无法成功执行事务，为了整个集群数据的一致性，所以要向各个参与者发送事务回滚通知，具体步骤如下：

（1）协调者向各个参与者发送事务 rollback 通知，请求回滚事务；

（2）参与者收到事务回滚通知后执行 rollback 操作，然后释放占有的资源；

（3）参与者向协调者返回事务 rollback 结果信息。

二阶段提交协议解决的是分布式数据库数据强一致性问题，实际应用中更多的是用来解决事务操作的原子性。图 1-17 所示为二阶段提交协议中涉及的协调者与参与者的状态转换。

- 同步阻塞问题。执行过程中，所有参与节点都是事务阻塞型的。当参与者占有公共资源时，其他第三方节点访问公共资源不得不处于阻塞状态。
- 数据不一致。在二阶段提交的第二阶段，当协调者向参与者发送 commit 请求后，发生局部网络异常或者在发送 commit 请求过程中协调者发生故障，这会导致只有一部分参与者接收到 commit 请求。而这部分参与者接到 commit 请求后会执行 commit 操作。但是其他部分未接到 commit 请求的机器则无法执行事务提交。于是整个分布式系统出现数据不一致性的现象。

上面列出了二阶段提交协议无法解决的两个问题。我们可以知道，协调者在发出 commit 消息后宕机，而唯一接收到这条消息的参与者同时也宕机了。那么即使协调者通过选举协议产生新的协调者，这条事务的状态也是不确定的，没人知道事务是否已经被提交。下面将介绍三阶段提交协议如何实现一致性，并完善二阶段提交协议的相关缺陷。

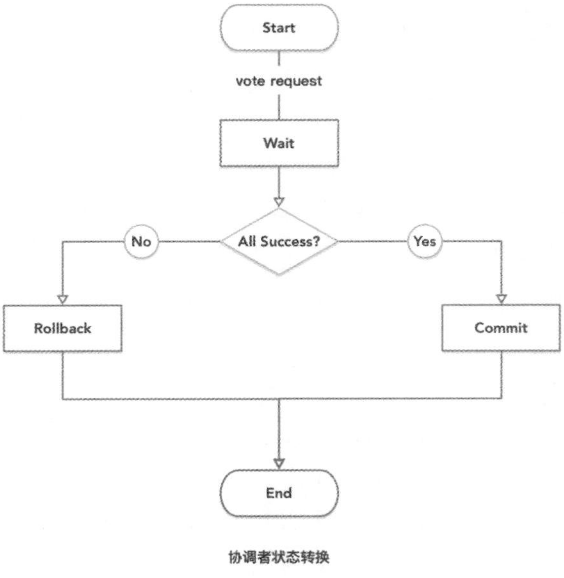

图 1-17　二阶段提交协议的状态转换

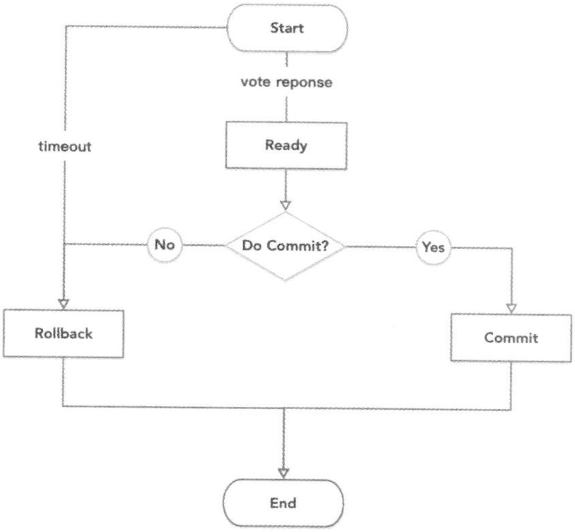

图 1-17　二阶段提交协议的状态转换（续）

1.5.2　三阶段提交协议

针对二阶段提交协议存在的同步阻塞和数据不一致问题，业界又提出了三阶段提交（Three-phase commit），也称 3PC 三阶段提交协议（Three-phase commit protocol），是二阶段提交（2PC）的改进版本。

1. 第一阶段：预查询

第一阶段协调者会去询问各个参与者是否能够正常执行事务，参与者根据自身情况回复一个预估值，相对于真正的执行事务，这个过程是轻量的，具体步骤如下：

（1）协调者向各个参与者发送事务询问通知，询问是否可以执行事务操作，并等待回复；

（2）各个参与者依据自身状况回复一个预估值，如果预估自己能够正常执行事务就返回确定信息，并进入预备状态，否则返回否定信息。

2. 第二阶段：预提交

第二阶段协调者会根据第一阶段的询盘结果采取相应操作，询盘结果主要有以下 3 种：

- 所有的参与者都返回确定信息；
- 一个或多个参与者返回否定信息；
- 协调者等待超时。

针对上面第一种情况，协调者会向所有参与者发送事务执行请求，具体步骤如下：

（1）协调者向所有的事务参与者发送事务执行通知；

（2）参与者收到通知后执行事务但不提交；

（3）参与者将事务执行情况返回给客户端。

在上述步骤中，如果参与者等待超时，则会中断事务，其时序图如 1-18 所示。针对第二种和第三种情况，协调者认为事务无法正常执行，于是向各个参与者发出 abort 通知，请求退出预备状态，具体步骤如下：

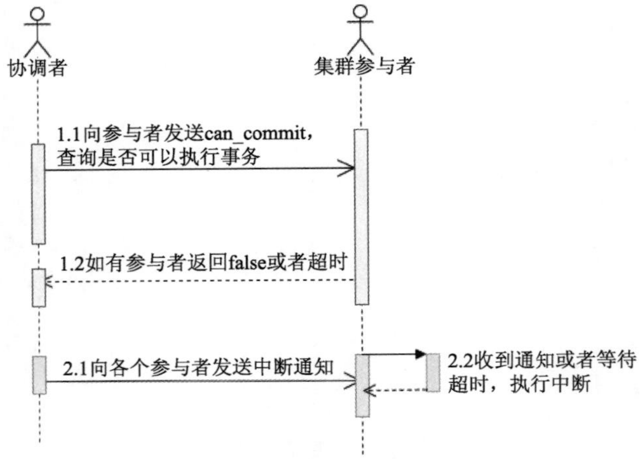

图 1-18　三阶段提交协议时序图

（1）协调者向所有事务参与者发送 abort 通知；

（2）参与者收到通知后中断事务。

3. 第三阶段：事务提交

如果第二阶段事务未中断，那么本阶段协调者将会依据事务执行返回的结果来决定提交或回滚事务，分为以下 3 种情况：

- 所有的参与者都能正常执行事务；
- 一个或多个参与者执行事务；
- 协调者等待超时。

针对上面第一种情况，其时序图如 1-19 所示。协调者向各个参与者发起事务提交请求，具体步骤如下：

（1）协调者向所有参与者发送事务 commit 通知；

（2）所有参与者在收到通知后执行 commit 操作，并释放占有的资源；

（3）参与者向协调者反馈事务提交结果。

针对第二种和第三种情况，其时序图如 1-20 所示。协调者认为事务无法成功执行，于是向各个参与者发送事务回滚请求，具体步骤如下：

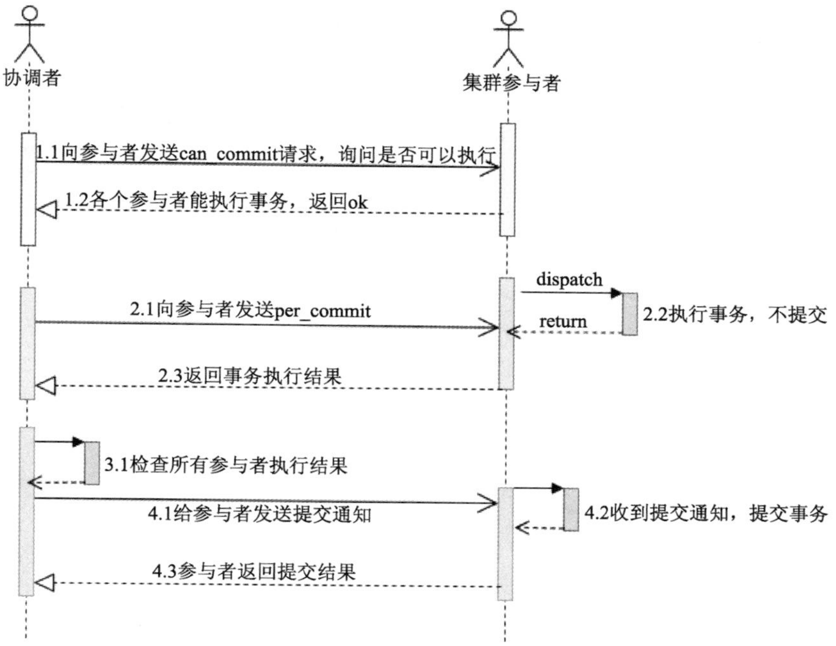

图 1-19　三阶段提交

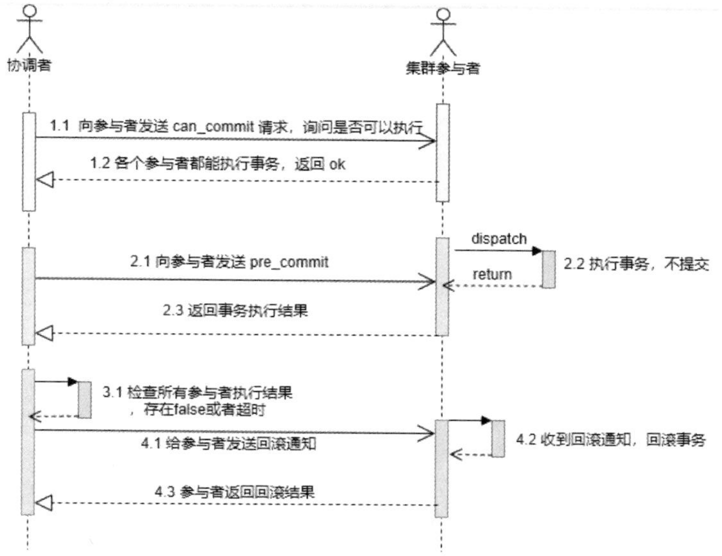

图 1-20　三阶段回滚

（1）协调者向所有参与者发送事务 rollback 通知；

（2）所有参与者在收到通知后执行 rollback 操作，并释放占有的资源；

（3）参与者向协调者反馈事务回滚结果。

上面所描述三阶段提交协议的预查询、预提交以及提交阶段涉及的协调者和参与者完整状态转换如图 1-21 所示。在当前阶段，如果因为协调者或网络问题，导致参与者迟迟不能收到来自协调者的 commit 或 rollback 请求，那么参与者将不会如二阶段提交中那样陷入阻塞，而是等待超时后继续 commit，相对于二阶段提交虽然降低了同步阻塞，但仍然无法完全避免数据的不一致。

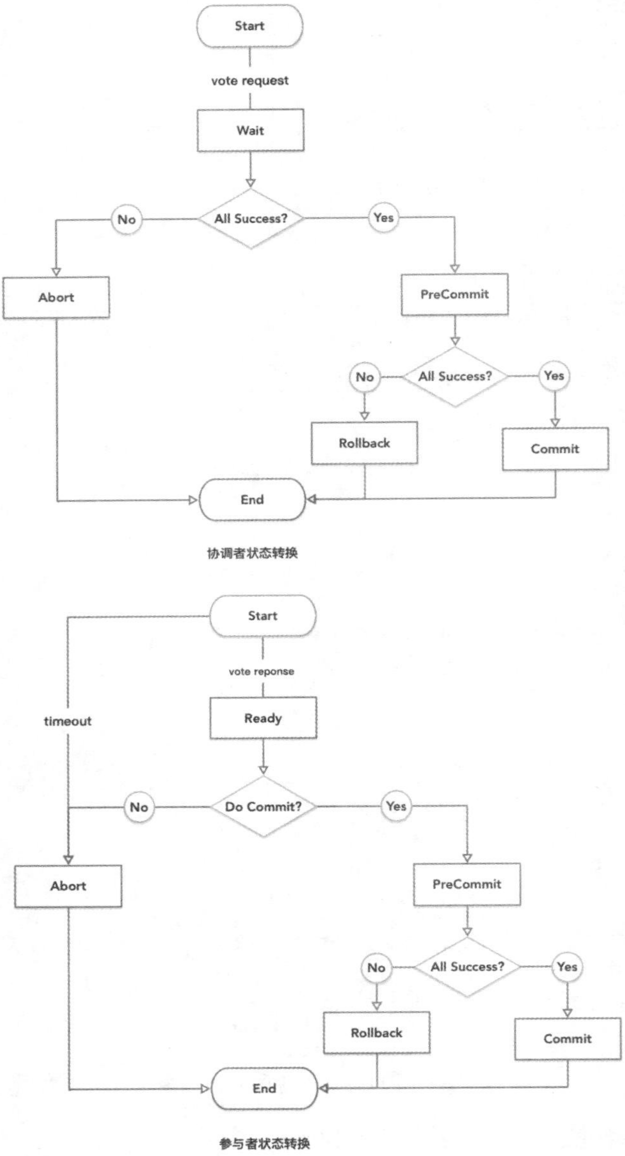

图 1-21　三阶段提交协议的状态转换

在分布式数据库中，如果期望达到数据的强一致性，那么服务的可用性将受到很大影响，或者说基本没有可用性可言，这也是为什么许多分布式数据库提供了跨库事务，但也只是个摆设的原因。在实际应用中更多追求的是数据的弱一致性或最终一致性，为了强一致性而丢弃可用性是不可取的。

1.5.3　经典的 Paxos 算法

Paxos 算法是基于消息传递且具有高效容错特性的一致性算法，是目前公认的解决分布式一致性问题最有效的算法之一。

1. Paxos 算法产生背景

故事背景是古希腊 Paxos 岛上的多个法官在一个大厅内对一个议案进行表决，如何达成统一的结果。他们之间通过服务人员来传递纸条，但法官可能离开或进入大厅，服务人员可能偷懒去睡觉。

在常见的分布式系统中，总会发生节点宕机或网络异常（包括消息的重复、丢失、延迟、乱序、网络分区）等情况，如图 1-22 所示。

Paxos 算法主要是解决如何在一个发生如上故障的分布式系统中，快速正确地在集群内对某个值达成一致，并且保证整个系统的一致性。它能够处理在少数派离线的情况下，剩余的多数派节点仍然能够达成一致。

因此，Paxos 算法要解决的问题是在可能发生上述异常的分布式系统中，在集群内部对某个数据的值达成一致。

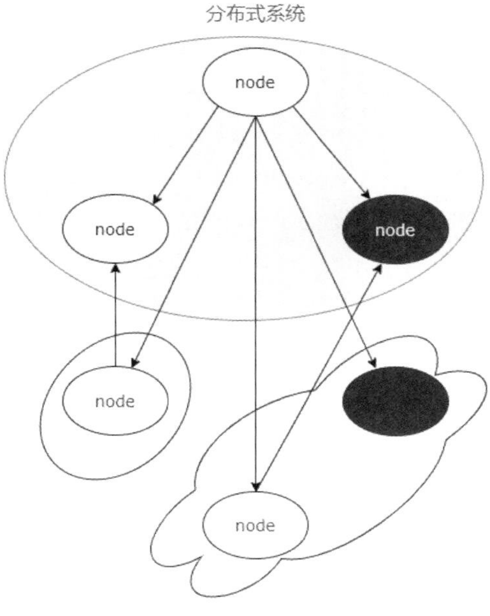

图 1-22　分布式系统的异常场景

2. 角色和提案

在 Paxos 算法中，有以下三种角色：

- Proposer：Proposer 可以提出提案（Proposal）；
- Accecptor：Acceptor 可以接受提案。一旦接受提案，提案中的 value 值就被选定了；
- Learner：Acceptor 告诉 Learner 哪个提案被选定了，那么 Learner 就学习这个被选择的 value。

在具体的实现中，一个进程可能同时充当多种角色，比如一个进程可能既是 Proposer，又是 Acceptor 又是 Learner。

还有一个很重要的概念叫提案（Proposal）。最终要达成一致的 value 就在提案中。

暂且认为提案等于 value，即提案只包含 value。在接下来的推导过程中会发现如果提案只包含 value，会有问题，于是再对提案重新设计。

暂且认为 Proposer 可以直接提出提案。在接下来的推导过程中会发现如果 Proposer 直接提出提案会有问题，需要增加一个学习提案的过程。

3. Paxos 算法描述

Paxos 算法分为两个阶段。具体如下。

阶段一：

（1）Proposer 选择一个提案编号 N，然后向半数以上的 Acceptor 发送编号为 N 的 Prepare 请求。

（2）如果一个 Acceptor 收到一个编号为 N 的 Prepare 请求，且 N 大于该 Acceptor 已经响应过的所有 Prepare 请求的编号，那么它就会将它已经接受过的编号最大的提案（如果有的话）作为响应反馈给 Proposer，同时该 Acceptor 承诺不再接受任何编号小于 N 的提案。

阶段二：

（1）如果 Proposer 收到半数以上 Acceptor 对其发出的编号为 N 的 Prepare 请求的响应，那么它就会发送一个针对[N,V]提案的 Accept 请求给半数以上的 Acceptor。注意：V 就是收到的响应中编号最大的提案的 value，如果响应中不包含任何提案，那么 V 就由 Proposer 自己决定。

（2）如果 Acceptor 收到一个针对编号为 N 的提案的 Accept 请求，只要该 Acceptor 没有对编号大于 N 的 Prepare 请求做出过响应，它就接受该提案。

4. Learner 学习被选定的 value

Learner 学习（获取）被选定的 value 有三种方案，方案与优缺点如下：

（1）Acceptor 接受了一个提案，就将该提案发送给所有 Learner；该方案的优点是 Learner 能够快速获取被选定的 value，缺点是通信量大；

（2）Acceptor 接受了一个提案，就将该提案发送给主 Learner，主 Learner 再将提案通知给其他 Learner；该方案的优点是减少了 Acceptor 与其他 Learner 的通信，但是容易出现单点故障；

（3）Acceptor 接受了一个提案，就将该提案发送给一个 Learner 集合，Learner 集合再将提案通知给其他 Learner。该方案的优点是增加了主 Learner 的可靠性，但是增加了网络通信的复杂度。

5．如何保证 Paxos 算法的活性

假定有两个 Proposer 依次提出编号递增的提案，最终会陷入死循环，没有 value 被选定。过程如下：

（1）P1 发出编号为 M1 的 Prepare 请求，收到过半响应，完成阶段一；

（2）同时，P2 发出编号为 M2 的 Prepare 请求，也收到过半响应，完成阶段一。此时 Acceptor 不再接受编号小于 M2 的提案；

（3）P1 进入阶段二时，发出的 Accept 请求被 Acceptor 忽略，于是 P1 再次进入阶段一并发出编号为 M3 的 Prepare 请求；

（4）P1 的行为导致，P2 同样在阶段二的 Accept 请求被忽略，P2 进入阶段一，发出 M4 的 Prepare 请求。

因此通过选取主 Proposer，就可以保证 Paxos 算法的活性。至此，得到一个既能保证安全性，又能保证活性的分布式一致性算法，即 Paxos 算法。

6．Paxos 总结

Paxos 算法核心思想如下：

（1）在抢占式访问权基础上引入多个 Acceptor；

（2）保证一个 epoch，只有一个 Proposal 运行，Proposal 按照 epoch 递增的顺序依次运行；

（3）新 epoch 的 Proposal 采用“后者认同前者”的思路运行，即在肯定旧的 epoch 无法生成确定性取值时，新的 epoch 会提交自己的取值，不会冲突：

- 一旦旧的 epoch 形成确定性取值，新的 epoch 肯定可以获取此取值，并且会认同此取值，不会破坏；
- Paxos 算法可以满足容错要求，即半数以下 Acceptor 出现故障时，存活的 Acceptor 仍然可以生成 var 的确定性取值；一旦 var 值被确定，即使出现半数以下 Acceptor 故障，此取值可以被获取，并且将不再被更改。

1.5.4　简单易懂的 raft 算法

raft 算法也是一个一致性算法，它和 Paxos 目标相同。但是 raft 算法是更加易于理解的一致性算法。Paxos 和 raft 都是为了实现一致性产生的。这个过程如同选举一样，参选者需要说服大多数选民（服务器）投票给他，一旦选定后就跟随其操作。Paxos 和 raft 的

区别是选举的具体过程不同。下面具体介绍 raft 算法的过程。

1. raft 协议

raft 协议将 Server 进程分成三类，分别是 Leader、Candidate 和 Follower。一个 Server 进程在某一时刻，只能是其中一种类型，但这不是固定的。不同时刻，它可能拥有不同的类型，一个 Server 进程的类型是如何改变的，后面会有解释。

在一个由 raft 协议组织的集群中有以下三类角色：

- Leader（领袖）；
- Follower（群众）；
- Candidate（候选人）。

就像一个民主社会，领袖由民众投票选出。刚开始没有领袖，所有集群中的参与者都是群众，那么首先开启一轮大选。在大选期间所有群众都能参与竞选，这时所有群众的角色就变成了候选人，民主投票选出领袖后就开始这届领袖的任期，然后选举结束，所有除领袖外的候选人又变回群众角色服从领袖领导。

这里涉及任期的概念，用术语 Term 表示。以上就是 raft 协议的核心概念和术语，与现实对照很容易理解。

三类角色的变迁如图 1-23 所示。

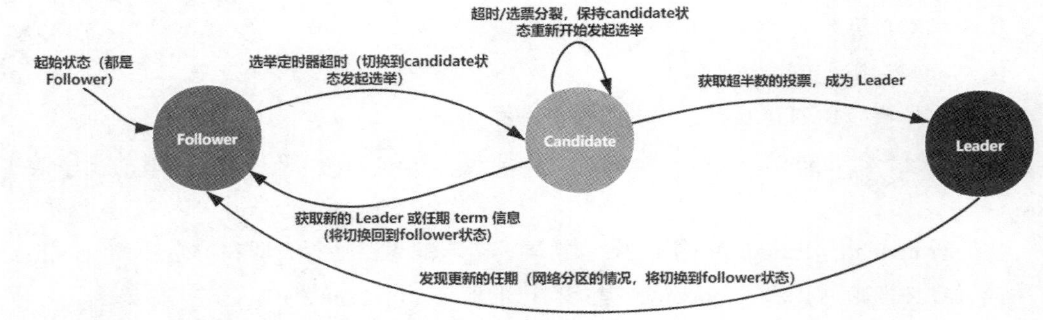

图 1-23　raft 算法中的角色变迁

2. Leader 选举过程

图 1-24 所示为 raft 算法中 Leader 选举的完整过程。可以看到，一个最小的 raft 民主集群需要三个参与者（图中的 A、B、C），这样才可能投出多数票。

初始状态 ABC 都是 Follower，然后发起选举，这时有三种可能的情形发生。图 1-24 中前两种都能选出 Leader，第三种则表明本轮投票无效（Split Votes）。对于第三种，每一方都投给自己，结果没有任何一方获得多数票。之后每个参与方随机休息一阵（Election Timeout）重新发起投票直到一方获得多数票。这里的关键就是随机 timeout，最先从 timeout 中恢复发起投票的一方，向还在 timeout 中的另外两方请求投票，这时它只能投给自己，导致很快达成一致。

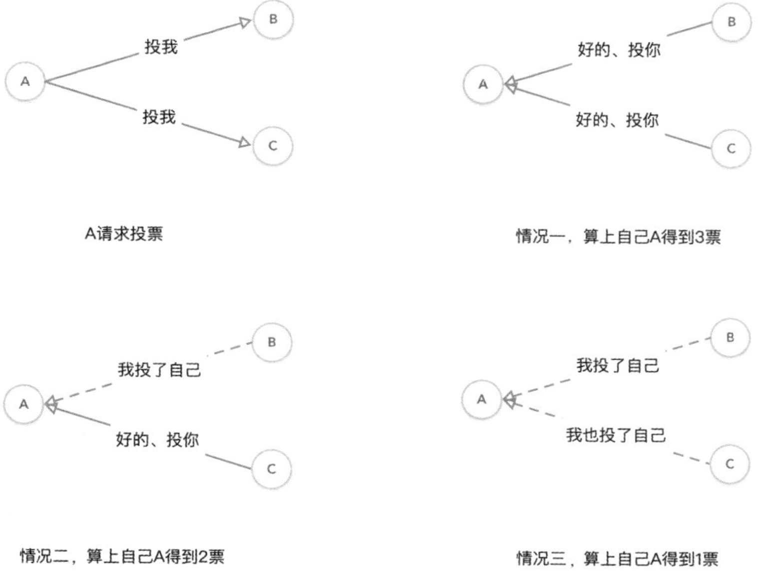

图 1-24　Leader 选举的过程

选出 Leader 后，Leader 通过定期向所有 Follower 发送心跳信息维持其统治。若 Follower 一段时间未收到 Leader 的心跳，则认为 Leader 可能已经挂了，然后再次发起选举过程。

3. Leader 对一致性的影响

raft 协议强依赖 Leader 节点的可用性，以确保集群数据的一致性，正常的数据提交流程如图 1-25 所示。如果发生异常，集群的控制权将会从 Leader 节点向其余 Follower 节点转移，具体过程如下：

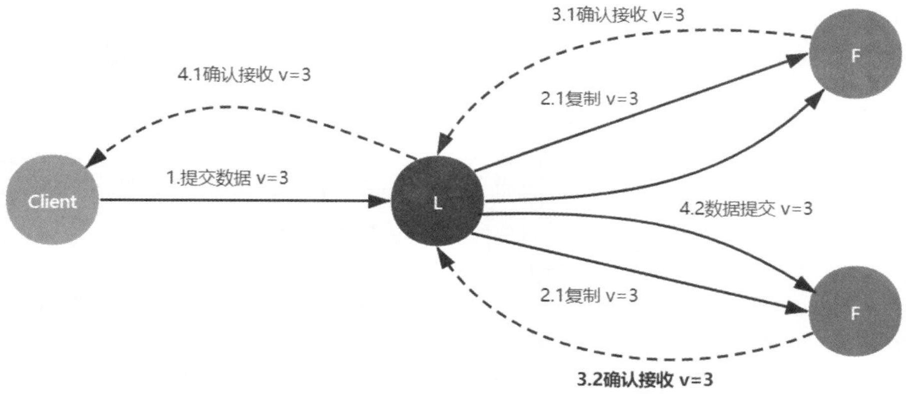

图 1-25　数据提交流程

（1）当 Client 向集群 Leader 节点提交数据后，Leader 节点接收到的数据处于未提交状态（Uncommitted）；

（2）Leader 节点会并发地向所有 Follower 节点复制数据并等待接收响应；

（3）集群中至少超过半数的节点已接收到数据后，Leader 再向 Client 确认数据已接收；

（4）一旦向 Client 发出数据接收 Ack 响应后，表明此时数据状态进入已提交（Committed），Leader 节点再向 Follower 节点发通知告知该数据状态已提交。

在这个过程中，主节点可能在任意阶段挂掉，那么从以下几个方面分析 raft 协议是如何针对不同阶段保障数据一致性的。

（1）数据到达 Leader 节点前，这个阶段 Leader 挂掉不影响一致性。

（2）数据到达 Leader 节点，但未复制到 Follower 节点。这个阶段 Leader 挂掉，数据属于未提交状态，Client 不会收到 Ack 会认为超时失败可安全发起重试。Follower 节点上没有该数据，重新选主后 Client 重试重新提交可成功。原来的 Leader 节点恢复后作为 Follower 加入集群，重新从当前任期的新 Leader 处同步数据，强制保持和 Leader 数据一致。

（3）数据到达 Leader 节点，成功复制到 Follower 所有节点，但 Follower 还未向 Leader 响应接收。这个阶段 Leader 挂掉，虽然数据在 Follower 节点处于未提交状态（Uncommitted），但是保持一致。重新选出 Leader 后可完成数据提交。此时，Client 由于不知到底提交成功没有，可重试提交。针对这种情况 raft 要求 RPC 请求实现幂等性，也就是要实现内部去重机制。

（4）数据到达 Leader 节点，成功复制到 Follower 的部分节点，但这部分 Follower 节点还未向 Leader 响应接收。这个阶段 Leader 挂掉，数据在 Follower 节点处于未提交状态（Uncommitted）且不一致。raft 协议要求投票只能投给拥有最新数据的节点。所以拥有最新数据的节点会被选为 Leader，然后强制同步数据到其他 Follower，保证数据不会丢失并最终一致。

（5）数据到达 Leader 节点，成功复制到 Follower 所有或多数节点，数据在 Leader 处于已提交状态，但在 Follower 处于未提交状态。这个阶段 Leader 挂掉，重新选出新的 Leader 后的处理流程和阶段 3 一样。

（6）如图 1-26 所示，数据到达 Leader 节点，成功复制到 Follower 所有或多数节点，数据在所有节点都处于已提交状态，但还未响应 Client。这个阶段 Leader 挂掉，集群内部数据其实已经是一致的，Client 重复重试基于幂等策略对一致性无影响。

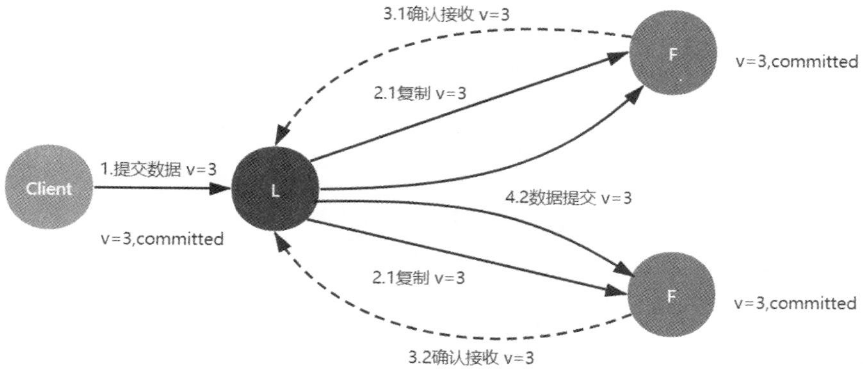

图 1-26　Leader 未及时响应客户端的异常情况

（7）网络分区导致的脑裂情况，如图 1-27 所示，出现双 Leader 的现象。网络分区将原先的 Leader 节点和 Follower 节点分隔开，Follower 收不到 Leader 的心跳将重新发起选举产生新的 Leader，这时就产生了双 Leader 现象。

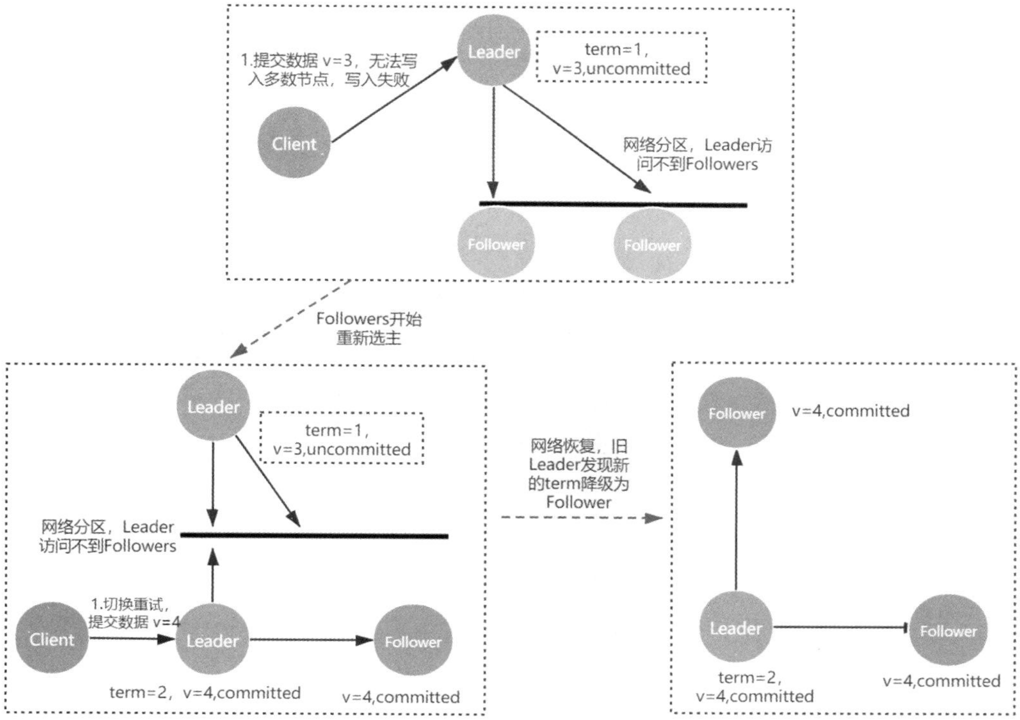

图 1-27　网络分区或者脑裂的情况

原先的 Leader 独自在一个区，向它提交数据不可能复制到多数节点所以永远提交不成功。向新的 Leader 提交数据可以提交成功。

网络恢复后，旧的 Leader 发现集群中有更新任期（Term）的新 Leader，则自动降级为 Follower 并从新 Leader 处同步数据达成集群数据一致。

上面列举分析了最小集群（3 节点）面临的所有情况，可以看出 raft 协议均能很好地应对一致性问题，并且很容易理解。

相比于 1990 年提出的 Paxos 算法，raft 算法是 2013 年发表的，作为后起之秀，raft 有好多开源实现库，可以看到有很多基于不同语言的开源实现库，raft 的可理解性起到重要作用。

1.5.5 分布式一致性协议小结

以上就是二阶段提交协议、三阶段提交协议、Paxos 和 raft 一致性共识算法的过程描述，二阶段提交协议和三阶段提交协议，两种分布式一致性协议属于强一致性的协议，具有较强的严谨性，有些开源框架则是基于这两种协议实现的，如开源的 Raincat。

Paxos 和 raft 是目前分布式系统领域中两种非常著名的解决一致性问题的共识算法，两者都能解决分布式系统中的一致性问题，但是前者的实现与证明非常难以理解，后者的实现比较简洁并且遵循人的直觉，它的出现就是为了解决 Paxos 难以理解和难以实现的问题。etcd 就是基于 raft 一致性共识算法实现。

除此之外，还有基于消息队列和 TCC 实现的分布式一致性组件，如金融级的分布式事务组件 Seata，在实际的分布式环境中，强一致性的分布式组件使用得较少，因为强一致性会极大地牺牲系统的性能体验和吞吐量。通常使用最终一致性或者补偿式的 TCC 协议来实现分布式系统的一致性。

1.6 云原生时代为什么推荐 etcd

近几年，云原生越来越火，在各种大会或博客的标题中都可以见到“云原生”的字样，etcd 也是云原生架构中重要的基础组件，因为 etcd 项目是 Kubernetes 内部的一大关键组件，目前有很多项目都依赖 etcd 进行可靠的分布式数据存储。

etcd 经常用作大型分布式系统的通用基础组件。分布式系统需要避免脑裂异常的发生，这需要牺牲可用性来实现此目的。etcd 以一致且容错的方式存储元数据，且 etcd 集群旨在提供具有稳定性、可靠性、可伸缩性和高性能的键值存储。

分布式系统将 etcd 用作配置管理、服务发现和协调分布式工作的一致键值存储组件。许多组织在生产系统上使用 etcd，例如容器调度程序、服务发现和分布式数据存储。使用 etcd 的常见分布式场景包括领导者选举、分布式锁和监视机器活动状态等。

1.6.1 相关组件多维度对比

与所有的技术选型一样，分布式一致性组件的选择需要对比多个同类型的组件才能得到一个适合当前业务场景的答案。

笔者选取 etcd 相关的服务注册与发现组件，包括 ZooKeeper、Consul 和 NewSQL（如 Cloud Spanner、CockroachDB 和 TiDB）。从并发原语、线性读、多版本控制、事务、Watch 监控、用户权限、集群重新配置、HTTP/JSON API 接口、最大可靠的数据库数量和最小的线性读延时等方面进行了对比，结果如表 1-1 所示。

表 1-1　etcd 与相关的组件的对比

维度/组件	etcd	ZooKeeper	Consul	NewSQL（Cloud Spanner，CockroachDB，TiDB）
并发原语	Lock RPCs、Election RPCs、命令行锁	Java 中额外的 curator 方案	原生的 lock API	基本没有
线性读	支持	不支持	支持	部分支持
多版本控制	支持	不支持	不支持	部分支持
事务	字段比较，读和写	版本校验和写	字段比较，锁，读，写	SQL 风格
Watch 监控范围	历史版本和当前的键	当前的键和目录	当前的键和前缀	触发器
用户权限	基于角色	ACL	ACL	按照表授权，按照数据库分配角色
集群重新配置	支持	3.5.0 之后支持	支持	支持
HTTP/JSON API 接口	支持	不支持	支持	基本不支持
最大可靠的数据库数量	几个 GB	几百兆	几百兆	TB 级别
最小的线性读延时	RTT（往返时延）	没有线性读	RTT+fsync	时钟屏障（atomic，NTP）

由表 1-1 可知 etcd 与其主流替代方案组件之间的差异。从比较的维度来看，etcd 在支持基本功能方面表现优异，如线性读、多版本控制、事务和 Watch 监控等。对于其他的一些扩展功能，如并发原语、HTTP 接口的交互方式等，也能很好地提供支持。在 etcd 中存储的数据库可达到几个 GB，这对于服务注册与发现组件来说已经非常宽裕了。下面分别来对比 etcd 与这几个组件的区别。

1.6.2　etcd 与 ZooKeeper 的比较

ZooKeeper 起源于 Hadoop，帮助在 Hadoop 集群中维护各种组件。ZooKeeper 解决了与 etcd 相同的问题：分布式系统协调和元数据存储。ZooKeeper 的主要优势是其成熟、健壮以及丰富的特性。

etcd 和 ZooKeeper 提供的能力非常相似，在软件生态中所处的位置几乎是一样的，可以互相替代。

这两个组件都是通用的一致性元数据存储组件，提供 Watch 机制用于变更通知和分发。在分布式系统作为信息存储的组件。

etcd 在设计与实现时参考了 ZooKeeper 的设计和实现经验。从 ZooKeeper 汲取的经验教训无疑为 etcd 的设计提供了支撑，从而帮助其支持 Kubernetes 等大型系统。通过 ZooKeeper 进行的 etcd 改进包括：

- 动态重新配置集群成员；
- 高负载下稳定的读/写；
- 多版本并发控制数据模型；
- 可靠的键值监控；
- 租期原语将 Session 中的连接解耦；
- 用于分布式共享锁的 API。

此外，etcd 开箱即用地支持多种语言和框架。ZooKeeper 使用 Java 语言编写，占用较多的内存资源，同时 ZooKeeper RPC 的序列化机制用的是 Jute RPC 协议，该协议对于 ZooKeeper 而言是完全唯一的，并限制其受支持的语言绑定，而 etcd 的客户端协议则是基于 gRPC 构建的，gRPC 是一种流行的 RPC 框架，具有 Go、C++、Java 等语言支持。同样，gRPC 可通过 HTTP 序列化为 JSON，因此即使是通用命令行实用程序（如 curl）也可以与之通信。由于系统可以从多种选择中进行选择，因此它们是基于具有本机工具的 etcd 构建的，而不是基于一组固定的技术围绕 etcd 构建的。

另外，ZooKeeper 不支持通过 API 安全地变更成员，需要人工修改一个个节点的配置，并重启进程。很难避免人为的错误，有可能出现脑裂等严重故障。

在考虑功能支持和稳定性时，etcd 相比于 ZooKeeper 更加适合用作一致性的键值存储的组件。

1.6.3 etcd 与 Consul 的比较

Consul 是一个强一致性的数据存储、端到端的服务发现框架，使用 gossip 协议形成动态集群。它提供分级的键/值存储方式，不仅可以存储数据，而且可以用于事件注册器的各种任务，从发送数据到运行健康检查和自定义命令，具体如何取决于它们的输出。此外，Consul 还使用 RESTful HTTP API 公开了密钥值存储。在 Consul 1.0 中，存储系统在操作键值对时无法像 etcd 或 ZooKeeper 等其他组件那样易于扩展。数百万个键的系统将遭受高延迟和内存压力，且 Consul 不支持多版本键值对存储、条件事务以及可靠的流监视等功能。

Consul 为多种数据中心提供了开箱即用的原生支持，其中的 gossip 协议不仅可以工作在同一集群内部的各个节点，而且还可以跨数据中心工作。

etcd 与 Consul 解决了不同的问题。如果要寻找分布式一致性键值存储，与 Consul 相比，etcd 将是更好的选择。如果业务场景是需要端到端的集群服务发现，etcd 没有足够的功能，可以选择 Consul。

1.6.4　etcd 与 NewSQL 的比较

etcd 与 NewSQL 数据库都提供了数据一致性保证，且具有高可用性。但是不同的组件，其设计思路导致客户端 API 和性能特征存在较大的差异。

NewSQL 数据库旨在跨数据中心水平扩展。这些系统通常跨多个分片对数据进行分区，分片可能在物理上相距很远，并以 TB 或更高级别存储数据集。NewSQL 数据被组织成表格，包括具有比 etcd 更为丰富语义的 SQL 样式的查询工具，但是以处理和优化查询的额外复杂性为代价。

而 etcd 用来存储元数据或协调分布式系统。如果存储的数据超过数 GB，或者需要完整的 SQL 查询，使用 NewSQL 数据库将是更好的选择。

简单的强一致性是不够的，etcd 支持其他原语（如事务）以及 etcd 的 MVCC 数据模型，对于分布式协调选择 etcd 可以帮助避免操作上的麻烦并减少工作量。

1.7　本章小结

本章主要讲解了服务端架构的演进，云原生架构的相关概念以及 etcd 相关组件选型的对比。通过对云计算和云原生的演进讲解，使得我们对整个架构的发展历程能有一个全盘的概念。然后介绍了云原生架构的挑战。分布式一致性是云原生架构的挑战之一，对两种主要的分布式一致性理论（CAP 和 BASE 理论）进行了介绍。在多年的实践过程中产生分布式一致性算法，介绍了目前解决分布式一致性的四种主要算法 2PC、3PC、Paxos、raft 等，并对每一种算法进行了讲解。etcd 是基于简单易懂的 raft 算法实现的云原生存储组件，很好地满足了云环境中容器编排和服务注册发现的需求。

下面将围绕 etcd 的应用实践以及实现原理进行详细介绍，学习优秀的组件能帮助我们更好地提升分布式开发能力。

第 2 章　初识 etcd

etcd 是云原生架构中重要的基础组件，用于服务实例的存储，并保证分布式一致性。从本质上来讲，云原生中的微服务应用属于分布式系统的一种落地实践。在分布式环境中，由于网络的复杂性、不确定性以及节点故障等情况，会产生一系列的问题。最常见的、最大的难点就是数据存储不一致的问题，即多个服务实例自身的数据或者获取的数据各不相同。因此需要基于一致性的存储组件构建可靠的分布式系统。

etcd 是一个实现了分布式一致性键值对存储的中间件，支持跨平台，拥有活跃用户的技术社区。etcd 集群中的节点基于 raft 算法进行通信，raft 算法保证微服务实例或机器集群所访问的数据的可靠一致性。

在分布式系统或者 Kubernetes 集群中，etcd 可以作为服务注册与发现和键值对存储组件。不管是简单应用程序，还是复杂的容器集群，都可以很方便地从 etcd 中读取数据，满足各种场景的需求。

本章正式开始 etcd 的学习，包括 etcd 的具体介绍、etcd 的使用场景、如何安装 etcd、etcd 安全配置，并进行 etcdctl 客户端的实践。

2.1　etcd 介绍

etcd 是由 CoreOS 团队于 2013 年 6 月发起的开源项目，2018 年 12 月正式加入云原生计算基金会（CNCF）。etcd 是云原生架构中重要的基础组件，基于 Go 语言实现，目前最新版本为 V3.4.9，其标识如图 2-1 所示。

图 2-1　etcd 的官方标识

根据 etcd 官网的介绍，定义如下：

```
    A highly-available key value store for shared configuration and service
discovery.
```

即一个用于配置共享和服务发现的键值存储系统。

从定义上也可以发现，etcd 归根结底是一个存储组件，且可以实现配置共享和服务发现。

在分布式系统中，各种服务配置信息的管理共享和服务发现是一个很基本也是很重要的问题，无论你调用服务还是调度容器，都需要知道对应的服务实例和容器节点地址信息。etcd 就是这样一款实现元数据信息可靠存储的组件。

etcd 可集中管理配置信息。服务端将配置信息存储于 etcd，客户端通过 etcd 得到服务配置信息，etcd 监听配置信息的改变，发现改变通知客户端。

而 etcd 满足 CAP 理论中的 CP（一致性和分区容错性）指标，由此知道，etcd 解决了分布式系统中一致性存储的问题。

2.1.1　etcd 的特性

etcd 的目标是构建一个高可用的分布式键值数据库。具有以下特点：

- 简单：安装配置简单，而且提供了 HTTP API 进行交互，使用也很简单；
- 键值对存储：将数据存储在分层组织的目录中，如同在标准文件系统中；
- 监测变更：监测特定的键或目录以进行更改，并对值的更改做出反应；
- 安全：支持 SSL 证书验证；
- 快速：根据官方提供的 Benchmark 数据，单实例支持每秒两千次以上的读操作；
- 可靠：采用 raft 算法，实现分布式系统数据的可用性和一致性。

etcd 支持跨平台，拥有强大的社区。etcd 是一个高度一致的分布式键值存储，etcd 节点之间的通信基于 raft 算法，它提供了一种可靠的方式来存储需要由分布式系统或机器集群访问的数据。etcd 可以优雅地处理网络分区期间的 Leader 选举，以应对机器的故障，即使是在 Leader 节点发生故障时。

etcd 在微服务架构和 Kubernates 集群中不仅可以作为服务注册与发现，还可以作为键值对存储的中间件。从简单的 Web 应用程序到 Kubernetes 集群，任何复杂的应用程序都可以从 etcd 中读取数据或将数据写入 etcd。etcd 具有极佳的稳定性、可靠性、可伸缩性，为云原生分布式系统提供了必要的协调机制。

2.1.2　etcd v3 的架构解析

etcd 是一个分布式且可靠的 KV 存储数据库，用于将关键数据存储在分布式系统中。etcd v2 和 v3 在底层使用同一套 Raft 算法的两个独立应用，相互之间接口和存储不一样，且数据互相隔离。如果从 etcd v2 升级到 etcd v3，原来 v2 的数据还是只能用 v2 的接口访问，v3 接口创建的数据也只能访问通过 v3 的接口访问。本次 chat 重点讲解 v3 版本。etcd 集群的组成及核心模块如图 2-2 所示。

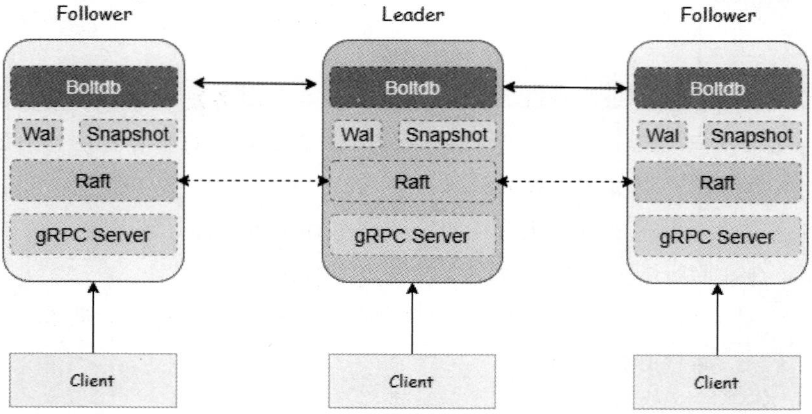

图 2-2　etcd 集群的组成

etcd 集群一般由奇数个节点组成，多个节点通过 raft 算法相互协作。raft 算法会选择一个主节点作为 Leader，负责数据同步和分发。当 Leader 发生故障时，系统会自动选择另一个节点作为 Leader，以再次完成数据同步。当 etcd 完成内部状态和数据协作时，仅需选择一个节点即可读取和写入数据。

Quorum（翻译成法定人数，简单理解为定义一个最少写入同步到多少个节点才算成功写入）机制是 etcd 中的关键概念。它定义为 (n + 1)/2，表示群集中超过一半的节点构成 Quorum。在三节点集群中，只要有两个节点可用，etcd 仍将运行。同样，在五节点集群中，只要有三个节点可用，etcd 仍会运行，这也是 etcd 群集高可用性的关键。

为了使 etcd 在某些节点出现故障后继续运行，必须解决分布式一致性问题。在 etcd 中，分布式共识算法由 raft 实现。

Raft 共识算法仅在任何两个 Quorum 具有共享成员时才可以工作。也就是说，任何有效的仲裁必须包含一个共享成员，该成员包含集群中所有已确认和已提交的数据。基于此，etcd 为 raft 共识算法设计一种数据同步机制，用于在更新 Leader 后同步最后 Quorum 所提交的所有数据。这样可以确保在群集状态更改时数据的一致性。

如图 2-3 所示，etcd 有 etcd Server、gRPC Server、存储相关的 MVCC 、Snapshot、WAL 以及 raft 模块。

其中：

- etcd Server，用于对外接收和处理客户端的请求；
- gRPC Server，etcd 与其他 etcd 节点之间的通信和信息同步；

- MVCC，即多版本控制，etcd 的存储模块，键值对的每一次操作行为都会被记录存储，这些数据底层存储在 BoltDB 数据库中；
- WAL，预写式日志，etcd 中的数据提交前会记录到日志；
- Snapshot 快照，以防 WAL 日志过多，用于存储某一时刻 etcd 的所有数据；
- Snapshot 和 WAL 相结合，etcd 可以有效地进行数据存储和节点故障恢复等操作。

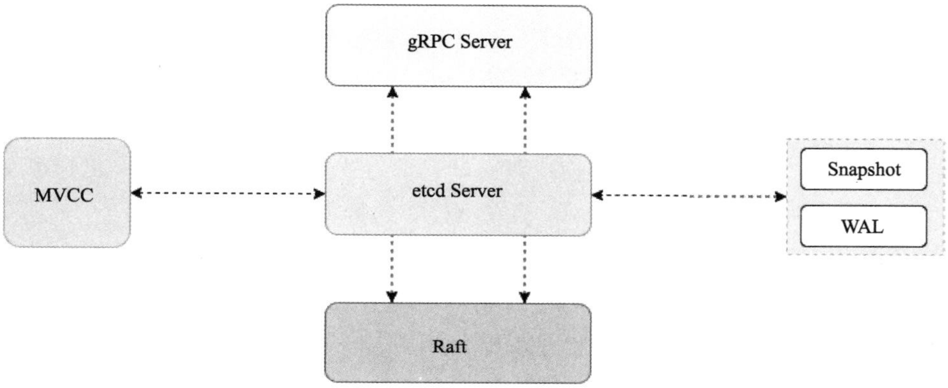

图 2-3　etcd 总体架构

虽然 etcd 内部实现机制复杂，但对外提供了简单的 API 接口，方便客户端调用。可以通过 etcdctl 客户端命令行操作和访问 etcd 中的数据，或者通过 HTTP API 接口直接访问 etcd。

etcd 中的数据结构很简单，其数据存储其实就是键值对的有序映射。etcd 还提供了一种键值对监测机制，即 Watch 机制，客户端通过订阅相关的键值对，获取其更改的事件信息。Watch 机制实时获取 etcd 中的增量数据更新，使数据与 etcd 同步。

etcd 目前有 V2.x 和 V3.x 两个大版本。etcd V2 和 V3 是在底层使用同一套 Raft 算法的两个独立应用，但相互之间实现原理和使用方法上差别很大，接口不一样、存储不一样，两个版本的数据互相隔离。

至于由 etcd V2 升级到 etcd V3 的情况，原有数据只能通过 etcd V2 接口访问，V3 接口创建的数据只能通过新的 V3 的接口访问。本书重点讲解当前常用且主流的 V3 版本。

2.2　etcd 使用场景

etcd 在稳定性、可靠性和可伸缩性上表现极佳，同时也为云原生应用系统提供了协调机制。etcd 经常用于服务注册与发现的场景，此外还有键值对存储、消息发布与订阅、分布式锁等场景。

2.2.1 键值对存储

etcd 是一个用于键值存储的组件，存储是 etcd 最基本的功能，其他应用场景都建立在 etcd 的可靠存储上。比如，Kubernetes 将一些元数据存储在 etcd 中，将存储状态数据的复杂工作交给 etcd，Kubernetes 自身的功能和架构就更加稳定。归根结底，etcd 是一个键值存储的组件，etcd 的存储有以下特点：

- 采用 KV 型数据存储，一般情况下比关系型数据库快；
- 支持动态存储（内存）以及静态存储（磁盘）；
- 分布式存储，可集成为多节点集群；
- 存储方式，采用类似目录结构：只有叶子节点才能真正存储数据，相当于文件；叶子节点的父节点一定是目录，目录不能存储数据。

etcd 基于 raft 算法，能够有力地保证分布式场景中的一致性。各个服务启动时注册到 etcd 上，同时为这些服务配置键的 TTL 时间。注册到 etcd 上面的各个服务实例通过心跳的方式定期续租，实现服务实例的状态监控。

2.2.2 服务注册与发现

分布式环境中，业务服务多实例部署，这时涉及服务之间调用，就不能简单使用硬编码的方式指定服务实例信息。服务注册与发现就是解决如何找到分布式集群中的某一个服务（进程），并与之建立联系。

服务注册与发现涉及三个主要的角色：服务请求者、服务提供者和服务注册中心。

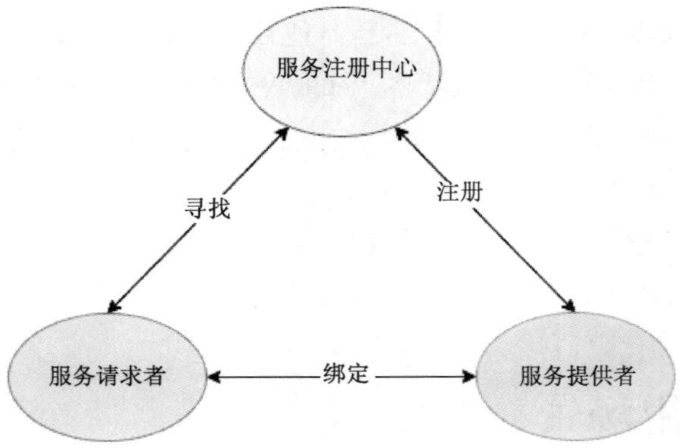

图 2-4　服务注册与发现的过程

服务提供者启动时，在服务注册中心进行注册自己的服务名、主机地址、端口等信息；服务请求者需要调用对应的服务时，一般通过服务名请求服务注册中心，服务注册中心返回对应的实例地址和端口；服务请求者获取实例地址、端口后，绑定对应的服务提供者，实现远程调用。

etcd 基于 raft 算法，能够有力地保证分布式场景中的一致性。各个服务启动时注册到 etcd 上，同时为这些服务配置键的 TTL 时间，定时保持服务的心跳以达到监控健康状态的效果。通过在 etcd 指定的主题下注册的服务也能在对应的主题下查找到。为了确保连接，可以在每个服务机器上都部署一个 Proxy 模式的 etcd，这样就可以确保访问 etcd 集群的服务都能够互相连接。

etcd2 中引入的 etcd/raft 库，是目前最稳定、功能丰富的开源一致性协议之一。作为 etcd、TiKV、CockcorachDB、Dgraph 等知名分布式数据库的核心数据复制引擎，etcd/raft 驱动超过 10 万个集群，是被最为广泛采用一致性协议实现之一。etcd3 中引入的多版本控制、事务等功能，大大简化了分布式应用的开发流程，提高效率和稳定性。Kubernetes 是当前流行的容器平台，运行在任何环境的 Kubernetes 集群都依赖 etcd 来提供稳定而可靠的存储服务。经过不断的演进，etcd 已成为容器编排系统的默认存储选项。

2.2.3 消息发布与订阅

在分布式系统中，服务之间还可以通过消息通信，即消息的发布与订阅。通过构建一个消息中间件，服务提供者发布对应主题的消息，而消费者则订阅他们关心的主题，一旦对应的主题有消息发布，即会产生订阅事件，消息中间件就会通知该主题所有的订阅者。通过这种方式可以做到分布式系统配置的集中式管理与动态更新，如图 2-5 所示。

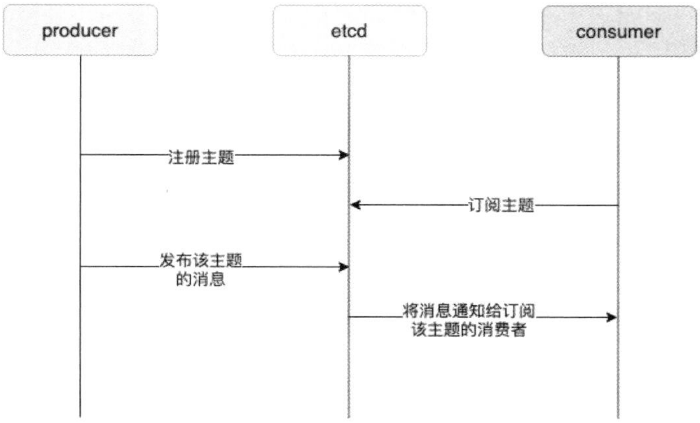

图 2-5　消息发布与订阅流程

应用中用到的一些配置信息放到 etcd 上进行集中管理。应用在启动时主动从 etcd 获取一次配置信息，同时，在 etcd 节点上注册一个 Watcher 并等待，以后每次配置有更新时，etcd 都会实时通知订阅者，以此达到获取最新配置信息的目的。

例如，微服务架构中的认证鉴权服务，Auth 服务的实例地址、端口和实例节点的状态存放在 etcd 中，客户端应用订阅对应的主题，而 etcd 设置 key TTL 可确保存储的服务实例的健康状态。

在系统中信息存在需要动态获取与人工干预修改请求内容的情况时。通常是暴露接口，例如 JMX 接口，来获取一些运行时的信息。引入 etcd 后，就不用自己实现一套方案，只要将这些信息存放到指定的 etcd 目录中即可，etcd 的这些目录就可以通过 HTTP 的接口在外部访问。

2.2.4 分布式通知与协调

在分布式系统中，最适用的一种组件间通信方式就是消息发布与订阅。即构建一个配置共享中心，数据提供者在这个配置中心发布消息，而消息使用者则订阅他们关心的主题，一旦主题有消息发布，就会实时通知订阅者。通过这种方式可以做到分布式系统配置的集中式管理与动态更新，如图 2-6 所示。

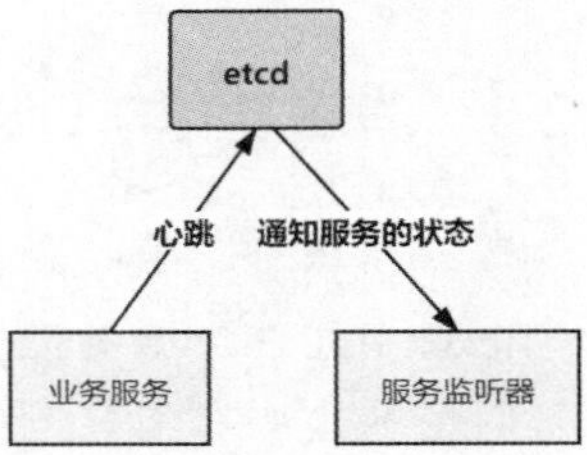

图 2-6 分布式通知与协调

这里用到 etcd 中的 Watch 机制，通过注册与异步通知机制，实现分布式环境下不同系统之间的通知与协调，从而对数据变更做到实时处理。实现方式如下：不同系统都在 etcd 上对同一个目录进行注册，同时设置 Watch 观测该目录的变化（如果对子目录的变化也有需要，可以设置递归模式），当某个系统更新 etcd 的目录，那么设置 Watch 的系统就会收到通知，并做出相应处理。

2.2.5 分布式锁

分布式系统中涉及多个服务实例，存在跨进程之间资源调用，对于资源的协调分配，单体架构中的锁已经无法满足需要，需要引入分布式锁的概念。分布式锁可以将资源标记存储，这里的存储不是单纯属于某个进程，而是公共存储，如 Redis、Memcache、关系型数据库、文件等。

etcd 基于 raft 算法，实现分布式集群的一致性，存储到 etcd 集群中的值必然是全局一致的，因此基于 etcd 很容易实现分布式锁，如图 2-7 所示。

分布式锁有两种使用方式：保持独占和控制时序。

（1）保持独占

从字面可以知道，所有获取资源的请求，只有一个成功。etcd 通过分布式锁原子操作 CAS 的 API，设置 prevExist 值，从而保证在多个节点同时创建某个目录时，最后只有一个成功，创建成功的请求获取到锁。

（2）控制时序

控制时序有点类似于队列缓冲，所有的请求都被安排分配资源，但是获得锁的顺序也是全局唯一的，执行按照先后的顺序。etcd 提供了一套自动创建有序键的 API，对一个目录的键值操作，这样 etcd 会自动生成一个当前最大的值为键，并存储该值。同时还可以使用 API 按顺序列出当前目录下的所有键值。

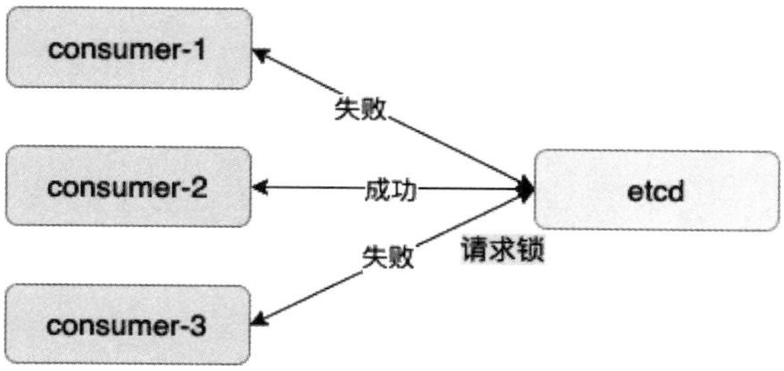

图 2-7　分布式锁的实现

2.3　etcd 安装与使用

在介绍完 etcd 相关概念、特性以及使用场景后，下面将对 etcd 进行使用实践，首先需要了解 etcd 常用的术语以及几种单机安装部署 etcd 的方式。

2.3.1　etcd 常用的术语

etcd 常用的术语如表 2-1 所示。

表 2-1　etcd 常用的术语

术　语	描　述	备　注
Raft	Raft 算法，etcd 实现一致性的核心	etcd 有 etcd-raft 模块
Follower	Raft 中的从属节点	竞争 Leader 失败
Leader	Raft 中的领导协调节点，用于处理数据提交	Leader 节点协调整个集群
Candidate	候选节点	当 Follower 接收 Leader 节点的消息超时，会转变为 Candidate
Node	Raft 状态机的实例	Raft 中涉及多个节点
Member	etcd 实例，管理着对应的 Node 节点	可处理客户端请求
Peer	同一个集群中的另一个 Member	其他成员
Cluster	etcd 集群	拥有多个 etcd Member
Lease	租期	键值对设置的租期，过期删除
Watch	监测机制	监控键值对的变化
Term	任期	某个节点成为 Leader，到下一次竞选的时间
WAL	预写式日志	用于持久化存储的日志格式

下面具体了解 etcd 的单机和集群的部署方式。

2.3.2 etcd 单机安装部署

etcd 的安装有多种方式，笔者以 Centos 7 和 MacOS 10.15 为例，可通过 yum install etcd 和 brew install etcd 的方式进行安装。

需要注意的是，通过系统工具安装的 etcd 版本比较滞后，如果需要安装最新版本的 etcd，可通过二进制包、源码编译以及 docker 容器安装。

1. 二进制包安装

目前最新的 etcd API 版本为 v3.4，基于 3.4.4 版本进行实践，API 版本与最新版保持一致，在 macOS 下，执行以下脚本：

```
ETCD_VER=v3.4.4
GITHUB_URL=https://github.com/etcd-io/etcd/releases/download
DOWNLOAD_URL=${GITHUB_URL}

rm -f /tmp/etcd-${ETCD_VER}-darwin-amd64.zip
rm -rf /tmp/etcd-download-test && mkdir -p /tmp/etcd-download-test

curl -L ${DOWNLOAD_URL}/${ETCD_VER}/etcd-${ETCD_VER}-darwin-amd64.zip -o
/tmp/etcd-${ETCD_VER}-darwin-amd64.zip
unzip /tmp/etcd-${ETCD_VER}-darwin-amd64.zip -d /tmp && rm -f /tmp/
etcd-${ETCD_VER}-darwin-amd64.zip
mv /tmp/etcd-${ETCD_VER}-darwin-amd64/* /tmp/etcd-download-test && rm -rf
mv /tmp/etcd-${ETCD_VER}-darwin-amd64

/tmp/etcd-download-test/etcd --version
/tmp/etcd-download-test/etcdctl version
```

即可输出以下的结果：

```
etcd Version: 3.4.4
Git SHA: c65a9e2dd
Go Version: go1.12.12
Go OS/Arch: darwin/amd64
```

可以看到，已经成功包装 etcd 3.4.4，且该版本基于的 Go 语言版本为 1.12.12。

同样，在 Centos 7 上使用以下脚本进行安装：

```
ETCD_VER=v3.4.4

GITHUB_URL=https://github.com/etcd-io/etcd/releases/download
DOWNLOAD_URL=${GITHUB_URL}

rm -f /tmp/etcd-${ETCD_VER}-linux-amd64.tar.gz
rm -rf /tmp/etcd-download-test && mkdir -p /tmp/etcd-download-test

curl -L ${DOWNLOAD_URL}/${ETCD_VER}/etcd-${ETCD_VER}-linux-amd64.tar.gz
```

```
-o /tmp/etcd-${ETCD_VER}-linux-amd64.tar.gz
    tar xzvf /tmp/etcd-${ETCD_VER}-linux-amd64.tar.gz -C /tmp/etcd-download-
test --strip-components=1
    rm -f /tmp/etcd-${ETCD_VER}-linux-amd64.tar.gz

    /tmp/etcd-download-test/etcd --version
    /tmp/etcd-download-test/etcdctl version
```

下载可能比较慢，执行完后，结果如下：

```
etcd Version: 3.4.4
Git SHA: e784ba73c
Go Version: go1.12.12
Go OS/Arch: linux/amd64
```

这样在 macOS 和 Linux 都已安装成功，关于 Windows 系统的安装比较简单，下载好安装包后，直接执行。其中 etcd.exe 是服务端，etcdctl.exe 是客户端，如图 2-8 所示。

图 2-8　etcd 安装包目录结构

2．源码安装

使用源码安装，首先要确保本地的 Go 语言环境。如未安装，请参考 https://golang.org/doc/install。

对于那些想尝试最新版本的读者，可以从 master 分支构建 etcd。需要 Go 版本为 1.13+，来构建最新版本的 etcd。本地的 Go 语言版本为：

```
$ Go version
$ Go version go1.13.6 linux/amd64
```

基于 master 分支构建 etcd，脚本如下：

```
git clone https://github.com/etcd-io/etcd.git
cd etcd
./build
```

执行测试命令，确保 etcd 编译安装成功：

```
$ ./etcdctl version

etcdctl version: 3.4.4
API version: 3.4
```

经过以上的步骤，已通过源码编译安装成功 etcd。

3．docker 容器安装

etcd 使用 gcr.io/etcd-development/etcd 作为容器仓库源，而 quay.io/coreos/etcd 作为辅

助容器注册表。

```
REGISTRY=quay.io/coreos/etcd
# available from v3.2.5
REGISTRY=gcr.io/etcd-development/etcd
rm -rf /tmp/etcd-data.tmp && mkdir -p /tmp/etcd-data.tmp && \
  docker rmi gcr.io/etcd-development/etcd:v3.4.4 || true && \
  docker run \
  -p 2379:2379 \
  -p 2380:2380 \
  --mount type=bind,source=/tmp/etcd-data.tmp,destination=/etcd-data \
  --name etcd-gcr-v3.4.4 \
  gcr.io/etcd-development/etcd:v3.4.4 \
  /usr/local/bin/etcd \
  --name s1 \
  --data-dir /etcd-data \
  --listen-client-urls http://0.0.0.0:2379 \
  --advertise-client-urls http://0.0.0.0:2379 \
  --listen-peer-urls http://0.0.0.0:2380 \
  --initial-advertise-peer-urls http://0.0.0.0:2380 \
  --initial-cluster s1=http://0.0.0.0:2380 \
  --initial-cluster-token tkn \
  --initial-cluster-state new \
  --log-level info \
  --logger zap \
  --log-outputs stderr

docker exec etcd-gcr-v3.4.4 /bin/sh -c "/usr/local/bin/etcd --version"
docker exec etcd-gcr-v3.4.4 /bin/sh -c "/usr/local/bin/etcdctl version"
docker exec etcd-gcr-v3.4.4 /bin/sh -c "/usr/local/bin/etcdctl endpoint
health"
docker exec etcd-gcr-v3.4.4 /bin/sh -c "/usr/local/bin/etcdctl put foo bar"
docker exec etcd-gcr-v3.4.4 /bin/sh -c "/usr/local/bin/etcdctl get foo"
```

执行以下命令，确认容器安装的 etcd 状态：

```
$ etcdctl --endpoints=http://localhost:2379 version

etcdctl version: 3.4.4
API version: 3.4
```

使用 docker 容器安装，这种方式更为简单，但有一个弊端：启动时会将 etcd 的端口暴露出来。

至此，介绍了 etcd 单机部署的三种方式，下面介绍生产环境中 etcd 集群的安装和维护。

2.4 etcd 集群部署

前面介绍了 etcd 的单机安装，在生产环境中，为了整个集群的高可用，etcd 正常都会集群部署，避免单点故障。本节将介绍如何进行 etcd 集群部署。引导 etcd 集群启动有以下三种机制：

- 静态，通过指定固定的参数来启动；
- etcd 动态发现；
- DNS 发现。

其中，静态启动 etcd 集群的方式要求每个成员都知道集群中的其他成员。然而很多场景中，群集成员的 IP 可能未知。因此需要借助发现服务引导 etcd 群集启动。下面将分别介绍这几种方式。

2.4.1　静态方式启动 etcd 集群

如果想要在一台机器上实践 etcd 集群的搭建，可通过 goreman 工具。

goreman 是一个 Go 语言编写的多进程管理工具，是对 Ruby 下广泛使用的 foreman 的重写（foreman 原作者也实现了一个 Go 语言版本：forego，不过没有 goreman 好用）。

前面已经确认过 Go 语言安装环境，现在可以直接执行以下代码：

```
go get github.com/mattn/goreman
```

编译后的文件放在$GOPATH/bin 中，$GOPATH/bin 目录已经添加到系统$PATH 中，所以可以方便执行 goreman 命令。然后编写 Procfile 脚本，启动三个 etcd，具体对应如表 2-2 所示。

表 2-2　集群的环境信息

HostName	ip	客户端交互端口	peer 通信端口
infra1	127.0.0.1	12379	12380
infra2	127.0.0.1	22379	22380
infra3	127.0.0.1	32379	32380

Procfile 脚本如下：

```
etcd1: etcd --name infra1 --listen-client-urls http://127.0.0.1:12379
--advertise-client-urls http://127.0.0.1:12379 --listen-peer-urls http://
127.0.0.1:12380 --initial-advertise-peer-urls http://127.0.0.1:12380 --initial-
cluster-token etcd-cluster-1 --initial-cluster 'infra1=http://127.0.0.1:
12380,infra2=http://127.0.0.1:22380,infra3=http://127.0.0.1:32380'  -initial
-cluster-state new --enable-pprof --logger=zap --log-outputs=stderr
etcd2: etcd --name infra2 --listen-client-urls http://127.0.0.1:22379
--advertise-client-urls http://127.0.0.1:22379 --listen-peer-urls http://
127.0.0.1:22380 --initial-advertise-peer-urls http://127.0.0.1:22380 --initial
-cluster-token etcd-cluster-1 --initial-cluster 'infra1=http://127.0.0.1:
12380,infra2=http://127.0.0.1:22380,infra3=http://127.0.0.1:32380' --initial-
cluster-state new --enable-pprof --logger=zap --log-outputs=stderr
etcd3: etcd --name infra3 --listen-client-urls http://127.0.0.1:32379
--advertise-client-urls http://127.0.0.1:32379 --listen-peer-urls http://
127.0.0.1:32380 --initial-advertise-peer-urls http://127.0.0.1:32380 -initial
```

```
-cluster-token etcd-cluster-1 --initial-cluster 'infra1=http://127.0.0.1:
12380,infra2=http://127.0.0.1:22380,infra3=http://127.0.0.1:32380' -initial
-cluster-state new --enable-pprof --logger=zap --log-outputs=stderr
```

infra2 和 infra3 的启动命令类似，其中各配置项的说明如表 2-3 所示。

表 2-3　etcd 启动的命令配置项

配置项	说明
--name	etcd 集群中的节点名，这里可以随意，可区分且不重复即可
--listen-peer-urls	监听的用于节点之间通信的 url，可监听多个，集群内部将通过这些 url 进行数据交互（如选举、数据同步等）
--initial-advertise-peer-urls	用于节点之间通信的 url，节点间将以该值进行通信
--listen-client-urls	监听的用于客户端通信的 url，同样可以监听多个
--advertise-client-urls	建议使用的客户端通信 url，该值用于 etcd 代理或 etcd 成员与 etcd 节点通信
--initial-cluster-token	etcd-cluster-1，节点的 token 值，设置该值后集群将生成唯一 id，并为每个节点也生成唯一 id，当使用相同配置文件再启动一个集群时，只要该 token 值不一样，etcd 集群就不会相互影响
--initial-cluster	也就是集群中所有的 initial-advertise-peer-urls 的合集
--initial-cluster-state	new，新建集群的标志

注意，上面的脚本，etcd 命令执行时需要根据本地实际的安装地址进行配置。下面启动 etcd 集群，命令如下：

```
goreman -f /opt/procfile start
```

使用以上的命令启动 etcd 集群，启动完成后查看集群内的成员，代码如下：

```
$ etcdctl --endpoints=http://localhost:22379 member list

8211f1d0f64f3269, started, infra1, http://127.0.0.1:12380, http://127.0.
0.1:12379, false
91bc3c398fb3c146, started, infra2, http://127.0.0.1:22380, http://127.0.
0.1:22379, false
fd422379fda50e48, started, infra3, http://127.0.0.1:32380, http://127.0.
0.1:32379, false
```

现在的 etcd 集群已经搭建成功。需要注意的是，在集群启动时，通过静态的方式指定集群的成员。但在实际环境中，集群成员的 IP 可能不会提前知道，此时需要采用动态发现的机制。

2.4.2　docker 启动 etcd 集群

etcd 使用 gcr.io/etcd-development/etcd 作为容器的主要加速器，quay.io/coreos/etcd 作为辅助的加速器。可惜这两个加速器都没法访问，如果不能下载，可以使用笔者提供的地址：

```
docker pull bitnami/etcd:3.4.7
```

然后将拉取的镜像重新 tag，代码如下：

```
docker image tag bitnami/etcd:3.4.7 quay.io/coreos/etcd:3.4.7
```

镜像设置好后，启动 3 个节点的 etcd 集群，脚本命令如下：

```
REGISTRY=quay.io/coreos/etcd

# For each machine
ETCD_VERSION=3.4.7
TOKEN=my-etcd-token
CLUSTER_STATE=new
NAME_1=etcd-node-0
NAME_2=etcd-node-1
NAME_3=etcd-node-2
HOST_1= 192.168.202.128
HOST_2= 192.168.202.129
HOST_3= 192.168.202.130
CLUSTER=${NAME_1}=http://${HOST_1}:2380,${NAME_2}=http://${HOST_2}:238
0,${NAME_3}=http://${HOST_3}:2380
DATA_DIR=/var/lib/etcd

# For node 1
THIS_NAME=${NAME_1}
THIS_IP=${HOST_1}
docker run \
  -p 2379:2379 \
  -p 2380:2380 \
  --volume=${DATA_DIR}:/etcd-data \
  --name etcd ${REGISTRY}:${ETCD_VERSION} \
  /usr/local/bin/etcd \
  --data-dir=/etcd-data --name ${THIS_NAME} \
  --initial-advertise-peer-urls  http://${THIS_IP}:2380  --listen-peer-
urls http://0.0.0.0:2380 \
  --advertise-client-urls  http://${THIS_IP}:2379  --listen-client-urls
http://0.0.0.0:2379 \
  --initial-cluster ${CLUSTER} \
  --initial-cluster-state ${CLUSTER_STATE} --initial-cluster-token ${TOKEN}

# For node 2
THIS_NAME=${NAME_2}
THIS_IP=${HOST_2}
docker run \
  -p 2379:2379 \
  -p 2380:2380 \
  --volume=${DATA_DIR}:/etcd-data \
  --name etcd ${REGISTRY}:${ETCD_VERSION} \
  /usr/local/bin/etcd \
  --data-dir=/etcd-data --name ${THIS_NAME} \
  --initial-advertise-peer-urls http://${THIS_IP}:2380 --listen-peer-urls
```

```
http://0.0.0.0:2380 \
     --advertise-client-urls  http://${THIS_IP}:2379  --listen-client-urls
http://0.0.0.0:2379 \
     --initial-cluster ${CLUSTER} \
     --initial-cluster-state ${CLUSTER_STATE} --initial-cluster-token ${TOKEN}

   # For node 3
   THIS_NAME=${NAME_3}
   THIS_IP=${HOST_3}
   docker run \
     -p 2379:2379 \
     -p 2380:2380 \
     --volume=${DATA_DIR}:/etcd-data \
     --name etcd ${REGISTRY}:${ETCD_VERSION} \
     /usr/local/bin/etcd \
     --data-dir=/etcd-data --name ${THIS_NAME} \
     --initial-advertise-peer-urls http://${THIS_IP}:2380 --listen-peer-urls
http://0.0.0.0:2380 \
     --advertise-client-urls  http://${THIS_IP}:2379  --listen-client-urls
http://0.0.0.0:2379 \
     --initial-cluster ${CLUSTER} \
     --initial-cluster-state ${CLUSTER_STATE} --initial-cluster-token ${TOKEN}
```

注意，上面的脚本是部署在三台机器上，每台机器执行对应的脚本即可。在运行时可以指定 API 版本：

```
   docker exec etcd /bin/sh -c "export ETCDCTL_API=3 && /usr/local/bin/etcdctl
put foo bar"
```

docker 的安装方式比较简单，读者根据实际可以定制一些配置。

2.4.3 动态发现启动 etcd 集群

综上所述，在实际环境中，集群成员的 ip 可能不会提前知道。在这种情况下，需要使用自动发现来引导 etcd 集群，而不是指定静态配置，这个过程被称为“发现”。启动三个 etcd，具体对应如表 2-4 所示。

表 2-4　动态发现方式启动 etcd 集群的环境信息

HostName	ip	客户端交互端口	peer 通信端口
etcd1	192.168.202.128	2379	2380
etcd2	192.168.202.129	2379	2380
etcd3	192.168.202.130	2379	2380

基于表 2-4 中的环境，将以动态发现方式启动 etcd 集群。

1. 协议的原理

Discovery service protocol（服务发现协议）帮助新的 etcd 成员使用共享 URL 在集群

引导阶段发现所有其他成员。

该协议使用新的发现令牌来引导一个唯一的 etcd 集群。一个发现令牌只能代表一个 etcd 集群。只要此令牌上的发现协议启动，即使它中途失败，也不能用于引导另一个 etcd 集群。

注意： Discovery service protocol 仅用于集群引导阶段，不能用于运行时重新配置或集群监视。

Discovery service protocol 使用内部 etcd 集群来协调启动一个新的 etcd 集群。首先，所有新成员都与发现服务交互，并帮助生成预期的成员列表。之后，每个新成员使用此列表引导其服务器，该列表执行与--initial-cluster 标志相同的功能，即设置所有集群的成员信息。

2．获取 discovery 的 token

首先需要生成标识新集群的唯一令牌。该令牌将用于键空间中的唯一前缀，比较简单的方法是使用 uuidgen 生成 UUID：

```
UUID=$(uuidgen)
```

3．指定集群的大小

获取令牌时，必须指定群集大小。发现服务使用该大小来了解何时发现最初将组成集群的所有成员。

```
curl -X PUT http://10.0.10.10:2379/v2/keys/discovery/6c007a14875d53d9b
f0ef5a6fc0257c817f0fb83/_config/size -d value=3
```

需要把该 url 作为--discovery 参数来启动 etcd，节点会自动使用该路径对应的目录进行 etcd 的服务注册与发现。

4．公共发现服务

当本地没有可用的 etcd 集群时，etcd 官网提供了一个可以公网访问的 etcd 存储地址。可通过以下命令得到 etcd 服务的目录，并把它作为 --discovery 参数使用。

公共发现服务 discovery.etcd.io 以相同的方式工作，但是有一层修饰，可以提取 URL，自动生成 UUID，并提供针对过多请求的保护。公共发现服务在其上仍然使用 etcd 群集作为数据存储。

```
$ curl http://discovery.etcd.io/new?size=3

http://discovery.etcd.io/3e86b59982e49066c5d813af1c2e2579cbf573de
```

5．以动态发现方式启动集群

etcd 动态发现模式下，启动 etcd 的命令如下：

```
# etcd1 启动
$ /opt/etcd/bin/etcd  --name etcd1 --initial-advertise-peer-urls http://
192.168.202.128:2380 \
```

```
    --listen-peer-urls http://192.168.202.128:2380 \
    --data-dir /opt/etcd/data \
    --listen-client-urls
http://192.168.202.128:2379,http://127.0.0.1:2379 \
    --advertise-client-urls http://192.168.202.128:2379 \
    --discovery
https://discovery.etcd.io/3e86b59982e49066c5d813af1c2e2579cbf573de

  # etcd2 启动
   /opt/etcd/bin/etcd  --name etcd2 --initial-advertise-peer-urls http://
192.168.202.129:2380 \
    --listen-peer-urls http://192.168.202.129:2380 \
    --data-dir /opt/etcd/data \
    --listen-client-urls
http://192.168.202.129:2379,http://127.0.0.1:2379 \
    --advertise-client-urls http://192.168.202.129:2379 \
    --discovery
https://discovery.etcd.io/3e86b59982e49066c5d813af1c2e2579cbf573de

  # etcd3 启动
   /opt/etcd/bin/etcd  --name etcd3 --initial-advertise-peer-urls http://
192.168.202.130:2380 \
     --listen-peer-urls http://192.168.202.130:2380 \
     --data-dir /opt/etcd/data \
     --listen-client-urls
http://192.168.202.130:2379,http://127.0.0.1:2379 \
     --advertise-client-urls http://192.168.202.130:2379 \
     --discovery  https://discovery.etcd.io/3e86b59982e49066c5d813af1c2e
2579cbf573de
```

需要注意的是，在完成集群初始化后，这些信息就失去作用。当需要增加节点时，需要使用 etcdctl 进行操作。为了安全，每次启动新 etcd 集群时，都使用新的 discovery token 进行注册。另外，如果初始化时启动的节点超过指定的数量，多余的节点会自动转化为 Proxy 模式的 etcd。

6. 结果验证

集群启动好后，进行验证，查看集群的成员，代码如下：

```
  $ /opt/etcd/bin/etcdctl member list
  # 结果如下
     40e2ac06ca1674a7, started, etcd3, http://192.168.202.130:2380, http:
//192.168.202.130:2379, false
     c532c5cedfe84d3c, started, etcd1, http://192.168.202.128:2380, http:
//192.168.202.128:2379, false
     db75d3022049742a, started, etcd2, http://192.168.202.129:2380, http:
//192.168.202.129:2379, false
```

结果符合预期，节点的健康状态如下：

```
  $ /opt/etcd/bin/etcdctl  --endpoints="http://192.168.202.128:2379,http:
```

```
//192.168.202.129:2379,http://192.168.202.130:2379"  endpoint  health
    # 结果如下
        http://192.168.202.128:2379 is healthy: successfully committed proposal:
took = 3.157068ms
        http://192.168.202.130:2379 is healthy: successfully committed proposal:
took = 3.300984ms
        http://192.168.202.129:2379 is healthy: successfully committed proposal:
took = 3.263923ms
```

可以看到，集群中的三个节点都是健康的正常状态。以动态发现方式启动集群成功。

2.4.4　DNS 自发现模式

etcd 还支持使用 DNS SRV 记录进行启动。实际上是利用 DNS 的 SRV 记录不断轮训查询实现。DNS SRV 是 DNS 数据库中支持的一种资源记录的类型，它记录了计算机与所提供服务信息的对应关系。

本节将介绍基于 Dnsmasq 提供的 DNS 服务，实现动态 DNS 自发现。

1．Dnsmasq 安装

这里使用 Dnsmasq 创建 DNS 服务。Dnsmasq 提供 DNS 缓存和 DHCP 服务、Tftp 服务功能。作为域名解析服务器，Dnsmasq 可通过缓存 DNS 请求来提高对访问过的网址的连接速度。Dnsmasq 轻量且易配置，适用于个人用户或少于 50 台主机的网络。此外它还自带一个 PXE 服务器。

当接收到一个 DNS 请求时，Dnsmasq 首先会查找/etc/hosts 这个文件，然后查找/etc/resolv.conf 中定义的外部 DNS。配置 Dnsmasq 为 DNS 缓存服务器，同时在/etc/hosts 文件中加入本地内网解析，使得内网机器查询时会优先查询 hosts 文件，这就等于将/etc/hosts 共享给全内网机器使用，从而解决内网机器互相识别的问题。相比逐台机器编辑 hosts 文件或者添加 Bind DNS 记录，可以只编辑一个 hosts 文件。

基于笔者使用的 Centos 7 的主机，首先安装 Dnsmasq，代码如下：

```
yum install dnsmasq
```

安装好后，进行配置，所有的配置都在一个文件中完成/etc/dnsmasq.conf。也可以在/etc/dnsmasq.d 中自己写任意名字的配置文件。

（1）配置上游服务器地址

resolv-file 配置 Dnsmasq 额外的上游的 DNS 服务器，如果不开启就使用 Linux 主机默认的/etc/resolv.conf 里的 nameserver。

```
$ VIM /etc/dnsmasq.conf

# 增加以下的内容:
resolv-file=/etc/resolv.dnsmasq.conf
srv-host=_etcd-server._tcp.blueskykong.com,etcd1.blueskykong.com,2380,
0,100
```

```
    srv-host=_etcd-server._tcp.blueskykong.com,etcd2.blueskykong.com,2380,
0,100
    srv-host=_etcd-server._tcp.blueskykong.com,etcd3.blueskykong.com,2380,
0,100
```

在 dnsmasq.conf 中相应的域名记录，配置了所涉及的三台服务器，分别对应 etcd1、etcd2、etcd3。

（2）在指定文件中增加转发 DNS 的地址

```
$ VIM /etc/resolv.dnsmasq.conf

nameserver 8.8.8.8
nameserver 8.8.4.4
```

这两个免费的 DNS 服务，大家应该不陌生。读者可以根据本地实际网络进行配置。

（3）本地启用 Dnsmasq 解析

命令如下：

```
$ VIM /etc/resolv.conf

nameserver 127.0.0.1
```

（4）添加解析记录

分别为各个域名配置相关的 A 记录指向 etcd 核心节点对应的机器 IP。添加解析记录有三种方式：使用系统默认 hosts、使用自定义 hosts 文件、使用自定义 conf。这里使用比较简单的第一种方式，代码如下：

```
$ VIM /etc/hosts

# 增加如下的内容解析
192.168.202.128 etcd1.blueskykong.com
192.168.202.129 etcd2.blueskykong.com
192.168.202.130 etcd3.blueskykong.com
```

（5）启动服务

```
service dnsmasq start
```

启动后，进行验证。

首先是 DNS 服务器上 SRV 记录查询，查询结果如下：

```
$ dig @192.168.202.128 +noall +answer SRV _etcd-server._tcp.blueskykong.com

    _etcd-server._tcp.blueskykong.com.  0  IN  SRV       0  100  2380  etcd2.
blueskykong.com.
    _etcd-server._tcp.blueskykong.com.  0  IN  SRV       0  100  2380  etcd1.
blueskykong.com.
    _etcd-server._tcp.blueskykong.com.  0  IN  SRV       0  100  2380  etcd3.
blueskykong.com.
```

接下来是查询域名解析，结果如下：

```
$ dig @192.168.202.128 +noall +answer etcd1.blueskykong.com etcd2.
blueskykong.com etcd3.blueskykong.com
```

```
etcd1.blueskykong.com.  0      IN      A      192.168.202.128
etcd2.blueskykong.com.  0      IN      A      192.168.202.129
etcd3.blueskykong.com.  0      IN      A      192.168.202.130
```

至此，已成功安装好 Dnsmasq。下面基于 DNS 发现启动 etcd 集群。

2. 启动集群

做好上述两步 DNS 的配置，即可使用 DNS 启动 etcd 集群。需要删除 ETCD_INITIAL_CLUSTER 配置（用于静态服务发现），并指定 DNS SRV 域名（ETCD_ DISCOVERY_SRV）。配置 DNS 解析的 url 参数为 -discovery-srv，其中 etcd1 节点的启动命令如下：

```
$ /opt/etcd/bin/etcd  --name etcd1 \
--discovery-srv blueskykong.com \
--initial-advertise-peer-urls http://etcd1.blueskykong.com:2380 \
--initial-cluster-token etcd-cluster-1 \
--data-dir /opt/etcd/data \
--initial-cluster-state new \
--advertise-client-urls http://etcd1.blueskykong.com:2379 \
--listen-client-urls http://0.0.0.0:2379 \
--listen-peer-urls http://0.0.0.0:2380
```

etcd 群集成员可以使用域名或 IP 地址进行广播，启动过程将解析 DNS 记录。--initial-advertise-peer-urls 中的解析地址必须与 SRV 目标中的解析地址匹配。etcd 成员读取解析地址，以查找其是否属于 SRV 记录中定义的群集。

验证基于 DNS 发现启动集群的正确性，查看集群的成员列表，代码如下：

```
$ /opt/etcd/bin/etcdctl member list

# 结果如下:
40e2ac06ca1674a7, started, etcd3, http://192.168.202.130:2380, http://
etcd3.blueskykong.com:2379, false
c532c5cedfe84d3c, started, etcd1, http://192.168.202.128:2380, http://
etcd1.blueskykong.com:2379, false
db75d3022049742a, started, etcd2, http://192.168.202.129:2380, http://
etcd2.blueskykong.com:2379, false
```

可以看到，结果输出 etcd 集群有三个成员，符合预期。下面使用 IP 地址的方式，继续验证集群节点的状态。

```
$/opt/etcd/bin/etcdctl
--endpoints="http://192.168.202.128:2379,http://192.168.202.129:2379,http:
//192.168.202.130:2379" endpoint health

# 结果如下:
http://192.168.202.129:2379 is healthy: successfully committed proposal:
took = 2.933555ms
http://192.168.202.128:2379 is healthy: successfully committed proposal:
took = 7.252799ms
http://192.168.202.130:2379 is healthy: successfully committed proposal:
took = 7.415843ms
```

至此，已经介绍完 etcd 集群的安装部署。更多的 etcd 集群操作，读者可以自行尝试，笔者不在此一一展开。下面将介绍 etcd 自带的客户端 etcdctl 的应用与实践。

2.5 etcdctl 的实践应用

etcdctl 是一个命令行客户端，它能提供一些简洁的命令，供用户直接与 etcd 服务打交道，而无须基于 HTTP API 方式。可以方便对服务进行测试或者手动修改数据库内容。刚开始可通过 etdctl 来熟悉相关操作。这些操作与 HTTP API 基本上是对应的。etcdctl 在两个不同的 etcd 版本下的行为方式也完全不同，代码如下：

```
export ETCDCTL_API=2
export ETCDCTL_API=3
```

本书主要以讲解 API 3 为主，使用 etdctl 时，需要通过如上的命令，先设置环境变量 etcdctl_api=3。

etcd 项目二进制发行包中已经包含 etcdctl 工具，etcdctl 支持的命令大体上分为数据库操作和非数据库操作两类。

2.5.1 常用命令介绍

首先来看 etcdctl 支持哪些命令，通过 etcdctl -h 命令查看，代码如下：

```
$ etcdctl -h

NAME:
   etcdctl - A simple command line client for etcd3.

USAGE:
   etcdctl [flags]

VERSION:
   3.4.5

API VERSION:
   3.4
```

接下来通过表 2-5 系统了解 etcdctl 支持的命令与说明。

表 2-5 etcdctl 支持的命令与说明

命令名称	说明
alarm disarm	接触所有的报警
alarm list	列出所有的报警
auth disable	禁用 authentication
auth enable	启用 authentication
check datascale	对于给定服务实例，检查持有数据的存储使用率

续表

命令名称	说　　明
check perf	检查 etcd 集群的性能表现
compaction	压缩 etcd 中的事件历史
defrag	整理给定 etcd 实例的存储碎片
del	移除指定范围[key, range_end)的键值对
elect	加入 leader 选举
endpoint hashkv	打印指定 etcd 实例的历史键值对 hash 信息
endpoint health	打印指定 etcd 实例的健康信息
endpoint status	打印指定 etcd 实例的状态信息
get	获取键值对
help	帮助命令
lease grant	创建 leases
lease keep-alive	刷新 leases
lease list	罗列所有有效的 leases
lease revoke	撤销 leases
lease timetolive	获取 lease 信息
lock	获取一个命名锁
make-mirror	指定一个 etcd 集群作为镜像集群
member add	增加一个成员到集群
member list	列出集群的所有成员
member promote	提升集群中的一个 non-voting 成员
member remove	移除集群中的成员
member update	更新集群中的成员信息
migrate	迁移 v2 存储中的键值对到 MVCC 存储
move-leader	转移 etcd 集群的 leader 给另一个 etcd 成员
put	写入键值对
role add	增加一个角色
role delete	删除一个角色
role get	获取某个角色的详细信息
role grant-permission	给某个角色授予 key
role list	罗列所有的角色
role revoke-permission	撤销一个角色的 key
snapshot restore	恢复快照
snapshot save	存储某一个 etcd 节点的快照文件至指定位置
snapshot status	获取指定文件的后端快照文件状态
txn	txn 在一个事务内处理所有的请求

续表

命令名称	说　　明
user add	增加一个用户
user delete	删除某个用户
user get	获取某个用户的详细信息
user grant-role	将某个角色授予某个用户
user list	列出所有的用户
user passwd	更改某个用户的密码
user revoke-role	撤销某个用户的角色
version	输出 etcdctl 的版本
watch	监测指定键或者前缀的事件流

在具体的命令使用过程中，对一些重要参数的选择也需要重点掌握，如表 2-6 所示。

表 2-6　重要参数描述

参数名称	说　　明
--cacert=""	服务端使用 HTTPS 时，使用 CA 文件进行验证
--cert=""	HTTPS 下客户端使用的 SSL 证书文件
--command-timeout=5s	命令执行超时时间设置
--debug[=false]	输出 CURL 命令，显示执行命令时发起的请求日志
--dial-timeout=2s	客户端连接超时时间
-d, --discovery-srv=""	用于查询描述群集群端点 SRV 记录的域名
--discovery-srv-name=""	使用 DNS 发现时，查询的服务名
--endpoints=[127.0.0.1:2379]	gRPC 端点
-h, --help[=false]	etcdctl 帮助
--hex[=false]	输出二进制字符串为十六进制编码的字符串
--insecure-discovery[=true]	接受集群成员中不安全的 SRV 记录
--insecure-skip-tls-verify[=false]	跳过服务端证书认证
--insecure-transport[=true]	客户端禁用安全传输
--keepalive-time=2s	客户端连接的 keepalive 时间
--keepalive-timeout=6s	客户端连接的 keepalive 的超时时间
--key=""	HTTPS 下客户端使用的 SSL 密钥文件
--password=""	认证的密码，当该选项开启，--user 参数中不要包含密码
--user=""	username[:password] 的形式
-w, --write-out="simple"	输出内容的格式（Fields、Json、Protobuf、Simple、Table，其中 Simple 为原始信息；Json 为使用 Json 格式解码，易读性高）

etcdctl 支持的命令大体上分为数据库操作和非数据库操作两类。其中，数据库操作命令是最常用的命令，将在下面具体介绍。其他的命令如用户、角色、授权、认证相关，

读者可以根据语法自己尝试。

2.5.2　数据库操作

数据库操作基本围绕着对键值和目录的 CRUD 操作（增删改查），及其对应的生命周期管理。上手这些操作其实很方便，因为这些操作是符合 REST 风格的一套 API 操作。

etcd 在键的组织上采用类似文件系统中目录的概念，即层次化的空间结构，指定的键可以作为键名，如 testkey，实际上，此时键值对放于根目录/下面。也可以为键的存储指定目录结构，如/cluster/node/key；如果不存在/cluster/node 目录，则 etcd Server 将会创建相应的目录结构。

下面基于键操作、watch、lease 三类分别介绍 etcdctl 的使用与实践。

1．键操作

键操作包括常用的增删改查操作，如 PUT、GET、DELETE 等命令。

（1）put 指定某个键的值。例如：

```
$ etcdctl put /testdir/testkey "Hello world"
$ etcdctl put /testdir/testkey2 "Hello world2"
$ etcdctl put /testdir/testkey3 "Hello world3"
```

成功写入三对键值，/testdir/testkey、/testdir/testkey2 和/testdir/testkey3。

（2）get 获取指定键的值。例如：

```
$ etcdctl get /testdir/testkey
Hello world
```

（3）etcdctl 的 GET 命令还提供了根据指定的键（key），获取其对应的十六进制格式值，即以十六进制格式返回：

```
$ etcdctl get /testdir/testkey --hex
\x2f\x74\x65\x73\x74\x64\x69\x72\x2f\x74\x65\x73\x74\x6b\x65\x79 #键
\x48\x65\x6c\x6c\x6f\x20\x77\x6f\x72\x6c\x64 #值
```

加上--print-value-only 可以读取对应的值。十六进制在 etcd 中有多处使用，如租约 ID 也是十六进制。

（4）get 范围内的值

```
$ etcdctl get /testdir/testkey /testdir/testkey3

/testdir/testkey
Hello world
/testdir/testkey2
Hello world2
```

可以看到，获取大于等于/testdir/testkey，且小于/testdir/testkey3 的键值对。testkey3 不在范围内，因为范围是半开区间[testkey, testkey3)，不包含 testkey3。

（5）获取某个前缀的所有键值对，通过“--prefix”可以指定前缀如下：

```
$ etcdctl get --prefix /testdir/testkey
/testdir/testkey
Hello world
/testdir/testkey2
Hello world2
/testdir/testkey3
Hello world3
```

这样即可获取所有以/testdir/testkey 开头的键值对。当前缀获取的结果过多时，还可以通过“--limit=2”限制获取的数量如下：

```
etcdctl get --prefix --limit=2 /testdir/testkey
```

（6）读取键过往版本的值

读取键过往版本的值，应用可能想读取键被替代的值。

例如，应用可能想通过访问键的过往版本回滚到旧的配置。或者，应用可能想通过多个请求得到一个覆盖多个键的统一视图，而这些请求可以通过访问键历史记录而来。因为 etcd 集群上键值存储的每个修改都会增加 etcd 集群的全局修订版本，应用可以通过提供旧有的 etcd 修改版本来读取被替代的键。现有以下键值对：

```
foo = bar         # revision = 2
foo1 = bar2       # revision = 3
foo = bar_new     # revision = 4
foo1 = bar1_new   # revision = 5
```

以下是访问以前版本 key 的示例：

```
$ etcdctl get --prefix foo # 访问最新版本的 key
foo
bar_new
foo1
bar1_new

$ etcdctl get --prefix --rev=4 foo # 访问第 4 个版本的 key
foo
bar_new
foo1
bar1

$ etcdctl get --prefix --rev=3 foo #  访问第 3 个版本的 key
foo
bar
foo1
bar1

$ etcdctl get --prefix --rev=2 foo #  访问第 2 个版本的 key
foo
bar
```

```
$ etcdctl get --prefix --rev=1 foo # 访问第 1 个版本的 key
```

（7）读取大于等于指定键的 byte 值的键

应用可能想读取大于等于指定键的 byte 值的键。假设 etcd 集群已经有下列键：

```
a = 123
b = 456
z = 789
```

读取大于等于键 b 的 byte 值的键的命令：

```
$ etcdctl get --from-key b
b
456
z
789
```

（8）DELETE 删除键。应用可以从 etcd 集群中删除一个键或者特定范围的键。

假设 etcd 集群已经有下列键：

```
foo = bar
foo1 = bar1
foo3 = bar3
zoo = val
zoo1 = val1
zoo2 = val2
a = 123
b = 456
z = 789
```

删除键 foo 的命令：

```
$ etcdctl del foo
1 # 删除了一个键
```

删除从 foo to foo9 的键的命令：

```
$ etcdctl del foo foo9
2 # 删除了两个键
```

删除键 zoo 并返回被删除的键值对的命令：

```
$ etcdctl del --prev-kv zoo
1   # 一个键被删除
zoo # 被删除的键
val # 被删除的键的值
```

删除前缀为 zoo 的键的命令：

```
$ etcdctl del --prefix zoo
2 # 删除了两个键
```

删除大于等于键 b 的 byte 值的键的命令：

```
$ etcdctl del --from-key b
2 # 删除了两个键
```

2. watch 历史改动

很多场景下都要监测存储在 etcd 中键值对的变化，etcd 提供了 watch 接口以监测键值对的变动，下面具体学习如何使用 watch 命令。

（1）watch 监测一个键值的变化，一旦键值发生更新，就会输出最新的值并退出。例如，用户更新 testkey 键值为 Hello watch。

```
$ etcdctl watch  testkey
# 在另外一个终端: etcdctl put  testkey Hello watch
testkey
Hello watch
```

从 foo to foo9 内键的命令：

```
$ etcdctl watch foo foo9
# 在另外一个终端: etcdctl put foo bar
PUT
foo
bar
# 在另外一个终端: etcdctl put foo1 bar1
PUT
foo1
bar1
```

以十六进制格式在键 foo 上进行观察的命令：

```
$ etcdctl watch foo --hex
# 在另外一个终端: etcdctl put foo bar
PUT
\x66\x6f\x6f          # 键
\x62\x61\x72          # 值
```

观察多个键 foo 和 zoo 的命令：

```
$ etcdctl watch -i
$ watch foo
$ watch zoo
# 在另外一个终端: etcdctl put foo bar
PUT
foo
bar
# 在另外一个终端: etcdctl put zoo val
PUT
zoo
val
```

（2）查看 key 的历史改动，应用可能想观察 etcd 中键的历史改动。例如，应用想接收到某个键的所有修改。如果应用一直连接到 etcd，那么 watch 就足够好了。但是，如果应用或者 etcd 出错，改动可能发生在出错期间，这样应用就没能实时接收到这个更新。为了保证更新被交付，应用必须能够观察到键的历史变动。为了做到这点，应用可以在观察时指定一个历史修订版本，就像读取键的过往版本一样。

假设完成下列操作序列：

```
$ etcdctl put foo bar          # revision = 2
OK
$ etcdctl put foo1 bar1        # revision = 3
OK
```

```
$ etcdctl put foo bar_new    # revision = 4
OK
$ etcdctl put foo1 bar1_new  # revision = 5
OK
```

观察历史改动：

```
# 从修订版本 2 开始观察键 'foo' 的改动
$ etcdctl watch --rev=2 foo
PUT
foo
bar
PUT
foo
bar_new
```

从上一次历史修改开始观察：

```
# 在键 'foo' 上观察变更并返回被修改的值和上个修订版本的值
$ etcdctl watch --prev-kv foo
# 在另外一个终端：etcdctl put foo bar_latest
PUT
foo         # 键
bar_new     # 在修改前键 foo 的上一个值
foo         # 键
bar_latest  # 修改后键 foo 的值
```

（3）压缩修订版本。参照上述内容，etcd 保存修订版本以便应用客户端可以读取键的历史版本。但是，为了避免积累无限数量的历史数据，需要对历史的修订版本进行压缩。经过压缩，etcd 删除历史修订版本，释放存储空间，且在压缩修订版本之前的数据将不可访问。下述命令实现压缩修订版本：

```
$ etcdctl compact 5
compacted revision 5 #在压缩修订版本之前的任何修订版本都不可访问
$ etcdctl get --rev=4 foo
{"level":"warn","ts":"2020-05-04T16:37:38.020+0800","caller":"clientv3
/retry_interceptor.go:62","msg":"retrying of unary invoker
failed","target":"endpoint://client-c0d35565-0584-4c07-bfeb-034773278656/1
27.0.0.1:2379","attempt":0,"error":"rpc error: code = OutOfRange desc =
etcdserver: mvcc: required revision has been compacted"}
Error: etcdserver: mvcc: required revision has been compacted
```

3. Lease

Lease 意为租约，类似于 Redis 中的 TTL（Time To Live）。etcd 中的键值对可以绑定到租约上，实现存活周期控制。在实际应用中，常用来实现服务的心跳，即服务在启动时获取租约，将租约与服务地址绑定，并写入 etcd 服务器，为了保持心跳状态，服务会定时刷新租约。

（1）授予租约

应用可以为 etcd 集群中的键授予租约。当键被附加到租约时，它的存活时间被绑定到租约的存活时间，而租约的存活时间相应地被 TTL 管理。在租约授予时每个租约的最小 TTL

值由应用指定。租约的实际 TTL 值是不低于最小 TTL，由 etcd 集群选择。一旦租约的 TTL 到期，租约就过期并且所有附带的键都将被删除。

```
# 授予租约，TTL 为 100 秒
$ etcdctl lease grant 100
lease 694d71ddacfda227 granted with TTL(10s)

# 附加键 foo 到租约 694d71ddacfda227
$ etcdctl put --lease=694d71ddacfda227 foo10 bar
OK
```

在实际操作中，建议 TTL 时间设置久一点，避免来不及操作而出现以下错误：

```
{"level":"warn","ts":"2020-05-04T17:12:27.957+0800","caller":"clientv3
/retry_interceptor.go:62","msg":"retrying of unary invoker
failed","target":"endpoint://client-f87e9b9e-a583-453b-8781-325f2984cef0/1
27.0.0.1:2379","attempt":0,"error":"rpc error: code = NotFound desc =
etcdserver: requested lease not found"}
```

（2）撤销租约

应用通过租约 id 可以撤销租约。撤销租约将删除所有它附带的 key。

假设完成下列操作：

```
$ etcdctl lease revoke 694d71ddacfda227
lease 694d71ddacfda227 revoked

$ etcdctl get foo10
```

（3）刷新租期

应用程序可通过刷新其 TTL 来保持租约活着，因此不会过期。

```
$ etcdctl lease keep-alive 694d71ddacfda227
lease 694d71ddacfda227 keepalived with TTL(100)
lease 694d71ddacfda227 keepalived with TTL(100)
...
```

（4）查询租期

应用客户端可以查询租赁信息，检查续订或租赁的状态，是否存在或者是否已过期。应用客户端还可以查询特定租约绑定的 key。

假设完成以下的一系列操作：

```
$ etcdctl lease grant 300
lease 694d71ddacfda22c granted with TTL(300s)

$ etcdctl put --lease=694d71ddacfda22c foo10 bar
OK
```

下面获取有关租赁信息以及哪些 key 使用租赁信息：

```
$ etcdctl lease timetolive 694d71ddacfda22c
lease 694d71ddacfda22c granted with TTL(300s), remaining(282s)

$ etcdctl lease timetolive --keys 694d71ddacfda22c
lease 694d71ddacfda22c granted with TTL(300s), remaining(220s), attached
keys([foo10])
```

2.5.3　集群配置查询

etcd 支持对集群运行时重新配置，这使用户可以在运行时更新集群的成员身份。

仅当大多数集群成员都在运行时，才能处理重新配置请求。从两个成员群集中删除一个成员是不安全的，因为两个成员群集中的大多数也是两个。如果在删除过程中出现故障，则群集可能无法进行，需要从多数故障中重新启动。因此推荐生产环境中的群集实例数量始终大于两个。

1. 查看集群状态

```
$ etcdctl --write-out=table --endpoints=$ENDPOINTS endpoint status
$ etcdctl --endpoints=$ENDPOINTS endpoint health
127.0.0.1:12379 is healthy: successfully committed proposal: took =
2.215221ms
```

上述代码执行结果如图 2-9 所示。

ENDPOINT	ID	VERSION	DB SIZE	IS LEADER	IS LEARNER	RAFT TERM	RAFT INDEX	RAFT APPLIED INDEX	ERRORS
127.0.0.1:12379	8211f1d0f64f3269	3.4.5	20 kB	false	false	4	13	13	

图 2-9　查看集群状态

2. 查看集群中存在的节点

通过以下的命令查看集群中已经存在的节点。

```
$ etcdctl member list
8e9e05c52164694d, started, default, http://localhost:2380, http://localhost:
2379, false
```

etcd 服务器的当前修订版本可以在任何键（存在或者不存在）以 json 格式使用 get 命令来找到。下面的代码中 mykey 在 etcd 服务器中是不存在的：

```
$ etcdctl get mykey -w=json
{"header":{"cluster_id":14841639068965178418,"member_id":1027665774393
2975437,"revision":8,"raft_term":6},"kvs":[{"key":"bXlrZXk=","create_revis
ion":2,"mod_revision":2,"version":1,"value":"dGhpcyBpcyBhd2Vzb21l"}],"coun
t":1}
```

2.6　etcd 安全

etcd 支持通过 TLS 协议进行加密通信。TLS 通道可用于对等体之间的加密内部群集通信以及加密的客户端流量。本节提供了使用对等和客户端 TLS 设置群集的示例。

2.6.1　TLS 与 SSL

互联网的通信安全，建立在 SSL（安全套接字协议）/TLS 协议之上。不使用 SSL/TLS 的 HTTP 通信，就是不加密的通信。所有信息明文传播，带来了以下三大风险：

- 窃听风险（eavesdropping）：第三方可以获知通信内容；
- 篡改风险（tampering）：第三方可以修改通信内容；
- 冒充风险（pretending）：第三方可以冒充他人身份参与通信。

SSL/TLS 协议是为了解决这三大风险而设计的，希望达到：

- 所有信息都是加密传播，第三方无法窃听；
- 具有校验机制，一旦被篡改，通信双方会立刻发现；
- 配备身份证书，防止身份被冒充。

下面具体介绍下 SSL 与 TLS 的相关概念。

（1）SSL（Secure Socket Layer）

SSL 为 Netscape 所研发，用以保障在 Internet 上数据传输的安全，利用数据加密（Encryption）技术，可确保数据在网络上之传输过程中不会被截取。目前一般通用之规格为 40bit 之安全标准，美国则已推出 128bit 之更高安全标准，但限制出境。只要 3.0 版本以上之 I.E.或 Netscape 浏览器即可支持 SSL。

（2）TLS(Transport Layer Security)

TLS 用于在两个通信应用程序之间提供保密性和数据完整性。该协议由两层组成：TLS 记录协议（TLS Record）和 TLS 握手协议（TLS Handshake）。较低的层为 TLS 记录协议，位于某个可靠的传输协议（如 TCP）上面。

想要实现数据 HTTPS 加密协议访问，保障数据的安全，就需要 SSL 证书，TLS 是 SSL 与 HTTPS 安全传输层协议名称。

2.6.2 进行 TLS 加密实践

为了进行实践，将安装一些实用的命令行工具，包括 cfssl 和 cfssljson。

cfssl 是 CloudFlare 的 PKI/TLS 利器。它既是命令行工具，又是用于签名、验证和捆绑 TLS 证书的 HTTP API 服务器。它需要 Go 1.12+才能构建。

在本小节中进行 TLS 加密的步骤可分为以下 4 步。

1. 环境配置

环境配置信息如表 2-7 所示。

表 2-7 SSL 加密实践环境信息

HostName	ip	客户端交互端口	peer 通信端口
infra0	192.168.202.128	2379	2380
infra1	192.168.202.129	2379	2380
infra2	192.168.202.130	2379	2380

2. 安装 cfssl 命令行工具

安装命令如下：

```
$ ls ~/Downloads/cfssl
cfssl-certinfo_1.4.1_linux_amd64 cfssl_1.4.1_linux_amd64        cfssljson_1.4.1_linux_amd64
chmod +x cfssl_1.4.1_linux_amd64 cfssljson_1.4.1_linux_amd64 cfssl-certinfo_1.4.1_linux_amd64

mv cfssl_1.4.1_linux_amd64 /usr/local/bin/cfssl
mv cfssljson_1.4.1_linux_amd64 /usr/local/bin/cfssljson
mv cfssl-certinfo_1.4.1_linux_amd64 /usr/bin/cfssl-certinfo
```

安装完成后，查看版本信息的结果，代码如下：

```
$ cfssl version

Version: 1.4.1
Runtime: go1.12.12
```

3. 配置 CA 并创建 TLS 证书

使用 CloudFlare's PKI 工具 cfssl 来配置 PKI Infrastructure，然后创建 Certificate Authority（CA），并为 etcd 创建 TLS 证书。

首先创建 ssl 配置目录：

```
mkdir /opt/etcd/{bin,cfg,ssl} -p
cd /opt/etcd/ssl/
```

etcd ca 配置如下：

```
cat << EOF | tee ca-config.json
{
  "signing": {
    "default": {
      "expiry": "87600h"
    },
    "profiles": {
      "etcd": {
         "expiry": "87600h",
         "usages": [
            "signing",
            "key encipherment",
            "server auth",
            "client auth"
        ]
      }
    }
  }
}
EOF
```

etcd ca 证书如下：

```
cat << EOF | tee ca-csr.json
```

```
{
    "CN": "etcd CA",
    "key": {
        "algo": "rsa",
        "size": 2048
    },
    "names": [
        {
            "C": "CN",
            "L": "Shanghai",
            "ST": "Shanghai"
        }
    ]
}
EOF
```

生成 CA 凭证和私钥，代码如下：

```
$ cfssl gencert -initca ca-csr.json | cfssljson -bare ca

2020/04/30 20:36:58 [INFO] generating a new CA key and certificate from CSR
2020/04/30 20:36:58 [INFO] generate received request
2020/04/30 20:36:58 [INFO] received CSR
2020/04/30 20:36:58 [INFO] generating key: rsa-2048
2020/04/30 20:36:58 [INFO] encoded CSR
2020/04/30 20:36:58 [INFO] signed certificate with serial number 252821789025044258332210471232130931231440888312

$ ls

ca-config.json  ca-csr.json  ca-key.pem  ca.csr  ca.pem
```

etcd server 证书如下：

```
cat << EOF | tee server-csr.json
{
    "CN": "etcd",
    "hosts": [
    "192.168.202.128",
    "192.168.202.129",
    "192.168.202.130"
    ],
    "key": {
        "algo": "rsa",
        "size": 2048
    },
    "names": [
        {
            "C": "CN",
            "L": "Beijing",
            "ST": "Beijing"
```

```
        }
    ]
}
EOF
```

生成 server 证书如下：

```
cfssl gencert -ca=ca.pem -ca-key=ca-key.pem -config=ca-config.json
-profile=etcd server-csr.json | cfssljson -bare server
2020/04/30 20:44:37 [INFO] generate received request
2020/04/30 20:44:37 [INFO] received CSR
2020/04/30 20:44:37 [INFO] generating key: rsa-2048
2020/04/30 20:44:37 [INFO] encoded CSR
2020/04/30 20:44:37 [INFO] signed certificate with serial number
730616886331662832654849237798188392584665311 08

ls
ca-config.json ca-csr.json ca-key.pem ca.csr ca.pem server-csr.json
server-key.pem server.csr server.pem
```

接下来启动 etcd 集群，配置如下：

```
#etcd1 启动

$ /opt/etcd/bin/etcd --name etcd1 --initial-advertise-peer-urls https:
//192.168.202.128:2380 \
     --listen-peer-urls https://192.168.202.128:2380 \
     --listen-client-urls https://192.168.202.128:2379,https://127.0.0.1:2379 \
     --advertise-client-urls https://192.168.202.128:2379 \
     --initial-cluster-token etcd-cluster-1 \
     --initial-cluster etcd1=https://192.168.202.128:2380, etcd2=https://192.
168.202.129:2380, etcd3=https://192.168.202.130:2380 \
     --initial-cluster-state new \
     --client-cert-auth --trusted-ca-file=/opt/etcd/ssl/ca.pem \
     --cert-file=/opt/etcd/ssl/server.pem --key-file=/opt/etcd/ssl/server-
key.pem \
     --peer-client-cert-auth --peer-trusted-ca-file=/opt/etcd/ssl/ca.pem \
     --peer-cert-file=/opt/etcd/ssl/server.pem --peer-key-file=/opt/etcd/
ssl/server-key.pem

#etcd2 启动
/opt/etcd/bin/etcd --name etcd2 --initial-advertise-peer-urls https:
//192.168.202.129:2380 \
     --listen-peer-urls https://192.168.202.129:2380 \
     --listen-client-urls https://192.168.202.129:2379,https://127.0.0.
1:2379 \
     --advertise-client-urls https://192.168.202.129:2379 \
     --initial-cluster-token etcd-cluster-1 \
     --initial-cluster etcd1=https://192.168.202.128:2380, etcd2=https:
//192.168.202.129:2380, etcd3=https://192.168.202.130:2380 \
     --initial-cluster-state new \
     --client-cert-auth --trusted-ca-file=/opt/etcd/ssl/ca.pem \
```

```
        --cert-file=/opt/etcd/ssl/server.pem  --key-file=/opt/etcd/ssl/server-key.pem \
        --peer-client-cert-auth --peer-trusted-ca-file=/opt/etcd/ssl/ca.pem \
        --peer-cert-file=/opt/etcd/ssl/server.pem --peer-key-file=/opt/etcd/ssl/server-key.pem
    #etcd3 启动
    /opt/etcd/bin/etcd --name etcd3 --initial-advertise-peer-urls https://192.168.202.130:2380 \
         --listen-peer-urls https://192.168.202.130:2380 \
         --listen-client-urls  https://192.168.202.130:2379,https://127.0.0.1:2379 \
         --advertise-client-urls https://192.168.202.130:2379 \
         --initial-cluster-token etcd-cluster-1 \
         --initial-cluster etcd1=https://192.168.202.128:2380, etcd2=https://192.168.202.129:2380, etcd3=https://192.168.202.130:2380 \
         --initial-cluster-state new \
         --client-cert-auth --trusted-ca-file=/opt/etcd/ssl/ca.pem \
         --cert-file=/opt/etcd/ssl/server.pem --key-file=/opt/etcd/ssl/server-key.pem \
         --peer-client-cert-auth --peer-trusted-ca-file=/opt/etcd/ssl/ca.pem \
         --peer-cert-file=/opt/etcd/ssl/server.pem   --peer-key-file=/opt/etcd/ssl/server-key.pem
```

etcd2 和 etcd3 启动类似，注意替换 listen-peer-urls 和 advertise-client-urls。通过三台服务器的控制台可以知道，集群已成功建立。我们来进行以下验证：

```
    $ /opt/etcd/bin/etcdctl --cacert=/opt/etcd/ssl/ca.pem --cert=/opt/etcd/ssl/server.pem --key=/opt/etcd/ssl/server-key.pem --endpoints="https://192.168.202.128:2379,https://192.168.202.129:2379,https://192.168.202.130:2379"  endpoint health

    # 输出如下:
    https://192.168.202.129:2379 is healthy: successfully committed proposal: took = 9.492956ms
    https://192.168.202.130:2379 is healthy: successfully committed proposal: took = 12.805109ms
    https://192.168.202.128:2379 is healthy: successfully committed proposal: took = 13.036091ms
```

首先查看三个节点的健康状况：endpoint health，输出的结果符合我们的预期。其次，查看集群的成员列表，代码如下：

```
    $ /opt/etcd/bin/etcdctl --cacert=/opt/etcd/ssl/ca.pem --cert=/opt/etcd/ssl/server.pem --key=/opt/etcd/ssl/server-key.pem --endpoints="https://192.168.202.128:2379,https://192.168.202.129:2379,https://192.168.202.130:2379" member list

    # 输出如下:
    48e15f7612b3de1, started, etcd2, https://192.168.202.129:2380, https://192.168.202.129:2379, false
    6b57a3c3b8a54873, started, etcd3, https://192.168.202.130:2380, https://
```

```
192.168.202.130:2379, false
    c1ba2629c5bc62ac, started, etcd1, https://192.168.202.128:2380, https://
192.168.202.128:2379, false
```

输出了三个成员，完全符合我们的预期。经过 TLS 加密的 etcd 集群，在进行操作时，需要加上认证相关的信息，尝试先写再读的操作：

```
    $ /opt/etcd/bin/etcdctl --cacert=/opt/etcd/ssl/ca.pem --cert=/opt/etcd/
ssl/server.pem --key=/opt/etcd/ssl/server-key.pem --endpoints="https://192.
168.202.128:2379,https://192.168.202.129:2379,https://192.168.202.130:2379
" put hello world

    OK

    $ /opt/etcd/bin/etcdctl --cacert=/opt/etcd/ssl/ca.pem --cert=/opt/etcd/
ssl/server.pem --key=/opt/etcd/ssl/server-key.pem --endpoints="https://192.
168.202.128:2379,https://192.168.202.129:2379,https://192.168.202.130:2379
" get hello

    hello
    world
```

写入“hello->wold”的键值对，读取时，控制台正常输出键值。至此，成功将 etcd 的通信加密。

4．自动证书

如果集群需要加密的通信但不需要经过身份验证的连接，则可以将 etcd 配置为自动生成其密钥。在初始化时，每个成员都基于其通告的 IP 地址和主机创建自己的密钥集。

在每台机器上，etcd 将使用以下标志启动：

```
    $ etcd --name etcd1 --initial-advertise-peer-urls https://192.168.202.
128:2380 \
      --listen-peer-urls https://192.168.202.128:2380 \
      --listen-client-urls https://192.168.202.128:2379,https://127.0.0.1:2379 \
      --advertise-client-urls https://10.0.1.10:2379 \
      --initial-cluster-token etcd-cluster-1 \
      --initial-cluster infra0=https://192.168.202.128:2380,infra1=https://
192.168.202.129:2380,infra2=https://192.168.202.130:2380 \
      --initial-cluster-state new \
      --auto-tls \
      --peer-auto-tls
```

由于自动签发证书并不认证身份，因此直接 curl 会返回错误。需要使用 curl 的 -k 命令屏蔽对证书链的校验。

2.7　本章小结

本章主要介绍了 etcd 的特性、使用场景、实践、etcd 的安装部署方式以及 etcdctl 相关命令的说明和数据库命令的使用实践。

etcd 的安装包括单机和集群的部署。为了高可用，在生产环境中一般选择使用集群的方式部署 etcd。在集群部署时，有静态和动态两种方式发现集群中的成员。静态方式是在启动时指定各个成员的地址，但在实际环境中，集群成员的 IP 可能不会提前知道，这时候就需要采用动态发现机制。

Discovery Service 用于生成集群的发现令牌，需要注意的是，该令牌仅用于集群引导阶段，不能用于运行时重新配置或集群监视。一个发现令牌只能代表一个 etcd 集群，只要此令牌上的发现协议启动，即使中途失败，也不能用于引导另一个 etcd 集群。最后介绍了 etcd 集群通过 TLS 协议进行加密通信，来保证 etcd 通信的安全。

etcdctl 为用户提供一些简洁的命令，用户通过 etcdctl 可以直接与 etcd 服务端交互。etcdctl 客户端提供的操作与 HTTP API 基本上是对应的，甚至可以替代 HTTP API 的方式。通过 etcdctl 客户端工具的学习，对于快速熟悉 etcd 组件的功能和入门使用非常有帮助。

学完这一章，想必你对 etcd 的常用功能已经有了一个整体的了解，第 3 章将介绍 etcd 的核心通信接口，即 etcd v3 API，通过这些 API 接口了解 etcd 的通信规范以及核心功能。

第 3 章　etcd 核心 API v3

在前面的一章介绍了 etcd 的相关概念、特性、应用场景、安装部署以及应用实践。本章将介绍 etcd 服务端 v3 版本提供的核心 API，etcd 服务端与客户端之间以及 etcd 服务端相互之间通过 gRPC 通信，所有 etcd API 均在 gRPC 服务中定义。

我们将会集中精力讲解键值对操作的接口、Watch 监控服务、Lease 租约服务、Lock 加锁和 Election 选举服务的 gRPC API 接口定义。对于不太常用的 API 接口服务，本书会简略带过。etcd 核心 API 对于理解 etcd 基本思想有很大的帮助。

3.1　通信接口标准：proto3

etcd v3 的通信基于 gRPC 通信协议，gRPC 则依赖于 proto 文件中定义的服务端和客户端通信接口的标准。proto 中定义了 API 方法，客户端传递的参数，服务端的返回值，客户端的调用方式，阻塞或是非阻塞，同步调用或是异步调用等。在进行核心 API 学习之前，需要对 proto3 的基本语法有初步了解。proto3 是原有 Protocol Buffer 2（被称为 proto2）的升级版本，删除一部分特性，优化了对移动设备的支持，另外增加了对 Android 和 iOS 的支持，使得 gRPC 可以方便地在移动设备上使用。

注意：

Protocol buffer 是一个灵活、高效、自动化的结构化数据序列化机制——类似于 XML，但是更小、更快并且更简单。一旦定义好数据如何构造，就可以使用特殊生成的源代码轻松地在各种数据流中使用各种语言编写和读取结构化数据，甚至可以更新之前定义的数据结构而不打破已部署的使用“旧有”格式编译的程序。

3.1.1　定义消息类型

首先看一个非常简单的示例，定义一个搜索的请求消息，每个消息中包含的字段有：查询字符串、页面编号以及每个页面的命中个数，则在 proto3 中定义该请求对象如下：

```
syntax = "proto3";
message SearchRequest {
  string query = 1;
  int32 page_number = 2;
  int32 result_per_page = 3;
}
```

代码解析如下：

（1）代码的第一行指定使用 proto3 语法。如果不指定，protocol buffer 编译器就会使用 proto2 语法。该语句必须出现在“.proto”文件非空非注释的第一行；

（2）SearchRequest 的定义，搜索请求消息结构中定义指定三个字段（name/value）。每个字段都有一个名称和类型。

在上面的例子中，所有的字段都是值类型，包括两个整形（page_number and result_per_page 字段）和一个字符串（query 字段）。其实，也可以自定义字段为组合类型，包括枚举和其他消息类型。

同时，消息字段可以是以下两种中的一种：

- singular（单个）：符合语法规则的消息包含零个或者一个这样的字段，即最多一个；
- repeated（重复）：一个字段在合法的消息中可以重复出现一定次数（包括零次）。重复出现的值的次序将被保留。在 proto3 中，重复出现的值类型字段默认采用压缩编码。

3.1.2 添加更多消息类型

多个消息可以同时定义在一个 proto 文件中，这种方式特别是在定义多个关联的消息时非常有用。如果想要定义搜索消息类型的响应消息格式，可以将上面的 proto 文件修改为如下：

```
message SearchRequest {
  string query = 1;
  int32 page_number = 2;
  int32 result_per_page = 3;
}

message SearchResponse {
 ...
}
```

当需要在新建的 proto 文件中添加注释时，使用 C/C++风格的“//”语法，示例代码如下：

```
message SearchRequest {
  string query = 1;
  int32 page_number = 2;
  int32 result_per_page = 3;
}
```

如果通过删除某个字段或者将整个字段注释更新消息类型，则用户在添加新的字段类型时希望能够复用这些被注释掉的标识数字。对于加载同一个“.proto”的旧版应用程序，这样做会引起一些严重问题，包括数据损坏、安全隐私 bug 等。因此，通常的做法是保留要删除的字段的标识，确保上述问题不会发生。当增加 reversed 时，Protocol buffer

编译器将提示用户使用这些保留的字段标识。

```
message Foo {
  reserved 2, 15, 9 to 11;
  reserved "foo", "bar";
}
```

需要注意的是，不要混淆同一个保留语句中的字段名称和标识。

3.1.3 proto 文件编译后会生成什么

一个 proto 文件在编译后，编译器会为选择的语言生成代码。在文件中描述的消息类型，包括获取和设置字段的值，序列化我们的消息到一个输出流，以及从一个输入流中转换出消息。对于不同的语言会有不同的操作，具体如下：

（1）对于 C++语言，编译器会为每个 proto 文件生成一个“.h”文件和一个“.cc”的文件，为每一个给出的消息类型生成一个类；

（2）对于 Java 语言，编译器会生成一个 Java 文件，其中为每一个消息类型生成一个类，还有特殊的用来创建这些消息类实例的 Builder 类；

（3）Python 编译器会生成一个模块，其中为每一个消息类型生成一个静态的描述器，在运行时，和一个 metaclass 一起使用创建必要的 Python 数据访问类；

（4）对于 Go 语言，编译器为每个消息类型生成一个 pb.go 文件。

在介绍完了 proto3 的相关定义和基本使用之后，下面将介绍 etcd 中 gRPC 远程调用的相关接口定义。

3.2 核心 gRPC API 接口

发送到 etcd 服务端的每个 API 请求都是一个 gRPC 远程过程调用。etcd3 中的 RPC 接口定义根据功能分类到服务中。

etcd 中涉及的常用功能包括以下 5 类，如图 3-1 所示。

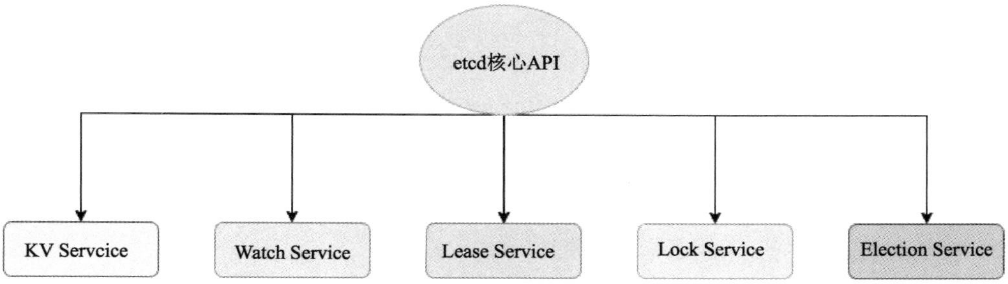

图 3-1 etcd 核心 API

各个服务对应的主要功能介绍如下。

- 键值对服务（KV Service）：创建、更新、获取和删除键值对；
- 监视（Watch Service）：watch 是监听一个或一组 key，key 的任何变化都会发出消息。某种意义上讲，etcd 就是发布订阅模式；
- 租约（Lease Service）：类似 ttl（Time To Live），用于 etcd 客户端与服务端之间进行活性检测。在到达 ttl 时间之前，etcd 服务端不会删除相关租约上绑定的键值对；否则超过 ttl 时间则会删除租约上绑定的键值对。因此需要在到达 ttl 时间之前续租，以实现客户端与服务端之间的保活；
- 锁（Lock Service）：etcd 提供了分布式锁的支持；
- 选举（Election Service）：客户端 clientv3 封装了选举机制。

上面列出的 5 个服务是 etcd 功能所涉及的核心 API 接口。在介绍具体的 API 接口之前，先来熟悉 etcd 在 gRPC 接口定义中的一些请求和响应的约定。

etcd v3 中的所有 RPC 都遵循相同的格式。每个 RPC 都有一个函数名，该函数将 NameRequest 作为参数并返回 NameResponse 作为响应。通过 etcd 中的 Range 接口定义来了解 gRPC 的请求和相应：

```
service KV {
  Range(RangeRequest) returns (RangeResponse)
  ...
}
```

可以看到 KV 键值对服务中定义了 Range 接口，入参为 RangeRequest，返回的对象为 RangeResponse。每一个接口都有其对应的请求参数和响应对象。

etcd API 接口的所有响应都有一个附加的响应头 ResponseHeader，响应中包含群集的元数据，其定义如下：

```
message ResponseHeader {
  uint64 cluster_id = 1;
  uint64 member_id = 2;
  int64 revision = 3;
  uint64 raft_term = 4;
}
```

ResponseHeader 中包含的字段与解释如表 3-1 所示。

表 3-1　ResponseHeader 包含的字段与解释

字段名称	解释
cluster_id	产生响应的集群的 id
member_id	产生响应的成员的 id
revision	返回响应时，键值的修订版本号
raft_term	产生响应时，raft term 表示任期，每个 term 都是一个连续递增的编号

应用服务可通过 cluster_id 和 member_id 字段来确保，当前与之通信的正是预期的那个集群或者成员；而通过使用修订号字段来获取某个键值最新的修订号。当应用程序指

定历史修订版进行查询，并希望在请求时知道最新修订版时，此字段特别有用；应用服务可以使用 Raft_Term 来获知集群何时完成一个新的 leader 选举。

在下面将会对 etcd 5 个常用服务中的 API 接口定义进行讲解。

3.3 键值对增删改查

etcd 接收到的大多数请求都是键值对读写请求，因此键值对服务是一个高频使用的服务。KV Service 提供了键值对操作的支持，其中包含的主要接口如图 3-2 所示。

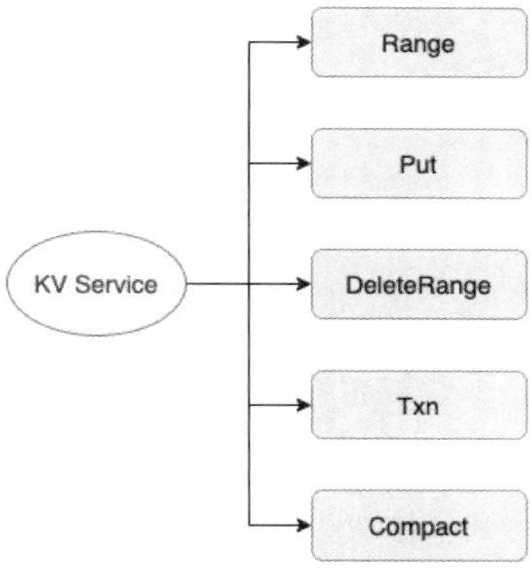

图 3-2　KV Service 中的主要接口

由图 3-2 可知，KV Service 有 5 个主要的 API 接口，用于提供键值对的查询、更新、删除、事务和压缩等功能。而在 rpc.proto 文件中定义 KV Service 的各个接口，具体代码如下：

```
//rpc.proto
service KV {
  rpc Range(RangeRequest) returns (RangeResponse) {}

  rpc Put(PutRequest) returns (PutResponse) {}

  rpc DeleteRange(DeleteRangeRequest) returns (DeleteRangeResponse) {}

  rpc Txn(TxnRequest) returns (TxnResponse) {}

  rpc Compact(CompactionRequest) returns (CompactionResponse) {}
}
```

KV Service 各个接口名称与说明如表 3-2 所示。

表 3-2　KV Service 接口名称与说明

接口名称	说　明
Range	从键值存储中获取某个范围内的键值对信息
Put	设置给定 key 到键值存储，put 请求增加键值存储的修订版本并在事件历史中生成一个事件

续表

接口名称	说　　明
DeleteRange	从键值存储中删除给定范围，删除请求增加键值存储的修订版本并在事件历史中为每个被删除的 key 生成一个删除事件
Txn	在单个事务中处理多个请求，一个 txn 请求增加键值存储的修订版本并为每个完成的请求生成带有相同修订版本的事件。不容许在一个 txn 中多次修改同一个 key
Compact	压缩在 etcd 键值存储中的事件历史。键值存储应定期压缩，否则事件历史会无限制地持续增长

下面将具体分析每个接口方法的定义与用法。

3.3.1 Range 查询方法

Range 方法用于从 etcd 存储中获取指定范围内 key 对应的键值对信息，其方法定义如下：

```
rpc Range(RangeRequest) returns (RangeResponse) {}
```

需要注意的是，etcd 没有提供获取单个 key 的方法。在 etcd 中，即使是查询单个 key，也需要使用 Range 方法。请求参数的对象 RangeRequest 定义如下：

```
message RangeRequest {
  enum SortOrder {
    NONE = 0; // 默认，不排序
    ASCEND = 1; // 正序，低的值在前
    DESCEND = 2; // 倒序，高的值在前
  }
  enum SortTarget {
    KEY = 0;
    VERSION = 1;
    CREATE = 2;
    MOD = 3;
    VALUE = 4;
  }

  bytes key = 1;

  // range_end 是请求范围的上限[key, range_end)
  bytes range_end = 2;

  // 请求返回的 key 的数量限制
  int64 limit = 3;

  int64 revision = 4;

  // 指定返回结果的排序顺序
  SortOrder sort_order = 5;
```

```
    // 用于排序的键值字段
    SortTarget sort_target = 6;

    bool serializable = 7;

    // 设置仅返回 key 而不需要 value
    bool keys_only = 8;

    // 设置仅仅返回范围内 key 的数量
    bool count_only = 9;
  }
```

在上述请求结构体的定义中，注意 key 是 range 范围的第一个 key：

- 如果 range_end 没有给定，则该请求仅查找此 key。range_end 代表请求 key 的下界；
- 如果 range_end 是 '\0'，则范围是大于等于 key 的所有 key；
- 如果 range_end 比给定的 key 长一个 bit，那么 range 请求获取所有带有前缀（给定的 key）的 key；
- 如果 key 和 range_end 都是'\0'，则范围查询返回所有 key。

revision 修订版本用于指定 range 键值对存储的时间点；如果 revision 小于或等于零，范围是在最新的键值对存储上。如果修订版本已经被压缩，返回 ErrCompacted 作为应答结果。

serializable 设置 etcd 处理 range 请求使用串行读的方式。range 请求默认使用线性读的方式，线性化请求相比串行化请求有更高的延迟和低吞吐量，但是能够保证客户端读的一致性。为了更好的性能，以可能脏读为代价，串行化 range 请求在本地处理，无须和集群中的其他节点交互。

应答的消息体 RangeResponse 定义如下：

```
  message RangeResponse {
    ResponseHeader header = 1;

    // kvs 是匹配范围请求的键值对列表
    repeated mvccpb.KeyValue kvs = 2;

    // more 代表在被请求的范围内是否还有更多的 key
    bool more = 3;

    // 被请求范围内 key 的数量
    int64 count = 4;
  }
```

header 就是在 3.2 节中提及的通用响应头。其中，mvccpb.KeyValue 的消息体定义如下：

```
  message KeyValue {
    // key 是 bytes 格式的 key。不容许 key 为空
    bytes key = 1;
```

```
  // create_revision 是这个 key 最后创建的修订版本
  int64 create_revision = 2;

  // mod_revision 是这个 key 最后修改的修订版本
  int64 mod_revision = 3;

  int64 version = 4;

  // value 是 key 持有的值，bytes 格式。
  bytes value = 5;

  int64 lease = 6;
}
```

version 是 key 的版本。删除会将版本重置为 0，任何 key 的修改都会增加它的版本。lease 是绑定在该 key 上的租约 id。当绑定的租约过期时，key 将被删除。如果 lease 为 0，则没有租约附加到 key。

3.3.2 Put 写入键值对

Put 方法用于写入或更新给定的键值对到 etcd 存储中。Put 请求会增加键值存储的修订版本，并在事件历史中生成一个事件。Put 接口的定义如下：

```
rpc Put(PutRequest) returns (PutResponse) {}
```

该方法接受一个请求的消息体 PutRequest，定义如下：

```
message PutRequest {
  // byte 数组形式的 key，用来放置到键值对存储
  bytes key = 1;

  // byte 数组形式的 value，在键值对存储中和 key 关联
  bytes value = 2;

  int64 lease = 3;

  bool prev_kv = 4;
}
```

lease 是在 etcd 键值存储中与 key 关联的租约 ID，其值为 0 时代表没有租约。如果 prev_kv 被设置为 true，则 etcd 服务端会返回此次修改之前的键值。上一个键值对的值将在 put 应答中被返回。应答的消息体 PutResponse 定义如下：

```
message PutResponse {
  ResponseHeader header = 1;

  mvccpb.KeyValue prev_kv = 2;
}
```

header 代表通用的响应头，如果请求中的 prev_kv 被设置，将返回上一个键值对。

3.3.3　DeleteRange 删除键值对方法

DeleteRange 方法用于从 etcd 存储中删除给定范围的键值对。删除请求更新键值存储的修订版本，并在事件历史中为每个被删除的 key 生成一个删除事件。DeleteRange 方法具体定义如下：

```
rpc DeleteRange(DeleteRangeRequest) returns (DeleteRangeResponse)
```

请求的消息体 DeleteRangeRequest 定义如下：

```
message DeleteRangeRequest {
  bytes key = 1;

  bytes range_end = 2;

  bool prev_kv = 3;
}
```

我们分析一下上面的方法定义。

- key 代表要删除的范围的开始。range_end 是要删除范围[key, range_end)的最后一个 key；
- 如果 range_end 没有给定，范围定义为仅包含 key 参数；
- 如果 range_end 是'\0'，范围是所有大于等于参数 key 的所有 key；
- 如果 prev_kv 被设置，etcd 获取删除前的上一个键值对。上一个键值对将在 delete 应答中被返回。

应答的消息体 DeleteRangeResponse 定义如下：

```
message DeleteRangeResponse {
  ResponseHeader header = 1;

  // 被范围删除请求删除的 key 的数量
  int64 deleted = 2;

  repeated mvccpb.KeyValue prev_kvs = 3;
}
```

如果请求中的 prev_kv 被设置，将返回上一个键值对的信息。

3.3.4　Txn 事务方法

etcd 提供了事务原语，用于将请求按原子块（then/else）进行分组，这些原子块（分组）根据键值存储的内容来保护执行（if）。事务可用于实现并发更新的一致性，构建 CAS 以及开发级别的并发控制。

1. etcd 的事务 Transaction

事务可以使得 etcd 服务端在单个请求中自动处理多个外部请求。对于键值进行修改时，该键值对存储的修订版本仅对事务增加一次，并且该事务生成的所有事件都将具有相同的修订版。需要注意的是，etcd 禁止在单个事务中多次修改同一个 key。

事务中的每次操作都会检查存储中的单个 key，类似于 If 操作，检查是否存在值，与给定值进行比较或检查键的修订版本。两种不同的比较可能适用于相同或不同的 key。所有比较都是原子操作。如果所有比较都为真，则表示事务成功，etcd 则执行事务的 then/success 逻辑；否则认为该事务失败，并应用 else/failure 请求块。

2．Txn 的定义

Txn 方法用于将多个请求合并为一个请求处理，这组操作要么都成功，要么都失败。txn 请求增加键值存储的修订版本并为每个完成的请求生成带有相同修订版本的事件。etcd 禁止在一次 Txn 事务中多次修改同一个 key。Txn 定义如下：

```
rpc Txn(TxnRequest) returns (TxnResponse) {}
```

以下这段文字来自 google paxosdb 论文 proto 文件中 TxnRequest 的注释，解释了 Txn 请求的工作方式。

Txn 的实现围绕着称为 MultiOp 的原语（primitive）。除了循环外的其他数据库操作被实现为对 MultiOp 的单一调用。MultiOp 原子性的应用由三个部分组成。

（1）guard 的测试列表。

在 guard 中每个测试检查数据库中的单个项（entry）。它可能检查某个值的存在或者缺失，或者和给定的值比较。这两种不同的测试可应用于数据库中相同或者不同的项。guard 中的所有测试执行后由 MultiOp 返回结果。如果所有测试是 true，MultiOp 执行 t 操作（见下面的第二项），否则它执行 f 操作（见下面的第三项）。

（2）被称为 t 操作的数据库操作列表。

列表中的每个操作可能是插入、删除或者查找。列表中的两个不同操作可应用到数据库中相同或者不同的项。如果 guard 的结果为 true 时，将执行这些操作。

（3）被称为 f 操作的数据库操作列表。

类似 t 操作，但是在 guard 结果为 false 时执行。

请求的消息体 TxnRequest 定义如下：

```
message TxnRequest {
  // compare 是断言列表，多个条件组合
  repeated Compare compare = 1;

  // 成功请求列表，当比较结果为 true 时将被应用。
  repeated RequestOp success = 2;

  // 失败请求列表，当比较结果为 false 时将被应用。
  repeated RequestOp failure = 3;
}
```

如果 compare 比较的结果为 true，那么成功的逻辑将被按顺序处理，结果为对应的执行结果；如果比较失败，那么失败逻辑将按顺序执行，返回对应的执行结果。应答的消息体 TxnResponse 定义如下：

```
message TxnResponse {
```

```
  ResponseHeader header = 1;

  // 如果比较评估为 true 则 succeeded 被设置为 true，否则是 false
  bool succeeded = 2;

  repeated ResponseOp responses = 3;
}
```

header 代表通用的响应头。responses 为应答列表，如果 succeeded 为 true，则对应为成功的请求；如果 succeeded 是 false，则对应为失败的请求。Compare 消息体如下：

```
message Compare {
  enum CompareResult {
    EQUAL = 0;
    GREATER = 1;
    LESS = 2;
    NOT_EQUAL = 3;
  }
  enum CompareTarget {
    VERSION = 0;
    CREATE = 1;
    MOD = 2;
    VALUE= 3;
  }

  CompareResult result = 1;

  CompareTarget target = 2;

  bytes key = 3;

  oneof target_union {
    // version 是给定 key 的版本
    int64 version = 4;

    // create_revision 是给定 key 的创建修订版本
    int64 create_revision = 5;

    // mod_revision 是给定 key 的最后修改修订版本
    int64 mod_revision = 6;

    // value 是给定 key 的值，以 bytes 的形式表示
    bytes value = 7;
  }
}
```

其中 result 是比较的逻辑，上面定义了四种取值，分别为等于、大于、小于和不等于。target 是要比较检查的键值字段，也有四种取值。key 是用于比较操作的键。在 proto 中定义一个 oneof 关键字后面跟着 oneof 名称，设置 oneof 字段将自动清除 oneof 字段的所有其

他成员。在生成的代码中，oneof 字段具有与常规字段相同的 setter 和 getter 方法。

RequestOp 消息体定义如下：

```
message RequestOp {
  oneof request {
    RangeRequest request_range = 1;
    PutRequest request_put = 2;
    DeleteRangeRequest request_delete_range = 3;
  }
}
```

因此 request 字段是可以被事务接收的三种请求类型的集合：range、put 和 delete_ range。与其对应的 ResponseOp 消息体定义如下：

```
message ResponseOp {
  oneof response {
    RangeResponse response_range = 1;
    PutResponse response_put = 2;
    DeleteRangeResponse response_delete_range = 3;
  }
}
```

response 是事务返回的应答类型的集合，同样也是三种：range、put 和 delete_range。

事务是键值存储中的原子 If/Then/Else 结构体。调用 Txn 接口时，需要根据实际的应用场景构造 TxnRequest，在其中封装事务的组合操作，Txn 的结果将会根据事务请求的逻辑，执行后将结果返回。

3.3.5 Compact 压缩方法

etcd 中的每一次更新、删除 key 操作，treeIndex 的 keyIndex 索引中都会追加一个版本号，在底层的 boltdb 中会生成一个新版本 boltdb key 和 value。随着不停更新、删除，etcd 进程内存占用和 db 文件就会越来越大。运行一段时间将会导致 etcd 服务端的 OOM 以及 db 文件达到 db 配额，最终导致不可写。Compact 接口用于压缩 etcd 键值对存储中的事件历史。键值对存储应该定期压缩，否则事件历史会无限制地持续增长。

Compact 方法定义如下：

```
rpc Compact(CompactionRequest) returns (CompactionResponse) {}
```

请求的消息体是 CompactionRequest，CompactionRequest 压缩键值对存储到给定修订版本，即所有修订版本比压缩修订版本小的键都将被删除：

```
message CompactionRequest {
  // 键值存储的修订版本，用于比较操作
  int64 revision = 1;

  bool physical = 2;
}
```

physical 设置为 true 时，RPC 请求将会等待直到压缩操作应用到本地数据库，被压缩的键值对版本将完全从后端数据库中移除。应答的消息体 CompactionResponse 定义为：

```
message CompactionResponse {
  ResponseHeader header = 1;
}
```

CompactionResponse 只有一个通用的响应头，不需要额外的响应信息。

至此，介绍完 etcd 中的高频服务 KV Service 主要的 API 接口方法，接着我们继续看看 Watch 监视服务提供的功能接口。

3.4 Watch 监视服务

Watch API 提供了一个基于事件的接口，用于异步监视键值对的变动。etcd v3 监视客户端程序通过从给定的修订版本（当前版本或历史版本）持续监视键值对的更改，并将键值对的更新事件推送给客户端。

下面将介绍 Watch 服务中的事件、监视流的相关定义和概念，以及 Watch Service 中的方法。

3.4.1 事件和监视流

在 etcd 中，每个键的更改都用事件消息表示。事件消息包含更新的数据和更新类型，mvccpb.Event 的消息体定义如下：

```
message Event {
  enum EventType {
    PUT = 0;
    DELETE = 1;
  }

  EventType type = 1;

  KeyValue kv = 2;

  // prev_kv 持有在事件发生前的键值对
  KeyValue prev_kv = 3;
}
```

上述代码中，type 是事件的类型。如果类型是 PUT，表明新的数据已经存储到 key；如果类型是 DELETE，表明 key 已经被删除。kv 为事件持有的 KeyValue。PUT 事件包含当前的 kv 键值对。kv.Version=1 的 PUT 事件表明 key 的创建。DELETE/EXPIRE 事件包含被删除的 key，其修改修订版本设置为删除的修订版本。

Watch API 提供了一个基于事件的接口，用于异步监视键的更改。etcd 监视程序通过从给定的修订版本（当前版本或历史版本）连续监视来等待密钥更改，并将密钥更新流回客户端。

Watch 监视持续运行，并使用 gRPC 来流式传输事件数据。监视流是双向的，客户端写入流以建立监视事件，并读取以接收监视事件。单个监视流可通过使用每个观察器标识符标记事件来复用许多不同的观察。这种多路复用有助于减少 etcd 群集上的内存占用量和连接开销。

总的来说，Watch 监视事件具有如下三个特性：

- 有序性：事件按修订顺序排序；如果事件早于已发布的事件，它将永远不会出现在客户端；
- 可靠性：事件序列永远不会丢弃任何事件子序列；如果按时间顺序为 a<b<c 三个事件，那么如果 Watch 接收到事件 a 和 c，则可以保证必定能够接收到 b；
- 原子性：保证事件清单包含完整的修订版；同一修订版中通过多个键进行的更新不会拆分为多个事件列表。

3.4.2 Watch Service 定义

Watch Service 中只有一个接口方法，如图 3-3 所示。

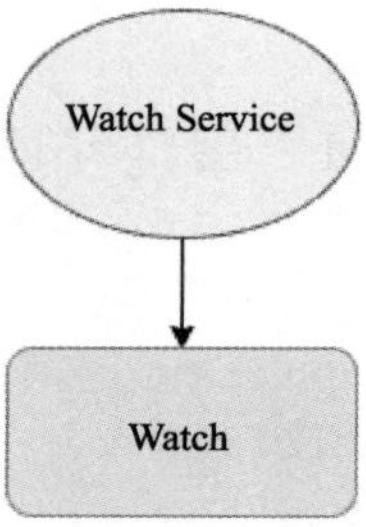

图 3-3 Watch Service 定义

在 rpc.proto 中 Watch Service 具体定义如下：

```
service Watch {
  rpc Watch(stream WatchRequest) returns (stream
WatchResponse) {}
}
```

Watch 监视指定键值对的事件。输入和输出都是流，输入流用于创建和取消观察，而输出流发送事件。一个 Watch RPC 可以一次性监视多个 key，并为多个监视推送流事件。整个事件历史可以从最后压缩修订版本开始观察。

Watch Service 只有一个 watch 方法。其请求的消息体 WatchRequest 定义如下：

```
message WatchRequest {
  oneof request_union {
    WatchCreateRequest create_request = 1;
    WatchCancelRequest cancel_request = 2;
  }
}
```

request_union 要么是创建新的 watcher 的请求，要么是取消一个已经存在的 watcher 的请求。创建新的 watcher 的请求 WatchCreateRequest 如下：

```
message WatchCreateRequest {
  // key 是注册要观察的 key
  bytes key = 1;

  bytes range_end = 2;

  // start_revision 是可选的开始(包括) watch 修订版本。不设置 start_revision 则
表示 "现在"
```

```
  int64 start_revision = 3;

  bool progress_notify = 4;

  enum FilterType {
  // 过滤掉 put 事件
  NOPUT = 0;

  // 过滤掉 delete 事件
  NODELETE = 1;
  }

  // 过滤器，在服务器端发送事件给回观察者之前，过滤掉事件。
  repeated FilterType filters = 5;

  // 如果 prev_kv 被设置，被创建的观察者在事件发生前获取上一次的 KV。
  // 如果上一次的 KV 已经被压缩，则不会返回任何东西
  bool prev_kv = 6;
}
```

上述代码中，range_end 是要观察范围[key, range_end]的终点：

- 如果 range_end 没有设置，则只有参数 key 被观察；
- 如果 range_end 等同于'\0'，则大于等于参数 key 的所有 key 都将被观察；
- 如果 range_end 比给定 key 大 1，则所有以给定 key 为前缀的 key 都将被观察。

如果最近没有事件，使用 progress_notify 设置 etcd 服务器将定期发送不带任何事件的 WatchResponse 给新的 watcher。当客户端希望从最近已知的修订版本开始恢复断开的 watcher 时有用。etcd 服务器将基于当前负载决定它发送通知的频率。

取消已有 watcher 的 WatchCancelRequest 如下：

```
message WatchCancelRequest {
  int64 watch_id = 1;
}
```

上述代码中，watch_id 是要取消的 watcher 的 id，这样就不再有更多事件传播过来。应答的消息体 WatchResponse 如下：

```
message WatchResponse {
  ResponseHeader header = 1;
  // watch_id 是和应答相关的 watcher 的 ID
  int64 watch_id = 2;

  bool created = 3;

  bool canceled = 4;

  int64 compact_revision  = 5;

  // cancel_reason 取消 watcher 的原因
```

```
    string cancel_reason = 6;

    repeated mvccpb.Event events = 11;
  }
```

上述代码中，如果是用于创建 watcher 请求的应答，则 created 设置为 true。客户端记录下 watch_id，并从同样的流中为创建的 watcher 接收事件。所有发送给被创建的 watcher 事件将附带同样的 watch_id；如果是用于取消 watcher 请求的应答，则 canceled 设置为 true，之后不会再有事件发送给被取消的 watcher。

如果 watcher 试图监视被压缩的 index，则 compact_revision 被设置为最小 index。当在被压缩的修订版本上创建 watcher 或者 watcher 无法追上键值对存储的进展时发生，客户端应该视此 watcher 被取消，并不再试图创建任何带有相同 start_revision 的 watcher。

Watch Service 提供了 Watch 方法，使得客户端可以方便地监听一个或一组 key，下面将介绍 Lease 租约服务。

3.5 Lease 租约服务

Lease Service 提供了租约的支持。Lease 是一种检测客户端存活状况的机制。etcd 群集可以授予具有生存时间的租约。如果 etcd 群集在给定的 TTL 时间内未收到 keepAlive，则租约到期，其中包含的主要方法如图 3-4 所示。

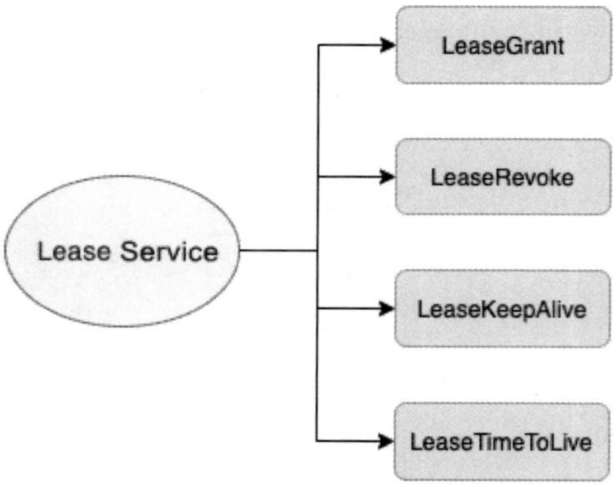

图 3-4 Lease Service 的 API 接口方法

Lease 租约可以绑定多个 key，而每个 key 最多可以绑定一个租约。当租约到期或被撤销时，该租约绑定的所有 key 都将被删除。每个过期的键值对都会在事件历史中生成一个删除事件。

在 rpc.proto 中 Lease Service 定义的接口如下：

```
service Lease {

  rpc LeaseGrant(LeaseGrantRequest) returns (LeaseGrantResponse) {}
```

```
    rpc LeaseRevoke(LeaseRevokeRequest) returns (LeaseRevokeResponse) {}

    rpc  LeaseKeepAlive(stream  LeaseKeepAliveRequest)  returns  (stream
LeaseKeepAliveResponse) {}

    rpc        LeaseTimeToLive(LeaseTimeToLiveRequest)          returns
(LeaseTimeToLiveResponse) {}
  }
```

Lease 中定义的接口方法用于租约的创建、撤销、续租以及查询等功能，方法的主要功能如表 3-3 所示。

表 3-3 Lease 中定义的接口方法与功能

方法名称	功 能
LeaseGrant	创建一个租约，根据返回的租约 id 与键值对进行绑定
LeaseRevoke	撤销一个租约，根据 leaseId 撤销租约
LeaseKeepAlive	用于维持租约，在租约的 ttl 时间内续租，否则会出现该租约上的键值对被删除的情况
LeaseTimeToLive	获取租约信息

在使用 etcd 的租约功能时，通常将这几个 API 接口方法组合使用，下面分别介绍这几个方法的定义与使用。

3.5.1 LeaseGrant 创建租约

LeaseGrant 方法用于创建一个租约。当 etcd 服务端在给定 ttl 时间内没有接收到客户端 keepAlive 请求时，则视为租约过期。如果租约过期，则所有绑定在该租约上的 key 将会过期并被删除。每个过期的 key 在事件历史中生成一个删除事件。LeaseGrant 方法定义如下：

```
rpc LeaseGrant(LeaseGrantRequest) returns (LeaseGrantResponse) {}
```

请求的消息体是 LeaseGrantRequest：

```
message LeaseGrantRequest {
  int64 TTL = 1;

  int64 ID = 2;
}
```

上述代码中，TTL 以秒为单位，表示租约的时长。ID 是租约的请求 ID，如果 ID 设置为 0，则由 etcd 服务端自动生成一个 ID。应答的消息体 LeaseGrantResponse 定义如下：

```
message LeaseGrantResponse {
  ResponseHeader header = 1;

  int64 ID = 2;

  int64 TTL = 3;
```

```
    string error = 4;
  }
```

上述代码中，ID 是 etcd 服务端返回的租约 ID，TTL 也是由服务端返回的租约时长。这两个字段理论上与客户端请求传给 etcd 服务端 LeaseGrantRequest 所构造的一样。

3.5.2 LeaseRevoke 撤销租约

LeaseRevoke 方法用于撤销一个租约，此时所有绑定到该租约的 key 将会过期并被删除。方法定义如下：

```
  rpc LeaseRevoke(LeaseRevokeRequest) returns (LeaseRevokeResponse) {}
```

请求的消息体 LeaseRevokeRequest 定义如下：

```
  message LeaseRevokeRequest {

    int64 ID = 1;
  }
```

上述定义中，ID 是要取消的租约的 ID。当租约被取消时，传递一个 LeaseId，所有关联的 key 将被删除。应答的消息体 LeaseRevokeResponse 定义如下：

```
  message LeaseRevokeResponse {
    ResponseHeader header = 1;
  }
```

LeaseRevokeResponse 中只有一个通用的响应头字段，较为简单。

3.5.3 LeaseKeepAlive 续租租约

LeaseKeepAlive 方法用于维持一个租约。LeaseKeepAlive 通过从客户端到服务器端的流化的 keep alive 请求，以及和从服务器端到客户端流化的 keep alive 应答来维持租约。这个过程即为续租的过程。LeaseKeepAlive 方法定义如下：

```
  rpc    LeaseKeepAlive(stream    LeaseKeepAliveRequest)    returns    (stream
LeaseKeepAliveResponse) {}
```

请求的消息体 LeaseKeepAliveRequest 定义如下：

```
  message LeaseKeepAliveRequest {
    int64 ID = 1;
  }
```

上述代码中，ID 是要继续存活的租约的 ID，不需要传递额外的字段。应答的消息体 LeaseKeepAliveResponse 定义如下：

```
  message LeaseKeepAliveResponse {
    ResponseHeader header = 1;
    int64 ID = 2;

    int64 TTL = 3;
  }
```

LeaseKeepAliveResponse 对象中的 ID 是续租请求中获取的租约 ID。TTL 是租约新的 time-to-live 时间。

3.5.4 LeaseTimeToLive 获取租约信息

除了创建、撤销和续租 Lease，查询租约的信息也是常用的功能。LeaseTimeToLive 方法用于获取租约的信息，方法定义如下：

```
rpc LeaseTimeToLive(LeaseTimeToLiveRequest) returns (LeaseTimeToLiveResponse)
{}
```

请求的消息体 LeaseTimeToLiveRequest 定义如下：

```
message LeaseTimeToLiveRequest {
  // ID 是租约的 ID
  int64 ID = 1;
  bool keys = 2;
}
```

上述定义中，ID 为要查询的租约 Lease，当参数 keys 设置为 true 可以查询附加到这个租约上的所有 key。

应答的消息体 LeaseTimeToLiveResponse 定义如下：

```
message LeaseTimeToLiveResponse {
  ResponseHeader header = 1;
  // ID 是来自请求的 ID
  int64 ID = 2;
  int64 TTL = 3;
  int64 grantedTTL = 4;
  repeated bytes keys = 5;
}
```

其中，TTL 是租约剩余的 TTL，单位为秒；租约将在接下来的 TTL + 1 秒之后过期。GrantedTTL 是租约创建/续约时初始授予的时间，单位为秒。keys 是绑定到这个租约的 key 的列表。

至此，介绍了 Lease 租约服务中的 4 个核心 API 接口方法：创建租约、撤销租约、续租和获取租约信息。Lease 在创建时，就会分配一个 ID 和设定好 ttl。客户端拿一个 lease 的 ID 作为凭证，将键值对与 leaseId 绑定，使用非常简单。下面介绍 etcd 提供的分布式锁的功能。

3.6 Lock 分布式锁

Lock Service 提供分布式共享锁的支持。Lock Service 以 gRPC 接口的方式暴露客户端锁机制，如图 3-5 所示。

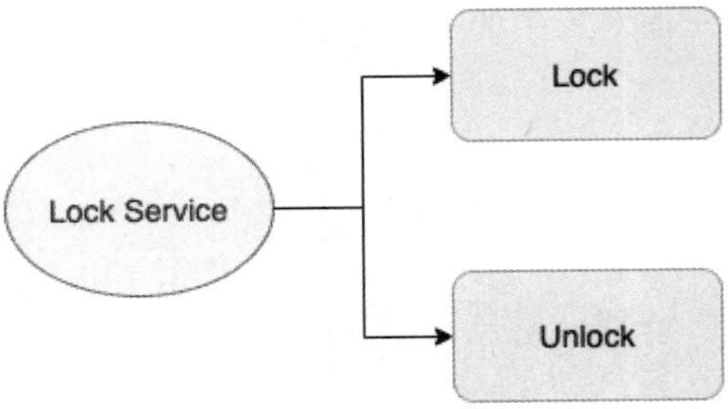

图 3-5　Lock Service 的 API 接口方法

Lock Service 与 Lease 租约结合起来使用，获取锁时需要绑定 LeaseId，实现自动过期以及锁的保持。在 v3lock.proto 中 Lock Service 定义如下：

```
service Lock {

  rpc Lock(LockRequest) returns (LockResponse) {}

  rpc Unlock(UnlockRequest) returns (UnlockResponse) {}
}
```

在上述定义中，Lock 方法在给定命令锁上获得分布式共享锁；Unlock 方法使用 Lock 返回的 key 并释放对锁的持有。下面详细讲解这两个方法的具体使用。

3.6.1　Lock 加锁

Lock 方法用于获取指定的锁，获取锁后，其他请求将在该锁释放之前或者过期之前，无法获取该锁。Lock 方法的定义如下：

```
rpc Lock(LockRequest) returns (LockResponse) {}
```

Lock 成功时，将返回一个唯一 key，在调用者持有锁期间会一直存在。这个 key 可以和事务一起工作，以确保对 etcd 的更新仅仅发生在持有锁时。锁被持有直到在 key 上调用解锁或者和所有者关联的租约过期。

请求的消息体 LockRequest 定义如下：

```
message LockRequest {
  // name 是要获取的分布式共享锁的标识
  bytes name = 1;

  int64 lease = 2;
}
```

其中，lease 是将要绑定到锁上面的租约 ID。如果租约过期或者被撤销时正持有锁，则锁也将会自动释放。使用相同的租约调用锁将视为单次获取；使用同样租约的第二次锁定将是空操作。

应答的信息体 LockResponse 如下：

```
message LockResponse {
  etcdserverpb.ResponseHeader header = 1;
```

```
  bytes key = 2;
}
```

上述代码中，key 是在 Lock 调用者拥有锁期间存在于 etcd 上的 key。用户不可以修改这个 key，否者锁将不能正常工作。

3.6.2 Unlock 释放锁

Unlock 用于主动释放锁，Unlock 方法定义如下：

```
rpc Unlock(UnlockRequest) returns (UnlockResponse) {}
```

Unlock 使用 Lock 返回的 key 来释放对锁的持有。下一个在等待这个锁的 Lock 的调用者将被唤醒并给予锁的所有权。

请求的消息体 UnlockRequest 定义如下：

```
message UnlockRequest {
  bytes key = 1;
}
```

其中，key 为 Lock 方法得到的锁所有权 key。

应答的消息体 UnlockResponse 定义如下：

```
message UnlockResponse {
  etcdserverpb.ResponseHeader header = 1;
}
```

UnlockResponse 只有通用的响应头字段。

etcd 提供的加锁和释放锁 API 接口方法给客户端，可以很方便地实现分布式锁的功能。下面介绍 etcd 封装的另一个 Election 选主服务的定义与使用。

3.7 Election 选主服务

etcd 提供了 Election Service 选主服务，提供了键值对变化的功能。Election Service 以 gRPC 接口的方式暴露客户端选举机制，其中主要的功能接口如图 3-6 所示。

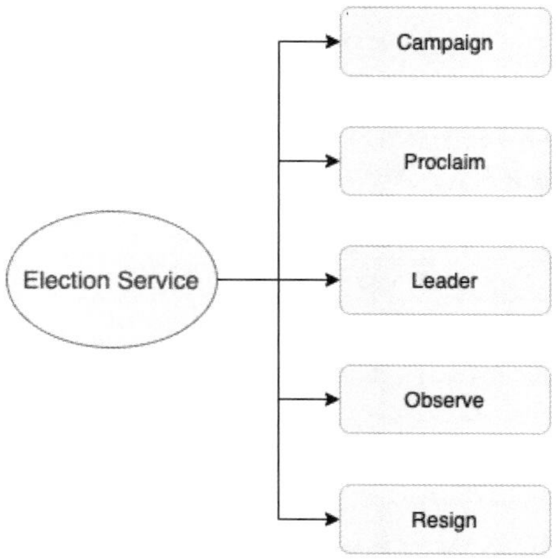

图 3-6 Election Service 主要的 API 接口方法

Election Service 定义了 5 个主要方法：Campaign、Proclaim、Leader、Observe 和 Resign。在 v3election.proto 中 Election Service 定义如下：

```
service Election {

  rpc Campaign(CampaignRequest) returns (CampaignResponse) {}

  rpc Proclaim(ProclaimRequest) returns (ProclaimResponse) {}

  rpc Leader(LeaderRequest) returns (LeaderResponse) {}

  rpc Observe(LeaderRequest) returns (stream LeaderResponse) {}

  rpc Resign(ResignRequest) returns (ResignResponse) {}
}
```

Election Service 中定义的这几个方法用于集群中的成员参与选举、放弃选举以及获取选举信息，具体如表 3-4 所示。

表 3-4　Election Service 中定义的方法与功能

方法名称	功　能
Campaign	等待获得选举的领导地位。如果成功，则返回 LeaderKey 代表 Leader 角色
Proclaim	用新值更新 Leader 的旧值
Leader	如果存在的话，返回当前的选举公告
Observe	以流的方式返回选举公告，和被选举的领导者发布的顺序一致
Resign	放弃选举 Leader 角色，以便其他参选人可以在选举中获得领导地位

下面具体介绍这几个方法的定义与使用。

3.7.1　Campaign 方法

Campaign 方法用于参加选举以期获得领导地位，该方法是参选的集群成员都要调用的方法。方法定义如下：

```
rpc Campaign(CampaignRequest) returns (CampaignResponse) {}
```

请求的消息体 CampaignRequest 如下：

```
message CampaignRequest {
  // name 是选举的标识符，用来参加竞选
  bytes name = 1;

  int64 lease = 2;
  // value 是竞选者赢得选举时设置的初始化公告值。
  bytes value = 3;
}
```

lease 是附加到选举领导地位的租约的 ID。如果租约过期或者在放弃领导地位之前取消，且存在下一个竞选者的情况下，则领导地位转移到下一个竞选者。

应答的消息体 CampaignResponse 如下：

```
message CampaignResponse {
  etcdserverpb.ResponseHeader header = 1;
  LeaderKey leader = 2;
}
```

其中，leader 用于描述持有选举的领导地位的资源。

LeaderKey 可以用来在选举时发起新的值，还可以从选举中放弃。LeaderKey 消息体的内容如下：

```
message LeaderKey {
  // name 是选举标识符，和 leaderkey  key  对应
  bytes name = 1;

  bytes key = 2;

  int64 rev = 3;
  // lease 是选举领导者的租约 ID
  int64 lease = 4;
}
```

上述代码中，key 是不透明的，代表选举的领导地位。如果 key 被删除，则意味着领导地位丢失。rev 是 key 的创建修订版本。它可以用来在事务期间测验选举的领导地位，通过测验 key 的创建修订版本匹配 rev。

3.7.2 Proclaim 方法

Proclaim 方法用于更新值，通过构建 ProclaimRequest，将要更新的值传递给 etcd 服务端。方法定义如下：

```
rpc Proclaim(ProclaimRequest) returns (ProclaimResponse) {}
```

请求的消息体 ProclaimRequest 如下：

```
message ProclaimRequest {
  LeaderKey leader = 1;
  bytes value = 2;
}
```

其中，leader 是在选举中持有的领导地位。value 是打算用于覆盖领导者当前值的更新。

应答的消息体 ProclaimResponse 如下：

```
message ProclaimResponse {
  etcdserverpb.ResponseHeader header = 1;
}
```

ProclaimResponse 同样只有通用的响应头。

3.7.3 Leader 与 Observe 方法

Leader 方法用于信息查询，查看当前 Leader 公告的信息，其方法定义如下：

```
rpc Leader(LeaderRequest) returns (LeaderResponse) {}
```

其中，在存在 Leader 的前提下，Leader 会返回当前的选举公告。

请求的消息体 LeaderRequest 如下：

```
message LeaderRequest {
  bytes name = 1;
}
```

其中，name 是选举标识符，用于查询领导地位信息。应答的消息体 LeaderResponse 如下：

```
message LeaderResponse {
  etcdserverpb.ResponseHeader header = 1;
  mvccpb.KeyValue kv = 2;
}
```

其中，kv 是键值对，表示领导者最后的更新。

mvccpb.KeyValue 来自 kv.proto，消息体定义为：

```
message KeyValue {
  // key 是 bytes 格式的 key。不容许 key 为空。
  bytes key = 1;

  // 当前 key 最后一次创建的修订版本
  int64 create_revision = 2;

  // mod_revision 是该 key 最后一次修改的修订版本
  int64 mod_revision = 3;

  int64 version = 4;

  // value 是 key 持有的值，bytes 格式。
  bytes value = 5;

  int64 lease = 6;
}
```

上述代码中，version 是 key 的版本。删除会重置版本为 0，而任何 key 的修改会增加它的版本。lease 是附加给 key 的租约 ID。当附加的租约过期时，key 将被删除。如果 lease 为 0，则没有租约附加到 key。

Observe 方法是 Leader 方法的 stream 形式，方法定义如下：

```
rpc Observe(LeaderRequest) returns (stream LeaderResponse) {}
```

Observe 以流的方式返回选举公告，和被选举的领导者发布的顺序一致。

消息体和 Leader 方法相同，都是 LeaderRequest 和 LeaderResponse，这里不再赘述。

3.7.4 Resign 方法

Resign 方法用于放弃选举领导地位，集群中的成员可以主动调用该方法来放弃参选，方法定义如下：

```
rpc Resign(ResignRequest) returns (ResignResponse) {}
```

放弃选举领导地位，以便其他参选人可以在选举中获得领导地位。请求的消息体 ResignRequest 如下：

```
message ResignRequest {
  LeaderKey leader = 1;
}
```

其中，leader 是要放弃的领导地位。应答的消息体 ResignResponse 定义如下：

```
message ResignResponse {
  etcdserverpb.ResponseHeader header = 1;
}
```

同样，ResignResponse 只有通用的响应头。

3.8　本章小结

etcd 的通信使用 gRPC 框架，gRPC 远程调用框架不管在性能上还是扩展性方面都很优秀。本章首先介绍了 gRPC 通信的协议格式 proto3 的相关语法，以便后面章节的理解与掌握。然后介绍了 etcd API v3 中的核心服务与接口，常用的包括键值对 KV Service、监视 Watch Service、租约 Lease Service、分布式锁 Lock Service，以及选主 Election Service。

第 4 章将会进入 etcd 的原理解析部分，将会介绍 etcd 的总体架构，以及 etcd 是如何处理键值对的读/写操作。

第 4 章　etcd 存储原理与机制

从本章开始，将深入 etcd 组件的内部，进一步了解其架构以及核心功能实现的原理。了解 etcd 的实现原理，能够帮助我们日常使用 etcd 时更加得心应手，遇到问题能更快地排查定位。

etcd 的存储基于 WAL（预写式日志）、快照（Snapshot）和 BoltDB 等模块，其中 WAL 可保障 etcd 宕机后数据不丢失，BoltDB 则保存集群元数据和用户写入的数据。etcd 目前支持 V2 和 V3 两个大版本，这两个版本在实现上有比较大的不同，一方面是对外提供接口的方式，另一方面是底层的存储引擎。V2 版本的实例是一个纯内存的实现，所有的数据都没有存储在磁盘上，而 V3 版本的实例则支持数据的持久化。

本章将围绕 etcd 底层读/写的实现展开，首先简要介绍 etcd 的整体架构以及客户端访问 etcd 服务端读/写的整个过程，了解 etcd 内部各个模块之间的交互，然后重点介绍读/写的实现细节。

4.1　etcd 整体架构

首先来看一下 etcd 组件的架构，了解 etcd 部各个模块之间的交互过程，总览 etcd。

4.1.1　etcd 项目结构

在介绍 etcd 整体的架构前，我们先来看一下 etcd 项目代码的目录结构如下：

```
$ tree

.
├── auth
├── build
├── client
├── clientv3
├── contrib
├── embed
├── etcdctl
├── etcdmain
├── etcdserver
├── functional
├── hack
├── integration
├── lease
```

```
├── logos
├── mvcc
├── pkg
├── proxy
├── raft
├── scripts
├── security
├── tests
├── tools
├── vendor
├── version
└── wal
```

可以看到，etcd 的包还是挺多的，有 20 多个。下面具体分析其中每一个包的职责定义，如表 4-1 所示。

表 4-1 etcd 项目中的包介绍

包　名	用　途
auth	访问权限
client/clientv3	Go 语言客户端 SDK
contrib	raftexample 实现
embed	主要是 etcd 的 config
etcdmain	入口程序
etcdctl	命令行客户端实现
etcdserver	server 主要的包
functional/hack	CMD、DockerFile 之类的杂项
integration	和 etcd 集群相关
lease	租约相关
mvcc	etcd 的底层存储，包含 Watch 实现
pkg	etcd 使用的工具集合
proxy	etcd 使用的工具集合
raft	raft 算法模块
wal	日志模块
scripts/security/ tests/tools/version	脚本、测试等相关内容

etcd 核心的模块有 lease、mvcc、raft、etcdserver，其余都是辅助功能。其中 etcdserver 是其他模块的整合。

4.1.2 etcd 架构总览

上面的 etcd 项目总览中提到了 etcd 中核心的几个模块，使用分层的方式来描绘 etcd

的架构，如图 4-1 所示。

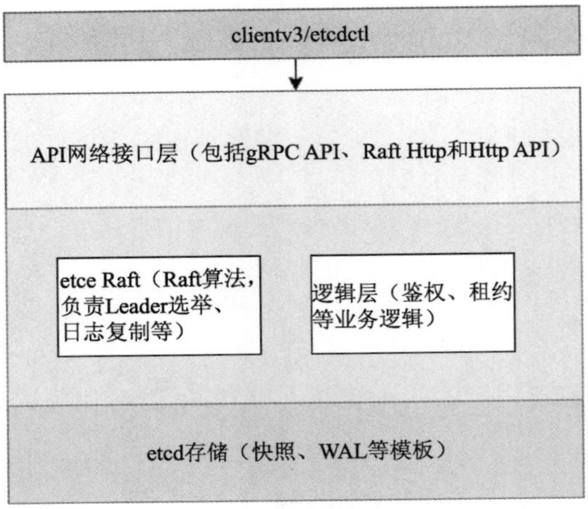

图 4-1　etcd 分层架构

每一层的介绍及其包含的模块介绍如下。

（1）客户端层：包括 clientv3 和 etcdctl 等客户端。用户通过命令行或者客户端调用提供了 RESTful 风格的 API，降低了 etcd 的使用复杂度。除此之外，客户端层的负载均衡（etcd V3.4 版本的客户端默认使用 Round-robin，即轮询调度）和节点间故障转移等特性，提升了 etcd 服务端的高可用性。需要注意的是，etcd V3.4 之前版本的客户端存在负载均衡的 Bug，如果第一个节点出现异常，访问服务端时也可能会出现异常，建议进行升级。

（2）API 网络接口层：API 接口层提供了客户端访问服务端的通信协议和接口定义，以及服务端节点之间相互通信的协议。etcd 有 V3 和 V2 两个版本，etcd V3 使用 gRPC 作为消息传输协议；对于之前的 V2 版本，etcd 默认使用 HTTP/1.x 协议。对于不支持 gRPC 的客户端语言，etcd 提供 JSON 的 grpc-gateway。通过 grpc-gateway 提供 RESTful 代理，转换 HTTP/JSON 请求为 gRPC 的 Protocol Buffer 格式的消息。

（3）etcd raft 层：负责 Leader 选举和日志复制等功能，除了与本节点的 etcd Server 通信外，还与集群中的其他 etcd 节点进行交互，实现分布式一致性数据同步的关键工作。

（4）逻辑层：etcd 的业务逻辑层，包括鉴权、租约、KVServer、MVCC 和 Compactor 压缩等核心功能特性。

（5）etcd 存储：实现了快照、预写式日志 WAL（Write Ahead Log）。etcd V3 版本中，使用 BoltDB 来持久化存储集群元数据和用户写入的数据。

4.2 etcd 交互总览

通过学习 etcd 服务端处理客户端的写请求的过程，展示 etcd 内部各个模块之间的交互。首先通过命令行工具 etcdctl 写入键值对：

```
etcdctl --endpoints http://127.0.0.1:2379 put foo bar
```

图 4-2 所示为 etcd 处理一个客户端请求涉及的模块和流程。

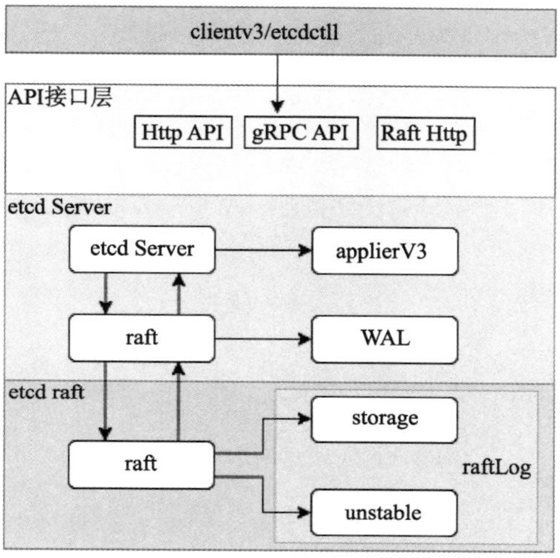

图 4-2 etcd 处理一个客户端请求涉及的模块和流程

从上至下依次为客户端→API 接口层→etcd Server→etcd raft 算法库。根据请求处理的过程，将 etcd Server 和 etcd raft 算法库单独介绍。

（1）etcd Server

etcd Server 用于接收客户端的请求，在上述的 etcd 项目代码中对应 etcdserver 包。请求到达 etcd Server 后，经过 KVServer 拦截，实现如日志、Metrics 监控、请求校验等功能。etcd Server 中的 raft 模块，用于与 etcd-raft 库进行通信。applierV3 模块封装了 etcd V3 版本的数据存储；WAL 用于写数据日志，WAL 中保存任期号、投票信息、已提交索引、提案内容等，etcd 根据 WAL 中的内容在启动时恢复，以此实现集群的数据一致性。

（2）etcd raft

etcd 的 raft 库。raftLog 用于管理 raft 协议中单个节点的日志，都处于内存中。raftLog 中还有 unstable 和 storage 两种结构体，unsable 中存储不稳定的数据，表示还没有 commit，而 storage 中都是已经被 commit 了的数据。除此之外，raft 库更重要的是负责与集群中的其他 etcd Server 进行交互，实现分布式一致性。

在图 4-2 中，客户端请求与 etcd 集群交互包括以下两个步骤。

（1）写数据到 etcd 节点中；

（2）当前的 etcd 节点与集群中的其他 etcd 节点之间进行通信，确认存储数据成功后回复客户端。

图 4-3 所示为 etcd Server 处理写请求时的前提判断条件。因为在 raft 协议中，写入数据的 etcd 是 Leader 节点，如果提交数据到非 Leader 节点，则需要路由转发到 etcd Leader 节点处理。

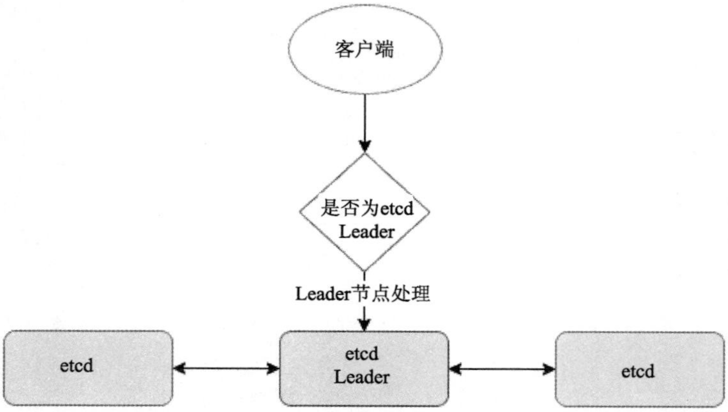

图 4-3　处理写请求的判断条件

将上述流程进一步细分，客户端发起写请求流程可划分为以下的子步骤，如图 4-4 所示。

客户端写请求的处理流程具体描述如下：

（1）客户端通过负载均衡算法选择一个 etcd 节点，发起 gRPC 调用；

（2）etcd Server 收到客户端请求；

（3）经过 gRPC 拦截、Quota 校验，Quota 模块用于校验 etcd db 文件大小是否超过配额；

（4）然后 KVServer 模块将请求发送给本模块中的 raft，这里负责与 etcd raft 模块进行通信；

（5）发起一个提案，命令为 put foo bar，即使用 put 方法将 foo 更新为 bar；

（6）在 raft 中将数据封装成 raft 日志的形式提交给 raft 模块；

（7）raft 模块会首先保存到 raftLog 的 unstable 存储部分；

（8）raft 模块通过 raft 协议与集群中其他 etcd 节点进行交互。

上面提到在 raft 协议中写入数据的 etcd 必定是 Leader 节点，如果客户端提交数据到非 Leader 节点时，该节点需要将请求转发到 etcd Leader 节点处理。etcd 服务端相应的应答步骤，流程如图 4-5 所示。

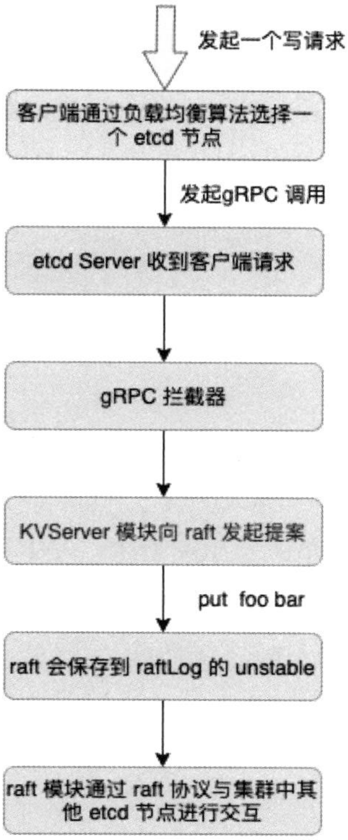

图 4-4　写请求的处理流程图

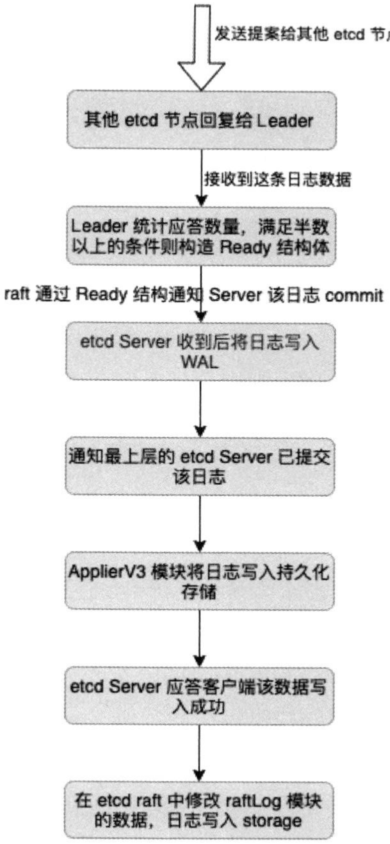

图 4-5　etcd 服务端应答流程图

etcd 服务端应答写请求的具体流程描述如下：

（1）提案通过 RaftHTTP 网络模块转发，集群中的其他节点接收到该提案；

（2）在收到提案后，集群中其他节点向 Leader 节点应答“我已经接收这条日志数据”；

（3）Leader 收到应答后，统计应答的数量，当满足超过集群半数以上节点，应答接收成功；

（4）etcd raft 算法模块构造 Ready 结构体，用来通知 etcd Server 模块，该日志数据已经被 commit；

（5）etcd Server 中的 raft 模块（交互图中有标识），收到 Ready 消息后，会将这条日志数据写入 WAL 模块中；

（6）正式通知 etcd Server 该提案已经被 commit；

（7）etcd Server 调用 applierV3 模块，将日志写入持久化存储中；

（8）etcd Server 应答客户端该数据写入成功；

（9）etcd Server 调用 etcd raft 库，将这条日志写入 raftLog 模块中的 storage。

上述过程中，提案经过网络转发，当多数 etcd 节点持久化日志数据成功并进行应答，提案的状态会变成已提交。

在应答某条日志数据是否已经 commit 时，为什么 etcd raft 模块首先写入 WAL 模块中？这是因为该过程仅仅添加一条日志，一方面开销小，速度很快；另一方面，如果在后面 applierV3 写入失败，etcd 服务端在重启时也可以根据 WAL 模块中的日志数据进行恢复。etcd Server 从 raft 模块获取已提交的日志条目，由 applierV3 模块通过 MVCC 模块执行提案内容，更新状态机。

整个过程中，etcd raft 模块中的 raftLog 数据在内存中存储，在服务重启后失效；客户端请求的数据则被持久化保存到 WAL 和 applierV3 中，不会在重启后丢失。

4.3 读与写的处理过程

在图 4-2 中介绍了 etcd 各个模块交互的总览，虽然有些细节在图中没有标出，但是总体上的请求流程从上至下依次为客户端→API 接口层→etcd Server→etcd raft 算法库。

对于读请求来说，客户端通过负载均衡选择一个 etcd 节点发出读请求，API 接口层提供了 Range RPC 方法，etcd 服务端拦截到 gRPC 读请求后，调用相应的处理器处理请求。

写请求相对复杂一些，客户端通过负载均衡选择一个 etcd 节点发起写请求，etcd 服务端拦截到 gRPC 写请求，涉及一些校验和监控，之后 KVServer 向 raft 模块发起提案，内容即为写入数据的命令。经过网络转发，当集群中的多数节点达成一致并持久化数据后，状态变更且 MVCC 模块执行提案内容。

下面介绍读/写请求的底层存储实现。

4.3.1 读操作的过程

在 etcd 中读请求占大部分，是高频的操作。使用 etcdctl 命令行工具进行读操作：

```
$ etcdctl --endpoints http://localhost:2379 get foo


foo
bar
```

将整个读操作划分成以下 4 个步骤：

（1）etcdctl 会创建一个 clientv3 库对象，选取一个合适的 etcd 节点；

（2）调用 KVServer 模块的 Range RPC 方法，发送请求；

（3）拦截器拦截，主要做一些校验和监控；

（4）调用 KVServer 模块的 Range 接口获取数据。

进入读请求的核心步骤，经过线性读 ReadIndex 模块、MVCC（包含 treeIndex 和 BlotDB）模块。

这里要提一下线性读，线性读是相对串行读来讲的概念。集群模式下有多个 etcd 节点，不同节点之间可能存在一致性问题，串行读直接返回状态数据，不需要与集群中其他节点交互。这种方式速度快，开销小，但是存在数据不一致的情况。

线性读则需要集群成员之间达成共识，存在开销，响应速度相对慢。但是能够保证数据的一致性，etcd 默认读模式是线性读。将在后面的重点介绍如何实现分布式一致性。

如何读取 etcd 中的数据呢？etcd 中查询请求，查询单个键或者一组键，以及查询数量，到了底层实际都会调用 Range keys 方法。下面具体分析这个方式的实现。

Range 请求的流程如图 4-6 所示。

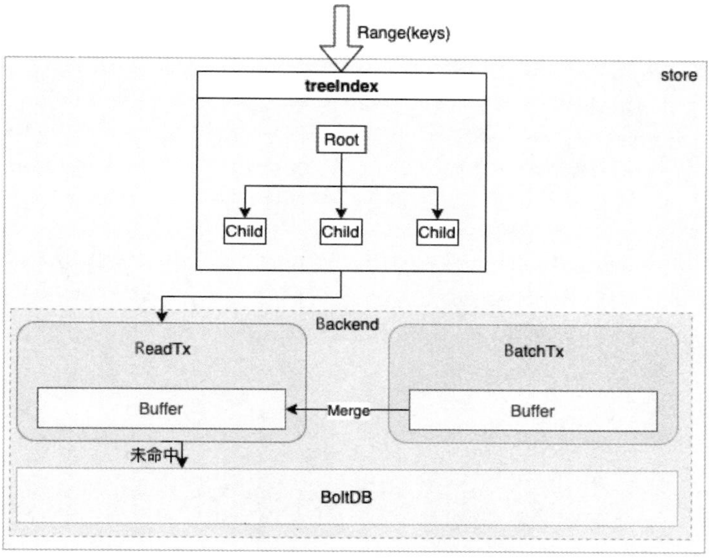

图 4-6　Range 请求

在图 4-6 中，从上至下查询键值对的流程包括：

（1）在 treeIndex 中根据键利用 BTree 快速查询该键对应的索引项 keyIndex，索引项中包含 Revision；

（2）根据查询到的版本号信息 Revision，在 Backend 的缓存 Buffer 中利用二分法查找，如果命中则直接返回；

（3）若缓存中不符合条件，在 BlotDB 中查找（基于 BlotDB 的索引），查询后返回键值对信息。

图 4-6 中 ReadTx 和 BatchTx 是两个接口，用于读/写请求。在创建 Backend 结构体时，默认也会创建 ReadTx 和 BatchTx，ReadTx 实现了 ReadTx，负责处理只读请求；BatchTx 实现了 BatchTx 接口，负责处理读/写请求。

rangeKeys 方法的实现如下：

```
// 位于 mvcc/kvstore_txn.go:117
```

```
    func (tr *storeTxnRead) rangeKeys(key, end []byte, curRev int64, ro RangeOptions) (*RangeResult, error) {
        rev := ro.Rev
        if rev > curRev {
            return &RangeResult{KVs: nil, Count: -1, Rev: curRev}, ErrFutureRev
        }
        if rev <= 0 {
            rev = curRev
        }
        if rev < tr.s.compactMainRev {
            return &RangeResult{KVs: nil, Count: -1, Rev: 0}, ErrCompacted
        }
      // 获取索引项 keyIndex，索引项中包含 Revision
        revpairs := tr.s.kvindex.Revisions(key, end, rev)
        tr.trace.Step("range keys from in-memory index tree")
      // 结果为空，直接返回
        if len(revpairs) == 0 {
            return &RangeResult{KVs: nil, Count: 0, Rev: curRev}, nil
        }
        if ro.Count {
            return &RangeResult{KVs: nil, Count: len(revpairs), Rev: curRev}, nil
        }


        limit := int(ro.Limit)
        if limit <= 0 || limit > len(revpairs) {
            limit = len(revpairs)
        }


        kvs := make([]mvccpb.KeyValue, limit)
        revBytes := newRevBytes()
        for i, revpair := range revpairs[:len(kvs)] {
            revToBytes(revpair, revBytes)
        // UnsafeRange 实现了 ReadTx，查询对应的键值对
            _, vs := tr.tx.UnsafeRange(keyBucketName, revBytes, nil, 0)
            if len(vs) != 1 {
                tr.s.lg.Fatal(
                    "range failed to find revision pair",
                    zap.Int64("revision-main", revpair.main),
                    zap.Int64("revision-sub", revpair.sub),
                )
            }
            if err := kvs[i].Unmarshal(vs[0]); err != nil {
                tr.s.lg.Fatal(
                    "failed to unmarshal mvccpb.KeyValue",
                    zap.Error(err),
                )
```

```
        }
    }
    tr.trace.Step("range keys from bolt db")
    return &RangeResult{KVs: kvs, Count: len(revpairs), Rev: curRev}, nil
}
```

在上述代码的实现中，需要通过 Revisions 方法从 Btree 中获取范围内所有的 keyIndex，以此才能获取一个范围内的所有键值对。Revisions 方法实现如下：

```
// 位于 mvcc/index.go:106
func (ti *treeIndex) Revisions(key, end []byte, atRev int64) (revs
[]revision) {
    if end == nil {
        rev, _, _, err := ti.Get(key, atRev)
        if err != nil {
            return nil
        }
        return []revision{rev}
    }
    ti.visit(key, end, func(ki *keyIndex) {
    // 使用 keyIndex.get 来遍历整棵树
        if rev, _, _, err := ki.get(ti.lg, atRev); err == nil {
            revs = append(revs, rev)
        }
    })
    return revs
}
```

如果只获取一个键对应的版本，使用 treeIndex 方法即可，但是一般会从 Btree 索引中获取多个 Revision 值，此时需要调用 keyIndex.get 方法来遍历整棵树并选取合适的版本。这是因为 BoltDB 保存一个 key 的多个历史版本，每一个 key 的 keyIndex 中其实都存储多个历史版本，需要根据传入的参数返回正确的版本。

对于上层的键值存储来说，它会利用这里返回的 Revision，从真正存储数据的 BoltDB 中查询当前 key 对应 Revision 的数据。BoltDB 内部使用的也是类似 bucket（桶）的方式存储，其实就是对应 MySQL 中的表结构，用户的 key 数据存放 bucket 名字的是 key，etcd MVCC 元数据存放的 bucket 是 meta data。

4.3.2　写操作的过程

介绍完读请求，我们回忆一下写操作的实现。使用 etcdctl 命令行工具进行写操作：

```
$ etcdctl --endpoints http://localhost:2379 put foo bar
```

将整个写操作划分成如下 5 个步骤：

客户端通过负载均衡算法选择一个 etcd 节点，发起 gRPC 调用；

（1）etcd Server 收到客户端请求；

（2）经过 gRPC 拦截、Quota 校验，Quota 模块用于校验 etcd db 文件大小是否超过配额；

（3）然后 KVServer 模块将请求发送给本模块中的 raft，这里负责与 etcd raft 模块进行通信，发起一个提案，命令为 put foo bar，即使用 put 方法将 foo 更新为 bar；

（4）提案经过转发后，半数节点成功持久化；

（5）MVCC 模块更新状态机。

重点关注最后一步，学习如何更新和插入键值对。与图 4-6 相对应，put 接口的执行过程如图 4-7 所示。

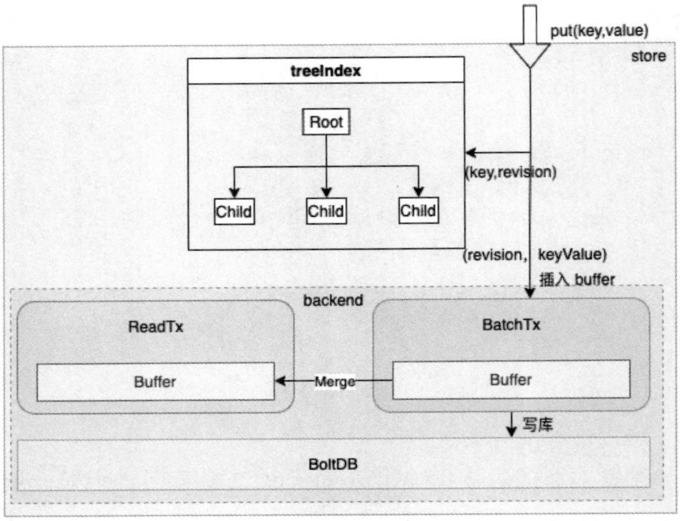

图 4-7　put 接口的执行过程

调用 put 向 etcd 写入数据时，首先使用传入的键构建 keyIndex 结构体，基于 current Revision 自增生成新的 Revision 如{1,0}，并从 treeIndex 中获取相关版本 Revision 等信息；写事务提交后，将本次写操作的缓存 buffer 合并（merge）到读缓存上（图 4-7 中 ReadTx 中的缓存）。代码实现如下：

```
//位于 mvcc/index.go:53
func (ti *treeIndex) Put(key []byte, rev revision) {
    keyi := &keyIndex{key: key}
  // 加锁，互斥
    ti.Lock()
    defer ti.Unlock()
  // 获取版本信息
    item := ti.tree.Get(keyi)
    if item == nil {
        keyi.put(ti.lg, rev.main, rev.sub)
        ti.tree.ReplaceOrInsert(keyi)
        return
```

```
    }
    okeyi := item.(*keyIndex)
    okeyi.put(ti.lg, rev.main, rev.sub)
}
```

treeIndex.Put 在获取 Btree 中的 keyIndex 结构后，通过 keyIndex.put 在其中加入新的 revision，方法实现如下：

```
// 位于 mvcc/key_index.go:77
func (ki *keyIndex) put(lg *zap.Logger, main int64, sub int64) {
    rev := revision{main: main, sub: sub}
  // 校验版本号
    if !rev.GreaterThan(ki.modified) {
        lg.Panic(
            "'put' with an unexpected smaller revision",
            zap.Int64("given-revision-main", rev.main),
            zap.Int64("given-revision-sub", rev.sub),
            zap.Int64("modified-revision-main", ki.modified.main),
            zap.Int64("modified-revision-sub", ki.modified.sub),
        )
    }
    if len(ki.generations) == 0 {
        ki.generations = append(ki.generations, generation{})
    }
    g := &ki.generations[len(ki.generations)-1]
    if len(g.revs) == 0 { // 创建一个新的键
        keysGauge.Inc()
        g.created = rev
    }
    g.revs = append(g.revs, rev)
    g.ver++
    ki.modified = rev
}
```

从上述代码可以知道，构造的Revision结构体写入keyIndex键索引时，会改变generation结构体中的属性，generation 中包括一个键多个不同的版本信息，包括创建版本、修改次数等参数。因此可以通过该方法了解 generation 结构体中的各个成员如何定义和赋值。

revision{1,0}是生成的全局版本号，作为 BoltDB 的 key，经过序列化包括 key 名称、key 创建时的版本号（create_revision）、value 值和租约等信息为二进制数据后，将填充到 BoltDB 的 value 中，同时将该键和 Revision 等信息存储到 Btree。

下面将介绍读/写过程中涉及的几个重要模块：WAL 日志与备份快照、backend 存储的实现细节。

4.4 WAL 日志与快照备份

前面已经分析了，etcd raft 提交数据成功后，将通知上面的应用层（在这里是 EtcdServer），之后再进行数据持久化存储。而数据的持久化可能会花费一些时间，因此在应答应用层之前，etcdServer 中的 raftNode 会首先将这些数据写入 WAL 日志中。这样即使在做持久化时数据丢失了，启动恢复时也可以根据 WAL 的日志进行数据恢复。

etcdServer 模块中，raftNode 用于写 WAL 日志的工作由接口 Storage 完成，而这个接口由 storage 结构体来具体实现：

```
// 位于 etcdserver/storage.go:41
type storage struct {
    *wal.WAL
    *snap.Snapshotter
}
```

可以看到，这个结构体组合了 WAL 和 snap.Snapshotter 结构，Snapshotter 负责存储快照数据。下面将具体介绍这两个部分。

4.4.1 WAL 日志

WAL 是 write ahead log 的缩写，顾名思义，也就是在执行真正的写操作之前先写一个日志，可以类比 redo log，和它相对的是 WBL（write behind log），这些日志都会严格保证持久化，以保证整个操作的一致性和可恢复性。

etcd 中对 WAL 的定义都包含在 wal 目录中，其定义如下：

```
// 位于 wal/wal.go:69
type WAL struct {
    lg *zap.Logger

    dir string // 文件存放的位置
    dirFile *os.File
    metadata []byte           // 在每一个 WAL 头记录的元数据
    state    raftpb.HardState // WAL 头记录的 hardstate
    start    walpb.Snapshot
    decoder  *decoder
    readClose func() error

    mu      sync.Mutex
    enti    uint64   // 保存到 wal 最后一个记录的 index
    encoder *encoder

    locks []*fileutil.LockedFile // WAL 持有的锁定文件
    fp    *filePipeline
}
```

WAL 日志文件中，其结构如图 4-8 所示。

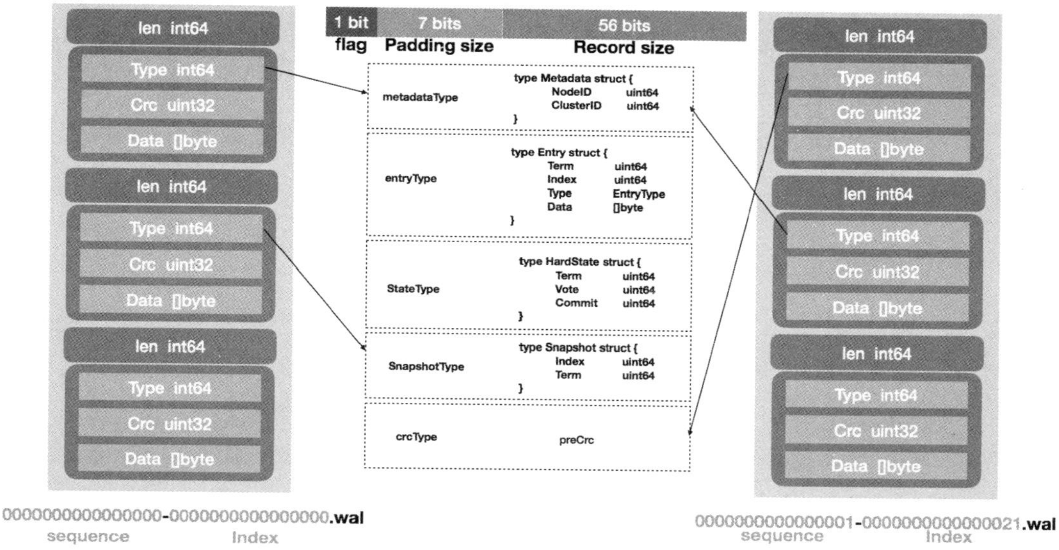

图 4-8　WAL 日志结构

每条日志记录有以下的类型：

```
// 位于 wal/walpb/record.pb.go:39
type Record struct {
    Type          int64   `protobuf:"varint,1,opt,name=type" json: "type"`
    Crc           uint32  `protobuf:"varint,2,opt,name=crc" json:"crc"`
    Data                  []byte  `protobuf:"bytes,3,opt,name=data"  json:
"data,omitempty"`
    XXX_unrecognized []byte `json:"-"`
}
```

代码重要参数分析如下。

- Crc：这一条日志记录的校验数据。
- Data：真正的数据，根据类型不同存储的数据也不同。
- Type：日志记录类型，其中日志记录又有表 4-2 所示的类型。

表 4-2　日志记录类型与说明

类型名称	说　明
metadataType	存储元数据（metadata），每个 WAL 文件开头都有这类型的一条记录数据
entryType	保存 raft 的数据，也就是客户端提交上来并且已经 commit 的数据
stateType	保存当前集群的状态信息，即前面提到的 HardState
crcType	校验数据
snapshotType	快照数据

etcd 使用两个目录分别存放 WAL 文件以及快照文件。WAL 更多的是对多个 WAL 文件进行管理，WAL 文件的命名规则是$seq-$index.wal。第一个文件是 0000000000000000-0000000000000000.wal。此后，如果文件大小到了 64M，就进行一次拆分，比如第一次时，raft 的 index 是 20，那么文件名就会变成 0000000000000001-0000000000000021.wal。

etcd 会管理 WAL 目录中的所有 WAL 文件，但是在生成快照文件后，在快照数据之前的 WAL 文件将被清除掉，保证磁盘不会一直增长。

4.4.2 快照备份

那么，又是在什么情况下生成快照文件呢？etcdServer 在主循环中通过监听 channel 获知当前 raft 协议返回的 Ready 数据，此时会做判断，如果当前保存的快照数据索引距离上一次已经超过一个阈值（EtcdServer.snapCount），就从 raft 的存储中生成一份当前的快照数据，写入快照文件成功后，即可将这之前的 WAL 文件释放，如图 4-9 所示。

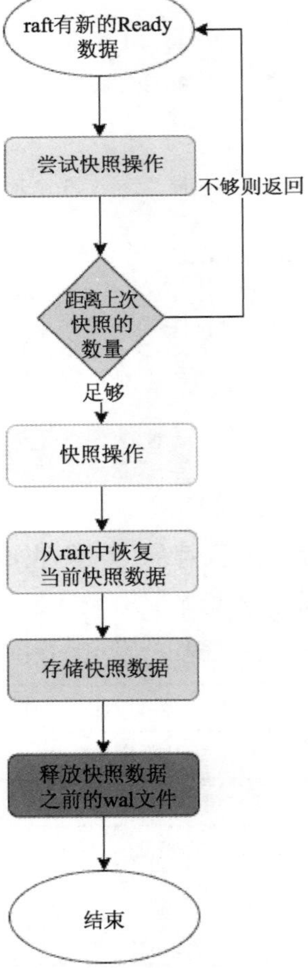

图 4-9　快照备份的流程图

快照文件名的格式是：16 位的快照数据中最后一条日志记录的任期号减去最后一条记录的索引号，然后加上扩展名 snap。

对应于 raft 中的 Snapshot（应用状态机的 Snapshot），WAL 中也会记录一些 Snapshot 的信息（但是它不会记录完整的应用状态机的 Snapshot 数据），WAL 中的 Snapshot 格式定义如下：

```
// 位于 wal/walpb/record.pb.go:51
type Snapshot struct {
    Index              uint64 'protobuf:"varint,1,opt,name=index" json:
"index"'
    Term               uint64 'protobuf:"varint,2,opt,name=term" json:
"term"'
    XXX_unrecognized []byte 'json:"-"'
}
```

在保存 Snapshot 的 SaveSnapshot 函数中，注意，这里的 Snapshot 是 WAL 中的 Record 类型，不是 raft 中的应用状态机的 Snapshot，SaveSnapshot 的实现代码如下：

```
// 位于 wal/wal.go:828
func (w *WAL) SaveSnapshot(e walpb.Snapshot) error {
    b := pbutil.MustMarshal(&e) // pb 序列化，此时的 e 可为空的

    w.mu.Lock()
    defer w.mu.Unlock()
     // 创建 snapshotType 类型的 record
    rec := &walpb.Record{Type: snapshotType, Data: b}
    // 持久化到 wal 中
    if err := w.encoder.encode(rec); err != nil {
        return err
    }
    // update enti only when snapshot is ahead of last index
    if w.enti < e.Index {
        // e.Index 来自应用状态机的 Index
        w.enti = e.Index
    }
    // 同步刷新磁盘
    return w.sync()
}
```

一条 Record 需要先把序列化后才能持久化，这个是通过 encode 函数完成的，其实现代码如下：

```
// 位于 wal/encoder.go:62
func (e *encoder) encode(rec *walpb.Record) error {
    e.mu.Lock()
    defer e.mu.Unlock()

    e.crc.Write(rec.Data)
    rec.Crc = e.crc.Sum32()
    var (
```

```
        data []byte
        err  error
        n    int
    )

    if rec.Size() > len(e.buf) {
        data, err = rec.Marshal()
        if err != nil {
            return err
        }
    } else {
        n, err = rec.MarshalTo(e.buf)
        if err != nil {
            return err
        }
        data = e.buf[:n]
    }

    lenField, padBytes := encodeFrameSize(len(data))
    if err = writeUint64(e.bw, lenField, e.uint64buf); err != nil {
        return err
    }
    if padBytes != 0 {
        data = append(data, make([]byte, padBytes)...)
    }
    _, err = e.bw.Write(data)
    return err
}
```

从以上代码可以看到，一个 Record 被序列化后（这里为 JOSN 格式），会以一个 Frame 的格式持久化。

```
// 位于 wal/encoder.go:99
func encodeFrameSize(dataBytes int) (lenField uint64, padBytes int) {
    lenField = uint64(dataBytes)
    // force 8 byte alignment so length never gets a torn write
    padBytes = (8 - (dataBytes % 8)) % 8
    if padBytes != 0 {
        lenField |= uint64(0x80|padBytes) << 56
    }
    return lenField, padBytes
}
```

Frame 是一个长度字段，为 64bit，其中 MSB 表示这个 Frame 是否有 padding 字节，接下来才是真正序列化后的数据。

4.4.3 WAL 存储

WAL 主要用来持久化存储日志，当 raft 模块收到一个 proposal 时就会调用 Save 方法完成（定义在 wal.go）持久化，这部分逻辑在后面章节细化，我们重点关注 WAL 存储的实现，代码如下：

```
// 位于 wal/wal.go:899
func (w *WAL) Save(st raftpb.HardState, ents []raftpb.Entry) error {
    w.mu.Lock()  // 上锁
    defer w.mu.Unlock()

    // 如果给定的 HardState 为空，则不会调用 sync
    if raft.IsEmptyHardState(st) && len(ents) == 0 {
        return nil
    }

    // 是否需要同步刷新磁盘
    mustSync := raft.MustSync(st, w.state, len(ents))

    // 保存所有日志项
    for i := range ents {
        if err := w.saveEntry(&ents[i]); err != nil {
            return err
        }
    }

    // 持久化 HardState
    if err := w.saveState(&st); err != nil {
        return err
    }

    // 获取最后一个 LockedFile 的大小（已经使用的）
    curOff, err := w.tail().Seek(0, io.SeekCurrent)
    if err != nil {
        return err
    }
    // 如果小于 64MB
    if curOff < SegmentSizeBytes {
        if mustSync {
            // 如果需要 sync，执行 sync
            return w.sync()
        }
        return nil
    }

    // 否则执行切割（也就是说，WAL 文件可以超过 64MB）
    return w.cut()
}
```

MustSync 用来判断当前的 Save 是否需要同步持久化，由于每台服务器上都必须无条件持久化三个量：currentTerm、votedFor 和 log entries，因此当 log entries 不为 0，或者候选人 id 有变化，或者是任期号有变化时，当前的 Save 方法都需要持久化。

```
// 位于 raft/node.go:581
func MustSync(st, prevst pb.HardState, entsnum int) bool {
    // 在所有的 server 中持久化状态
    return entsnum != 0 || st.Vote != prevst.Vote || st.Term != prevst.Term
}
```

如果 Raft 条目的 HardState 和数量标示需要对持久性存储进行同步写入，则 MustSync 返回 true。HardState 表示服务器当前状态，定义在 raft.pb.go，主要包含 Term、Vote、Commit。定义如下：

```
// 位于 raft/raftpb/raft.pb.go:316
type HardState struct {
    Term                 uint64  `protobuf:"varint,1,opt,name=term" json:
"term"`
    Vote                 uint64  `protobuf:"varint,2,opt,name=vote" json:
"vote"`
    Commit               uint64  `protobuf:"varint,3,opt,name=commit" json:
"commit"`
    XXX_unrecognized []byte `json:"-"`
}
```

HardState 对象的主要属性对应的解释如下：

- Term：服务器最后一次知道的任期号；
- Vote：当前获得选票的候选人的 id；
- Commit：已知的最大的已经被提交的日志条目的索引值（被多数派确认的）。

Entry 则表示提交的日志条目，同样定义在 raft.pb.go 中，定义如下：

```
// 位于 raft/raftpb/raft.pb.go:259
type Entry struct {
    Term             uint64     `protobuf:"varint,2,opt,name=Term" json:
"Term"`
    Index            uint64     `protobuf:"varint,3,opt,name=Index" json:
"Index"`
    Type             EntryType  `protobuf:"varint,1,opt,name=Type,enum=
raftpb.EntryType" json:"Type"`
    Data             []byte     `protobuf:"bytes,4,opt,name=Data" json:
"Data,omitempty"`
    XXX_unrecognized []byte     `json:"-"`
}
```

每个属性对应的解释如下：

- Term：该条日志对应的 Term；
- Index：日志的索引；
- Type：日志的类型，普通日志和配置变更日志；
- Data：日志内容。

日志 Entry 的持久化由 saveEntry 完成，将 Entry 先封装成一个 Record，然后编码进行持久化，具体代码如下：

```
// 位于 wal/wal.go:772
func (w *WAL) saveEntry(e *raftpb.Entry) error {
    b := pbutil.MustMarshal(e)
    // 创建日志项类型的 recode
    rec := &walpb.Record{Type: entryType, Data: b}
    if err := w.encoder.encode(rec); err != nil {
        return err
    }
    // index of the last entry saved to the wal
    w.enti = e.Index
    return nil
}
```

HardState 的持久化由 saveState 完成，依然是先封装成一个 Record，然后 encode 持久化，具体代码如下：

```
func (w *WAL) saveState(s *raftpb.HardState) error {
    if raft.IsEmptyHardState(*s) {
        return nil
    }
    w.state = *s
    b := pbutil.MustMarshal(s)
    // 创建 stateType 类型的 recode
    rec := &walpb.Record{Type: stateType, Data: b}
    return w.encoder.encode(rec)
}
```

由前面的 Save 逻辑可以看出，当 WAL 文件超过一定大小时（默认为 64MB），就需要进行切割，其逻辑在 cut 方法中实现，具体代码如下：

```
// 位于 wal/wal.go:594
func (w *WAL) cut() error {
    // 关闭旧的 wal 文件
    off, serr := w.tail().Seek(0, io.SeekCurrent)
    if serr != nil {
        return serr
    }
    // 截断可更改文件的大小。它不会更改 I/O 偏移量。
    if err := w.tail().Truncate(off); err != nil {
        return err
    }
    // 同步更新
    if err := w.sync(); err != nil {
        return err
    }
    // seq+1 , index 为最后一条日志的索引 +1
    fpath := filepath.Join(w.dir, walName(w.seq()+1, w.enti+1))

    // 从 filePipeline 中获取一个预先打开的 wal 临时 LockedFile
```

```
        newTail, err := w.fp.Open()
        if err != nil {
            return err
        }

        // 将新文件添加到 LockedFile 数组
        w.locks = append(w.locks, newTail)
        // 计算当前文件的 crc
        prevCrc := w.encoder.crc.Sum32()
        // 用新创建的文件创建 encoder,并传入之前文件的 crc，这样可以前后校验
        w.encoder, err = newFileEncoder(w.tail().File, prevCrc)
        if err != nil {
            return err
        }
        // 保存 crcType 类型的 recode
        if err = w.saveCrc(prevCrc); err != nil {
            return err
        }

        // metadata 必须放在 wal 文件头
        if err = w.encoder.encode(&walpb.Record{Type: metadataType, Data:
w.metadata}); err != nil {
            return err
        }
        // 保存 HardState 型 recode
        if err = w.saveState(&w.state); err != nil {
            return err
        }
        // 自动移动临时的 wal 文件到正式的 wal 文件
        if err = w.sync(); err != nil {
            return err
        }

        off, err = w.tail().Seek(0, io.SeekCurrent)
        if err != nil {
            return err
        }

        // 重命名
        if err = os.Rename(newTail.Name(), fpath); err != nil {
            return err
        }

        // 同步目录
        if err = fileutil.Fsync(w.dirFile); err != nil {
            return err
        }
```

```
    // 用新的路径重新打开 newTail，因此调用 Name() 获取匹配的 wal 文件格式
    newTail.Close()

    // 重新打开并上锁新的文件（重命名之后的）
    if newTail, err = fileutil.LockFile(fpath, os.O_WRONLY, fileutil.
PrivateFileMode); err != nil {
        return err
    }
    if _, err = newTail.Seek(off, io.SeekStart); err != nil {
        return err
    }
    // 重新添加到 LockedFile 数组（替换之前那个临时的）
    w.locks[len(w.locks)-1] = newTail
    // 获取上一个文件的 crc
    prevCrc = w.encoder.crc.Sum32()
    // 用新文件重新创建 encoder
    w.encoder, err = newFileEncoder(w.tail().File, prevCrc)
    if err != nil {
        return err
    }

    plog.Infof("segmented wal file %v is created", fpath)
    return nil
}
```

cut 方法执行时，需要关闭当前文件的写入，并创建一个要追加的文件。cut 方法首先创建一个临时 WAL 文件，并向其中写入必要的头部信息。随后自动重命名 tmp wal 文件为一个正式的 WAL 文件。

4.4.4 WAL 日志打开

在上面小节讲解了 WAL 如何存储，下面我们看一下如何打开 WAL 日志。open 方法定义在 wal/wal.go 中，代码如下：

```
// 位于 wal/wal.go:288
func Open(dirpath string, snap walpb.Snapshot) (*WAL, error) {
    // 以写的方式打开打开最后一个序号小于 snap 中的 index 之后的所有 wal 文件
    w, err := openAtIndex(dirpath, snap, true)
    if err != nil {
        return nil, err
    }

    if w.dirFile, err = fileutil.OpenDir(w.dir); err != nil {
        return nil, err
    }
    return w, nil
}
```

在给定的快照处打开 WAL。该快照应当已保存到 WAL，否则 ReadAll 方法（日志读

取）将会失败。返回的 WAL 已经准备好读取，第一个记录将是给定快照之后的记录。在读出所有现有的记录之前，不能在其后附加 WAL；其中 openAtIndex 方法的实现代码如下：

```
// 位于 wal/wal.go:305
func openAtIndex(lg *zap.Logger, dirpath string, snap walpb.Snapshot,
write bool) (*WAL, error) {
    // 在指定目录下读取所有 wal 文件的名字
    names, nameIndex, err := selectWALFiles(lg, dirpath, snap)
    if err != nil {
        return nil, err
    }
    // 循环打开 nameIndex 之后所有 wal 文件，并构造 rs、ls
    rs, ls, closer, err := openWALFiles(lg, dirpath, names, nameIndex,
write)
    if err != nil {
        return nil, err
    }

    // 根据以上信息创建一个已经继续可读的 WAL
    w := &WAL{
        lg:         lg,
        dir:        dirpath,
        start:      snap,
        decoder:    newDecoder(rs...),
        readClose: closer,
        locks:      ls,
    }

    if write {
        w.readClose = nil
        // Base 返回路径最后的元素
        if _, _, err := parseWALName(filepath.Base(w.tail().Name())); err !=
nil {
            closer()
            return nil, err
        }
        // 会一直执行预分配，等待消费方消费
        w.fp = newFilePipeline(lg, w.dir, SegmentSizeBytes)
    }

    return w, nil
}
```

openAtIndex 方法以写的方式打开 seq 小于快照 index 之后的所有 WAL 文件。如果是写的模式，write 复用文件描述符，并且不会关闭文件，这样可以使得 WAL 能够直接附加，且不需要放弃文件锁。

openAtIndex 方法中的 openWALFiles 用于循环打开 nameIndex 之后所有的 WAL 文件，其方法实现如下：

```
func openWALFiles(lg *zap.Logger, dirpath string, names []string, nameIndex int, write bool) ([]io.Reader, []*fileutil.LockedFile, func() error, error) {
    rcs := make([]io.ReadCloser, 0)
    rs := make([]io.Reader, 0)
    ls := make([]*fileutil.LockedFile, 0)
    for _, name := range names[nameIndex:] {
        // 组合 wal 文件路径
        p := filepath.Join(dirpath, name)
        if write {
          // 以读/写方式打开、并尝对文件加上排他锁，返回的 l 代表 LockedFile
            l, err := fileutil.TryLockFile(p, os.O_RDWR, fileutil.PrivateFileMode)
            if err != nil {
                closeAll(rcs...)
                return nil, nil, nil, err // 有任何一个锁失败就整体失败
            }
            ls = append(ls, l) // 添加到 LockedFile 数组
            rcs = append(rcs, l) // LockedFile 肯定具有 close 和 read 方法
        } else {
            rf, err := os.OpenFile(p, os.O_RDONLY, fileutil.PrivateFileMode)
            if err != nil {
                closeAll(rcs...)
                return nil, nil, nil, err
            }
            ls = append(ls, nil)
            rcs = append(rcs, rf) // File 具有 close 和 read 方法
        }
        rs = append(rs, rcs[len(rcs)-1])
    }

    closer := func() error { return closeAll(rcs...) }

    return rs, ls, closer, nil
}
```

openWALFiles 在循环处理时，根据传入的 write 参数判断，如果以读/写方式打开、并尝试对文件加上排他锁，返回的 l 代表 LockedFile；如果以只读的方式打开（读的时候不需要加锁），返回的 rl 为 File。

4.4.5 WAL 文件读取

打开了指定的 WAL 文件后，具体看一下读取 WAL 文件内容的方法：ReadAll 的实现，

由于 WAL 中存储了不同类型的记录，因此获取 WAL 记录进行解码后，按照不同的记录类型进行处理。代码如下：

```
// wal/wal.go:399
func (w *WAL) ReadAll() (metadata []byte, state raftpb.HardState, ents []raftpb.Entry, err error) {
    w.mu.Lock()
    defer w.mu.Unlock()

    rec := &walpb.Record{}
    decoder := w.decoder

    var match bool
    for err = decoder.decode(rec); err == nil; err = decoder.decode(rec) {
        // 根据 record 的 type 进行不同处理
        switch rec.Type {
        case entryType://日志条目类型
          // 反序列化
            e := mustUnmarshalEntry(rec.Data)
            // 如果这条日志条目的索引大于 WAL 应该读取的起始 index
            if e.Index > w.start.Index {
                // Index 多减一就是为了附加最后的 e
                ents = append(ents[:e.Index-w.start.Index-1], e)
            }
            // index of the last entry saved to the wal
            w.enti = e.Index
        case stateType:// HardState 类型
            state = mustUnmarshalState(rec.Data)
        case metadataType:
            if metadata != nil && !bytes.Equal(metadata, rec.Data) {
                state.Reset()
                return nil, state, nil, ErrMetadataConflict
            }
            metadata = rec.Data
        case crcType:
            crc := decoder.crc.Sum32()
            if crc != 0 && rec.Validate(crc) != nil {
                state.Reset() // 把 sate 设置为空
                return nil, state, nil, ErrCRCMismatch
            }
            // 更新
            decoder.updateCRC(rec.Crc)
        case snapshotType:
            //walpb.Snapshot 类型。wal 的快照
            var snap walpb.Snapshot
            pbutil.MustUnmarshal(&snap, rec.Data)
            // start 记录的是状态机的快照，如果和 wal 的快照 index 匹配
            if snap.Index == w.start.Index {
                if snap.Term != w.start.Term {
```

```
                    // Term 不匹配的情况
                    state.Reset()
                    return nil, state, nil, ErrSnapshotMismatch
                }
                // index 和 Term 都匹配，match 为 true
                match = true
            }
        default:
            state.Reset()
            return nil, state, nil, fmt.Errorf("unexpected block type %d",
rec.Type)
        }
    }
```

解码器在解码时，根据 record 的类型进行不同处理，具体如表 4-3 所示。

表 4-3　record 类型与说明

类型名称	说　明
entryType	日志条目记录包含 Raft 日志信息，如 put 提案内容
stateType	状态信息记录，包含集群的任期号、节点投票信息等，一个日志文件中会有多条，以最后的记录为准
metadataType	文件元数据记录包含节点 ID、集群 ID 信息，它在 WAL 文件创建时写入
crcType	CRC 记录包含上一个 WAL 文件的最后的 CRC（循环冗余校验码）信息，在创建、切割 WAL 文件时，作为第一条记录写入新的 WAL 文件，用于校验数据文件的完整性、准确性等
snapshotType	快照记录包含快照的任期号、日志索引信息，用于检查快照文件的准确性

ReadAll 后续的处理过程，代码如下：

```
 //...
 err = nil

 if !match {
        //  没有匹配就说明没有 snapshot
        err = ErrSnapshotNotFound
    }

    // close decoder, disable reading
    if w.readClose != nil {
        w.readClose()
        w.readClose = nil
    }

    // 置空
    w.start = walpb.Snapshot{}

    w.metadata = metadata

    if w.tail() != nil {
        // create encoder (chain crc with the decoder), enable appending
```

```
        w.encoder, err = newFileEncoder(w.tail().File, w.decoder.lastCRC())
        if err != nil {
            return
        }
    }
    w.decoder = nil

    return metadata, state, ents, err
}
```

ReadAll 读取当前 WAL 的记录。如果以写模式打开，它必须读出所有记录，直到 EOF。否则将返回错误；如果在读取模式下打开，它将在可能的情况下尝试读取所有记录；如果无法读取预期的快照，它将返回 ErrSnapshotNotFound。如果加载的快照与预期的快照不匹配，它将返回所有记录，并返回错误 ErrSnapshotMismatch。ReadAll 之后，WAL 将准备添加新记录。

至此，介绍了 etcd 读写过程中涉及的 WAL 模块。写请求执行的过程中，WAL 日志文件中持久化了集群 Leader 任期号、投票信息、已提交索引、提案内容，用于保证集群的一致性和可恢复性。下面介绍 etcd 持久化数据存储的底层实现。

4.5 Backend 存储

前面讲到了 WAL 数据的存储、内存索引数据的存储，本节讨论持久化存储数据的模块。

etcd V3 版本中，使用 BoltDB 来持久化存储数据。BoltDB 是个基于 B+ tree 实现的 key-value 键值库，支持事务，提供 Get/Put 等简易 API 给 etcd 操作。BoltDB 的 key 是全局递增的版本号（revision），value 是用户 key、value 等字段组合成的结构体，然后通过 treeIndex 模块来保存用户 key 和版本号的映射关系。这里先简单解释一下 BoltDB 中的相关概念。

4.5.1 BoltDB 相关概念

BoltDB 中涉及的几个数据结构分别为 DB、Bucket、键值对、Cursor、Tx 等，具体说明如表 4-4 所示。

表 4-4 BoltDB 中涉及的主要数据结构

对 象 类 型	说 明
DB	表示数据库，类比于 MySQL
Bucket	数据库中的键值集合，类比于 MySQL 中的一张数据表
键值对	BoltDB 中实际存储的数据，类比于 MySQL 中的一行数据
Cursor	迭代器，用于按顺序遍历 Bucket 中的键值对
Tx	表示数据库操作中的一次只读或者读/写事务

BoltDB 提供了非常简单的 API 给上层业务使用，当执行一个 put foo bar 写请求时，BoltDB 实际写入的 key 是版本号，value 为 mvccpb.KeyValue 结构体。通过写事务对象 tx，可以创建 bucket。

BoltDB 数据库对应的 db 文件，实际存储 etcd 的 key-value、lease、meta、member、cluster、auth 等信息。etcd 启动时，通过 mmap 机制将 db 文件映射到内存，后续可从内存中快速读取文件中的数据。写请求通过 fwrite 和 fdatasync 来写入、持久化数据到磁盘。db 文件的结构如图 4-10 所示。

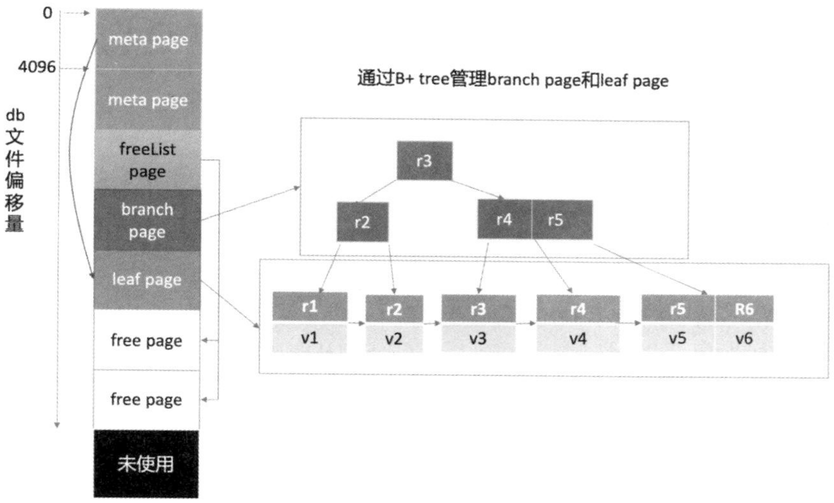

图 4-10　BoltDB 数据库文件结构

在图 4-10 的左图中可以看到，文件的内容由若干个 page 组成，一般情况下 page size 为 4KB。page 按照功能可分为元数据页（meta page）、B+ tree 索引节点页（branch page）、B+ tree 叶子节点页（leaf page）、空闲页管理页（freelist page）、空闲页（free page）。

文件最开头的两个 page 是固定的 db 元数据 meta page，空闲页管理页记录 db 中哪些页是空闲、可使用的。索引节点页保存了 B+ tree 的内部节点，如图 4-10 中的右图所示，它们记录了 key 值，叶子节点页记录了 B+ tree 中的 key-value 和 bucket 数据。BoltDB 逻辑上通过 B+ tree 来管理 branch/leaf page，实现快速查找、写入 key-value 数据。

4.5.2　Backend 与 BackendTx 接口

在 etcd v3 版本的设计中，etcd 通过 Backend 后端接口，很好地封装了存储引擎的实现细节，为上层提供一个更一致的接口，对于 etcd 的其他模块来说，它们可以将更多注意力放在接口中的约定上，但是在这里，我们更关注的是 etcd 对 Backend 接口的实现，具体代码如下：

```
// 位于 mvcc/backend/backend.go:48
type Backend interface {
    // ReadTx 返回读事务
    ReadTx() ReadTx
    BatchTx() BatchTx
    // ConcurrentReadTx 返回一个非阻塞的读事务
    ConcurrentReadTx() ReadTx

    Snapshot() Snapshot
    Hash(ignores map[IgnoreKey]struct{}) (uint32, error)
    // Size 返回物理分配的 backend 大小
    Size() int64
    // SizeInUse 返回逻辑上正在使用的存储大小
    SizeInUse() int64
    // OpenReadTxN 返回 backend 中读事务打开的数量
    OpenReadTxN() int64
    Defrag() error
    ForceCommit()
    Close() error
}
```

etcd 底层默认使用开源的嵌入式键值存储数据库 bolt，但是这个项目目前的状态已经是不再维护，如果想要使用这个项目可以使用 CoreOS 维护的 bbolt 版本。

本节中，简单介绍 etcd 如何使用 BoltDB 作为底层存储，首先看一下 pacakge 内部的 backend 结构体，backend 为实现 Backend 接口的结构体。

```
// 位于 mvcc/backend/backend.go:82
type backend struct {

    // size 为 backend 分配的 bytes 大小
    size int64
    sizeInUse int64
    // commits 统计自开始以来的 commit 数量
    commits int64
    // openReadTxN is the number of currently open read transactions in the
backend
    openReadTxN int64

    mu sync.RWMutex
    db *bolt.DB

    batchInterval time.Duration
    batchLimit    int
    batchTx       *batchTxBuffered

    readTx *readTx

    stopc chan struct{}
    donec chan struct{}
```

```
    lg *zap.Logger
}
```

从结构体的成员 db 可以看出，它使用 BoltDB 作为底层存储，另外两个 ReadTx 和 BatchTx 分别实现了 ReadTx 和 BatchTx 接口，接口的定义如下：

```
// 位于 mvcc/backend/read_tx.go:30
type ReadTx interface {
    Lock()
    Unlock()
    RLock()
    RUnlock()
    UnsafeRange(bucketName []byte, key, endKey []byte, limit int64) (keys
[][]byte, vals [][]byte)
    UnsafeForEach(bucketName []byte, visitor func(k, v []byte) error) error
}
// 位于 mvcc/backend/batch_tx.go:28
type BatchTx interface {
    ReadTx
    UnsafeCreateBucket(name []byte)
    UnsafePut(bucketName []byte, key []byte, value []byte)
    UnsafeSeqPut(bucketName []byte, key []byte, value []byte)
    UnsafeDelete(bucketName []byte, key []byte)
    // Commit commits a previous tx and begins a new writable one.
    Commit()
    // CommitAndStop commits the previous tx and does not create a new one.
    CommitAndStop()
}
```

从以上两个接口的定义中，不难发现它们能够对外提供数据库的读/写操作，而 Backend 就能对这两者提供的方法进行封装，对上层屏蔽存储的具体实现，实现方式如图 4-11 所示。

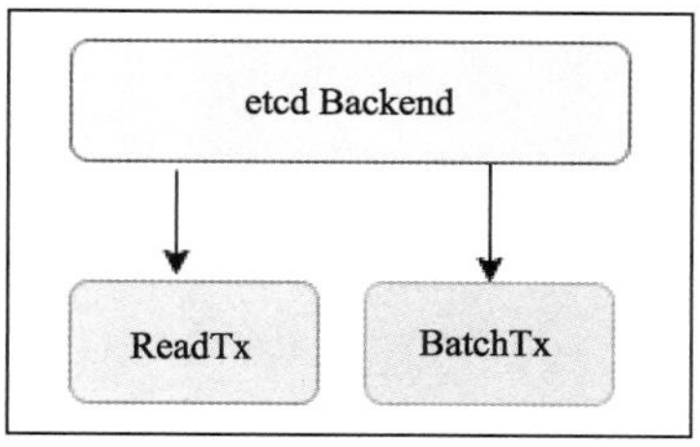

图 4-11　Backend 接口的实现

当使用 newBackend 创建一个新的 Backend 结构时，都会创建一个 ReadTx 和 BatchTx 结构体，这两者分别负责处理只读请求和处理读/写请求，实现代码如下：

```
// 位于 mvcc/backend/backend.go:143
func newBackend(bcfg BackendConfig) *backend {
    if bcfg.Logger == nil {
```

```
            bcfg.Logger = zap.NewNop()
        }

        bopts := &bolt.Options{}
        if boltOpenOptions != nil {
            *bopts = *boltOpenOptions
        }
        bopts.InitialMmapSize = bcfg.mmapSize()
        bopts.FreelistType = bcfg.BackendFreelistType

        db, err := bolt.Open(bcfg.Path, 0600, bopts)
        if err != nil {
            bcfg.Logger.Panic("failed to open database", zap.String("path",
bcfg.Path), zap.Error(err))
        }

        b := &backend{
            db: db,

            batchInterval: bcfg.BatchInterval,
            batchLimit:    bcfg.BatchLimit,

            readTx: &readTx{
                buf: txReadBuffer{
                    txBuffer: txBuffer{make(map[string]*bucketBuffer)},
                },
                buckets: make(map[string]*bolt.Bucket),
                txWg:    new(sync.WaitGroup),
            },

            stopc: make(chan struct{}),
            donec: make(chan struct{}),

            lg: bcfg.Logger,
        }
        b.batchTx = newBatchTxBuffered(b)
        go b.run()
        return b
    }
```

当在 newBackend 中进行初始化 BoltDB 与事务等工作后，就会启动一个 Goroutine 异步的对所有批量读/写事务进行定时提交，代码如下：

```
    // 位于 mvcc/backend/backend.go:307
    func (b *backend) run() {
        defer close(b.donec)
        t := time.NewTimer(b.batchInterval)
        defer t.Stop()
        for {
            select {
```

```
        case <-t.C:
        case <-b.stopc:
            b.batchTx.CommitAndStop()
            return
        }
        if b.batchTx.safePending() != 0 {
            b.batchTx.Commit()
        }
        t.Reset(b.batchInterval)
    }
}
```

对于上层来说，backend 只是对底层存储的一个抽象，很多时候并不会直接跟它打交道，都是使用它持有的 ReadTx 和 BatchTx 与数据库进行交互。

4.7　本章小结

本章主要介绍了 etcd 整体的架构与 etcd 的底层如何实现读/写操作。首先通过 etcd 项目结构，介绍各个包的用途及其中核心的包。基于分层的方式，绘制 etcd 分层架构图，结合图介绍各个模块的作用，并通过客户端写入 etcd 服务端的请求，理解 etcd 各个模块交互的过程。然后介绍 etcd 客户端与服务端读/写操作的流程。最后重点分析在 etcd 中如何读/写数据。

通过上面的分析不难发现，etcd 最底层的读写其实并不是很复杂。根据 etcd 读写流程图，可以知道读写操作依赖 MVCC 模块的 treeIndex 和 BoltDB，treeIndex 用来保存键的历史版本号信息，而 BoltDB 用来保存 etcd 的键值对数据。通过这两个模块之间的协作，实现了 etcd 数据的读取和存储。因此后面将进一步介绍 etcd 分布式一致性实现以及 MVCC 多版本控制实现的原理。

第 5 章　etcd 如何实现分布式一致性

etcd 在云原生架构中扮演了非常重要的角色。微服务的注册发现以及业务配置信息都存储在 etcd 中，所以整个集群可用性与 etcd 的可用性密切相关；在实际的生产环境中，通常使用 3～5 个 etcd 节点构成高可用的集群。

而在 etcd 使用的过程中存在多个节点，如何处理这些节点之间的分布式一致性，是我们要面对的棘手问题。

前面介绍了 etcd 读/写操作的底层实现，但关于 etcd 集群如何实现分布式数据一致性并没有详细介绍。在分布式环境中，常用数据复制来避免单点故障，实现多副本，提高服务的高可用性以及系统的吞吐量。

etcd 集群中的多个节点不可避免地会出现相互之间数据不一致的情况。但不管是同步复制、异步复制还是半同步复制，都会存在可用性或者一致性的问题。一般会使用共识算法来解决多个节点数据一致性的问题，常见的共识算法有 Paxos 和 raft。ZooKeeper 使用的是 ZAB 协议，etcd 使用的共识算法是 raft。本章将详细介绍 raft 算法以及 etcd-raft 模块的一些实现细节。

5.1　raft 共识算法基础

在第 1 章已经提到 raft 共识算法的相关概念，raft 算法是 etcd 组件重要的支撑，etcd 基于 raft 算法实现分布式一致性。本节将具体讲解 raft 算法相关的特性及其状态转换。

5.1.1　raft 算法概述

raft 算法由 Leader 节点来处理一致性问题。Leader 节点接收来自客户端的请求，将会生成日志数据，然后同步到集群中其他节点进行复制，当日志已经同步到超过半数以上节点时，Leader 节点再通知集群中其他节点哪些日志已经被复制成功，这些节点可以提交到 raft 状态机中执行。

通过以上方式，raft 算法将要解决的一致性问题分为了以下几个子问题：

- Leader 选举：集群中必须存在一个 Leader 节点；
- 日志复制：Leader节点接收来自客户端的请求，然后将这些请求序列化成日志数据再同步到集群中其他节点；
- 安全性：如果某个节点已经将一条提交过的数据输入 raft 状态机执行，那么其他节点不可能再将相同索引的另一条日志数据输入 raft 状态机中执行。

除此之外，根据 Raft 算法的定义，其还要满足如表 5-1 所示的 5 个特性。

表 5-1　Raft 算法要满足的特性

特　　性	说　　明
选举安全性（Election Safety）	在一个任期内最多只能存在一个 leader 节点
Leader 节点上的日志位置添加（Leader Append-Only）	leader 节点永远不会删除或者覆盖本节点上的日志数据
日志匹配性（Log Matching）	如果两个节点上的日志，在日志某个索引上的日志数据其对应的任期号相同，那么这两个节点在这条日志之前的日志数据完全匹配
leader 完备性（Leader Completeness）	如果一条日志在某个任期被提交，那么这条日志数据在 leader 节点上更高任期号的日志数据中都存在
状态机安全性（State Machine Safety）	如果某个节点已经将一条提交过的数据输入 raft 状态机执行了，那么其他节点不可能再将相同索引的另一条日志数据输入 raft 状态机中执行

5.1.2　raft 算法的三种状态

在 raft 算法中，一个集群中的所有节点有以下三种状态：

- Leader，一个集群中只能存在一个 Leader；
- Follower，Follower 跟随者是被动的，一个客户端的修改数据请求如果发送到 Follower 上时，首先由 Follower 转发到 Leader 上；
- Candidate（参与者），一个节点切换到这个状态时，表示将开始进行一次新的选举。

每一次开始新的选举过程，在 raft 算法中称为一个“任期”。每个任期都有一个对应的整数与之关联，称为“任期号”，任期号用“Term”表示，这个值是一个严格递增的整数值。三种状态的转换如图 5-1 所示。

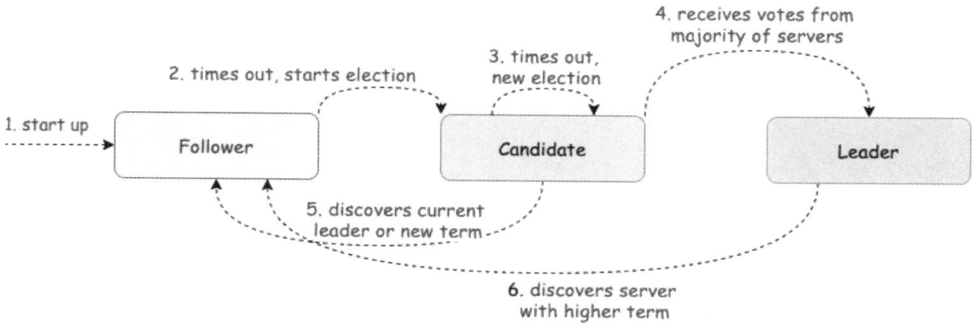

图 5-1　raft 算法三种状态的转换

raft 算法三种状态的转换具体描述如下：节点刚启动，则进入 Follower 状态，同时创建一个超时时间在 150～300 ms 的选举超时定时器。然后是 Follower 和 Candidate 状态节点的运行与处理逻辑。

- Follower 节点如果收到 Leader 节点心跳，心跳标志位置 1；如果选举超时到期，且没有收到 Leader 节点心跳，则任期号 term+1，切换到 Candidate 状态。如果收到 Leader 节点心跳，心跳标志位置空；如果收到选举消息，且当前没有给任何节点投票过或者消息的任期号大于当前任期号，则投票给该节点；否则，拒绝投票给该节点。
- Candidate 状态节点会向集群中其他节点发送 RequestVote 请求，请求中带上当前任期号 term。收到 AppendEntries 消息，如果该消息的任期号≥本节点任期号 term，则说明已经有 Leader，切换到 Follower 状态；否则，拒绝该消息；收到其他节点应答 RequestVote 消息，如果数量超过集群半数以上，则切换到 Leader 状态。如果选举超时到期，进行下一次的选举。

图 5-1 中标记了 6 种状态切换，通过表 5-2 来简单了解其中每一种 Raft 节点状态，并且在后面会详细讨论。

表 5-2　Raft 算法 6 这种状态

状 态 名 称	说　　明
start up	起始状态，节点刚启动时自动进入的是 follower 状态
times out, starts election	follower 在启动后，将开启一个选举超时的定时器，当这个定时器到期时，将切换到 candidate 状态发起选举
times out, new election	进入 candidate 状态后就开始进行选举，但是如果在下一次选举超时到来之前，都还没有选出一个新的 leader，那么还会保持在 candidate 状态重新开始一次新的选举
receives votes from majority of servers	当 candidate 状态的节点，收到超过半数的节点选票，那么将切换状态成为新的 leader
discovers current leader or new term	candidate 状态的节点，如果收到来自 leader 的消息，或者更高任期号的消息，都表示已经有 leader 了，将切换到 follower 状态
discovers server with higher term	leader 状态下如果收到来自更高任期号的消息，将切换到 follower 状态。这种情况大多数发生在有网络分区的状态下

如果一个 Candidate 在一次选举中成为 Leader，那么这个节点将在此任期中担任 Leader 的角色。但并不是每个任期号都一定对应有一个 Leader 的，比如上面列出的状态 3，即 times out new election 的状态，可能出现在选举超时到来之前都没有产生一个新的 Leader，那么此时将递增任期号开始一次新的选举。

从以上描述可以看出，任期号在 raft 算法中更像一个“逻辑时钟（logic clock）”的作用，有了这个值，集群可以发现有哪些节点的状态已经过期。每一个节点状态中都保存一个当前任期号（current term），节点在进行通信时都会带上本节点的当前任期号。如果一个节点的当前任期号小于其他节点的当前任期号，将更新其当前任期号到最新的任期号。如果一个 Candidate 或者 Leader 状态的节点发现自己的当前任期号已经小于其他节点了，那么将切换到 Follower 状态。反之，如果一个节点收到的消息中带上的发送者的任期号已经过期，该节点将拒绝这个请求。

5.2 使用 raftexample

etcd-raft 模块是 etcd 中解决分布式一致性的模块，结合源码重点分析 raft 在 etcd 中的实现。作为一致性算法的库，etcd-raft 模块使用的一般场景如下：

（1）应用层接收到新的写入数据请求，向该算法库写入一个数据；

（2）算法库返回是否写入成功；

（3）应用层根据写入结果进行下一步操作。

相对而言，raft 库更复杂一些，因为还有以下问题存在：

（1）写入的数据可能是集群状态变更的数据，raft 库在执行写入这类数据后，需要返回新的状态给应用层；

（2）raft 库中的数据不可能一直以日志的形式存在，这样会导致数据越来越大，所以有可能被压缩成快照（snapshot）的数据形式，这种情况下也需要返回这部分快照数据；

（3）由于 etcd 的 raft 库不包括持久化数据存储相关的模块，而是由应用层自己来实现，所以也需要返回在某次写入成功后，哪些数据可以进行持久化保存；

（4）etcd 的 raft 库本身并未实现网络传输，因此同样需要返回哪些数据需要进行网络传输给集群中的其他节点。

这些问题具体如何解决呢？首先了解在 etcd 项目中如何使用 etcd-raft 模块。etcd 项目中包含 raft 库使用的示例，位于 contrib/raftexample 目录。raftexample 基于 etcd-raft 库实现键值对存储服务器。

raftexample 的入口方法实现代码如下：

```
func main() {
    cluster := flag.String("cluster", "http://127.0.0.1:9021", "comma separated cluster peers")
    id := flag.Int("id", 1, "node ID")
    kvport := flag.Int("port", 9121, "key-value server port")
    join := flag.Bool("join", false, "join an existing cluster")
    flag.Parse()
  // 构建 propose
    proposeC := make(chan string)
    defer close(proposeC)
    confChangeC := make(chan raftpb.ConfChange)
    defer close(confChangeC)

    // raft 为来自 http api 的提案提供 commit 流
    var kvs *kvstore
    getSnapshot := func() ([]byte, error) { return kvs.getSnapshot() }
    commitC, errorC, snapshotterReady := newRaftNode(*id, strings.Split(*cluster, ","), *join, getSnapshot, proposeC, confChangeC)
```

```
    kvs = newKVStore(<-snapshotterReady, proposeC, commitC, errorC)

    // 键值对的处理器将会向 raft 发起提案来更新
    serveHttpKVAPI(kvs, *kvport, confChangeC, errorC)
}
```

在入口函数中创建两个 channel，其中 proposeC 用于提交写入的数据，confChangeC 用于提交配置改动数据；然后分别启动以下核心的 goroutine。

（1）启动 HTTP 服务器，用于接收用户的请求数据，最终将用户请求的数据写入前面的 proposeC/confChangeC channel 中。

（2）调用 raftNode 结构体，该结构体中有上面提到的 raft/node.go 中的 node 结构体，也就是通过该结构体实现的 Node 接口与 raft 库进行交互。同时，raftNode 还会启动协程监听前面的两个 channel，收到数据后通过 Node 接口函数调用 Raft 库对应的接口。

（3）HTTP 服务负责接收用户数据，再写入两个核心 channel 中，而 raftNode 负责监听这两个 channel：如果收到 proposeC channel 的消息，说明有数据提交，则调用 Node.Propose 函数进行数据提交；如果收到 confChangeC channel 的消息，说明有配置变更，则调用 Node.ProposeConfChange 函数进行配置变更。

（4）设置定时器 tick，到时间后调用 Node.Tick 函数。

（5）监听 Node.Ready 函数返回的 Ready 结构体 channel，有数据变更时，根据 Ready 结构体的不同数据类型进行相应的操作，之后需要调用 Node.Advance 函数进行收尾。

至此，已经对 raft 的使用有一个基本的概念，即通过 node 结构体实现的 Node 接口与 raft 库进行交互，涉及数据变更的核心数据结构就是 Ready 结构体，接下来可以进一步分析该库的实现。

5.3 etcd-raft 库解析

etcd-raft 模块是 etcd 中解决分布式一致性的模块，本节将分析 etcd-raft 对外提供的接口、raft 状态和相关的定义与实现。

5.3.1 etcd-raft 对外提供的接口

raft 对外提供的接口涉及 raft/node.go 和 raft/raft.go。对外提供的 Node 接口由 raft/node.go 中的 node 结构体实现，Node 接口需要实现的函数包括 Tick、Propose、Ready、Step 等。

其中重点需要了解 Ready 接口，该接口将返回类型为 Ready 的 channel，该通道表示当前时间点的 channel。应用层需要关注该 channel，当发生变更时，其中的数据也将进行相应的操作。其他的函数对应的功能如下：

- Tick：时钟，触发选举或者发送心跳；
- Propose：通过 channel 向 raft StateMachine 提交一个 Op，提交的是本地 MsgProp 类型的消息；

- Step：节点收到 Peer 节点发送的 Msg 时会通过该接口提交给 raft 状态机，Step 接口通过 recvc channel 向 raft StateMachine 传递 Msg。

然后是 raft 算法的实现，node 结构体实现了 Node 接口，其定义如下：

```
type node struct {
    propc      chan msgWithResult
    recvc      chan pb.Message
    confc      chan pb.ConfChangeV2
    confstatec chan pb.ConfState
    readyc     chan Ready
    advancec   chan struct{}
    tickc      chan struct{}
    done       chan struct{}
    stop       chan struct{}
    status     chan chan Status

    rn *RawNode
}
```

注意：这个结构体在后面会经常用到。

5.3.2　raft 库日志存储相关结构

在 raft/node.go 文件中，提供的是 Node 接口及其实现 node 结构体，这是外界与 raft 库打交道的唯一接口，除此之外，该路径下的其他文件并不直接与外界打交道。

然后是 raft 算法的实现文件 raft/raft.go，其中包含两个核心数据结构：

- Config：与 raft 算法相关的配置参数都包装在该结构体中。从这个结构体的命名是大写字母开头，就可以知道是提供给外部调用的；
- raft：具体实现 raft 算法的结构体。

除了以上两个文件外，raft 目录下的其他文件，都是间接给 raft 结构体服务的，具体的结构体/接口名称和相应的作用说明见表 5-3。

表 5-3　raft 库日志存储相关结构说明

结构体/接口	作　　用
Node 接口	提供 raft 库与外界交互的接口
node	实现 Node 接口
Config	封装 raft 算法相关配置参数
raft	raft 算法的实现
ReadState	当应用的索引大于 ReadState 中的索引时，ReadStates 可用于节点本地服务可线性化的读取请求。 注意，当 raft 接收到 msgReadIndex 时，readState 将返回。返回内容仅对请求读取的请求有效。
readOnly	ReadState 提供的只读查询的状态

续表

结构体/接口	作　　用
raftLog	实现 raft 日志操作
Progress	该数据结构用于在 leader 中保存每个 follower 的状态信息，leader 将根据这些信息决定发送给节点的日志
Storage 接口	提供存储接口，应用层可以按照自己的需求实现该接口
unstable	日志存储相关，用于未被持久化的数据

下面将重点介绍其中的 unstable、Storage 和 raftLog 三个数据结构的定义。

1. unstable

顾名思义，unstable 数据结构用于还没有被用户层持久化的数据，而其中又包括 snapshot 和 etries 两部分，其数据结构如图 5-2 所示。

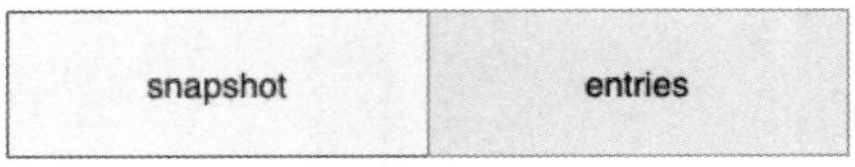

图 5-2　unstable 数据结构

在图 5-2 中，前半部分是快照数据，而后半部分是日志条目组成的数组 entries，另外 unstable.offset 成员保存 entries 数组中的第一条数据在 raft 日志中的索引，即第 i 条 entries 数组数据在 raft 日志中的索引为 i + unstable.offset。

这两部分并不同时存在，同一时间只有一个部分存在。其中，快照数据仅当当前节点在接收从 leader 发送过来的快照数据时存在，在接收快照数据时，entries 数组中没有数据；除了这种情况外，只会存在 entries 数组的数据。因此，当接收完毕快照数据进入正常的接收日志流程时，快照数据将被置空。

理解了以上 unstable 中数据的分布情况，就不难理解 unstable 各个函数成员的作用了.

2. Storage 接口

Storage 接口提供了存储持久化日志相关的接口操作，具体代码如下：

```
type Storage interface {

  InitialState() (pb.HardState, pb.ConfState, error)

  Entries(lo, hi, maxSize uint64) ([]pb.Entry, error)

  Term(i uint64) (uint64, error)

  LastIndex() (uint64, error)

  FirstIndex() (uint64, error)

  Snapshot() (pb.Snapshot, error)
}
```

Storage 接口函数说明如表 5-4 所示。

表 5-4 Storage 接口函数

函数名称	说　明
InitialState	返回当前的初始状态，其中包括硬状态（HardState）以及配置（里面存储集群中有哪些节点）
Entries	传入起始和结束索引值，以及最大的尺寸，返回索引范围在这个传入范围以内并且不超过大小的日志条目数组
Term	传入日志索引 i，返回这条日志对应的任期号。找不到的情况下 error 返回值不为空，其中当返回 ErrCompacted 表示传入的索引数据已经找不到，说明已经被压缩成快照数据；返回 ErrUnavailable：表示传入的索引值大于当前的最大索引
LastIndex	返回最后一条数据的索引
FirstIndex	返回第一条数据的索引
Snapshot	返回最近的快照数据

下面介绍 Storage 接口的 MemoryStorage 结构体的实现，其成员主要包括以下 3 个部分：

- hardState pb.HardState：存储硬状态；
- snapshot pb.Snapshot：存储快照数据；
- ents []pb.Entry：存储紧跟着快照数据的日志条目数组，即 ents[i]保存的日志数据索引位置为 i + snapshot.Metadata.Index。

3. raftLog 的实现

有了以上的介绍 unstable、Storage 的准备之后，下面介绍 raftLog 的实现，这个结构体承担 raft 日志相关的操作，它由表 5-5 所示的成员组成。

表 5-5 raftLog 成员组成

成员名称	说　明
storage	前面提到的存放已经持久化数据的 Storage 接口
unstable	前面分析过的 unstable 结构体，用于保存应用层还没有持久化的数据
committed	保存当前提交的日志数据索引
applied	保存当前传入状态机的数据最高索引

需要说明的是，一条日志数据，首先需要被提交（committed）成功，然后才能被应用（applied）到状态机中。因此，以下不等式一直成立：applied ≤ committed。

raftLog 结构体中，几部分数据的组成如图 5-3 所示。

raftLog 的两部分：持久化存储和非持久化存储，它们之间的分界线就是 lastIndex，在此之前都是 Storage 管理的已经持久化的数据，而在此之后都是 unstable 管理的还没有持久化的数据。

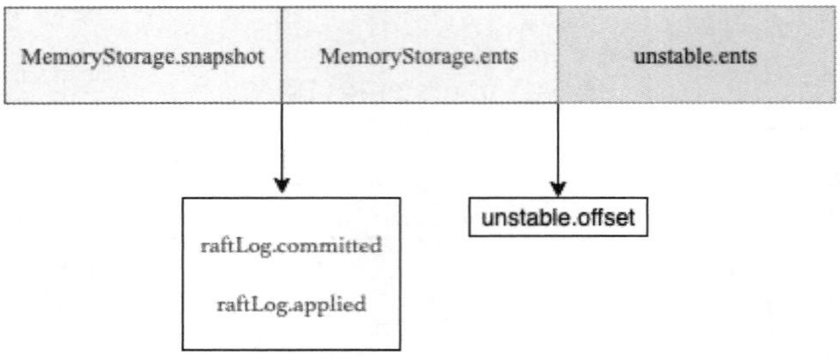

图 5-3　raftLog 结构体组成

5.3.3　etcd-raft 状态机定义与状态转换

下面介绍 raft StateMachine 的状态机转换，实际上就是 raft 算法中各种角色的转换。每个 raft 节点，可能具有以下三种状态中的一种：

- Candidate：候选人状态，该状态意味着将进行一次新的选举；
- Follower：跟随者状态，该状态意味着选举结束；
- Leader：领导者状态，选举出来的节点，所有数据提交都必须先提交到 Leader 上。

每一个状态都有其对应的状态机，每次收到一条提交的数据时，都会根据其不同的状态将消息输入不同状态的状态机中。同时，在进行 tick 操作时，每种状态对应的处理函数也不同。

因此，raft 结构体中将不同的状态及其不同的处理函数，独立出来以下几个成员变量：

- state，保存当前节点状态；
- tick 函数，每个状态对应的 tick 函数不同；
- step，状态机函数，同样每个状态对应的状态机也不相同。

我们接着看 etcd raft 状态转换。etcd-raft StateMachine 封装在 raft 结构体中，其状态转换如图 5-4 所示。

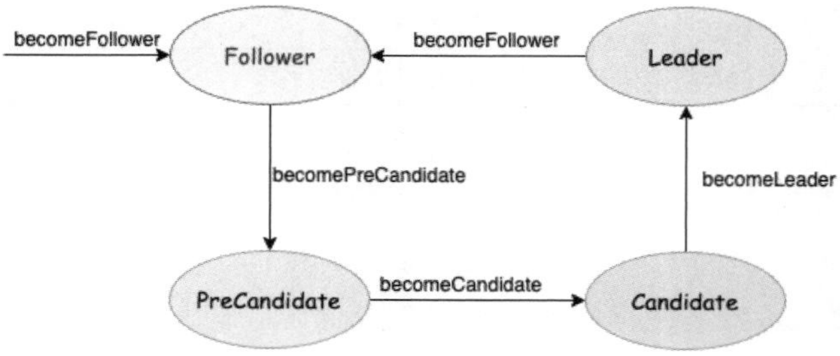

图 5-4　etcd-raft 状态机

raft 状态转换的接口都定义在 raft.go 中，代码如下：

```
func (r *raft) becomeFollower(term uint64, lead uint64)
func (r *raft) becomePreCandidate()
```

```
func (r *raft) becomeCandidate()
func (r *raft) becomeLeader()
```

raft 在不同的状态下如何驱动 raft StateMachine 状态机运转呢？答案是 etcd 将 raft 相关的所有处理都抽象为 Msg，通过 Step 接口处理，代码如下：

```
func (r *raft) Step(m pb.Message) error {
    r.step(r, m)
}
```

这里的 step 是一个回调函数，根据不同的状态设置不同的回调函数来驱动 raft，这个回调函数 stepFunc 就是在 becomeXX()函数完成的设置，代码如下：

```
type raft struct {
    ...
    step stepFunc
}
```

step 回调函数有以下几个值，注意，其中 stepCandidate 会处理 PreCandidate 和 Candidate 两种状态。

```
func stepFollower(r *raft, m pb.Message) error
func stepCandidate(r *raft, m pb.Message) error
func stepLeader(r *raft, m pb.Message) error
```

这几个函数的实现其实就是对各种 Msg 进行处理，这里就不再赘述。下面介绍 raft 消息的类型及其定义。

5.3.4 raft 消息定义

raft 算法本质上是一个大的状态机，任何的操作如选举、提交数据等，最后都被封装成一个消息结构体，输入 raft 算法库的状态机中。

在 raft/raftpb/raft.proto 文件中，定义了 raft 算法中传输消息的结构体。raft 算法由多个协议组成，etcd-raft 将其统一定义在 Message 结构体中，以下总结该结构体的成员用途：

```
// 位于 raft/raftpb/raft.pb.go:295
type Message struct {
    Type             MessageType  `protobuf:"varint,1,opt,name=type,
enum=raftpb.MessageType" json:"type"` // 消息类型
    To            uint64      `protobuf:"varint,2,opt,name=to" json:
"to"` // 消息接收者的节点 ID
    From         uint64      `protobuf:"varint,3,opt,name=from" json:
"from"` // 消息发送者的节点 ID
    Term         uint64      `protobuf:"varint,4,opt,name=term" json:
"term"` // 任期 ID
    LogTerm        uint64      `protobuf:"varint,5,opt,name=logTerm"
json:"logTerm"` // 日志所处的任期 ID
    Index           uint64      `protobuf:"varint,6,opt,name=index"
json:"index"` // 日志索引 ID，用于节点向 Leader 汇报自己已经 commit 的日志数据 ID
    Entries          []Entry      `protobuf:"bytes,7,rep,name=entries"
json:"entries"` // 日志条目数组
```

```
        Commit              uint64        `protobuf:"varint,8,opt,name=commit"
json:"commit"` // 提交日志索引
        Snapshot            Snapshot      `protobuf:"bytes,9,opt,name=snapshot"
json:"snapshot"` // 快照数据
        Reject              bool          `protobuf:"varint,10,opt,name=reject"
json:"reject"` // 是否拒绝
        RejectHint        uint64        `protobuf:"varint,11,opt,name=rejectHint"
json:"rejectHint"`// 拒绝同步日志请求时返回的当前节点日志 ID，用于被拒绝方快速定位到
下一次合适的同步日志位置
        Context             []byte        `protobuf:"bytes,12,opt,name=context"
json:"context,omitempty"` // 上下文数据
        XXX_unrecognized []byte      `json:"-"`
    }
```

Message 结构体相关的数据类型为 MessageType，MessageType 有 19 种。当然，并不是所有的消息类型都会用到上面定义的 Message 结构体中的所有字段，因此其中有些字段是 Optinal 的。

其中常用的协议（不同的消息类型）的用途如表 5-6 所示。

表 5-6　MessageType 类型说明

type	功　能	to	from
MsgHup	仅用于发送给本节点，让本节点进行选举，不用于节点间通信	消息接收者的节点 ID	本节点 ID
MsgBeat	仅用于 Leader 节点在 Heartbeat 定时器到期时向集群中其他节点发送心跳消息，不用于节点间通信	消息接收者的节点 ID	本节点 ID
MsgProp	raft 库使用者提议（propose）数据	消息接收者的节点 ID	本节点 ID
MsgApp	用于 Leader 向集群中其他节点同步数据的消息	消息接收者的节点 ID	本节点 ID
MsgSnap	用于 Leader 向 Follower 同步数据用的快照消息	消息接收者的节点 ID	本节点 ID
MsgAppResp	集群中其他节点针对 Leader 的 MsgApp/MsgSnap 消息的应答消息	消息接收者的节点 ID	本节点 ID
MsgVote/MsgPreVote 消息	节点投票给自己以进行新一轮的选举	消息接收者的节点 ID	本节点 ID
MsgVoteResp/MsgPreVoteResp 消息	投票应答消息	消息接收者的节点 ID	本节点 ID
MsgUnreachable	用于应用层向 raft 库汇报某个节点当前已不可达	消息接收者的节点 ID	节点 ID

续表

type	功　　能	to	from
MsgSnapStatus	用于应用层向 raft 库汇报某个节点当前接收快照状态	消息接收者的节点 ID	本节点 ID
MsgTransferLeader	用于迁移 Leader	消息接收者的节点 ID	注意，这里不是发送者的 ID，而是准备迁移过去成为新 Leader 的节点 ID
MsgCheckQuorum	检测当前节点是否与集群中的大多数节点连通	消息接收者的节点 ID	节点 ID
MsgTimeoutNow	Leader 迁移时，当新旧 Leader 的日志数据同步后，旧 Leader 向新 Leader 发送该消息，通知可以进行迁移	新的 Leader ID	旧的 Leader 的节点 ID
MsgReadIndex 和 MsgReadIndexResp 消息	用于读一致性的消息	接收者节点 ID	发送者节点 ID

表 5-6 列出了消息的类型对应的功能、消息接收者的节点 ID 和消息发送者的节点 ID。在收到消息后，根据消息类型检索此表，可以帮助理解 raft 算法的操作。

5.3.5　常见消息类型的使用场景

MessageType 有 19 种，上面列出了这些消息及消息类型的定义，本节将更加细化几种常用的消息类型的使用场景，通过这些消息类型来进一步解释 raft 算法的处理过程。

1. MsgProp 消息

raft 库的使用者向 raft 库 propose 发起提案时，最后会封装成这个类型的消息进行提交，不同类型的节点处理也不相同，我们来看一下各个类型节点的处理动作。

（1）Candidate 节点

由于 candidate 节点没有处理 propose 数据的责任，所以忽略这类型消息。

（2）Follower 节点

首先检查集群内是否有 Leader 存在，如果当前没有 Leader 存在，说明还在选举过程中，这种情况忽略这类消息；否则转发给 Leader 处理。

（3）Leader 节点

Leader 的处理在 Leader 的状态机函数针对 MsgProp 这种情况的处理，过程如下：

① 检查 entries 数组是否没有数据，这是一个保护性检查；

② 检查本节点是否还在集群中，如果已经不在了，则直接返回不进行下一步处理。什么情况下会出现一个 Leader 节点发现自己不存在集群中了？这种情况出现在本节点已通过配置变化被移除集群的场景；

③ 检查 raft.leadTransferee 字段，当这个字段不为 0 时，说明正在进行 Leader 迁移操作，这种情况下不允许提交数据变更操作，因此此时也是直接返回的；

④ 检查消息的 entries 数组，看其中是否带有配置变更的数据。如果其中带有数据变更，且当前有未提交的配置更操作数据，根据 raft 论文，每次不同时进行一次以上的配置变更，因此这里将 entries 数组中的配置变更数据置为空数据；

⑤ 至此，可以进行真正的发起提案 propose 操作，将调用 raft 算法库的日志模块写入数据，根据返回的情况向其他节点广播消息。

2. MsgApp/MsgSnap 消息

如果说前一个 MsgProp 消息是集群中的节点向 Leader 转发用户提交的数据，那么 MsgApp 消息正好相反，Leader 节点用于向集群中其他节点同步数据。

在这里把 MsgSnap 消息和 MsgApp 消息放在一起介绍，是因为 MsgSnap 消息的操作与 MsgApp 消息类似：都是用于 Leader 向 Follower 同步数据。实际上，对于 Leader 而言，向某个节点同步数据的操作都是封装在 raft.sendAppend 函数中，至于具体用的哪种消息类型由这个函数内部实现。

那么，什么情况下会用到快照数据来同步呢？raft 算法中，任何数据要提交成功，Leader 首先会在本地写一份日志，再广播给集群的其他节点，只有超过半数以上的节点同意，Leader 才能进行提交操作，这个流程在前面讲解 MsgAppResp 消息流程时做了解释。

但是，如果这个日志文件不停地增长，显然不能接受。因此，在某些时刻，节点会将日志数据进行压缩处理，就是把当前的数据写入一个快照文件中。而 Leader 在向某一个节点进行数据同步时，是根据该节点上的日志记录进行数据同步的。

比如，Leader 上已经有最大索引为 10 的日志数据，而节点 A 的日志索引是 2，那么 Leader 将从 3 开始向节点 A 同步数据。

但是如果前面的数据已经进行压缩处理，转换快照数据，而压缩后的快照数据实际上已经没有日志索引相关的信息。这时候只能将快照数据全部同步给节点。还是以前面的流程为例，假如 leader 上日志索引为 7 之前的数据都已经被压缩成快照数据，那么这部分数据在同步时是需要整份传输过去的，只有当同步完成节点赶上 leader 上的日志进度时，才开始正常的日志同步流程。

3. MsgAppResp 消息

在其他节点收到 Leader 的 MsgApp/MsgSnap 消息时，可能出现 Leader 上的数据与自身节点数据不一致的情况，这种情况下会返回 reject 为 true 的 MsgAppResp 消息，同时 rejectHint 字段是本节点 raft 最后一条日志的索引 ID。

而 index 字段则返回当前节点的日志索引 ID，用于向 Leader 汇报自己已经 commit 的日志数据 ID，这样 leader 就知道下一次同步数据给这个节点时，从哪条日志数据继续同步。

Leader 节点在收到 MsgAppResp 消息后的处理流程（注：stepLeader 函数中 MsgAppResp case 的处理流程）如下。

首先，收到节点的 MsgAppResp 消息，说明该节点是活跃的，因此保存节点状态的 RecentActive 成员置为 true。

其次，根据 msg.Reject 的返回值，即节点是否拒绝这次数据同步，来区分两种情况进行处理。

（1）msg.Reject 为 true 的情况

如果 msg.Reject 为 true，说明节点拒绝前面的 MsgApp/MsgSnap 消息，根据 msg.RejectHint 成员回退 Leader 节点上保存的关于该节点的日志来记录状态。比如，Leader 前面认为从日志索引为 10 的位置开始向节点 A 同步数据，但是节点 A 拒绝这次数据同步，同时返回 RejectHint 为 2，说明节点 A 告知 Leader 在它上面保存的最大日志索引 ID 为 2，这样，下一次 Leader 就可以直接从索引为 2 的日志数据开始同步数据到节点 A。而如果没有这个 RejectHint 成员，Leader 只能在每次被拒绝数据同步后都递减 1 进行下一次数据同步，显然这样是低效的。

① 因为上面节点拒绝这次数据同步，所以节点的状态可能存在一些异常，此时如果 Leader 上保存的节点状态为 ProgressStateReplicate，那么将切换到 ProgressStateProbe 状态（关于这几种状态，接下来会介绍）。

② 前面已经按照 msg.RejectHint 修改 Leader 上关于该节点日志状态的索引数据，然后尝试按照这个新的索引数据向该节点再次同步数据。

（2）msg.Reject 为 false 的情况

这种情况说明这个节点通过 Leader 的这一次数据同步请求，在这种情况下，根据 msg.Index 判断在 Leader 中保存的该节点日志数据索引是否发生更新，如果发生更新，那么说明这个节点通过新的数据，这种情况下会做以下几个操作。

① 修改节点状态

如果该节点之前在 ProgressStateProbe 状态，说明之前处于探测状态，此时可以切换到 ProgressStateReplicate，开始正常接收 Leader 的同步数据。

如果之前处于 ProgressStateSnapshot 状态，即还在同步副本，说明节点之前可能落后 Leader 数据比较多才采用了接收副本的状态。这里还需要多做一点解释，因为在节点落后 Leader 数据很多的情况下，Leader 就会多次通过 snapshot 同步数据给节点，而当 pr.Match ≥pr.PendingSnapshot 时，说明通过快照同步数据的流程完成了，这时可以进入正常接收同步数据状态，这就是函数 Progress.needSnapshotAbort 要做的判断。

如果之前处于 ProgressStateReplicate 状态，此时可以修改 Leader 关于这个节点的滑动窗口索引，释放掉这部分数据索引，好让节点可以接收新的数据。关于这个滑动窗口设计，见下面详细解释。

② 判断是否有新的数据可以提交（commit）

raft 的提交数据的流程如下：首先节点将数据提议（propose）给 leader，leader 将数据写入自己的日志成功后，再通过 MsgApp 把这些提议的数据广播给集群中的其他节点，在某一条日志数据收到超过半数（qurom）的节点同意后，才认为可以提交（commit）。因此，每次 Leader 节点在收到一条 MsgAppResp 类型消息，同时 msg.Reject 又是 false 的情况下，都需要去检查当前有哪些日志是超过半数的节点同意，再将这些可以提交（commit）的数据广播出去。而在没有数据可以提交的情况下，如果之前节点处于暂停状态，那么将继续向该节点同步数据。

③ 最后还要做一个与 Leader 迁移相关的操作

如果该消息节点是准备迁移过去的新 Leader 节点（raft.leadTransferee == msg.From），而且此时该节点上的 Match 索引已经与旧的 Leader 的日志最大索引一致，说明新旧节点的日志数据已经同步，可以正式进行集群 leader 迁移操作。

4. MsgVote/MsgPreVote 消息和 MsgVoteResp/MsgPreVoteResp 消息

节点调用 raft.campaign 函数进行投票给自己进行一次新的选举，其中的参数 CampaignType 有以下几种类型：

- campaignPreElection：对应 PreVote 的场景；
- campaignElection：正常的选举场景；
- campaignTransfer：由于 Leader 迁移发生的选举。如果是这种类型的选举，那么 msg.Context 字段保存的是“CampaignTransfer”字符串，这种情况下会强制进行 Leader 的迁移。

MsgVote 还需要带上几个与本节点日志相关的数据（Index、LogTerm），因为 raft 算法要求，一个节点要成为 Leader 的一个必要条件之一就是这个节点上的日志数据是最新的。

（1）PreVote

这里需要特别解释一下 PreVote 的场景。当出现网络分区时，A、B、C、D、E 五个节点被划分成两个网络分区，A、B、C 组成的分区和 D、E 组成的分区，其中的 D 节点，如果在选举超时到来时，都没有收到来自 Leader 节点 A 的消息（因为网络已经分区），那么 D 节点认为需要开始一次新的选举。

正常的情况下，节点 D 应该把自己的任期号 term 递增 1，然后发起一次新的选举。由于网络分区的存在，节点 D 肯定不会获得超过半数以上的的投票，因为 A、B、C 三个节点组成的分区不会收到它的消息，这会导致节点 D 不停地由于选举超时而开始一次新的选举，而每次选举又会递增任期号。

在网络分区还没恢复的情况下，导致的问题可能不太严重。但是当网络分区恢复时，由于节点 D 的任期号大于当前 Leader 节点的任期号，这会导致集群进行一次新的选举，即使是在节点 D 不会获得选举成功的情况下（因为节点 D 的日志落后当前集群太多，不能赢得选举成功）。

为了避免这种无意义的选举流程，节点可以有一种 PreVote 的状态，在这种状态下，想要参与选举的节点会首先连接集群的其他节点，只有在超过半数以上的节点连接成功时，才能真正发起一次新的选举。

所以，在 PreVote 状态下发起选举时，并不会导致节点本身的任期号递增 1，而只有在进行正常选举时才会将任期号加 1 进行选举。

（2）MsgVote/MsgPreVote 的处理流程

节点对于投票消息的处理有两处，但是都在 raft.Step 函数中。

首先该函数会判断 msg.Term 是否大于本节点的 Term，如果消息的任期号更大则说明是一次新的选举。这种情况下将根据 msg.Context 是否等于“CampaignTransfer”字符串来确定是不是一次由于 Leader 迁移导致的强制选举过程。同时也会根据当前的 election Elapsed 是否小于 electionTimeout 来确定是否还在租约期以内。

如果既不是强制 leader 选举又在租约期以内，那么节点将忽略该消息的处理，这是为了避免已经离开集群的节点在不知道自己已经不在集群内的情况下，仍然频繁地向集群内节点发起选举导致耗时在这种无效的选举流程中。如果以上检查流程通过了，说明可以进行选举，如果消息类型还不是 MsgPreVote 类型，那么此时节点会切换到 Follower 状态且认为发送消息过来的节点 msg.From 是新的 Leader。具体实现代码如下:

```
    case m.Term > r.Term:
        // 消息的 Term 大于节点当前的 Term
        if m.Type == pb.MsgVote || m.Type == pb.MsgPreVote {
            // 如果收到的是投票类消息
            // 当 context 为 campaignTransfer 时表示强制要求进行竞选
            force := bytes.Equal(m.Context, []byte(campaignTransfer))
            // 是否在租约期以内
            inLease := r.checkQuorum && r.lead != None && r.electionElapsed <
r.electionTimeout
            if !force && inLease {
                // 如果非强制，而且又在租约期以内，就不做任何处理
            // 非强制又在租约期内可以忽略选举消息，这是为了阻止已经离开集群的节点再次发
起投票请求
                return nil
            }
        }
        switch {
        case m.Type == pb.MsgPreVote:
            // Never change our term in response to a PreVote
            // 在应答一个 prevote 消息时不对任期 term 做修改
        case m.Type == pb.MsgPreVoteResp && !m.Reject:
            // We send pre-vote requests with a term in our future. If the
            // pre-vote is granted, we will increment our term when we get a
            // quorum. If it is not, the term comes from the node that
```

```
            // rejected our vote so we should become a follower at the new
            // term.
        default:
            r.logger.Infof("%x [term: %d] received a %s message with higher term
from %x [term: %d]",
                r.id, r.Term, m.Type, m.From, m.Term)
            if m.Type == pb.MsgApp || m.Type == pb.MsgHeartbeat || m.Type ==
pb.MsgSnap {
                r.becomeFollower(m.Term, m.From)
            } else {
                // 变成 follower 状态
                r.becomeFollower(m.Term, None)
            }
        }
```

在 raft.Step 函数的后面，会判断消息类型是 MsgVote 或者 MsgPreVote 进一步进行处理。其判断条件是以下两个条件同时成立。

条件 1： 当前没有给任何节点进行过投票（r.Vote == None），或者消息的任期号更大（m.Term > r.Term），或者是之前已经投过票的节点（r.Vote == m.From）。这个条件是检查是否还能给该节点投票。

条件 2： 同时该节点的日志数据是最新的（r.raftLog.isUpToDate(m.Index, m.LogTerm)）。这个条件是检查这个节点上的日志数据是否足够新。

只有在满足以上两个条件的情况下，节点才投票给这个消息节点，将修改 raft.Vote 为消息发送者 ID。如果不满足条件，将应答 msg.Reject=true，拒绝该节点的投票消息，具体实现代码如下：

```
    // 位于 raft/raft.go:932
    case pb.MsgVote, pb.MsgPreVote:
        // 收到投票类的消息
        canVote := r.Vote == m.From ||
            // ...we haven't voted and we don't think there's a leader yet in
this term...
            (r.Vote == None && r.lead == None) ||
            // ...or this is a PreVote for a future term...
            (m.Type == pb.MsgPreVote && m.Term > r.Term)
        // ...and we believe the candidate is up to date.
        if canVote && r.raftLog.isUpToDate(m.Index, m.LogTerm) {
            // 如果当前没有给任何节点投票（r.Vote == None）或者投票的节点 term 大于本
节点的（m.Term > r.Term）
            // 或者是之前已经投票的节点（r.Vote == m.From）
            // 同时还满足该节点的消息是最新的（r.raftLog.isUpToDate(m.Index,
m.LogTerm)），那么就接收这个节点的投票
            r.send(pb.Message{To: m.From, Term: m.Term, Type: voteRespMsgType
(m.Type)})
            if m.Type == pb.MsgVote {
                // 保存下来给哪个节点投票了
```

```
            r.electionElapsed = 0
            r.Vote = m.From
        }
    } else {
        // 否则拒绝投票
        r.send(pb.Message{To: m.From, Term: r.Term, Type: voteRespMsgType
(m.Type), Reject: true})
    }
```

（3）MsgVoteResp/MsgPreVoteResp 的处理流程

我们再来看节点收到投票应答数据后的处理。对应操作的实现代码如下：

```
// 位于 raft/raft.go:1299
case myVoteRespType:
    // 计算当前集群中有多少节点给自己投了票
    gr, rj, res := r.poll(m.From, m.Type, !m.Reject)
    r.logger.Infof("%x has received %d %s votes and %d vote rejections",
r.id, gr, m.Type, rj)
    switch res {
    case quorum.VoteWon: // 如果进行投票的节点数量正好是半数以上节点数量
        if r.state == StatePreCandidate {
            r.campaign(campaignElection)
        } else {
            // 变成 leader
            r.becomeLeader()
            r.bcastAppend()
        }
    case quorum.VoteLost:
        // 如果是半数以上节点拒绝了投票
        // m.Term > r.Term; reuse r.Term
        // 变成 follower
        r.becomeFollower(r.Term, None)
    }
```

上述代码的过程描述如下：

① 节点调用 raft.poll 函数，其中传入 msg.Reject 参数表示发送者是否同意这次选举，根据这些计算当前集群中有多少节点给这次选举投了同意票；

② 如果有半数的节点同意了，如果选举类型是 PreVote，那么进行 Vote 状态正式进行一轮选举；否则该节点就成为新的 Leader，调用 raft.becomeLeader 函数切换状态，然后开始同步日志数据给集群中其他节点；

③ 而如果半数以上的节点没有同意，那么重新切换到 Follower 状态。

5. MsgTransferLeader 消息

MsgTransferLeader 消息会由 Follower 将转发给 Leader 处理，因为 Follower 并没有修改集群配置状态的权限。

Leader 在收到这类消息时，其实现的代码如下：

```
// 位于 raft/raft.go:1239
```

```
    case pb.MsgTransferLeader:
        if pr.IsLearner {
            r.logger.Debugf("%x is learner. Ignored transferring leadership",
r.id)
            return nil
        }
        leadTransferee := m.From
        lastLeadTransferee := r.leadTransferee
        if lastLeadTransferee != None {
            // 判断是否已经有相同节点的 leader 转让流程在进行中
            if lastLeadTransferee == leadTransferee {
                r.logger.Infof("%x [term %d] transfer leadership to %x is in
progress, ignores request to same node %x",
                    r.id, r.Term, leadTransferee, leadTransferee)
                // 如果是，直接返回
                return nil
            }
            // 否则中断之前的转让流程
            r.abortLeaderTransfer()
            r.logger.Infof("%x [term %d] abort previous transferring leadership
to %x", r.id, r.Term, lastLeadTransferee)
        }
        // 判断是否转让过来的 leader 是否本节点，如果是也直接返回，因为本节点已经是 leader
了
        if leadTransferee == r.id {
            r.logger.Debugf("%x is already leader. Ignored transferring
leadership to self", r.id)
            return nil
        }
        // Transfer leadership to third party.
        r.logger.Infof("%x [term %d] starts to transfer leadership to %x", r.id,
r.Term, leadTransferee)
        // Transfer leadership should be finished in one electionTimeout, so
reset r.electionElapsed.
        r.electionElapsed = 0
        r.leadTransferee = leadTransferee
        if pr.Match == r.raftLog.lastIndex() {
            // 如果日志已经匹配了，那么就发送 timeoutnow 协议过去
            r.sendTimeoutNow(leadTransferee)
            r.logger.Infof("%x sends MsgTimeoutNow to %x immediately as %x
already has up-to-date log", r.id, leadTransferee, leadTransferee)
        } else {
            // 否则继续追加日志
            r.sendAppend(leadTransferee)
        }
```

总的来说，上述代码处理流程如下：

（1）如果当前的 raft.leadTransferee 成员不为空，说明有正在进行的 Leader 迁移流程。

此时会判断是否与这次迁移是同样的新 Leader ID，如果是则忽略该消息直接返回；否则将终止前面还没有完毕的迁移流程。

（2）如果这次迁移过去的新节点，就是当前的 Leader ID，也直接返回不进行处理。

（3）到了这一步就是正式开始这一次的迁移 Leader 流程，一个节点能成为一个集群的 Leader，其必要条件是上面的日志与当前 Leader 的一样多，所以这里会判断是否满足这个条件，如果满足，那么发送 MsgTimeoutNow 消息给新的 Leader 通知，该节点进行 leader 迁移，否则先进行日志同步操作让新的 Leader 同步旧 Leader 的日志数据。

至此，介绍完 etcd-raft 库对外提供的相关接口及其状态机，并重点介绍了 etcd-raft 库所涉及的消息定义和消息类型，了解常用的消息类型的使用场景可以帮助我们更好地理解 raft 算法的原理和运行逻辑。下面将介绍 etcd-raft 模块中涉及的 Leader 选举流程、日志复制和安全性限制。

5.4 Leader 选举流程

raft 一致性算法实现的关键有 Leader 选举、日志复制和安全性限制。Leader 故障后集群能快速选出新 Leader，集群只有 Leader 能写入日志，Leader 负责复制日志到 Follower 节点，并强制 Follower 节点与自己保持相同。

raft 算法的第一步是选举出 Leader，即使在 Leader 出现故障后也需要快速选出新 Leader，下面梳理一下选举的流程。

5.4.1 发起选举

发起选举对节点的状态有限制，很显然只有在 Candidate 或者 Follower 状态下的节点才有可能发起一个选举流程，而这两种状态的节点，其对应的 tick 函数为 raft.tickElection 函数，用来发起选举和选举超时控制。发起选举的流程如下：

（1）节点启动时都以 Follower 状态启动，同时随机生成自己的选举超时时间；

（2）在 Follower 状态的 tickElection 函数中，当选举超时，节点向自己发送 MsgHup 消息；

（3）在状态机函数 raft.Step 函数中，收到 MsgHup 消息后，节点首先判断当前有没有 apply 的配置变更消息，如果有则忽略该消息；

（4）否则进入 campaign 函数中进行选举：首先将任期号增加 1，然后广播给其他节点选举消息，带上的其他字段，包括：节点当前的最后一条日志索引（Index 字段）、最后一条日志对应的任期号（LogTerm 字段）、选举任期号（Term 字段，即前面已经进行 +1 之后的任期号）、Context 字段（目的是告知这一次是否是 Leader 转让类需要强制进行选举的消息）；

（5）如果在一个选举超时期间内，发起新的选举流程的节点，得到超过半数的节点投票，那么就切换到 Leader 状态。成为 Leader 的同时，Leader 将发送一条 dummy 的 append 消息，目的是提交该节点上在此任期之前的值。

在上述流程中，之所以每个节点随机选择自己的超时时间，是为了避免有两个节点同时进行选举，此时没有任何一个节点会赢得半数以上的投票，从而导致这一轮选举失败，继续进行下一轮选举。在第三步，判断是否有 apply 配置变更消息，其原因是，当有配置更新的情况下不能进行选举操作，即要保证每一次集群成员变化时只能变化一个，不能多个集群成员的状态同时发生变化。

5.4.2 参与选举

当收到任期号大于当前节点任期号的消息，且该消息类型如果是选举类的消息（类型为 prevote 或者 vote）时，节点会做出以下判断：

（1）首先判断该消息是否为强制要求进行选举的类型（context 为 campaignTransfer，表示进行 Leader 转让）；

（2）判断当前是否在租约期内，满足的条件包括：checkQuorum 为 true、当前节点保存的 Leader 不为空、没有到选举超时。

如果不是强制要求选举，且在租约期内，就忽略该选举消息，这样做是为了避免出现那些分裂集群的节点，频繁发起新的选举请求。

（1）如果不是忽略选举消息的情况，除非是 prevote 类的选举消息，否则在收到其他消息的情况下，该节点都切换为 Follower 状态。

（2）此时需要针对投票类型中带来的其他字段进行处理，同时满足日志新旧的判断和参与选举的条件。

只有在同时满足以上两个条件的情况下，才能同意该节点的选举，否则都会被拒绝。这种做法可以保证最后选出来的新 Leader 节点，其日志都是最新的。

5.4.3 选举可能出现的情况

raft 算法是使用心跳机制来触发 Leader 选举。在节点刚开始启动时，初始状态是 Follower 状态。一个 Follower 状态的节点，只要一直收到来自 Leader 或者 Candidate 的正确 RPC 消息，将一直保持在 Follower 状态。Leader 节点通过周期性的发送心跳请求（一般使用带有空数据的 AppendEntries RPC 来进行心跳）来维持 Leader 节点状态。每个 Follower 同时还有一个选举超时（election timeout）定时器，如果在这个定时器超时之前都没有收到来自 Leader 的心跳请求，那么 Follower 将认为当前集群中没有 Leader 了，将发起一次新的选举。

发起选举时，Follower 将递增它的任期号然后切换到 Candidate 状态。然后通过向集群中其他节点发送 RequestVote RPC 请求来发起一次新的选举。一个节点将保持在该任期内的 Candidate 状态下，直到以下三种情况之一发生。

情况一：该 Candidate 节点赢得选举，即收到超过半数以上集群中其他节点的投票。如果收到集群中半数以上节点的投票，那么此时 Candidate 节点将成为新的 Leader。每个节点在一个任期中只能给一个节点投票，而且遵守“先来后到”的原则。这样就保证每个任期最多只有一个节点会赢得选举成为 Leader。但并不是每个进行选举的 Candidate 节点都会给它投票，在 5.6 节中将展开讨论这个问题。当一个 Candidate 节点赢得选举成为 Leader 后，它将发送心跳消息给其他节点来宣告它的权威性以阻止其他节点再发起新的选举。

情况二：另一个节点成为 Leader。当 Candidate 节点等待其他节点时，如果收到来自其他节点的 AppendEntries RPC 请求，同时这个请求中带上的任期号不比 Candidate 节点的任期号小，那么说明集群中已经存在 Leader，此时 Candidate 节点将切换到 Follower 状态；但是，如果该 RPC 请求的任期号比 Candidate 节点的任期号小，那么将拒绝该 RPC 请求继续保持在 Candidate 状态。

情况三：选举超时到来时没有任何一个节点成为 Leader。当某个 Candidate 节点在选举超时到来时，既没有赢得也没有输掉这次选举。这种情况发生在集群节点数量为偶数个，同时有两个 Candidate 节点进行选举，而两个节点获得的选票数量都是一样时。当选举超时到来时，如果集群中还没有一个 Leader 存在，那么 Candidate 节点将继续递增任期号再次发起一次新的选举。这种情况理论上可以一直无限发生下去。

因此，为了减少第三种情况发生的概率，每个节点的选举超时时间都是随机决定的，一般为 150～300 ms，这样两个节点同时超时的概率就很低。

5.4.4　新选举的 Leader 与 Follower 同步数据

在正常的情况下，Follower 节点和 Leader 节点的日志一直保持一致，此时 Append Entries RPC 请求将不会失败。但是，当 Leader 节点宕机时日志就可能出现不一致的情况，比如，在 Leader 节点宕机之前同步的数据并没有得到超过半数以上节点都复制成功。图 5-5 所示为一种出现前后日志不一致的情况。

1	1	3	3	5	5	5	6	leader term
1	2	3	4	5	6	7	8	log index

图 5-5　Leader 宕机导致的日志不一致情况

在图 5-5 中，方框中的数据是该日志对应的任期号，下面对应的数字代表日志的索引。

我们分析一下 Follower 节点日志与 Leader 节点日志不一致的几种情况，如图 5-6 所示。

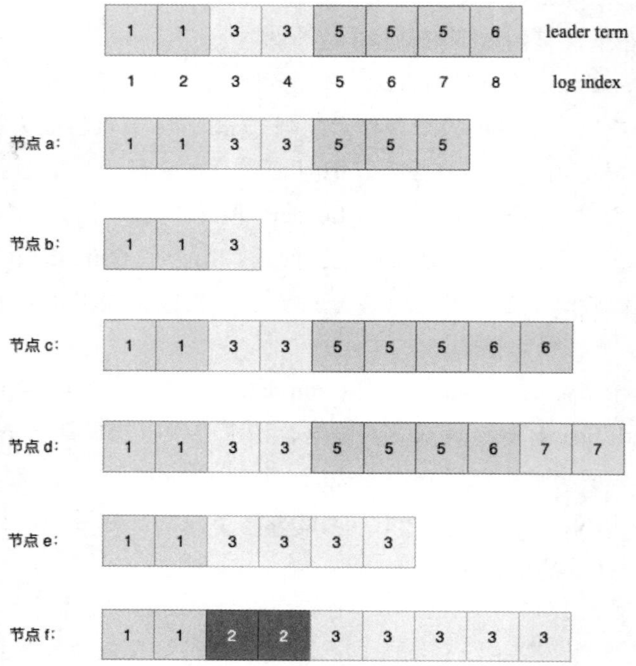

图 5-6　各个节点的日志数据

以二元组<任期号，索引号>来说明各个节点的日志数据情况，如表 5-7 所示。

表 5-7　各个节点的日志数据情况

节点名称	日志数据情况
eader 节点 l	<6,8>
节点 a	<5,7>，缺少日志
节点 b	<3,3>，任期号比 Leader 小，因此缺少日志
节点 c	<6,9>，任期号与 Leader 相同，但是有比 Leader 日志索引更大的日志，这部分日志是未提交的日志
节点 d	<7,10>，任期号比 Leader 大，这部分日志是未提交的日志
节点 e	<3,6>，任期号与索引都比 Leader 小，因此既缺少日志，也有未提交的日志
节点 f	< 3,9>，任期号比 Leader 小，所以缺少日志，而索引比 Leader 大，这部分日志又是未提交的日志

在 raft 算法中，解决日志数据不一致的方式是 Leader 节点同步日志数据到 Follower 上，覆盖 Follower 上与 Leader 不一致的数据。

为了解决与 Follower 节点同步日志的问题，Leader 节点存储着两个部分的数据：nextIndex 和 matchIndex 数据，这两部分数据和每个 Follower 都相关。

- nextIndex 存储下一次给该节点同步日志时的日志索引；
- matchIndex 存储该节点的最大日志索引。

从以上两个索引的定义可知，在 Follower 与 Leader 节点之间日志复制正常的情况下，nextIndex = matchIndex + 1。但是如果出现不一致的情况，则这个等式可能不成立。每个 Leader 节点被选举出来时，将初始化 nextIndex 为 Leader 节点最后一条日志，而 matchIndex 为 0，这么做的原因是：Leader 节点将从后往前探索 Follower 节点当前存储的日志位置，而在不知道 Follower 节点日志位置的情况下只能置空 matchIndex。

Leader 节点通过 AppendEntries 消息与 Follower 之间进行日志同步，每次给 Follower 带过去的日志就是以 nextIndex 来决定，如果 Follower 节点的日志与这个值匹配，将返回成功；否则将返回失败，同时带上本节点当前的最大日志 ID（假设这个索引为 hintIndex），方便 Leader 节点快速定位到 Follower 的日志位置以下一次同步正确的日志数据。

而 Leader 节点在收到返回失败的情况下，将设置 nextIndex = min(hintIndex+1,last append 消息的索引)，再次发出添加日志请求。以图 5-6 中的几个节点为例来说明情况，如表 5-8 所示为各节点日志数据同步情况。

表 5-8　各节点日志数据同步情况

节点（状态）	情　　况
初始状态	Leader 节点将存储每个 Folower 节点的 nextIndex 为 8，matchIndex 为 0。因此在成为 Leader 节点之后首次向 follower 节点同步日志数据时，将复制索引位置在 8 以后的日志数据，同时带上日志二元组<6,8>告知 Follower 节点当前 Leader 保存的 Follower 日志状态
a 节点	由于节点的最大日志数据二元组是<5,7>，正好与 Leader 发过来的日志<6,8>紧挨着，因此返回复制成功
b 节点	由于节点的最大日志数据二元组是<3,3>，与 leader 发送过来的日志数据<6,8>不匹配，将返回失败，同时带上自己最后的日志索引 3（hintIndex=3），Leader 节点在收到该拒绝消息后，将修改保存该节点的 nextIndex 为 min(8,3+1)=4，所以下一次 Leader 节点将同步从索引 4 到 8 的数据给 b 节点
d 节点	由于节点的最大日志数据二元组是<7,10>，与 Leader 发送过来的日志数据<6,8>不匹配，索引 9、10 的数据将被删除
e 节点	由于节点的最大日志数据二元组是<3,6>，与 Leader 发送过来的日志数据<6,8> 不匹配，将返回最后一个与节点数据一致的索引 4 给 Leader，于是 Leader 从 min(4+1,8)=5 开始同步数据给节点 e
f 节点	由于节点的最大日志数据二元组是<3,9>，与 leader 发送过来的日志数据<6,8>不匹配，将返回最后一个与节点数据一致的索引 2 给 Leader，于是 Leader 从 min(2+1,8)=3 开始同步数据给节点 f，最终 f 节点上索引 3 之后的数据被覆盖

Leader 选举的过程较为复杂，选举过程中可能会出现一些异常情况，选举完成后，etcd-raft 还保证 Leader 节点与集群其他节点数据保存同步。下面介绍 Leader 节点收到客户端提案是如何与其他 Follower 节点进行日志复制的。

5.5 日志复制

选举好 Leader 后，Leader 在收到客户端的 put 提案时，如何将提案复制给其他 Follower 呢？

分布式共识算法（consensus algorithm）通常的做法是在多个节点上复制状态机。分布在不同服务器上的状态机执行相同的状态变化，即使其中几台机器挂掉，整个集群还能继续运作。

复制状态机正确运行的核心是同步日志，日志是保证各节点状态同步的关键，日志中保存了一系列状态机命令，共识算法的核心是保证这些不同节点上的日志以相同的顺序保存相同的命令，由于状态机是确定的，所以相同的命令以相同的顺序执行，会得到相同的结果。日志复制的流程大体如下：

（1）每个客户端的请求都会被重定向发送给 Leader，这些请求最后都被输入 raft 算法状态机中去执行；

（2）Leader 在收到这些请求后，首先在自己的日志中添加一条新的日志条目；

（3）在本地添加完日志后，Leader 将向集群中其他节点发送 AppendEntries RPC 请求同步这个日志条目，当这个日志条目被成功复制后（什么是成功复制，下面会介绍），leader 节点将这条日志输入 raft 状态机中，然后应答客户端。

其中每个日志条目包含以下成员：

- index：日志索引号，即图中最上方的数字，是严格递增的；
- term：日志任期号，就是在每个日志条目中上方的数字，表示这条日志在哪个任期生成的；
- command：日志条目中对数据进行修改的操作。

一条日志如果被 Leader 同步到集群中超过半数的节点，那么被称为“成功复制”，这个日志条目就是“已被提交（committed）”。如果一条日志已被提交，那么在这条日志之前的所有日志条目也是被提交的，包括之前其他任期内的 Leader 提交的日志。如图 5-6 中索引为 7 的日志条目之前的所有日志都是已被提交的日志。

我们回顾一下前面讲的 etcd 读/写请求的处理流程，并结合图 5-7 说明日志复制的流程。

图 5-7 日志复制的流程具体描述如下：

（1）收到客户端请求后，etcd Server 的 KVServer 模块向 raft 模块提交一个类型为 MsgProp 的提案消息；

（2）Leader 节点在本地添加一条日志，其对应的命令为 put foo bar。此步骤只是添加一条日志，并没有提交，两个索引值还指向上一条日志；

（3）Leader 节点向集群中其他节点广播 AppendEntries 消息，带上 put 命令。

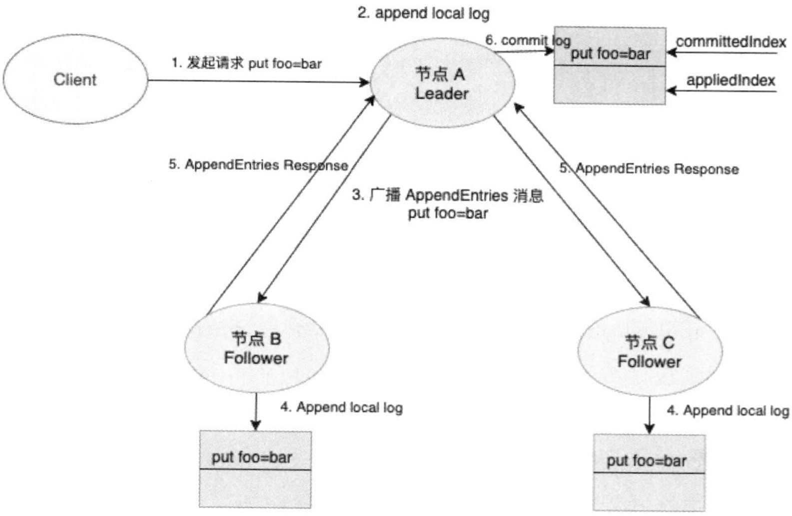

图 5-7 日志复制的流程图（一）

第二步中，两个索引值分别为 committedIndex 和 appliedIndex，图中有标识。committedIndex 存储最后一条提交日志的索引，而 appliedIndex 存储是最后一条应用到状态机中的日志索引值。两个数值满足 committedIndex 大于等于 appliedIndex，这是因为一条日志只有被提交了才能应用到状态机中。

Leader 如何将日志数据复制到 Follower 节点，如图 5-8 所示。

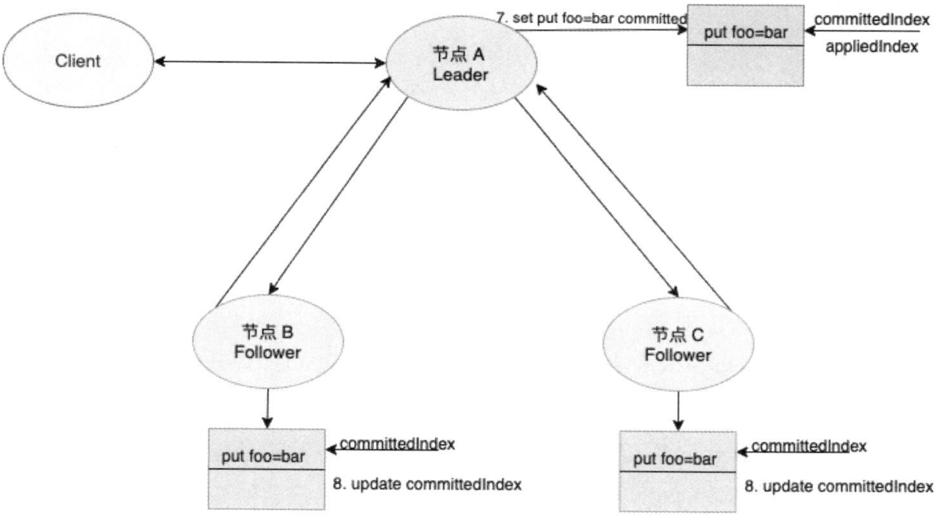

图 5-8 日志复制的流程图（二）

图 5-8 日志复制的流程说明如下：

（1）Follower 节点收到 AppendEntries 请求后，与 Leader 节点一样，在本地添加一条新的日志，此时日志也没有提交；

（2）添加成功日志后，Follower 节点向 Leader 节点应答 AppendEntries 消息；

（3）Leader 节点汇总 Follower 节点的应答。当 Leader 节点收到半数以上节点的 AppendEntries 请求的应答消息时，表明 put foo bar 命令成功复制，可以进行日志提交；

（4）Leader 修改本地 committed 日志的索引，指向最新的存储 put foo bar 的日志，因为还没有应用该命令到状态机中，所以 appliedIndex 还是保持上一次的值。

当这个命令提交完成后，命令就可以提交给应用层，按照下面的流程进行：

（1）此时修改 appliedIndex 的值，与 committedIndex 的值相等；

（2）Leader 节点在后续发送给 Follower 的 AppendEntries 请求中，总会带上最新的 committedIndex 索引值；

（3）Follower 收到 AppendEntries 后修改本地日志的 committedIndex 索引。

至此，日志复制的过程在集群的多个节点之间就完成了。日志复制使得分布在不同服务器上的状态机执行相同的状态变化，即使其中几台机器挂掉，整个集群还能继续运作。

5.6 安全性

前面已经介绍了 Leader 选举以及日志同步的机制，本节着重讲解安全性相关的内容。

1. 选举限制

raft 算法中，并不是所有节点都能成为 Leader。一个节点要成为 Leader，需要得到集群中半数以上节点的投票，而一个节点会投票给一个节点，其中一个充分条件是：这个进行选举的节点的日志，比本节点的日志更新。之所以要求这个条件，是为了保证每个当选的节点都有当前最新的数据。为了达到这个检查日志的目的，RequestVote RPC 请求中需要带上参加选举节点的日志信息，如果节点发现选举节点的日志信息并不比自己更新，将拒绝给这个节点投票。那么如何判断日志的新旧？

etcd 会通过对比日志的最后一个日志条目数据来判断，首先对比条目的任期号，任期号更大的日志数据更新；如果任期号相同，那么索引号更大的数据更新。

以上处理 RequestVote 请求的流程是 Follower 节点收到 RequestVote 请求，对比 RequestVote 请求中带上的最后一条日志数据，进行如下判断：

- 如果任期号比节点的最后一条数据任期号小，则拒绝投票给该节点；
- 如果索引号比节点的最后一条数据索引小，则拒绝投票给该节点；
- 如果是其他情况，说明选举节点的日志信息比本节点更新，投票给该节点。

2. 提交前面任期的日志条目

如果 Leader 在写入后但是还没有提交一条日志之前崩溃，那么这条没有提交的日志是否能提交呢？这里有几种情况需要考虑，不同情况的场景变更如图 5-9 所示。

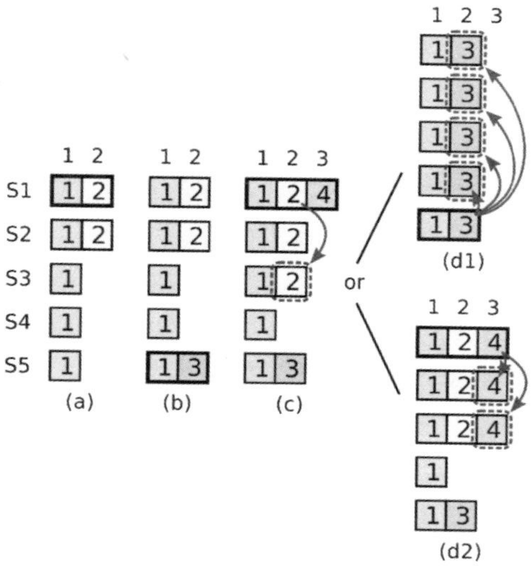

图 5-9　Leader 提交日志异常场景分析

在图 5-9 中，有以下的场景变更：

- 情况 a：s1 是 Leader，index 2 位置写入数据 2，该值只写到 s1、s2 上，但是还没有被提交；
- 情况 b：s1 崩溃，s5 成为新的 Leader，该节点在 index 2 上面提交另一个值 3，但是这个值只写到 s5 上面，并没有被提交；
- 情况 c：s5 崩溃，s1 重新成为 Leader，这一次，index 2 的值 2 写到集群的大多数节点上。此时可能存在以下两种情况：
  - ➢ 情况 d1：s1 崩溃，s5 重新成为 Leader（投票给 s5 的是 s4，s2 和 s5 自身），那么 index 2 上的值 3 这一次成功写入集群的半数以上节点上，并成功提交；
  - ➢ 情况 d2：s1 不崩溃，而是将 index 2 为 2 的值成功提交。

从情况 d 的两种场景可以看出，在 index 2 值为 2，且已经被写入半数以上节点的情况下，同样存在被新的 Leader 覆盖的可能性。

由于以上的原因，对于当前任期之前任期提交的日志，并不通过判断是否已经在半数以上集群节点写入成功来作为能否提交的依据。只有当前 Leader 任期内的日志通过比较写入数量是否超过半数来决定是否可以提交。

对于任期之前的日志，raft 算法采用的方式是只要提交成功了当前任期的日志，那么在日志之前的日志就认为提交成功了。这也是为什么 etcd-Raft 代码中，在成为 Leader 后，需要再提交一条 dummy 的日志的原因。只要该日志提交成功，Leader 节点上该日志之前的日志就可以提交成功。

5.7 本章小结

raft 算法从一开始就被设计成一个易于理解和实现的共识算法，其在容错和性能上与 Paxos 协议比较类似，区别是它将分布式一致性的问题分解成几个子问题，然后一一进行解决。

本章主要讲解了 raft 算法的相关概念和基本思路，并结合源码介绍了 etcd-raft 模块的实现。并且通过 raftexample 了解 raft 模块的使用方式和过程。然后重点介绍了选举流程和日志复制的过程。

除此之外，etcd 还有安全性限制，以保证日志选举和日志复制的正确性，比如 raft 算法中，并不是所有节点都能成为 Leader。一个节点要想成为 Leader，需要得到集群中半数以上节点的投票，而一个节点会投票给另一个节点，其中一个充分条件是：进行选举的节点，其日志需要比本节点的日志更新。此外，还有判断日志的新旧以及提交前面任期的日志条目等措施。

etcd-raft 模块是 etcd 核心的部分，通过本章的学习，我们可以更好地理解 etcd 运行机制。第 6 章将会介绍 etcd 存储多版本控制 MVCC 和事务的实现。

第 6 章　MVCC 多版本控制与事务的实现原理

在前面章介绍了 etcd 的存储之后，我们本章将介绍与 etcd 存储相关的两个重要功能：MVCC 多版本控制与事务的实现。

MVCC 机制是基于多版本技术实现的一种乐观锁机制，它乐观地认为数据不会发生冲突，但是当事务提交时，具备检测数据是否冲突的能力。其核心思想是保存一个 key-value 数据的多个历史版本，etcd 基于它不仅实现了可靠的 Watch 机制，还能以较低的并发控制开销实现各类隔离级别的事务，保障事务的安全性，因此 MVCC 多版本控制也是事务特性的基础。

etcd 将底层 MVCC 机制的版本信息暴露出来，根据版本信息封装一套基于乐观锁的事务框架 STM，并实现不同的隔离级别。

本章就来详细了解 etcd 多版本控制的实现、etcd 事务的实现。通过深入了解 etcd 的这两个核心功能特性，使得我们能够对 etcd 的实现原理有一个更加全面的理解。

6.1　etcd 多版本控制

MVCC 作为底层模块，对上层提供统一的方法，是 etcd 的存储模块，更是 etcd 的核心模块。本节将介绍 etcd MVCC 模块的相关实现，首先介绍 MVCC 相关的概念以及适用场景，然后介绍 etcd MVCC 模块整体的架构以及 MVCC 如何实现更新和查询键值对的操作。

6.1.1　什么是 MVCC

MVCC（Multi-Version Concurrency Control）即多版本并发控制，它是一种并发控制的方法，可以实现对数据库的并发访问。

数据库并发场景有三种，分别为读-读、读-写和写-写。第一种读-读没有问题，不需要并发控制；读-写和写-写都存在线程安全问题。读-写可能遇到脏读、幻读、不可重复读的问题；写-写可能会存在更新丢失问题。

并发控制机制用作对并发操作进行正确调度，保证事务的隔离性和数据库的一致性。并发控制的主要技术包括悲观锁和乐观锁：

- 悲观锁是一种排他锁，事务在操作数据时把这部分数据锁定，直到操作完毕后再解锁，这种方式容易造成系统吞吐量和性能方面的损失；
- 乐观锁在提交操作时检查是否违反数据完整性，大多数基于版本（Version）机制实现，MVCC 就是一种乐观锁。

而在 MySQL 中，快照读实现了 MVCC 的非阻塞读功能。其为事务分配单向增长的时间戳，每次修改保存一个版本，版本与事务时间戳关联，读操作只读该事务开始前的数据库的快照。

MVCC 在数据库中的实现主要是为了提高数据库并发性能，用更好的方式去处理读/写冲突，做到即使有读/写冲突时，也不用加锁，实现非阻塞并发读。同时还可以解决脏读、幻读、不可重复读等事务隔离问题，但它也存在一个缺点，就是不能解决更新丢失问题。

etcd v2 版本存在丢弃历史版本数据的问题，仅保留最新版本的数据。但是这样做引起一系列问题，比如 Watch 机制依赖历史版本数据实现相应功能，因此 etcd v2 又采取了在内存中建立滑动窗口来维护部分历史变更数据的做法，然而在大型的业务场景下还是不足以支撑大量历史变更数据的维护。到了 etcd v3 版本，该功能得到更新，etcd v3 支持 MVCC，可以保存一个键值对的多个历史版本。

6.1.2 etcd MVCC 模块的使用方式

现在已经初步了解了 MVCC 的概念，接下来具体学习 etcd MVCC 的使用方式。

MVCC 模块主要由 BoltDB 和 treeIndex 两部分组成。etcd 能够管理和存储一个 key 的多个版本，这与 treeIndex 模块中的结构体定义有很大关系。通过下面的一个操作过程，来理解 etcd MVCC 产生的作用：

```
$ etcdctl put hello aoho
OK


$ etcdctl get hello -w=json
{"header":{"cluster_id":14841639068965178418,"member_id":1027665774393
2975437,"revision":3,"raft_term":4},"kvs":[{"key":"aGVsbG8=","create_revis
ion":3,"mod_revision":3,"version":1,"value":"YW9obw=="}],"count":1}


$ etcdctl put hello boho
OK


$ etcdctl get hello
hello
boho


$ etcdctl get hello --rev=3
hello
a
```

解释一下上面几条命令操作的过程：

（1）写入一条命令；

（2）写入成功后读取 hello 对应的值，命令中加上-w=json 指定输出的格式为 JSON，可以看到更加详细的信息；

（3）更新 hello 对应的值为 boho；

（4）更新成功后，读取 hello 对应的值，可以看到原有的值 aoho 已经变成更新后的值，符合预期；

（5）最后一条命令用来读取指定版本的键值对，在第二条命令查询时获取先前更新的版本号为 3，因此在查询命令中指定--rev=3，可以看到结果返回版本 3 对应的值 aoho。

以上的操作过程，就是 MVCC 的一个简单应用，下面具体介绍多版本控制的实现。

6.1.3　etcd MVCC 模块的实现

在上一小节介绍了 etcd MVCC 的简单应用，并描述了对应操作的过程。接着，我们来看看 MVCC 模块的结构以及其中涉及的几个组成部分介绍。

上一节讲过，MVCC 模块主要由 BoltDB 和 treeIndex 两部分组成。MVCC 底层基于 Backend 模块实现键值对存储，Backend 在设计上支持多种存储的实现，目前的具体实现为 BoltDB，BoltDB 是一个基于 B+树的 KV 存储数据库；treeIndex 模块基于内存版 B-Tree（平衡多路查找树）实现键的索引管理，它是基于 Google 开源项目 Btree 实现的一个索引模块，保存每一个 key 与对应的版本号（Revision）的映射关系等信息。

客户端的请求经过 gRPC 拦截，依次经过 KV Server、Raft 模块，对应的日志条目被提交后，Apply 模块开始执行此日志内容。

Apply 模块通过 MVCC 模块执行请求。MVCC 模块将请求划分成读事务（ReadTxn）和写事务（WriteTxn）两种。读事务负责处理 range 请求，写事务负责 put/delete 操作。

读/写事务基于 treeIndex、Backend/boltdb 提供的能力，实现对 key-value 的增删改查功能。treeIndex 模块基于内存版 B-tree 实现 key 索引管理，它保存用户 key 与版本号（revision）的映射关系等信息。Backend 模块负责 etcd 的 key-value 持久化存储，主要由 ReadTx、BatchTx、Buffer 组成，ReadTx 定义抽象的读事务接口，BatchTx 在 ReadTx 上定义抽象的写事务接口，Buffer 是数据缓存区。

etcd 设计上支持多种 Backend 实现，目前实现的 Backend 是 boltdb。boltdb 是一个基于 B+ tree 实现的、支持事务的 key-value 嵌入式数据库。

这里重点介绍 treeIndex 模块。etcd 中使用 treeIndex 在内存中存放 keyIndex 数据信息，这样就可以快速地根据输入的 key 定位到对应的 keyIndex。当使用 etcdctl get 命令时，MVCC 模块从 treeIndex 中获取 key 的版本号，然后通过这个版本号，从 boltdb 获取 value

信息。boltdb 的 value 包含用户 key-value、各种版本号、lease 信息的结构体。

由于 B-tree 每个节点可以容纳多个数据，树的高度更低，更扁平，涉及的查找次数更少，具有优越的增、删、改、查性能。另外，由于 etcd 支持范围查询，因此保存索引的数据结构也必须支持范围查询才行。而 B-tree 支持范围查询。treeIndex 使用开源的 github.com/google/btree 在内存中存储 B-tree 索引信息。

所有操作都以 key 作为参数进行操作，treeIndex 使用 btree 根据 key 查找到对应的 keyIndex，再进行相关的操作，最后重新写入 btree 中。

与其他的 KV 存储组件使用存放数据的键作为 key 不同，etcd 存储以数据的 Revision 作为 key，键值、创建时的版本号、最后修改的版本号等作为 value 保存到数据库。etcd 对于每一个键值对都维护一个全局的 Revision 版本号，键值对的每一次变化都会被记录。获取某一个 key 对应的值时，需要先获取该 key 对应的 Revision，再通过它找到对应的值。

在 etcd 服务中有一个用于存储所有的键值对 revision 信息的 B-Tree，可通过 index 的 Get 接口获取一个 key 对应 Revision 的值，代码如下：

```
    // 位于 mvcc/index.go:68
    func (ti *treeIndex) Get(key []byte, atRev int64) (modified, created
revision, ver int64, err error) {
        keyi := &keyIndex{key: key}
        if keyi = ti.keyIndex(keyi); keyi == nil {
            return revision{}, revision{}, 0, ErrRevisionNotFound
        }
        return keyi.get(ti.lg, atRev)
    }
```

上述方法通过 keyIndex 方法查找 key 对应的 keyIndex 结构体，这里使用的内存结构体 B-Tree 是 Google 实现的一个版本：

```
    // 位于 mvcc/index.go:78
    func (ti *treeIndex) keyIndex(keyi *keyIndex) *keyIndex {
        if item := ti.tree.Get(keyi); item != nil {
            return item.(*keyIndex)
        }
        return nil
    }
```

可以看到这里的实现非常简单，只是从 treeIndex 持有的成员 btree 中查找 keyIndex，将结果强制转换成 keyIndex 类型后返回；而获取 Key 对应 revision 的方式也非常简单，实现代码如下：

```
    // 位于 mvcc/key_index.go:137
    func (ki *keyIndex) get(lg *zap.Logger, atRev int64) (modified, created
revision, ver int64, err error) {
        if ki.isEmpty() {
            lg.Panic(
                "'get' got an unexpected empty keyIndex",
                zap.String("key", string(ki.key)),
```

```
        )
    }
    g := ki.findGeneration(atRev)
    if g.isEmpty() {
        return revision{}, revision{}, 0, ErrRevisionNotFound
    }

    n := g.walk(func(rev revision) bool { return rev.main > atRev })
    if n != -1 {
        return g.revs[n], g.created, g.ver - int64(len(g.revs)-n-1), nil
    }

    return revision{}, revision{}, 0, ErrRevisionNotFound
}
```

keyIndex 中包含用户的 key、最后一次修改 key 时的 etcd 版本号、key 的若干代（generation）版本号信息，每代中包含对 key 的多次修改的版本号列表。

6.1.4　MVCC 写过程解析

首先结合之前写请求实现流程图的内容分析 MVCC 写请求的过程，如图 6-1 所示。

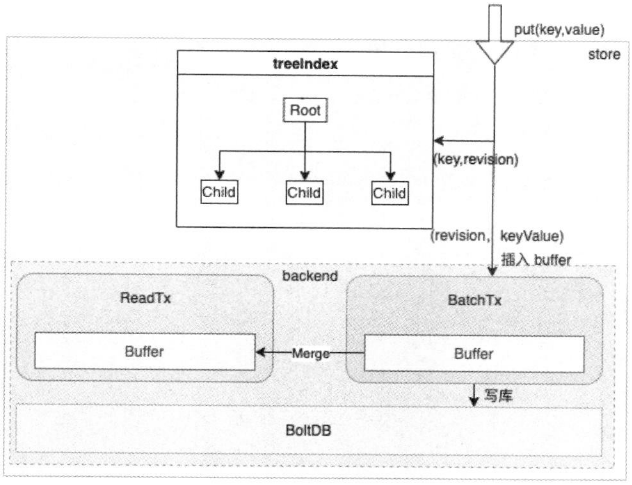

图 6-1　写请求实现流程图

图 6-1 为写请求的过程，写请求在底层统一调用 Put 方法。treeIndex 中根据查询的 key 从 B-tree 查找得到一个 keyIndex 对象，其中包含 Revision 等全局版本号信息。

keyIndex 结构体定义如下：

```
// 位于 mvcc/key_index.go:70
type keyIndex struct {
    key         []byte  // key 名称
    modified    revision // 最后一次修改的 etcd 版本号
    generations []generation // 保存 key 多次修改的版本号信息
}
```

keyIndex 中保存 key、modified 和 generations。

其中 generations 的结构体定义如下：

```
// 位于 mvcc/key_index.go:335
type generation struct {
    ver     int64
    created revision // generation 创建时的版本
    revs    []revision
}
```

generation 中的 ver 表示当前 generation 包含的修改次数，created 记录创建 generation 时的 revision 版本，最后的 revs 用于存储所有的版本信息。图 6-2 所示为 keyIndex、generation 和 revision 之间的关系。

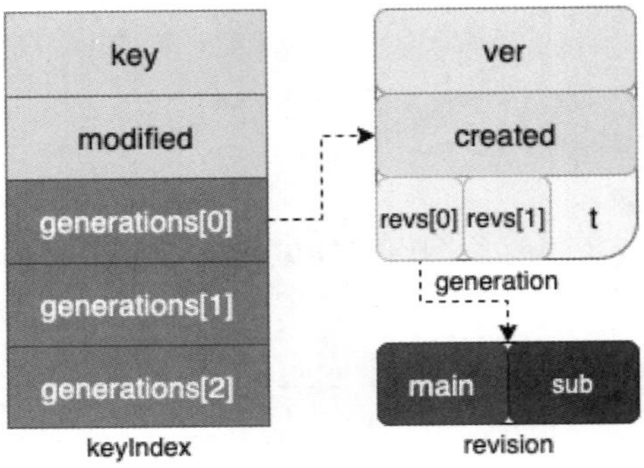

图 6-2　keyIndex、generation 和 revision 之间的关系

revision 结构体的定义如下：

```
// 位于 mvcc/revision.go:26
type revision struct {
  // 事务发生时自动生成的主版本号
    main int64


    // 事务内的子版本号
    sub int64
}
```

revision 中定义了一个全局递增的主版本号 main，发生 put、txn、del 操作会递增，一个事务内的 main 版本号是唯一的；事务内的子版本号定义为 sub，事务发生 put 和 del 操作时，从 0 开始递增。

由于是第一次写，treeIndex 查询为空。etcd 会根据当前的全局版本号加 1（集群初始化从 1 开始），根据执行的结果，这里全局版本号在写之前为 2，自增之后变成 3。因此操作对应的版本号 revision {3,0}，对应写入 BoltDB 的 key。写入的 value 对应 mvccpb.KeyValue 结构体，其由 key、value、create_revision、mod_revision、version、lease 等字段组成，定义如下：

```
type KeyValue struct {
    // 键
    Key []byte `protobuf:"bytes,1,opt,name=key,proto3" json:"key,omitempty"`
    // 创建时的版本号
    CreateRevision  int64  `protobuf:"varint,2,opt,name=create_revision,
json=createRevision,proto3" json:"create_revision,omitempty"`
    // 最后一次修改的版本号
    ModRevision  int64  `protobuf:"varint,3,opt,name=mod_revision,json=
modRevision,proto3" json:"mod revision,omitempty"`
    // 表示 key 的修改次数，删除 key 会重置为 0，key 的更新会导致 version 增加
    Version int64 `protobuf:"varint,4,opt,name=version,proto3" json:"version,
omitempty"`
    // 值
    Value []byte `protobuf:"bytes,5,opt,name=value,proto3" json:"value,
omitempty"`
    // 键值对绑定的租约 LeaseId，0 表示未绑定
    Lease int64 `protobuf:"varint,6,opt,name=lease,proto3" json:"lease,
omitempty"`
}
```

构造好 key 和 value 后，即可写入 BoltDB，如表 6-1 所示。并同步更新 buffer。

表 6-1　BoltDB 存储的 key-value

key	value
{3,0}	{"key":"aGVsbG8=","create_revision":3,"mod_revision":3,"version":1,"value":"YW9obw=="}

此外，还需将本次修改的版本号与用户 key 的映射关系保存到 treeIndex 模块中，key hello 的 keyIndex。对照上面介绍的 keyIndex、generation 和 Revision 结构体的定义，写入的 keyIndex 记录如下：

```
key:    "hello"
modified: <3,0>
generations:
[{ver:1,created:<3,0>,revs: [<3,0>]} ]
```

modified 为最后一次修改的 etcd 版本号，这里是<3,0>。generations 数组有一个元素，首次创建 ver 为 1，created 创建时的版本为<3,0>，revs 数组中也只有一个元素，存储所有的版本信息。

至此，put 事务基本结束，还差最后一步——写入的数据持久化到磁盘。数据持久化的操作由 Backend 的协程来完成，以此提高写的性能和吞吐量。协程通过事务批量提交，将 BoltDB 内存中的数据持久化存储磁盘中。

这里要提一下键值对的删除。与更新一样，键值对的删除也是异步完成，每当一个 key 被删除时都会调用 tombstone 方法向当前的 generation 中追加一个空的 generation 对象，其实现如下：

```
// 位于 mvcc/key_index.go:119
func (ki *keyIndex) tombstone(lg *zap.Logger, main int64, sub int64) error {
    if ki.isEmpty() {
        lg.Panic(
            "'tombstone' got an unexpected empty keyIndex",
```

```
            zap.String("key", string(ki.key)),
        )
    }
    if ki.generations[len(ki.generations)-1].isEmpty() {
        return ErrRevisionNotFound
    }
    ki.put(lg, main, sub)
    ki.generations = append(ki.generations, generation{})
    keysGauge.Dec()
    return nil
}
```

这个空的 generation 标识说明当前的 key 已经被删除。除此之外，生成的 BoltDB key 版本号中追加了 t（tombstone），如<3,0,t>，用于标识删除，而对应的 value 变成只含 key 属性。

当查询键值对时，treeIndex 模块查找到 key 对应的 keyIndex，若查询的版本号大于等于被删除时的版本号，则会返回空。而真正删除 treeIndex 中的索引对象以及 BoltDB 中的键值对，则由 compactor 组件完成。

6.1.5 MVCC 读过程解析

我们继续来看读过程中的 MVCC 实现细节，还是使用讲解键值对查询时的流程图，如图 6-3 所示。

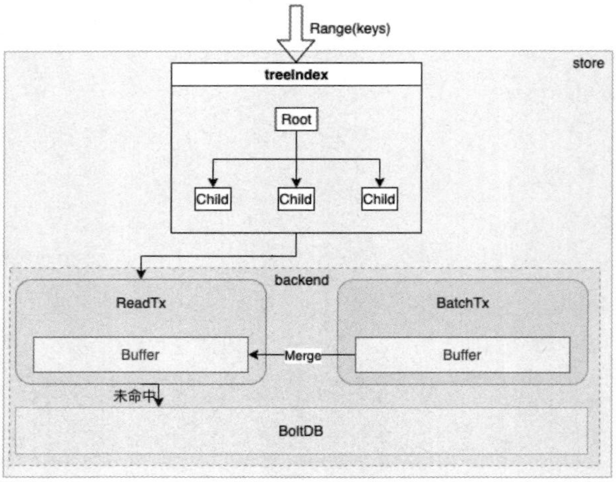

图 6-3 读请求实现流程图

读请求在底层统一调用 Range 方法，首先 treeIndex 根据查询的 key 从 BTree 查找对应 keyIndex 对象。从 keyIndex 结构体的定义可知，每一个 keyIndex 结构体中都包含当前键的值以及最后一次修改对应的 Revision 信息，其中还保存一个 key 的多个 generation，每一个 generation 都会存储当前 key 的所有历史版本。

treeIndex 模块中提供 Get 接口获取一个 key 对应 Revision 值，代码如下：

```
// 位于 mvcc/index.go:68
func (ti *treeIndex) Get(key []byte, atRev int64) (modified, created revision, ver int64, err error) {
    keyi := &keyIndex{key: key}
    if keyi = ti.keyIndex(keyi); keyi == nil {
        return revision{}, revision{}, 0, ErrRevisionNotFound
    }
    return keyi.get(ti.lg, atRev)
}
```

Get 接口的实现通过 keyIndex 函数查找 key 对应的 keyIndex 结构体，代码如下：

```
// 位于 mvcc/index.go:78
func (ti *treeIndex) keyIndex(keyi *keyIndex) *keyIndex {
    if item := ti.tree.Get(keyi); item != nil {
        return item.(*keyIndex)
    }
    return nil
}
```

这里的实现非常简单，从 treeIndex 成员 BTree 中查找 keyIndex，将结果转换成 keyIndex 类型后返回；获取 key 对应 Revision 的实现如下：

```
// 位于 mvcc/key index.go:137
func (ki *keyIndex) get(lg *zap.Logger, atRev int64) (modified, created revision, ver int64, err error) {
    if ki.isEmpty() {
        lg.Panic(
            "'get' got an unexpected empty keyIndex",
            zap.String("key", string(ki.key)),
        )
    }
    g := ki.findGeneration(atRev)
    if g.isEmpty() {
        return revision{}, revision{}, 0, ErrRevisionNotFound
    }


    n := g.walk(func(rev revision) bool { return rev.main > atRev })
    if n != -1 {
        return g.revs[n], g.created, g.ver - int64(len(g.revs)-n-1), nil
    }

    return revision{}, revision{}, 0, ErrRevisionNotFound
}
```

上述实现中，通过遍历 generations 数组来获取 generation，匹配到有效的 generation 后，返回 generation 的 revisions 数组中最后一个版本号，即<3,0>给读事务。

获取 revision 信息后，读事务接口优先从 buffer 中查询，如果命中则直接返回，否则根据 revision <3,0>作为 key 在 BoltDB 中查询。

在查询时如果没有指定版本号，默认读取最新的数据。如果指定了版本号，比如在上面发起一个指定历史版本号为 3 的读请求：

```
$ etcdctl get hello --rev=3
```

在 treeIndex 模块获取 key 对应的 keyIndex 时，指定读版本号为 3 的快照数据。keyIndex 会遍历 generation 内的历史版本号，返回小于等于 3 的最大历史版本号作为 BoltDB 的 key，从中查询对应的 value。

需要注意的是，并发读写事务不会阻塞在一个 buffer 资源锁上。并发读创建事务时，会全量复制当前未提交的 buffer 数据，以此实现并发读。

介绍完多版本控制 MVCC 机制，我们继续来看看 etcd 事务的封装与实现。

6.2 etcd 的事务

在业务场景中，一般希望无论在什么样的故障场景下，一组操作要么同时完成，要么都失败。etcd 就实现了在一个事务中，原子地执行冲突检查、更新多个 keys 的值。本节来详细了解 etcd 事务的概念、基本使用和 STM 事务的隔离级别。

6.2.1 什么是事务

事务通常是指数据库事务。事务具有 ACID 特性，即原子性、一致性、隔离性和持久性，具体说明如表 6-2 所示。

表 6-2　事务的 ACID 特性

特性名称	说　明
原子性（Atomicity）	事务作为一个整体被执行，其包含的对数据库的操作要么全部被执行，要么都不执行
一致性（Consistency）	事务应确保数据库的状态从一个一致状态转变为另一个一致状态。一致状态的含义是数据库中的数据应满足完整性约束
隔离性（Isolation）	多个事务并发执行时，一个事务的执行不应影响其他事务的执行
持久性（Durability）	一个事务一旦提交，它对数据库的修改应该永久保存在数据库中

常见的关系型数据库如 MySQL，其 InnoDB 事务的实现基于锁实现数据库事务。事务操作执行时，需要获取对应数据库记录的锁，才能进行操作；如果发生冲突，事务会阻塞，甚至会出现死锁。在整个事务执行的过程中，客户端与 MySQL 多次交互，MySQL 为客户端维护事务所需的资源，直至事务提交。而 etcd 中的事务实现则是基于 CAS（Compare and Swap，即比较并交换）方式。

etcd 使用不到 400 行的代码实现了迷你事务，其对应的语法为 If-Then-Else。etcd 允许用户在一次修改中批量执行多个操作，即这一组操作被绑定成一个原子操作，并共享同一个修订号。其写法类似 CAS，代码如下：

```
Txn().If(cond1, cond2, ...).Then(op1, op2, ...,).Else(op1, op2)
```

根据上面的实现，其实很好理解事务实现的逻辑。如果 If 冲突判断语句为真，对应返回值为 true，Then 中的语句将会被执行，否则执行 Else 中的逻辑。If 语句支持表 6-3 所示的 4 种检查的方式。

表 6-3 If 语句支持的检查方式

检查方式	说　　明
key 的 value 值	可通过检查 key 的 value 值是否符合预期，这也是 If 比较条件中常用的一种，通过指定预期的值来实现
mod_revision	即 key 的最近一次修改版本号。可通过 mod_revision 版本号检查 key 最近一次被修改时的版本号是否为指定的版本号。常用于查询后的修改操作，即查询的结果不再被修改，才可执行下一步修改操作
create_revision	即 key 的创建版本号 create_revision，简称 create。可通过 create_revision 检查某个 key 的存在性。当某个 key 的 create_revision 版本号是 0，说明该 key 不存在，常用于分布式锁的获取判断
version	即 key 的修改次数。可通过它检查 key 的修改次数是否符合预期。用于 key 在修改小于指定的次数时，才能发起某些操作时

在 etcd 事务执行过程中，客户端与 etcd 服务端之间没有维护事务会话。冲突判断及其执行过程作为一个原子过程来执行，因此 etcd 事务不会发生阻塞，无论事务执行成功还是失败都会返回。当发生冲突导致执行失败时，需要应用进行重试，业务代码需要考虑这部分的重试逻辑。

6.2.2 事务的流程

前面介绍了事务的相关特性以及 etcd 实现事务的语法，本节将介绍事务的整体流程，了解了事务的整体流程，才能更加明晰地理解下面要讲的实践案例以及实现原理。图 6-4 所示为 etcd 事务执行的几个主要步骤。我们先有个直观的了解，接下来我们会详细分析。

当我们通过 client 发起一个 txn 转账事务操作时，经过 gRPC 拦截后到达 KV Server 模块和 raft 一致性模块。而 Apply 模块则是事务逻辑执行的模块，根据上文介绍的 etcd 事务语法 If-Then-Else。etcd 会先执行事务的 If 语句进行检查，代码如下：

```
func applyCompares(rv mvcc.ReadView, cmps []*pb.Compare) bool {
  for _, c := range cmps {
    if !applyCompare(rv, c) {
      return false
    }
  }
```

```
    return true
}
```

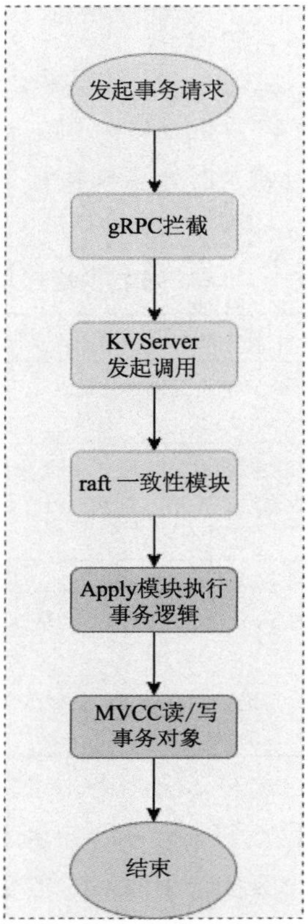

图 6-4　事务的执行步骤

以上的 ApplyCompares 方法进行比较操作，根据是否通过执行 ApplyTxn/Then 或者 ApplyTxn/Else 语句。

在执行以上操作过程中，它会根据事务是否只读、可写，通过 MVCC 层的读/写事务对象，执行事务中的读、写和删除操作。

6.2.3　etcd 事务实践案例：基于 STM 转账业务

我们来演示一个转账的过程，发送者向接收者发起转账事务。etcd 的事务基于乐观锁检测冲突并重试，检测冲突时使用 ModRevision 进行校验，该字段表示某个 key 上一次被更改时，全局的版本是多少。因此，实现转账业务的流程如图 6-5 所示。

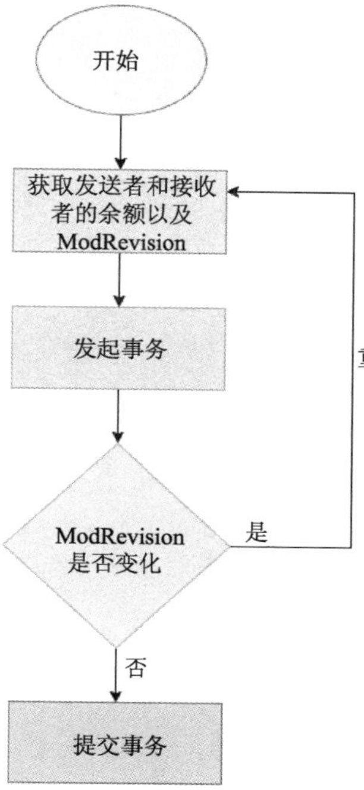

图 6-5　转账业务流程图

etcd 事务的实现基于乐观锁，涉及两次事务操作，第一次事务利用原子性同时获取发送方和接收方的当前账户金额。第二次事务发起转账操作，冲突检测 ModRevision 是否发生变化，如果没有变化则正常提交事务；若发生冲突，则需要进行重试。

在 etcd 中的实现转账业务的代码如下：

```
    func txnXfer(etcd *v3.Client, from, to string, amount uint) (error) {
        // 失败重试
        for {
          if ok, err := doTxnXfer(etcd, from, to amount); err != nil {
             return err
          } else if ok {
             return nil
          }
        }
    }

    func doTxnXfer(etcd *v3.Client, from, to string, amount uint) (bool,
error) {
        // 获取 from, to 账户金额
        getresp, err := etcd.Txn(ctx.TODO()).Then(OpGet(from), OpGet(to)).
Commit()
        if err != nil {
           return false, err
        }
```

```
    fromKV := getresp.Responses[0].GetRangeResponse().Kvs[0]
    toKV := getresp.Responses[1].GetRangeResponse().Kvs[1]
    fromV, toV := toUInt64(fromKV.Value), toUint64(toKV.Value)
    // 验证账户余额是否充足
    if fromV < amount {
        return false, fmt.Errorf("insufficient value")
    }
    // 发起转账视图
    txn := etcd.Txn(ctx.TODO()).If(
        v3.Compare(v3.ModRevision(from), "=", fromKV.ModRevision),
        // 事务提交时，from 账户余额没有没有变动
        v3.Compare(v3.ModRevision(to), "=", toKV.ModRevision))
        // 事务提交时，to 账户余额没有变动
    txn = txn.Then(
        OpPut(from, fromUint64(fromV - amount)),  // 更新 from 账户余额
        OpPut(to, fromUint64(toV - amount))       // 更新 to 账户余额
    putresp, err := txn.Commit()   // 提交事务
    if err != nil {
        return false, err
    }
    return putresp.Succeeded, nil
}
```

上述过程的实现较为烦琐，除了业务逻辑，还有大量的代码用来判断冲突以及重试。因此，etcd 社区基于事务特性，实现了一个简单的事务框架 STM，构建了多种事务隔离级别，下面介绍如何基于 STM 框架实现 etcd 事务。

为了简化 etcd 事务实现的过程，etcd clientv3 提供了 STM（Software Transactional Memory，软件事务内存），帮助我们自动处理这些烦琐的过程。使用 STM 优化后的转账业务代码如下：

```
func txnStmTransfer(cli *v3.Client, from, to string, amount uint) error {
    // NewSTM 创建了一个原子事务的上下文，业务代码作为一个函数传进去
    _, err := concurrency.NewSTM(cli, func(stm concurrency.STM) error {
        // stm.Get 封装了事务的读操作
        senderNum := toUint64(stm.Get(from))
        receiverNum := toUint64(stm.Get(to))
        if senderNum < amount {
            return fmt.Errorf("余额不足")
        }
        // 事务的写操作
        stm.Put(to, fromUint64(receiverNum + amount))
        stm.Put(from, fromUint64(senderNum - amount))
        return nil
    })
    return err
}
```

上述操作基于 STM 实现了转账业务流程，只需关注转账逻辑的实现即可，事务相关的其他操作由 STM 完成。

6.2.4 STM 实现细节

下面我们来看 STM 的实现原理。通过上面转账的例子可以看到，STM 的使用特别简单，只需把业务相关的代码封装成可重入的函数传给 STM，而 STM 可自行处理事务相关的细节。

concurrency.STM 是一个接口，提供了对某个 key 的 CURD 操作：

```
// 位于 clientv3/concurrency/stm.go:25
type STM interface {
    // Get 返回键的值，并将该键插入 txn 的 read set 中。如果 Get 失败，它将以错误中止事务，没有返回
    Get(key ...string) string
    // Put 在 write set 中增加键值对
    Put(key, val string, opts ...v3.OpOption)
    // Rev 返回 read set 中某个键指定的版本号
    Rev(key string) int64
    // Del 删除某个键
    Del(key string)


    // commit 尝试提交事务到 etcd server
    commit() *v3.TxnResponse
    reset()
}
```

STM 是软件事务存储的接口。其中定义了 Get、Put、Rev、Del、commit、reset 等接口方法。STM 的接口有两个实现类：stm 和 stmSerializable。具体选择哪一个，由我们指定的隔离级别决定。

STM 对象在内部构造 txn 事务，业务函数转换成 If-Then，自动提交事务以及处理失败重试等工作，直到事务执行成功。核心的 NewSTM 函数的实现如下：

```
// 位于 clientv3/concurrency/stm.go:89
func NewSTM(c *v3.Client, apply func(STM) error, so ...stmOption) (*v3.TxnResponse, error) {
    opts := &stmOptions{ctx: c.Ctx()}
    for _, f := range so {
        f(opts)
    }
    if len(opts.prefetch) != 0 {
        f := apply
        apply = func(s STM) error {
            s.Get(opts.prefetch...)
            return f(s)
        }
    }
    return runSTM(mkSTM(c, opts), apply)
}
```

根据源码可以知道，NewSTM 首先判断该事务是否存在预取的键值对，如果存在，会无条件地直接 apply 函数；否则会创建一个 STM，并运行 STM 事务。runSTM 代码如下：

```
// 位于 clientv3/concurrency/stm.go:140
func runSTM(s STM, apply func(STM) error) (*v3.TxnResponse, error) {
    outc := make(chan stmResponse, 1)
    go func() {
        defer func() {
            if r := recover(); r != nil {
                e, ok := r.(stmError)
                if !ok {
                    // 执行异常
                    panic(r)
                }
                outc <- stmResponse{nil, e.err}
            }
        }()
        var out stmResponse
        for {
            // 重置 stm
            s.reset()
            // 执行事务操作，apply 函数
            if out.err = apply(s); out.err != nil {
                break
            }
            // 提交事务
            if out.resp = s.commit(); out.resp != nil {
                break
            }
        }
        outc <- out
    }()
    r := <-outc
    return r.resp, r.err
}
```

runSTM 函数首先重置 STM，清空 STM 的读/写缓存；然后执行事务操作，apply 应用函数；最后将事务提交。提交事务的实现代码如下：

```
// 位于 clientv3/concurrency/stm.go:265
func (s *stm) commit() *v3.TxnResponse {
   txnresp, err :=
s.client.Txn(s.ctx).If(s.conflicts()...).Then(s.wset.puts()...).Commit()
   if err != nil {
      panic(stmError{err})
   }
   if txnresp.Succeeded {
      return txnresp
   }
```

```
    return nil
}
```

上述 commit 的实现包含前面所介绍的 etcd 事务语法。If 中封装了冲突检测条件，提交事务则是 etcd 的 Txn 将 wset 中的数据写入并提交的过程。

下面介绍 etcd 隔离级别以及在 STM 封装基础上如何实现事务。

6.3 etcd 事务隔离级别

本节将讨论 etcd 事务支持的几种隔离级别，并了解每种隔离级别对应的冲突检测条件和读的方式。数据库一般有 4 种事务隔离级别，如表 6-4 所示。

表 6-4 数据库事务隔离级别

事务隔离级别	说　明
未提交读（Read Uncommitted）	能够读取到其他事务中还未提交的数据，这可能会导致脏读的问题
读已提交（Read Committed）	只能读取到已经提交的数据，即别的事务一提交，当前事务就能读取到被修改的数据，这可能导致不可重复读的问题
可重复读（Repeated Read）	一个事务中，同一个读操作在事务的任意时刻都能得到同样的结果，其他事务的提交操作对本事务不会产生影响
串行化（Serializable）	串行化执行事务，即一个事务的执行会阻塞其他事务。该隔离级别通过牺牲并发能力换取数据的安全，属于最高的隔离级别

etcd 的事务可以看作是一种“微事务”，在它之上，可以构建出各种隔离级别的事务。STM 的事务级别通过 stmOption 指定，位于 clientv3/concurrency/stm.go 中，分别为 SerializableSnapshot、Serializable、RepeatableReads 和 ReadCommitted。构造 STM 的实现代码如下：

```
func mkSTM(c *v3.Client, opts *stmOptions) STM {
  switch opts.iso {
  // 串行化快照
  case SerializableSnapshot:
    s := &stmSerializable{
      stm:      stm{client: c, ctx: opts.ctx},
      prefetch: make(map[string]*v3.GetResponse),
    }
    s.conflicts = func() []v3.Cmp {
      return append(s.rset.cmps(), s.wset.cmps(s.rset.first()+1)...)
    }
    return s
  // 串行化
  case Serializable:
    s := &stmSerializable{
      stm:      stm{client: c, ctx: opts.ctx},
      prefetch: make(map[string]*v3.GetResponse),
    }
    s.conflicts = func() []v3.Cmp { return s.rset.cmps() }
    return s
  // 可重复读
```

```
    case RepeatableReads:
        s := &stm{client: c, ctx: opts.ctx, getOpts: []v3.OpOption{v3.
WithSerializable()}}
        s.conflicts = func() []v3.Cmp { return s.rset.cmps() }
        return s
    // 已提交读
    case ReadCommitted:
        s := &stm{client: c, ctx: opts.ctx, getOpts: []v3.OpOption{v3.
WithSerializable()}}
        s.conflicts = func() []v3.Cmp { return nil }
        return s
    default:
        panic("unsupported stm")
    }
}
```

该函数根据隔离级别定义。每一类隔离级别对应不同的冲突检测条件，存在读操作差异，因此要搞清楚每一类隔离级别在这两方面的实现。

从构建 SMT 的实现代码可以知道，etcd 隔离级别与一般的数据库隔离级别的差异是没有未提交读的隔离级别，这是因为 etcd 通过 MVCC 机制实现读/写不阻塞，并解决脏读的问题。下面将从低到高分别介绍 etcd 事务隔离级别。

6.3.1 ReadCommitted 已提交读

ReadCommitted 是 etcd 中的最低事务级别。ReadCommitted 是指一个事务提交后，它做的变更才会被其他事务看到，只允许客户端获取已经提交的数据。

由构造 STM 的源码可知，ReadCommitted 调用的是 stm 的实现。对于不一样的隔离级别，主要关注的是读操作和提交时的冲突检测条件。而对于写操作，会先写进本地缓存，直到事务提交时才真正写到 etcd 中。

1．读操作

查看本次事务的写缓存中是否有该 key，如果有就使用写集中的值，没有则去读 etcd。

```
func (s *stm) Get(keys ...string) string {
    if wv := s.wset.get(keys...); wv != nil {
        return wv.val
    }
    return respToValue(s.fetch(keys...))
}
```

从 etcd 读取 keys，就像普通的 kv 操作一样。第一次 Get 后，在事务中缓存，后续不再从 etcd 读取。

2．冲突检测条件

```
s.conflicts = func() []v3.Cmp { return nil }
```

ReadCommitted 只需确保自己读到的是别人已经提交的数据，由于 etcd 的 kv 操作都是原子操作，所以不可能读到未提交的修改。

6.3.2 RepeatableReads 可重复读

RepeatableReads 与 ReadCommitted 类似，调用的也是 stm 的实现。可重复读是指多次读取同一个数据时，其值都和事务开始时刻是一致的，因此可以实现可重复读。

1．读操作

与 ReadCommitted 类似，用 readSet 缓存已经读过的数据，这样下次再读取相同数据时才能得到同样的结果，确保可重复读。

2．冲突检测条件

```
s.conflicts = func() []v3.Cmp { return s.rset.cmps() }
```

在事务提交时，确保事务中 Get 的 keys 没有被改动过。因此使用 readSet 数据的 ModRevision 做冲突检测，确保本事务读到的数据都是最新的。

可重复读隔离级别的场景中，每个 key 的 Get 是独立的。在事务提交时，如果这些 keys 没有变动过，那么事务就可以提交。

6.3.3 Serializable 串行读

串行化调用的实现类为 stmSerializable，当出现读写锁冲突时，后续事务必须等前一个事务执行完成，才能继续执行。这就相当于在事务开始时，对 etcd 做了一个快照，这样它读取到的数据就不会受到其他事务的影响，从而达到事务串行化（Serializable）执行的效果。

1．读操作

```
func (s *stmSerializable) Get(keys ...string) string {
    if wv := s.wset.get(keys...); wv != nil {
        return wv.val
    }
    // 判断是否第一次读
    firstRead := len(s.rset) == 0
    for _, key := range keys {
        if resp, ok := s.prefetch[key]; ok {
            delete(s.prefetch, key)
            s.rset[key] = resp
        }
    }
    resp := s.stm.fetch(keys...)
    if firstRead {
        // 记录下第一次读的版本作为基准
        s.getOpts = []v3.OpOption{
            v3.WithRev(resp.Header.Revision),
            v3.WithSerializable(),
```

```
        }
    }
    return respToValue(resp)
}
```

事务中第一次读操作完成时，保存当前版本号 Revision；后续其他读请求会带上这个版本号，获取指定 revision 版本的数据。这确保该事务所有的读操作读到的都是同一时刻的内容。

2．冲突检测条件

```
s.conflicts = func() []v3.Cmp { return s.rset.cmps() }
```

在事务提交时，需要检查事务中 Get 的 keys 是否被改动过，而 etcd 串行化的约束还不够，它缺少了验证事务要修改的 keys 这一步。下面的 SerializableSnapshot 事务增加了这个约束。

6.3.4 SerializableSnapshot 串行化快照读

SerializableSnapshot 串行化快照隔离，提供可序列化的隔离，并检查写冲突。etcd 默认采用这种隔离级别，串行化快照隔离是最严格的隔离级别，可以避免幻影读。我们来看一下读操作与冲突检测的过程。

1．读操作

与 Serializable 串行化读类似。事务中的第一个 Get 操作发生时，保存服务器返回的当前 Revision；后续对其他 keys 的 Get 操作，指定获取 Revision 版本的 value。

2．冲突检测条件

```
s.conflicts = func() []v3.Cmp {
    return append(s.rset.cmps(), s.wset.cmps(s.rset.first()+1)...)
}
```

在事务提交时，检查事务中 Get 的 keys 以及要修改的 keys 是否被改动过。

SerializableSnapshot 不仅确保读取过的数据是最新的，同时也确保要写入的数据同样没有被其他事务更改过，是隔离的最高级别。

如果这些语义不能满足你的业务需求，通过扩展 etcd 的官方 Client SDK，写一个新 STM 事务类型即可。

6.4 Backend 后端实现细节

事务的实现离不开 Backend 存储引擎的支持。etcd 通过 Backend 后端很好地封装了存储引擎的实现细节，为上层提供一个更一致的接口，对于 etcd 的其他模块来说，它们可以将更多注意力放在接口中的约定上，在这里，更关注的是 etcd 对 Backend 接口的实现，代码如下：

```
type Backend interface {
    ReadTx() ReadTx
    BatchTx() BatchTx

    Snapshot() Snapshot
    Hash(ignores map[IgnoreKey]struct{}) (uint32, error)
    Size() int64
    SizeInUse() int64
    Defrag() error
    ForceCommit()
    Close() error
}
```

etcd 底层默认使用开源的嵌入式键值存储数据库 bolt，但是这个项目目前的状态已经是归档不再维护了，如果想要使用这个项目可以使用 CoreOS 的 bbolt 版本。

Backend 接口定义了一些常用的底层存储方法。而 Backend 结构体则是一个实现了 Backend 接口的结构体，代码如下：

```
type backend struct {
    size int64
    sizeInUse int64
    commits int64

    mu sync.RWMutex
    db *bolt.DB

    batchInterval time.Duration
    batchLimit    int
    batchTx       *batchTxBuffered

    readTx *readTx

    stopc chan struct{}
    donec chan struct{}

    lg *zap.Logger
}
```

从结构体的成员 db 可以看出，它使用 BoltDB 作为底层存储，另外的两个 readTx 和 batchTx 分别实现了 ReadTx 和 BatchTx 接口。这两个接口对外提供数据库的读/写操作，而 Backend 对这两个接口进行封装，为上层屏蔽存储的具体实现。对于上层来说，Backend 只是对底层存储的一个抽象，很多时候并不会直接与它打交道，都是使用它持有的 ReadTx 和 BatchTx 与数据库进行交互。

本小节将会和大家一起讨论 BoltDB 作为底层存储是如何实现只读事务和读写事务的。

6.4.1 只读事务

目前大多数的数据库对于只读类型的事务并没有那么多的限制，尤其是在使用MVCC后，所有的只读请求几乎不会被写请求锁住，这大大提升了读的效率，由于在BoltDB的同一个Goroutine中开启两个相互依赖的只读事务和读写事务会发生死锁，为了避免这种情况还是引入了sync.RWLock保证死锁不会出现，结构体如下：

```
// 位于 mvcc/backend/read_tx.go:40
type readTx struct {
    // mu protects accesses to the txReadBuffer
    mu  sync.RWMutex
    buf txReadBuffer
    // txMu 用来控制 range 请求访问 buckets 和 tx
    txMu    sync.RWMutex
    tx      *bolt.Tx
    buckets map[string]*bolt.Bucket
    txWg *sync.WaitGroup
}
```

可以看到在整个结构体中，除了用于保护tx的txmu读写锁之外，还存在另外一个mu读写锁，它的作用是保证buf中的数据不会出现问题，buf和结构体中的buckets都是用于加速读效率的缓存。readTx的结构体组成如图6-6所示。

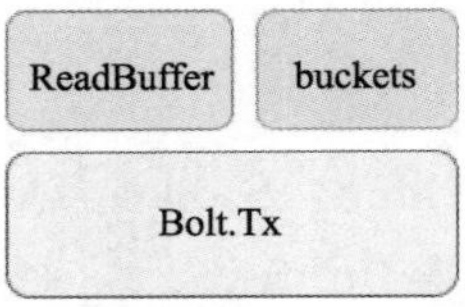

图 6-6　readTx 结构体的组成

对于一个只读事务来说，它对上层提供了两个获取存储引擎中数据的接口，分别是UnsafeRange和UnsafeForEach，在这里重点介绍前面方法的实现细节：

```
// 位于 mvcc/backend/read_tx.go:172
func (rt *concurrentReadTx) UnsafeRange(bucketName, key, endKey []byte,
limit int64) ([][]byte, [][]byte) {
        if endKey == nil {
            // forbid duplicates for single keys
            limit = 1
        }
        if limit <= 0 {
            limit = math.MaxInt64
        }
        if limit > 1 && !bytes.Equal(bucketName, safeRangeBucket) {
            panic("do not use unsafeRange on non-keys bucket")
        }
        keys, vals := rt.buf.Range(bucketName, key, endKey, limit)
        if int64(len(keys)) == limit {
            return keys, vals
        }

        // find/cache bucket
```

```
        bn := string(bucketName)
        rt.txMu.RLock()
        bucket, ok := rt.buckets[bn]
        rt.txMu.RUnlock()
        if !ok {
            rt.txMu.Lock()
            bucket = rt.tx.Bucket(bucketName)
            rt.buckets[bn] = bucket
            rt.txMu.Unlock()
        }

        // ignore missing bucket since may have been created in this batch
        if bucket == nil {
            return keys, vals
        }
        rt.txMu.Lock()
        c := bucket.Cursor()
        rt.txMu.Unlock()

        k2, v2 := unsafeRange(c, key, endKey, limit-int64(len(keys)))
        return append(k2, keys...), append(v2, vals...)
    }
```

上述代码中省略了加锁保护读缓存以及 Bucket 中存储数据的合法性，也省去了一些参数的检查，不过方法的整体接口还是没有太多变化，UnsafeRange 先从自己持有的缓存 txReadBuffer 中读取数据，如果数据不能满足调用者的需求，就会从 buckets 缓存中查找对应的 BoltDB bucket 并从 BoltDB 数据库中读取。

这个包内部的函数 unsafeRange 实际上通过 BoltDB 中的游标来遍历满足查询条件的键值对。

至此，整个只读事务提供的接口就基本介绍完了，在 etcd 中无论想要访问单个 key 还是一个范围内的 key，最终都是通过 Range 实现的，这也是只读事务的最主要功能。

6.4.2　读写事务

只读事务只提供了读数据的能力，包括 UnsafeRange 和 UnsafeForeach，而读写事务 BatchTx 提供的就是读和写数据的能力了，代码如下：

```
    // 位于 mvcc/backend/batch_tx.go:128
    func unsafeRange(c *bolt.Cursor, key, endKey []byte, limit int64) (keys
[][]byte, vs [][]byte) {
        if limit <= 0 {
            limit = math.MaxInt64
        }
        var isMatch func(b []byte) bool
        if len(endKey) > 0 {
            isMatch = func(b []byte) bool { return bytes.Compare(b, endKey) <
```

```
0 }
        } else {
            isMatch = func(b []byte) bool { return bytes.Equal(b, key) }
            limit = 1
        }

        for ck, cv := c.Seek(key); ck != nil && isMatch(ck); ck, cv = c.Next()
{
            vs = append(vs, cv)
            keys = append(keys, ck)
            if limit == int64(len(keys)) {
                break
            }
        }
        return keys, vs
    }
```

读写事务同时提供了不带缓存的 batchTx 实现以及带缓存的 batchTxBuffered 实现，后者继承了前者的结构体，并额外加入缓存 txWriteBuffer 加速读请求，代码如下：

```
    // 位于 mvcc/backend/batch_tx.go:40
    type batchTx struct {
        sync.Mutex
        tx      *bolt.Tx
        backend *backend

        pending int
    }
```

batchTxBuffered 在实现接口规定的方法时，会直接调用 batchTx 的同名方法，并将操作造成的副作用写入缓存中，在这里不会展开介绍这一版本的实现，还是以分析 batchTx 的方法为主。

当向 etcd 中写入数据时，最终都会调用 batchTx 的 unsafePut 方法将数据写入 BoltDB 中，代码如下：

```
    // 位于 mvcc/backend/batch_tx.go:231
    type batchTxBuffered struct {
        batchTx
        buf txWriteBuffer
    }
    // 位于 mvcc/backend/batch_tx.go:93
    func (t *batchTx) unsafePut(bucketName []byte, key []byte, value []byte,
seq bool) {
        bucket := t.tx.Bucket(bucketName)
        if bucket == nil {
            t.backend.lg.Fatal(
                "failed to find a bucket",
                zap.String("bucket-name", string(bucketName)),
            )
```

```
    }
    if seq {
        // it is useful to increase fill percent when the workloads are mostly
append-only.
        // this can delay the page split and reduce space usage.
        bucket.FillPercent = 0.9
    }
    if err := bucket.Put(key, value); err != nil {
        t.backend.lg.Fatal(
            "failed to write to a bucket",
            zap.String("bucket-name", string(bucketName)),
            zap.Error(err),
        )
    }
    t.pending++
}
```

这两个方法的实现非常清晰，只是调用了 BoltDB 提供的 API 操作 bucket 中的数据，而另一个删除方法的实现也差不多，代码如下：

```
// 位于 mvcc/backend/batch_tx.go:151
// UnsafeDelete must be called holding the lock on the tx.
func (t *batchTx) UnsafeDelete(bucketName []byte, key []byte) {
    bucket := t.tx.Bucket(bucketName)
    if bucket == nil {
        t.backend.lg.Fatal(
            "failed to find a bucket",
            zap.String("bucket-name", string(bucketName)),
        )
    }
    err := bucket.Delete(key)
    if err != nil {
        t.backend.lg.Fatal(
            "failed to delete a key",
            zap.String("bucket-name", string(bucketName)),
            zap.Error(err),
        )
    }
    t.pending++
}
```

它们都是通过 Bolt.Tx 找到对应的 Bucket，然后做出相应的增删操作，但是写请求在这两个方法执行后其实并没有提交，还需要手动或者等待 etcd 自动将请求提交，代码如下：

```
// 位于 mvcc/backend/batch_tx.go:183
// Commit commits a previous tx and begins a new writable one.
func (t *batchTx) Commit() {
    t.Lock()
    t.commit(false)
```

```
    t.Unlock()
}

// 位于 mvcc/backend/batch_tx.go:202
func (t *batchTx) commit(stop bool) {
    // commit the last tx
    if t.tx != nil {
        if t.pending == 0 && !stop {
            return
        }

        start := time.Now()

        // gofail: var beforeCommit struct{}
        err := t.tx.Commit()
        // gofail: var afterCommit struct{}
        rebalanceSec.Observe(t.tx.Stats().RebalanceTime.Seconds())
        spillSec.Observe(t.tx.Stats().SpillTime.Seconds())
        writeSec.Observe(t.tx.Stats().WriteTime.Seconds())
        commitSec.Observe(time.Since(start).Seconds())
        atomic.AddInt64(&t.backend.commits, 1)

        t.pending = 0
        if err != nil {
            t.backend.lg.Fatal("failed to commit tx", zap.Error(err))
        }
    }
    if !stop {
        t.tx = t.backend.begin(true)
    }
}
```

在每次调用 Commit 对读写事务进行提交时，都会先检查是否有等待中的事务，之后才会对事务进行提交。

通过上面的分析，我们清楚了如何使用 etcd 的 txn 事务构建符合 ACID 语义的事务框架。需要强调的是，etcd 的 STM 事务是 CAS 重试模式，在发生冲突时会多次重试，这就要保证业务代码是可重试的，因此不同于数据库事务的加锁模式。

6.5 本章小结

本章主要介绍了 etcd 中的多版本控制 MVCC 机制以及 etcd 事务的实现。

首先介绍了 MVCC 的概念，多版本并发控制可以维护一个数据的多个历史版本，并且使得读/写操作没有冲突。通过一个示例介绍了 etcd 中 MVCC 的功能，重点介绍了在读写过程中如何实现多版本控制。键值对的更新和删除都是由异步协程完成的，在保证一致性的同时，也提升了读/写的性能以及组件的吞吐量。

接着介绍了数据库中的事务定义，以及 etcd 中的事务实现，事务降低了客户端应用编码的复杂度；通过一个转账的案例来演示 etcd 如何基于乐观锁实现事务，以及 STM 改进的转账案例。最后介绍了 etcd STM 微事务及其几种隔离机制。

第 7 章节将继续深入介绍 etcd 中的 Watch 和 Lease 租约机制的实现原理。

第 7 章　etcd 的 Watch 机制与租约机制

在前面一章介绍了 etcd 中的 MVCC 多版本控制和租约机制之后，我们本章将介绍与 etcd 存储相关的两个重要功能：Watch 机制和租约 Lease。Watch 机制和 Lease 机制是 etcd v2 与 v3 版本之间的重要变化。

etcd v2 watch 机制采用基于 HTTP/1.x 协议的客户端轮询机制，历史版本则通过滑动窗口存储。在大量的客户端连接场景或集群规模较大的场景下，etcd 服务端的扩展性和稳定性都无法保证。

etcd v2 版本并没有 Lease 概念，TTL 直接绑定在 key 上面。每个 TTL、key 创建一个 HTTP/1.x 连接，定时发送续期请求给 etcd Server。etcd v3 则在 v2 的基础上进行重大升级，每个 Lease 都设置一个 TTL 时间，具有相同 TTL 时间的 key 绑定到同一个 Lease，实现 Lease 的复用，并且基于 gRPC 协议的通信实现连接的多路复用。

日常使用 etcd 时经常用到 Watch 和 Lease 租约，场景如微服务调用时获取指定的服务实例信息、保持微服务心跳等。etcd v3 版本对这两个功能进行了升级，性能和稳定性方面都有大幅度提升。

本章将会首先介绍 Watch 的用法，包括如何通过 etcdctl 命令行工具及 clientv3 客户端实现键值对的监控。在了解基本用法的基础上，我们再来重点介绍 etcd watch 实现的原理和细节。接着将会介绍 etcd Lease 的基本用法以及分析 Lease 实现的原理。我们在使用功能的基础上，掌握其实现原理，知其然，更要知其所以然。

7.1　Watch 机制

Watch 用于监听一个或一组 key，key 的任何变化都会发出通知消息。在 etcd v2 watch 机制实现中，使用 HTTP/1.x 协议，实现简单、兼容性好，每个 watcher 对应一个 TCP 连接。client 通过 HTTP/1.1 协议长连接定时轮询 server，获取最新的数据变化事件。但是当连接达到一定量级，轮询会耗费服务端的内存和 socket 连接资源，使得 etcd 在性能和稳定性方面存在问题。

而 etcd v3 版本吸取 etcd v2 的教训，并进行改进。v3 使用基于 HTTP 2 的 gRPC 协议，双向流的 Watch API 设计，实现了连接多路复用。HTTP 2 解决了 HTTP 1.x 的请求阻塞、连接无法复用的问题，实现了多路复用、乱序发送等功能。通过 etcd 服务端流式推送，极大降低了 etcd 服务端内存和 socket 连接的资源。

某种意义上讲，etcd 就是发布订阅模式。那么 etcd 的 watch 机制与消息队列的发布订阅模式之间能否进行相互替换呢？事实上，这两者是存在差异的，差异主要是 etcd 没有消费者组的概念，消息队列中消费者会主动上报 offset，比如，kafka 会保存每个消费者的 offset，消费者重启会从当前进度消费。所以说，etcd 和消息队列之间不能实现完全的替代。

7.1.1　Watch 用法

在具体讲解 Watch 的实现方式之前，我们先来体验一下如何使用 Watch。笔者将使用 etcdctl 命令行工具和 clientv3 客户端两种方式来分别演示 Watch 监视功能。

1. etcdctl 命令行工具

etcdctl 提供了对 Watch 机制的支持。通过 etcdctl 命令行工具实现键值对的监测，命令如下：

```
$ etcdctl put hello aoho
$ etcdctl put hello boho
$ etcdctl watch hello -w=json --rev=1


{
    "Header": {
        "cluster_id": 14841639068965178418,
        "member_id": 10276657743932975437,
        "revision": 4,
        "raft_term": 4
    },
    "Events": [{
        "kv": {
            "key": "aGVsbG8=",
            "create_revision": 3,
            "mod_revision": 3,
            "version": 1,
            "value": "YW9obw=="
        }
    }, {
        "kv": {
            "key": "aGVsbG8=",
            "create_revision": 3,
            "mod_revision": 4,
            "version": 2,
            "value": "Ym9obw=="
        }
    }],
    "CompactRevision": 0,
    "Canceled": false,
    "Created": false
}
```

依次在命令行中输入上面三条命令，前面两条依次更新 hello 对应的值，第三条命令监测键为 hello 的变化，并指定版本号从 1 开始。最后的结果是输出两条 Watch 事件。

然后在另一个命令行继续输入以下的更新命令：

```
$ etcdctl put hello coho
```

可以看到前一个命令行输出以下内容：

```
{
    "Header": {
        "cluster_id": 14841639068965178418,
        "member_id": 10276657743932975437,
        "revision": 5,
        "raft_term": 4
    },
    "Events": [{
        "kv": {
            "key": "aGVsbG8=",
            "create_revision": 3,
            "mod_revision": 5,
            "version": 3,
            "value": "Y29obw=="
        }
    }],
    "CompactRevision": 0,
    "Canceled": false,
    "Created": false
}
```

命令行输出的事件表明，键 hello 对应的键值对发生更新，并输出事件的详细信息。上述内容就是通过 etcdctl 命令行工具实现 Watch 指定的键值对功能的全过程。

2．clientv3 客户端

etcdctl 命令行毕竟只是提供给运维和开发人员进行快速查询的简便工具，而实际的业务场景，更多的是通过 etcd 的各种客户端来实现 Watch 功能。下面介绍在 clientv3 中如何实现 Watch 功能。

etcd 的 MVCC 模块对外提供了两种访问键值对的实现方式，一种是键值存储 kvstore，另一种是 watchableStore，它们都实现 KV 接口。clientv3 中很简洁地封装了 Watch 客户端与服务端交互的细节，基于 watchableStore 即可实现 Watch 功能，客户端使用的代码如下：

```
func testWatch() {
    s := newWatchableStore()

    w := s.NewWatchStream()

    w.Watch(start_key: foo, end_key: nil)

    w.Watch(start_key: bar, end_key: nil)
```

```
    for {
        consume := <- w.Chan()
    }
}
```

在上述实现中，调用了 watchableStore。为了实现 Watch 监测，创建了一个 watchStream，watchStream 监听的 key 为 hello，之后就可以消费 w.Chan()返回的 channel。key 为 hello 的任何变化，都会通过这个 channel 发送给客户端。

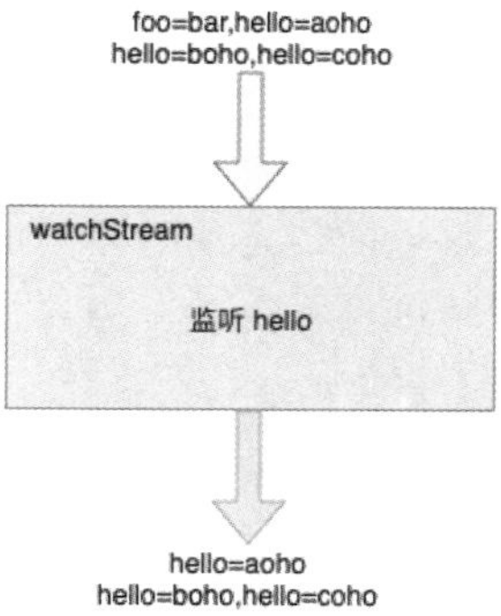

图 7-1　watch 监听键值对的示意

如图 7-1 所示，watchStream 实现了在大量 KV 的变化事件中，过滤出当前所指定监听的 key，并将键值对的变更事件输出。

下面将介绍 Watch 机制的一些实现细节，包括其对应的 watchableStore 存储、同步监听、客户端监听事件、服务端处理监听以及异常流程处理。

7.1.2　watchableStore 存储

在第 4 章讲解 etcd 读/写的过程中，我们已经介绍过 kvstore，这里具体介绍 watchable Store 的实现。watchableStore 负责注册、管理以及触发 Watcher 的功能。这个结构体的各个字段，代码如下：

```
// 位于 mvcc/watchable_store.go:47
type watchableStore struct {
    *store

    // 同步读写锁
    mu sync.RWMutex

    // 被阻塞在 watch channel 中的 watcherBatch
    victims []watcherBatch
    victimc chan struct{}

    // 未同步的 watchers
    unsynced watcherGroup

    // 已同步的 watchers
    synced watcherGroup

    stopc chan struct{}
    wg    sync.WaitGroup
}
```

watchableStore 组合了 store 结构体的字段和方法，除此之外，还有两个 watcherGroup

类型的字段，watcherGroup 管理多个 watcher，并能够根据 key 快速找到监听该 key 的一个或多个 watcher。

- unsynced 表示 watcher 监听的数据还未同步完成。当创建的 watcher 指定的版本号小于 etcd server 最新的版本号时，将 watcher 保存到 unsynced watcherGroup。
- synced 表示 watcher 监听的数据都已经同步完毕，在等待新的变更。如果创建的 watcher 未指定版本号或指定的版本号大于当前最新的版本号，它将保存到 synced watcherGroup 中。

Watch 监听流程如图 7-2 所示。

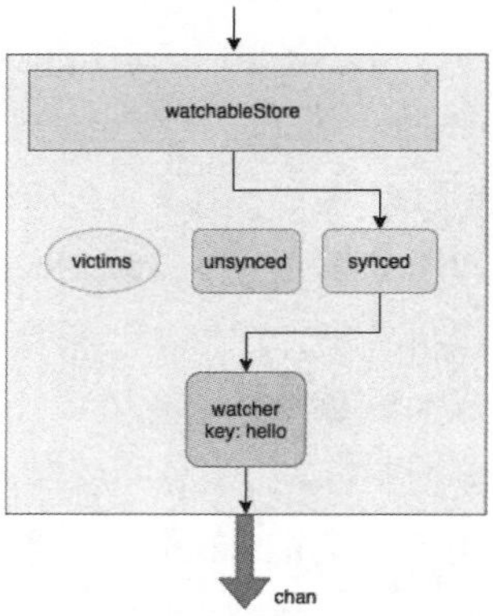

图 7-2　watch 监听流程

watchableStore 收到所有 key 的变更后，将这些 key 交给 synced（watchGroup），synced 使用 map 和 ADT（红黑树），能够快速地从所有 key 中找到监听的 key，将这些 key 发送给对应的 watcher，这些 watcher 再通过 chan 将变更信息发送出去。

在查找监听 key 对应的事件时，如果只监听一个 key：

```
watch(start_key: foo, end_key: nil)
```

则对应的存储为 map[key]*watcher。这样可以根据 key 快速找到对应的 watcher。但是 Watch 可以监听一组范围的 key，这种情况应该如何处理呢？

```
watch(start_key: hello1, end_key: hello3)
```

上面的代码监听了从 hello1→hello3 的所有 key，这些 key 的数量不固定，比如，key=hello11 也处于监听范围。这种情况就无法再使用 map，因此 etcd 用 ADT 结构来存储一个范围内的 key。

watcherGroup 是由一系列范围 watcher 组织起来的 watchers。在找到对应的 watcher 后，调用 watcher 的 send()方法，将变更的事件发送出去。

那么服务端是如何将对应的 Watch 事件发送给这些 watchers 的呢？下面介绍 syncWatchers 同步监听的实现。

7.1.3　syncWatchers 同步监听

在初始化一个新的 watchableStore 时，etcd 会创建一个用于同步 watcherGroup 的 goroutine，并在 syncWatchersLoop 函数中每隔 100ms 调用一次 syncWatchers 方法，将所有未通知的事件通知给所有的监听者，具体实现代码如下：

```
// 位于 mvcc/watchable_store.go:334
func (s *watchableStore) syncWatchers() int {
  //...
    // 为了从 unsynced watchers 中找到未同步的键值对，则需要查询最小的版本号，利用
最小的版本号查询 backend 存储中的键值对
```

```
        curRev := s.store.currentRev
        compactionRev := s.store.compactMainRev


        wg,minRev:=s.unsynced.choose(maxWatchersPerSync,curRev,compaction Rev)
        minBytes, maxBytes := newRevBytes(), newRevBytes()


        // UnsafeRange 方法返回键值对。在 boltdb 中存储的 key 都是版本号，而 value 为
在 backend 中存储的键值对
        tx := s.store.b.ReadTx()
        tx.RLock()
        revs, vs := tx.UnsafeRange(keyBucketName, minBytes, maxBytes, 0)
        var evs []mvccpb.Event
      // 转换成事件
        evs = kvsToEvents(s.store.lg, wg, revs, vs)


        var victims watcherBatch
        wb := newWatcherBatch(wg, evs)
        for w := range wg.watchers {
            w.minRev = curRev + 1
        //...
            if eb.moreRev != 0 {
                w.minRev = eb.moreRev
            }
        // 通过 send 将事件和 watcherGroup 发送到每一个 watcher 对应的 channel 中
            if w.send(WatchResponse{WatchID: w.id, Events: eb.evs, Revision:
curRev}) {
                pendingEventsGauge.Add(float64(len(eb.evs)))
            } else {
          // 异常情况处理
                if victims == nil {
                    victims = make(watcherBatch)
                }
                w.victim = true
            }
        //...
            s.unsynced.delete(w)
        }
      //..
    }
```

对上述代码的逻辑进行总结，简化后的 syncWatchers 方法中有三个核心步骤，如图 7-3 所示。

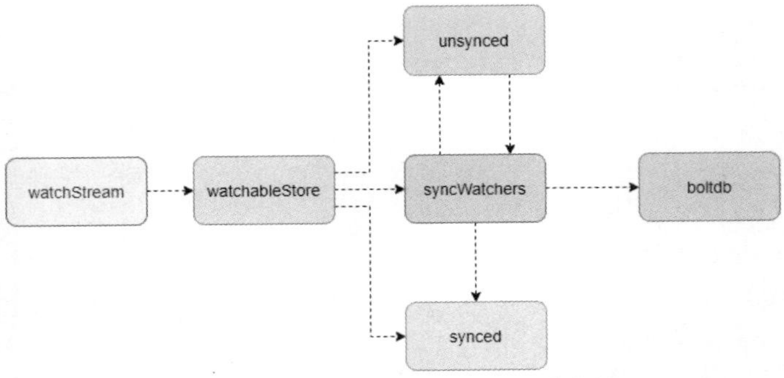

图 7-3　syncWatchers 方法调用流程图

首先根据当前的版本从未同步的 watcherGroup 中选出一些待处理的任务，然后从 BoltDB 中获取当前版本范围内的数据变更，并将它们转换成事件，事件和 watcherGroup 在打包后会通过 send 方法发送到每一个 watcher 对应的 channel 中。

下面将介绍客户端监听事件和服务端处理监听的流程及其实现。

7.1.4　客户端监听事件

客户端监听键值对时，调用的是 Watch 提供的 API 接口方法，这正是在第 3 章介绍 etcd 定义的 gRPC API 所介绍过的。Watch 在 stream 中创建一个新的 watcher，并返回对应的 WatchID，代码如下：

```
// 位于 mvcc/watcher.go:108
func (ws *watchStream) Watch(id WatchID, key, end []byte, startRev int64,
fcs ...FilterFunc) (WatchID, error) {
    // 防止出现 key >= end 的错误 range
    if len(end) != 0 && bytes.Compare(key, end) != -1 {
        return -1, ErrEmptyWatcherRange
    }

    ws.mu.Lock()
    defer ws.mu.Unlock()
    if ws.closed {
        return -1, ErrEmptyWatcherRange
    }

    if id == AutoWatchID {
        for ws.watchers[ws.nextID] != nil {
            ws.nextID++
        }
        id = ws.nextID
        ws.nextID++
    } else if _, ok := ws.watchers[id]; ok {
        return -1, ErrWatcherDuplicateID
    }
```

```
    w, c := ws.watchable.watch(key, end, startRev, id, ws.ch, fcs...)

    ws.cancels[id] = c
    ws.watchers[id] = w
    return id, ni
}
```

AutoWatchID 是 WatchStream 中传递的观察者 ID。当用户没有提供可用的 ID 时，如果又传递该值，etcd 将自动分配一个 ID。如果传递的 ID 已经存在，则返回 ErrWatcher DuplicateID 错误。watchable_store.go 中的 Watch 实现是监听的具体实现，实现代码如下：

```
// 位于 mvcc/watchable_store.go:120
func (s *watchableStore) watch(key, end []byte, startRev int64, id WatchID,
ch chan<- WatchResponse, fcs ...FilterFunc) (*watcher, cancelFunc) {
    // 构建 watcher
    wa := &watcher{
        key:    key,
        end:    end,
        minRev: startRev,
        id:     id,
        ch:     ch,
        fcs:    fcs,
    }


    s.mu.Lock()
    s.revMu.RLock()
    synced := startRev > s.store.currentRev || startRev == 0
    if synced {
        wa.minRev = s.store.currentRev + 1
        if startRev > wa.minRev {
            wa.minRev = startRev
        }
    }
    if synced {
        s.synced.add(wa)
    } else {
        slowWatcherGauge.Inc()
        s.unsynced.add(wa)
    }
    s.revMu.RUnlock()
    s.mu.Unlock()
    // prometheus 的指标增加
    watcherGauge.Inc()


    return wa, func() { s.cancelWatcher(wa) }
}
```

对 watchableStore 进行操作前，需要加锁。如果 etcd 收到客户端的 watch 请求中携带 revision 参数，则比较请求的 revision 和 store 当前的 revision，如果大于当前 revision，则放入 synced 组中，否则放入 unsynced 组。

那么客户端的 Watch 如何实现呢？在客户端构造了要监听的键，以及指定版本号后，客户端经过哪些处理。代码如下：

```
    //位于 clientv3/watch.go:287
    func (w *watcher) Watch(ctx context.Context, key string, opts ...OpOption)
WatchChan {
        // 应用配置
        ow := opWatch(key, opts...)

        var filters []pb.WatchCreateRequest_FilterType
        if ow.filterPut {
            filters = append(filters, pb.WatchCreateRequest_NOPUT)
        }
        if ow.filterDelete {
            filters = append(filters, pb.WatchCreateRequest_NODELETE)
        }

        // 根据传入的参数构造 watch 请求
        wr := &watchRequest{
            ctx:            ctx,
            createdNotify:  ow.createdNotify,
            key:            string(ow.key),
            end:            string(ow.end),
            rev:            ow.rev,
            progressNotify: ow.progressNotify,
            filters:        filters,
            prevKV:         ow.prevKV,
            retc:           make(chan chan WatchResponse, 1),
        }

        ok := false
        // 将请求上下文格式化为字符串
        ctxKey := fmt.Sprintf("%v", ctx)
```

首先是应用配置，根据传入的参数构造 watch 请求，将请求上下文格式化为字符串。客户端构造 watch 请求包含核心的参数有：key 起始键、end 结束键（可以不传）、rev 指定版本号。

```
        w.mu.Lock()

        // 如果 stream 为空，返回一个已经关闭的 channel
        // 这种情况应该是防止 streams 为空的情况
        if w.streams == nil {
            // closed
            w.mu.Unlock()
```

```
        ch := make(chan WatchResponse)
        close(ch)
        return ch
    }

    // 注意这里，前面我们提到 streams 是一个 map，该 map 的 key 是请求上下文
    // 如果该请求对应的流为空，则新建
    wgs := w.streams[ctxKey]
    if wgs == nil {
        wgs = w.newWatcherGrpcStream(ctx)
        w.streams[ctxKey] = wgs
    }
    donec := wgs.donec
    reqc := wgs.reqc
    w.mu.Unlock()

    // closeCh <- WatchResponse{closeErr: wgs.closeErr}
    closeCh := make(chan WatchResponse, 1)
```

然后配置对应的输出流，注意需要加锁。如果 stream 为空，返回一个已经关闭的 channel。这种情况用于防止 streams 为空的情况，如果该请求对应的流为空，则新建。之后则是提交请求的过程，代码如下：

```
    // 提交 request
    select {
    // 发送上面构造好的 watch 请求给对应的流
    case reqc <- wr:
        ok = true
    // 请求断开(这里囊括了客户端请求断开的所有情况)
    case <-wr.ctx.Done():
    // watch 完成，处理非正常完成的情况，执行
    // 重试逻辑
    case <-donec:
        if wgs.closeErr != nil {
            // 如果不是空上下文导致流被丢弃的情况则不应该重试
            closeCh <- WatchResponse{closeErr: wgs.closeErr}
            break
        }
        // retry; may have dropped stream from no ctxs
        return w.Watch(ctx, key, opts...)
    }
    // 如果初始请求顺利发送才会执行这里
    if ok {
        select {
        case ret := <-wr.retc:
            return ret
        case <-ctx.Done():
        case <-donec:
            if wgs.closeErr != nil {
```

```
                closeCh <- WatchResponse{closeErr: wgs.closeErr}
                break
            }
            return w.Watch(ctx, key, opts...)
        }
    }

    close(closeCh)
    return closeCh
}
```

上述代码的实现是发送构造好的 watch 请求给对应的流，如果出现 watch 处理非正常完成的情况，执行重试逻辑；最后是接收 watch 返回结果，如果出现则还需要进行重试。

etcd 服务端收到客户端的 watch 请求，是如何处理 watchers 的监听呢？我们接着来看服务端处理监听的过程。

7.1.5 服务端处理监听

etcd 服务端需要处理客户端发起的 watch 监听请求。当 etcd 服务启动时，会在服务端运行一个用于处理监听事件的 watchServer gRPC 服务，客户端的 watch 请求最终都会被转发到 Watch 函数处理，具体代码实现如下：

```
// 位于 etcdserver/api/v3rpc/watch.go:140
func (ws *watchServer) Watch(stream pb.Watch_WatchServer) (err error) {
 sws := serverWatchStream{
    // 构建 serverWatchStream
    }


    sws.wg.Add(1)
    go func() {
        sws.sendLoop()
        sws.wg.Done()
    }()


    errc := make(chan error, 1)
   // 理想情况下，recvLoop 将会使用 sws.wg 通知操作的完成，但是当stream.Context().Done() 关闭时，由于使用了不同的 ctx，stream 的接口有可能一直阻塞，调用 sws.close() 会发生死锁
    go func() {
        if rerr := sws.recvLoop(); rerr != nil {
            if isClientCtxErr(stream.Context().Err(), rerr) {
        // 错误处理
            }
            errc <- rerr
```

```
        }
    }()


    select {
    case err = <-errc:
        close(sws.ctrlStream)


    case <-stream.Context().Done():
        err = stream.Context().Err()
        if err == context.Canceled {
            err = rpctypes.ErrGRPCNoLeader
        }
    }


    sws.close()
    return
}
```

etcd 的上述实现中，如果出现了更新或者删除操作，相应的事件就会被发送到 watchStream 的通道中。客户端可以通过 Watch 功能监听某一个 key 或者一个范围的变动，在每一次客户端调用服务端时都会创建两个 goroutine，其中一个协程 sendLoop 负责向监听者发送数据变动的事件，另一个协程 recvLoop 负责处理客户端发来的事件。

sendLoop 通过 select 关键字来监听多个 channel 中的数据，将接收到的数据封装成 pb.WatchResponse 结构，并通过 gRPC 流发送给客户端；recvLoop 方法调用 MVCC 模块暴露的 watchStream.Watch 方法，该方法会返回一个可以用于取消监听事件的 watchID；当 gRPC 流已经结束或者出现错误时，当前的循环就会返回，两个 goroutine 也都会结束。

sendLoop 通过 select 关键字来监听多个 channel 中的数据，将接收到的数据封装成 pb.WatchResponse 结构，并通过 gRPC 流发送给客户端；recvLoop 方法调用 MVCC 模块暴露的 watchStream.Watch 方法，该方法会返回一个可以用于取消监听事件的 watchID；当 gRPC 流已经结束或者出现错误时，当前的循环就会返回，两个 goroutine 也都会结束。下面介绍这两个协程的实现。

1. 服务端 recvLoop 协程

服务端的 recvLoop 协程主要用来负责处理客户端发来的事件，异步接收请求，并进行处理，实现代码如下：

```
// 位于 etcdserver/api/v3rpc/watch.go:216
func (sws *serverWatchStream) recvLoop() error {
    for {
        req, err := sws.gRPCStream.Recv()
        switch uv := req.RequestUnion.(type) {
        case *pb.WatchRequest_CreateRequest:
```

```
            // 创建请求的处理，代码有省略
            if !sws.isWatchPermitted(creq) {
                //…
                select {
                case sws.ctrlStream <- wr:
                case <-sws.closec:
                }
                return nil
            }
            filters := FiltersFromRequest(creq)
            wsrev := sws.watchStream.Rev()
            rev := creq.StartRevision
            if rev == 0 {
                rev = wsrev + 1
            }
            id, err := sws.watchStream.Watch(mvcc.WatchID(creq.WatchId),
creq.Key, creq.RangeEnd, rev, filters...)
            if err == nil {
                sws.mu.Lock()
                // 构建 sws
                sws.mu.Unlock()
            }
            // 构建 wr
            select {
            case sws.ctrlStream <- wr:
            case <-sws.closec:
                return nil
            }
        // 删除 watcher 请求
        case *pb.WatchRequest_CancelRequest:
            if uv.CancelRequest != nil {
                id := uv.CancelRequest.WatchId
                err := sws.watchStream.Cancel(mvcc.WatchID(id))
                if err == nil {
                    sws.mu.Lock()
                    delete(sws.progress, mvcc.WatchID(id))
                    delete(sws.prevKV, mvcc.WatchID(id))
                    delete(sws.fragment, mvcc.WatchID(id))
                    sws.mu.Unlock()
                }
            }
        // 处理 watch 请求
        case *pb.WatchRequest_ProgressRequest:
            if uv.ProgressRequest != nil {
                sws.ctrlStream <- &pb.WatchResponse{
                    Header:  sws.newResponseHeader(sws.watchStream.Rev()),
                    WatchId: -1, // response is not associated with any WatchId
and will be broadcast to all watch channels
```

```
                }
            }
        default:
            continue
        }
    }
}
```

sws.recvLoop 处理过程通过 grpcstream 通道获取请求，然后调用 watchStream.Watch 方法创建 Watch，并注册到相应的 WatcherGroup 上。MVCC 模块暴露的 watchStream.Watch 方法可以返回一个可以用于取消监听事件的 watchID；当 gRPC 流已经结束后者出现错误时，当前的循环就会返回，两个 goroutine 也都会结束。

2．服务端 sendLoop 协程

如果出现了更新或者删除事件，就被发送到 watchStream 持有的 Channel 中，而 send Loop 协程通过 select 来监听多个 channel 中的数据并将接收到的数据封装成 pb.Watch Response 结构并通过 gRPC 流发送给客户端，异步建立起发送消息的过程，实现代码如下：

```
// 位于 etcdserver/api/v3rpc/watch.go:332
func (sws *serverWatchStream) sendLoop() {
    // watch ids that are currently active
for {
        select {
        case wresp, ok := <-sws.watchStream.Chan():
            evs := wresp.Events
            events := make([]*mvccpb.Event, len(evs))
            for i := range evs {
                events[i] = &evs[i]              }

            canceled := wresp.CompactRevision != 0
            wr := &pb.WatchResponse{
                Header:          sws.newResponseHeader(wresp.Revision),
                WatchId:         int64(wresp.WatchID),
                Events:          events,
                CompactRevision: wresp.CompactRevision,
                Canceled:        canceled,
            }

            sws.gRPCStream.Send(wr)

        case c, ok := <-sws.ctrlStream: // ...
        case <-progressTicker.C: // ...
        case <-sws.closec:
            return
        }
    }
}
```

watcher.send 发送变更消息时，实际上是传递到 watcher 的 channel 通道上，而这个通

道则是 serverWatchStream 的发送通道。

如图 7-4 所示，对于每一个 Watch 请求来说，watchServer 根据请求创建两个用于处理当前请求的 goroutine，这两个协程与更底层的 MVCC 模块协作提供监听和回调功能。

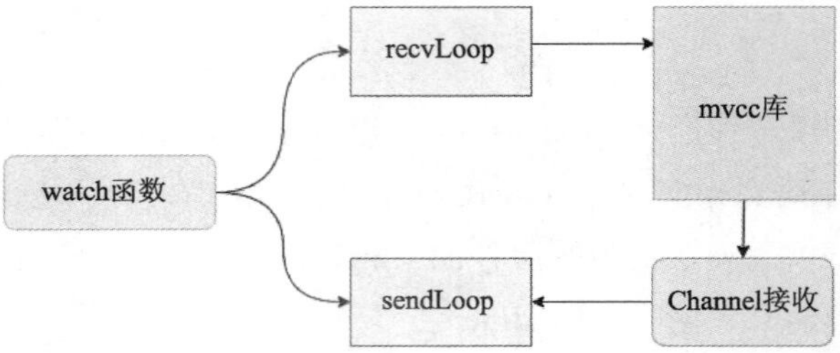

图 7-4　watch 函数创建的 recvLoop 和 sendLoop 之间的协作

除了正常的监听处理，Watch 监听还涉及异常流程处理，如客户端与服务端之间因高负载和网络延迟等原因导致 channel buffer 堆积达到容量限额，那么事件会丢失吗？下面介绍 etcd 是如何处理这些异常情况的。

7.1.6　异常流程处理

异常流程处理，消息都是通过 channel 发送出去，但如果消费者消费速度慢，channel 中的消息形成堆积，但是空间有限，满了之后应该怎么办呢？首先看 channel 的默认容量，代码如下：

```
var (
    // chanBufLen 是发送 watch 事件的 buffered channel 长度
   chanBufLen = 1024

    // maxWatchersPerSync 是每次 sync 时 watchers 的数量
    maxWatchersPerSync = 512
)
```

在实现中设置的 channel 的长度是 1024。channel 一旦满了，etcd 并不会丢弃 watch 事件，而是进行以下操作：

```
// 位于 mvcc/watchable_store.go:438
func (s *watchableStore) notify(rev int64, evs []mvccpb.Event) {
    var victim watcherBatch
    for w, eb := range newWatcherBatch(&s.synced, evs) {
        if eb.revs != 1 {
      // 异常
        }
        if w.send(WatchResponse{WatchID: w.id,Events: eb.evs, Revision: rev}) {
            pendingEventsGauge.Add(float64(len(eb.evs)))
        } else {
            // 将 slow watchers 移动到 victims
```

```
                w.minRev = rev + 1
                if victim == nil {
                    victim = make(watcherBatch)
                }
                w.victim = true
                victim[w] = eb
                s.synced.delete(w)
                slowWatcherGauge.Inc()
            }
        }
        s.addVictim(victim)
    }
```

从 notify 的实现中可以知道，此 watcher 将会从 synced watcherGroup 中删除，和事件列表保存到一个名为 victim 的 watcherBatch 结构中。watcher 会记录当前的 Revision，并将自身标记为受损，变更操作也会被保存到 watchableStore 的 victims 中。channel 已满时的处理流程如图 7-5 所示。

channel 已满的情况下，有一个写操作写入 foo = bar。监听 foo 的 watcher 将从 synced 中移除，同时 foo=bar 也被保存到 victims 中。

该 watcher 不会记录对 foo 的任何变更。那么这些变更消息怎么处理呢？

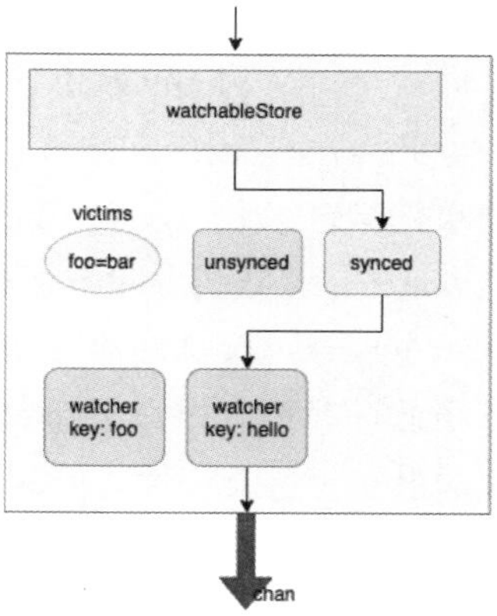

图 7-5　channel 已满时的处理流程

在 channel 队列满时，变更的 Event 就放入 victims 中。在 etcd 启动时，WatchableKV 模块启动了 syncWatchersLoop 和 syncVictimsLoop 两个异步协程，这两个协程用于处理不同场景下发送事件。

```
// 位于 mvcc/watchable_store.go:246
// syncVictimsLoop 清除堆积的 Event
func (s *watchableStore) syncVictimsLoop() {
    defer s.wg.Done()


    for {
        for s.moveVictims() != 0 {
            //更新所有的 victim watchers
        }
        s.mu.RLock()
        isEmpty := len(s.victims) == 0
        s.mu.RUnlock()


        var tickc <-chan time.Time
        if !isEmpty {
```

```
            tickc = time.After(10 * time.Millisecond)
        }

        select {
        case <-tickc:
        case <-s.victimc:
        case <-s.stopc:
            return
        }
    }
```

syncVictimsLoop 则负责堆积的事件推送，尝试清除堆积的 Event。它会不断尝试让 watcher 发送这个 Event，一旦队列不满，watcher 将这个 Event 发出后，该 watcher 就被划入 unsycned 中，同时不再是 victim 状态。

至此，syncWatchersLoop 协程就开始起作用，负责 unsynced watcherGroup 中的 watcher 历史事件推送。由于该 watcher 在 victim 状态已经落后了很多消息。为了保持同步，协程根据 watcher 保存的 Revision，查出 victim 状态后所有的消息，将关于 foo 的消息全部给到 watcher，当 watcher 将这些消息都发送出去后，watcher 就由 unsynced 变成 synced。

至此，我们介绍完了 etcdWatch 机制的实现原理与相关的实现细节。我们继续分析 etcd 的另一个重要特性：Lease 租约。

7.2 Lease 租约

Lease 是租约，类似于分布式系统中的 TTL（Time To Live），用于 etcd 客户端与服务端之间进行活性检测。在到达 TTL 时间之前，etcd 服务端不会删除相关租约上绑定的键值对；超过 TTL 时间，则会删除。因此需要在到达 TTL 时间之前续租，以实现客户端与服务端之间的保活。

本节将介绍 Lease 的使用与实现细节。首先通过客户端命令和 API 接口两种方式进行 Lease 租约的实现；接着将介绍 Lease 实现的整体架构和相关实现的接口和结构体；最后将会对其中核心的方法进行讲解。

7.2.1 如何使用租约

在介绍 Lease 的实现原理前，先通过 etcdctl 命令行工具来熟悉 Lease 的用法。依次执行如下命令：

```
$ etcdctl lease grant 1000

lease 694d77aa9e38260f granted with ttl(1000s)

$ etcdctl lease timetolive 694d77aa9e38260f
```

```
lease 694d77aa9e38260f granted with ttl(1000s), remaining(983s)

$ etcdctl put foo bar --lease 694d77aa9e38260f
OK

# 等待过期，再次查看租约信息
$ etcdctl lease timetolive 694d77aa9e38260f

lease 694d77aa9e38260f already expired
```

以上的命令中，首先创建了一个 Lease，TTL 时间为 1000s；然后根据获取到的 LeaseID 查看其存活时间；再次写入一个键值对，并通过--lease 绑定 Lease；最后一条命令是在 1000s 之后再次查看该 Lease 对应的存活信息。

通过 etcdctl 命令行工具的形式，创建了指定 TTL 时间的 Lease，并了解 Lease 的基本使用。下面具体介绍 Lease 的实现。

通过 etcd 客户端实现 Lease 租约是更为常用的方式。通过调用 Lessor API 创建 Lease 租约，将键值对绑定到租约上，并到达 TTL 时间后主动将对应的键值对删除，实现代码如下：

```
func testLease() {
    le := newLessor() // 创建一个 lessor
    le.Promote(0) // 将 lessor 设置为 Primary，这个与 raft 会出现网络分区有关，
不了解可以忽略

    Go func() {// 开启一个协程，接收过期的 key，主动删除
        for {
            expireLease := <-le.ExpiredLeasesC()

            for _, v := range expireLease {
                le.Revoke(v.ID) // 通过租约 ID 删除租约，删除租约时会从 backend 中
删除绑定的 key
            }
        }
    }()

    ttl = 5                         // 过期时间设置 5s
    lease := le.Grant(id, ttl)    // 申请一个租约

    le.Attach(lease, "foo")       // 将租约绑定在"foo"上

    time.Sleep(10 * time.Second) // 阻塞 10s，方便看到结果
}
```

上述代码展示了如何使用 Lessor 实现键值对申请、绑定和撤销租约操作。首先申请一个过期时间设置为 5s 的 Lease；然后将 key foo 绑定到该 Lease 上，为了方便看到结果，阻塞 10s。

需要注意的是，这里直接调用 Lessor 对外提供的接口，Lessor 不会主动删除过期的租约，而是将过期的 Lease 通过一个 channel 发送出来，由使用者主动删除。clientv3 包中定义好 Lease 相关的实现，基于客户端 API 进行调用更加简单。

7.2.2 Lease 架构

Lease 模块对外提供 Lessor 接口，其中定义了包括 Grant、Revoke、Attach 和 Renew 等常用的方法，Lessor 结构体实现了 Lessor 接口。lease 模块涉及的主要对象和接口，如图 7-6 所示。

除此之外，Lessor 还启动了两个异步 goroutine：RevokeExpiredLease 和 Checkpoint ScheduledLease，分别用于撤销过期的租约和更新 lease 的剩余到期时间。

图 7-7 所示为客户端创建一个指定 TTL 的租约流程，当 etcd 服务端的 gRPC Server 接收到创建 Lease 的请求后，raft 模块首先进行日志同步；然后 MVCC 调用 Lease 模块的 Grant 接口，保存对应的日志条目到 ItemMap 结构中，再次将租约信息存到 boltdb；最后将 LeaseID 返回给客户端，lease 创建成功。

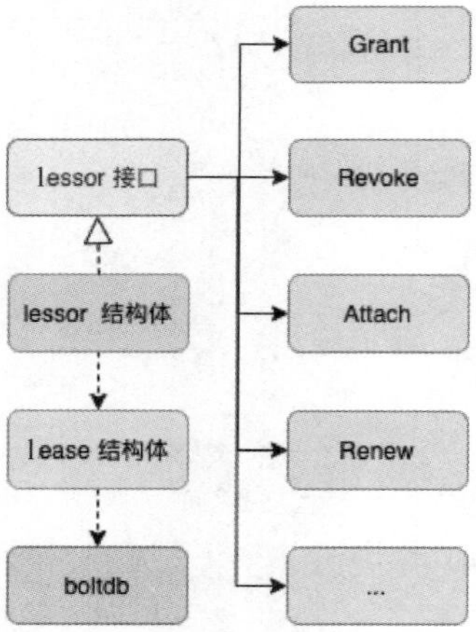

图 7-6　Lease 模块涉及的主要对象和接口

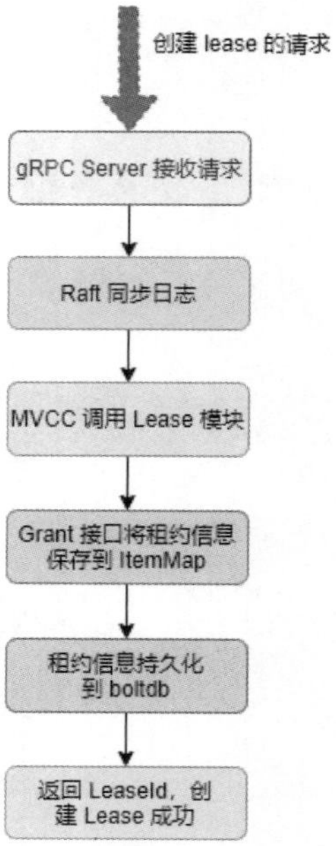

图 7-7　客户端创建一个指定 TTL 租约流程图

那么 Lease 与键值对是如何绑定的呢？

客户端根据返回的 LeaseID，在执行写入和更新操作时，可以绑定该 LeaseID。如上面示例的命令行工具 etcdctl 指定--lease 参数，MVCC 调用 lease 模块 Lessor 接口中的 Attach

方法，将 key 关联到 Lease 的 key 内存集合 ItemSet 中，以完成键值对与 lease 租约的绑定。

下面介绍 etcd Lease 实现所涉及的主要接口和结构体。

7.2.3 Lessor 接口

Lessor 接口是 lease 模块对外提供功能的核心接口，定义了包括创建、绑定和延长租约等常用方法：

```
// 位于 lease/lessor.go:82
type Lessor interface {
    //...省略部分
    // 将 lessor 设置为 Primary，这个与 raft 会出现网络分区有关
    Promote(extend time.Duration)


    // Grant 创建一个在指定时间过期的 Lease 对象
    Grant(id LeaseID, ttl int64) (*Lease, error)
    //Revoke 撤销指定 LeaseID，绑定到其上的键值对将会被移除，如果该 LeaseID 对应
的 Lease 不存在，则会返回错误
    Revoke(id LeaseID) error


    // Attach 绑定给定的 LeaseItem 到 LeaseID，如果该租约不存在，将返回错误
    Attach(id LeaseID, items []LeaseItem) error


    // GetLease 返回 LeaseItem 对应的 LeaseID
    GetLease(item LeaseItem) LeaseID


    // Detach 将 LeaseItem 从给定的 LeaseID 解绑。如果租约不存在，则返回错误
    Detach(id LeaseID, items []LeaseItem) error


    // Renew 刷新指定 LeaseID，结果将返回刷新后的 TTL
    Renew(id LeaseID) (int64, error)


    // Lookup 查找指定的 LeaseID，返回对应的 Lease
    Lookup(id LeaseID) *Lease


    // Leases 方法列出所有的 Leases
    Leases() []*Lease


    // ExpiredLeasesC 用于返回接收过期 Lease 的 channel
```

```
    ExpiredLeasesC() <-chan []*
}
```

Lessor 接口定义了很多方法，常用的方法如表 7-1 所示。

表 7-1 Lessor 接口定义的常用方法

方法名称	说　明
Grant	创建一个在指定时间过期的 Lease 对象
Revoke	撤销指定 LeaseID，绑定到其上的键值对将被移除
Attach	绑定给定的 leaseItem 到 LeaseID
Renew	刷新指定 LeaseID，结果将返回刷新后的 TTL

7.2.4 Lease 与 lessor 结构体

下面来看租约相关的 lease 结构体：

```
// 位于 lease/lessor.go:800
type Lease struct {
    ID           LeaseID
    ttl          int64 // 存活时间，单位秒
    remainingttl int64 // 剩余的存活时间，如果为 0，则被认为是未设置，这种情况下
该值与 TTL 相等
    // expiry 的并发锁
    expiryMu sync.RWMutex
    //expiry 是 Lease 过期的时间，当 expiry.IsZero() 为 true 时，则没有过期时间
    expiry time.Time


    // ItemSet 并发锁
    mu      sync.RWMutex
    itemSet map[LeaseItem]struct{}
    revokec chan struct{}
}
```

租约 Lease 的定义中包含 LeaseID、TTL、过期时间等属性。其中 LeaseID 在获取 Lease 时生成。

Lessor 实现了 Lessor 接口，我们继续来看 Lessor 结构体的定义。Lessor 是对租约的封装，其中对外暴露出一系列操作租约的方法，比如创建、绑定和延长租约的方法：

```
type lessor struct {
    mu sync.RWMutex


    demotec chan struct{}


    leaseMap             map[LeaseID]*Lease
    leaseExpiredNotifier *LeaseExpiredNotifier
```

```
    leaseCheckpointHeap  LeaseQueue
    itemMap            map[LeaseItem]LeaseID

    // 当 Lease 过期，lessor 将通过 RangeDeleter 删除相应范围内的 keys
    rd RangeDeleter

    cp Checkpointer

    //backend 目前只保存 LeaseID 和 expiry。LeaseItem 通过遍历 kv 中的所有键来
恢复
    b backend.Backend

    // minLeasettl 是最小的 TTL 时间
    minLeasettl int64

    expiredC chan []*Lease
    // stopC 用来表示 lessor 应该被停止的 channel
    stopC chan struct{}
    // doneC 用来表示 lessor 已经停止的 channel
    doneC chan struct{}

    lg *zap.Logger

  checkpointInterval time.Duration

    expiredLeaseRetryInterval time.
}
```

Lessor 实现了 Lessor 接口，Lessor 中维护 LeaseMap、ItemMap 和 Lease ExpiredNotifier 三个数据结构，如表 7-2 所示。

表 7-2 Lessor 中维护的数据结构

数据结构	说　明
leaseMap	一个 map 结构，其定义为 map[LeaseID]*Lease，用于根据 LeaseID 快速查询对应的 lease
ItemMap	一个 map 结构，其定义为 map[LeaseItem]LeaseID，用于根据 LeaseItem 快速查找 LeaseID，从而找到对应的 lease
LeaseExpiredNotifier	对 LeaseQueue 的一层封装，使得快要到期的租约保持在队头

其中，LeaseQueue 是一个优先级队列，每次插入都会根据过期时间插入合适的位置。优先级队列，普遍都是用堆来实现，etcd Lease 的实现基于最小堆，比较的依据是 lease 失效的时间。每次从最小堆里判断堆顶元素是否失效，失效就 Pop 出来并保存到 expiredC 的 channel 中。etcd Server 定期从 channel 读取过期的 LeaseID，之后发起 revoke 请求。

那么集群中的其他 etcd 节点是如何删除过期节点的呢？

通过 raft 日志将 revoke 请求发送给其他节点，集群中的其他节点收到 revoke 请求后，首先获取 Lease 绑定的键值对，然后删除 boltdb 中的 key 和存储的 lease 信息，以及

LeaseMap 中的 Lease 对象。

7.2.5 核心方法解析

Lessor 接口中有几个常用的核心方法，包括 Grant 申请租约、Attach 绑定租约以及 Revoke 撤销租约等。下面具体介绍这几个方法的实现。

1. Grant 申请租约

客户端要想申请一个租约 Lease，需要调用 Lessor 对外暴露的 Grant 方法。Grant 用于申请租约，并在指定的 TTL 时长之后失效。具体实现代码如下：

```
// 位于 lease/lessor.go:258
func (le *lessor) Grant(id LeaseID, ttl int64) (*Lease, error) {
  // TTL 不能大于 MaxLeasettl
    if ttl > MaxLeasettl {
        return nil, ErrLeasettlTooLarge
    }

    // 构建 Lease 对象
     l := &Lease{
        ID:      id,
        ttl:     ttl,
        itemSet: make(map[LeaseItem]struct{}),
        revokec: make(chan struct{}),
    }

    le.mu.Lock()
    defer le.mu.Unlock()
    // 查找内存 LeaseMap 中是否有 LeaseID 对应的 Lease
    if _, ok := le.leaseMap[id]; ok {
        return nil, ErrLeaseExists
     }

    if l.ttl < le.minLeasettl {
        l.ttl = le.minLeasettl
    }

    if le.isPrimary() {
        l.refresh(0)
    } else {
        l.forever()
    }
    // 将 l 存放到 LeaseMap 和 LeaseExpiredNotifier
    le.leaseMap[id] = l
    item := &LeaseWithTime{id: l.ID, time: l.expiry.UnixNano()}
    le.leaseExpiredNotifier.RegisterOrUpdate(item)
    l.persistTo(le.b)
```

```
    leaseTotalttls.Observe(float64(l.ttl))
    leaseGranted.Inc()

    if le.isPrimary() {
        le.scheduleCheckpointIfNeeded(l)
    }

    return l
}
```

可以看到，当 Grant 一个租约 Lease 时，通过 raft 模块完成日志同步，随后 Apply 模块通过 Lessor 模块的 Grant 接口执行日志条目内容。Lease 被同时存放到 LeaseMap 和 leaseExpiredNotifier 中。在队列头，有一个 goroutine revokeExpiredLeases 定期检查队头的租约是否过期，如果过期就放入 expiredChan 中。只有当发起 revoke 操作后，才会从队列中删除，如图 7-8 所示。

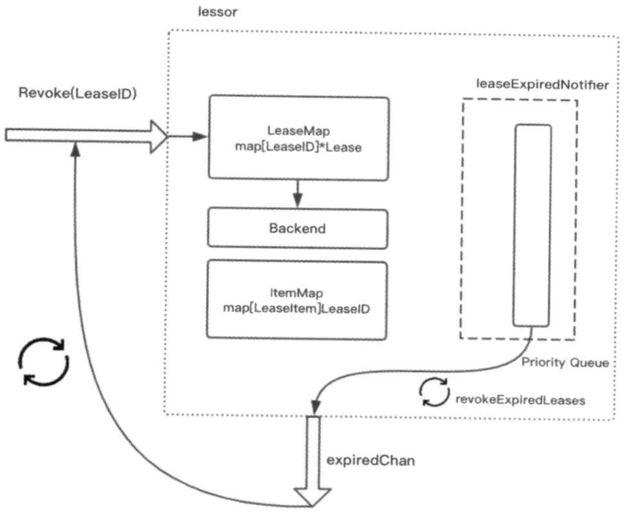

图 7-8 Grant 创建 Lease

Lease 租约经常用来维持心跳以及集群选主等场景，为了保证关联的数据不被删除，需要在规定的周期（即 TTL）请求 etcd 续租。当大量的请求过来时，etcd 的 Lease 租约性能依旧表现优越。这是因为 etcd 通过对 Lease 进行了性能优化。主要包括以下两方面：

- 不同 key 若 TTL 相同，可复用同一个 Lease，显著减少了 Lease 数；
- gRPC HTTP/2 实现了多路复用，使用流式传输。同一连接可支持为多个 Lease 续期，大大减少了连接数。

这两个方面使 Lease 能够在客户端连接量很大的情况下，依然能够满足正常的使用需求。

2. Attach 绑定租约

Attach 用于绑定键值对与指定的 LeaseID。当租约过期，且没有续期的情况下，该 Lease 上绑定的键值对会被自动移除，代码如下：

```
// 位于 lease/lessor.go:518
func (le *lessor) Attach(id LeaseID, items []LeaseItem) error {
    le.mu.Lock()
    defer le.mu.Unlock()
 // 从 LeaseMap 取出 LeaseID 对应的 lease
    l := le.leaseMap[id]
    if l == nil {
        return ErrLeaseNotFound
    }

    l.mu.Lock()
    for _, it := range items {
        l.itemSet[it] = struct{}{}
        le.itemMap[it] = id
    }
    l.mu.Unlock()
    return nil
}
```

上述的实现，Attach 首先用 LeaseID 去 LeaseMap 中查询租约是否存在，如果没有这个租约返回错误。

租约存在则首先将 Item 保存到对应的租约下，之后将 Item 和 LeaseID 保存在 ItemMap 中，过程如图 7-9 所示。

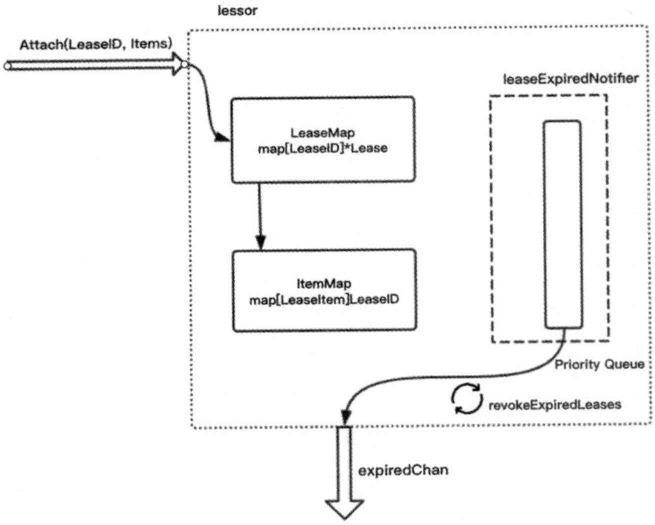

图 7-9　Attach 绑定键值对

因此，当通过 put 等命令指定参数“--lease”更新键值对时，MVCC 模块会通过 Lessor 模块的 Attach 方法，将 key 关联到 Lease 的 key 内存集合 ItemSet 中。既然 Lease 关联的 key 集合保存在内存，那么 etcd 重启时，这部分数据会不会丢？

显然是不会丢失 Lease 绑定的 key 集合数据。前面 etcd 读/写过程中介绍过 etcd 底层存储。etcd 的 MVCC 模块在持久化存储 key-value 时，保存到 boltdb 的 value 是个结构体（mvccpb.KeyValue），它不仅包含 key-value 数据，还包含了关联的 LeaseID 等信息。因此当 etcd 重启时，可根据此信息，重建关联各个 Lease 的 key 集合列表。

3．Revoke 撤销租约

Revoke 方法用于撤销指定 LeaseID 的租约，同时绑定到该 lease 上的键值都会被移除。实现代码如下：

```
// 位于 lease/lessor.go:308
func (le *lessor) Revoke(id LeaseID) error {
    le.mu.Lock()

    l := le.leaseMap[id]
    if l == nil {
        le.mu.Unlock()
        return ErrLeaseNotFound
    }
    defer close(l.revokec)
    // 在做外部操作时，释放锁
    le.mu.Unlock()

    if le.rd == nil {
        return nil
    }

    txn := le.rd()

    // 对键值进行排序，使得所有的成员保持删除键值对的顺序一致
    keys := l.Keys()
    sort.StringSlice(keys).Sort()
    for _, key := range keys {
        txn.DeleteRange([]byte(key), nil)
    }

    le.mu.Lock()
    defer le.mu.Unlock()
    delete(le.leaseMap, l.ID)
// 键值删除操作需要在一个事务中进行
    le.b.BatchTx().UnsafeDelete(leaseBucketName,int64ToBytes(int64(l.ID)))

    txn.End()
```

```
        leaseRevoked.Inc()
        return nil
    }
```

从上述代码中看到，首先根据 LeaseID 从 LeaseMap 中找到对应的 lease 并从 LeaseMap 中删除，然后从 Lease 中找到绑定的 Key，并从 Backend 中将 KeyValue 删除。

通常会有一个协程不断消费 expiredChan，将过期的租约 Revoke。Revoke 首先根据 LeaseID 从 LeaseMap 找到对于的 Lease 并从 LeaseMap 中删除，然后从 Lease 中找到绑定的 key，从 Backend 中将 KeyValue 删除。

那么过期 Lease 如何淘汰呢？淘汰过期 Lease 的工作由 Lessor 模块的一个异步 goroutine 负责。为了实现快速查找和删除过期的 Lease，etcd 使用最小堆来管理 Lease。创建或者续租 Lease 时，etcd 则会插入或更新一个对象（其中包含 LeaseID 和到期时间）到最小堆中，依据到期时间升序排序。如图 7-10 所示，etcd 会定时从最小堆中取出已过期的 Lease，执行删除 Lease 和其关联的 key 列表数据的 revokeExpiredLease 任务。

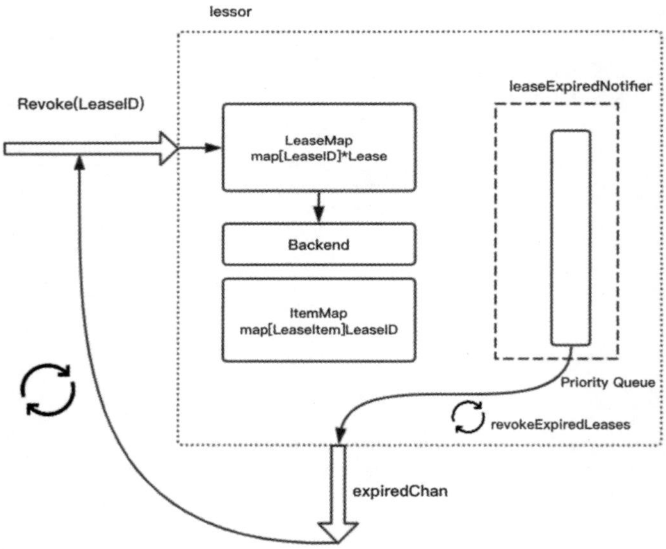

图 7-10　Revoke 撤销删除租约

etcd Lessor 每隔 500ms 调用 revokeExpiredLease，执行一次撤销 Lease 检查，查询堆顶的元素，若已过期则加入到待淘汰列表，直到堆顶的 lease 过期时间大于当前，则结束本轮轮询。

至于集群内其他节点对 Lease 的同步，则是通过 channel 进行通知。Lessor 模块会将已确认过期的 LeaseID，保存在一个名为 expiredC 的 channel 中，而 etcd server 的主循环会定期从该 channel 中获取 LeaseID，发起 revoke 请求，通过 Raft Log 传递给 Follower 节点。各个节点收到 revoke Lease 请求后，获取关联到此 lease 上的 key 列表，从 boltdb 中删除 key，从 Lessor 的 Lease map 内存中删除此 Lease 对象，最后还需要从 boltdb 的 Lease bucket 中删除这个 Lease。

7.3　本章小结

本章主要介绍了 etcd 中的键值 Watch 机制以及租期机制。通过介绍 Watch 的用法，引入对 etcd Watch 机制实现的分析和讲解。watchableStore 负责注册、管理以及触发 Watcher 的功能。watchableStore 将 watcher 划分为 synced、unsynced 以及异常状态下的 victim 三类。在 etcd 启动时，WatchableKV 模块启动了 syncWatchersLoop 和 syncVictimsLoop 异步 goroutine，用以负责不同场景下的事件推送，并提供了事件重试机制，保证事件都能发送出去给到客户端。

对于 etcd Lease 的介绍，则是通过 etcdctl 命令行工具介绍客户端如何使用 Lease 的使用方法，并通过一个测试用例介绍了如何直接使用 Lessor 对外提供的方法；然后介绍了 Lease 实现的主要架构，描述了 Lease 申请、绑定以及过期撤销的过程；再次介绍了 Lease 实现涉及的主要接口、结构体；最后介绍了 Lessor 对外提供的常见方法，包括 Grant 申请租约、Attach 绑定租约以及 Revoke 撤销租约。

介绍完 etcd 几个核心的功能实现原理。第 8 章将从整体来梳理 etcd 启动的过程以及处理请求的过程。

第 8 章 etcd 服务端

前面主要讲了 etcd 实现的核心原理，从整体剖析 etcd 的架构到依次介绍通信接口、存储机制、etcd-raft 分布式一致性、MVCC 多版本控制、事务、Watch 机制以及 Lease 租约。

本章首先结合源码介绍 etcd 服务端启动的具体实现，然后从整体上对 etcd 服务端处理客户端请求的完整过程进行讲解。etcd 服务端是一个综合的模块，整合了前面所讲的 raft、存储、WAL 等功能。etcd 服务端启动时，需要经过初始化创建 etcdServer 实例，然后依次启动 raft 和 rafthttp 模块，最后启动 etcd 服务端以接收和处理客户端的请求。本章在回忆之前所讲内容的同时，对服务端处理客户端请求的过程进行总结。

8.1 etcd 服务端启动总览

etcd 服务端涉及的模块代码比较多，分析所有的代码往往事倍功半，重要的还是理解原理。为了能够帮助大家抓住重点，下面将从 etcd Server 启动的流程开始，选取其中的重点步骤进行详细分析。

本节首先进行 etcd 服务端启动的示例，然后对 etcd 主函数的调用流程进行分析，从整体上把握 etcd 服务端启动的过程。

8.1.1 服务端启动示例

在对 etcd 服务端启动流程分析之前，我们先来看看是如何启动 etcd 服务端的。借助 etcd 项目中的 contrib/raftexample，服务端启动的实现代码如下：

```
// 位于 contrib/raftexample/main.go:24
import (
"flag"
"strings"

"go.etcd.io/etcd/raft/raftpb"
)

func main() {
// 1 解析启动时传入的命令行参数
cluster := flag.String("cluster", "http://127.0.0.1:9021", "comma separated cluster peers")
id := flag.Int("id", 1, "node ID")
kvport := flag.Int("port", 9121, "key-value server port")
join := flag.Bool("join", false, "join an existing cluster")
```

```
    flag.Parse()
    // 2 新建一个 proposeC
    proposeC := make(chan string)
    defer close(proposeC)
    // 3 新建一个 confChangeC
    confChangeC := make(chan raftpb.ConfChange)
    defer close(confChangeC)

    // raft provides a commit stream for the proposals from the http api
    var kvs *kvstore
    // 4 定义获取 Snapshot 的方法
    getSnapshot := func() ([]byte, error) { return kvs.getSnapshot() }
    // 新建一个 RaftNode
    commitC, errorC, snapshotterReady := newRaftNode(*id, strings.Split(*
cluster, ","), *join, getSnapshot, proposeC, confChangeC)
    // 5 新建 kvstore
    kvs = newKVStore(<-snapshotterReady, proposeC, commitC, errorC)
    // 6 启动 http 服务，键值对的 http 处理器将会向 raft 发起更新的提案
    serveHttpKVAPI(kvs, *kvport, confChangeC, errorC)
    }
```

我们来分析一下上面服务端启动示例的代码：

- 注释 1 解析启动时传入的命令行参数，cluster 为节点间的通信地址；下面的 id 为节点 id；kvport 为对外提供服务的端口；启动新集群时，join 为 false；
- 注释 2 新建一个 proposeC，是 kvstore 结构体中的一个 channel；
- 注释 3 新建一个 confChangeC，是 httpHandler 的一个 channel。在启动 http server 后，当收到 Put 请求时，向 proposeC 中发送 kv 消息；当收到 POST 请求时，向 confChangeC 中发送增加节点的消息，而当收到 DELETE 请求时，向 confChangeC 中发送删除节点的消息；
- 注释 4 定义获取 Snapshot 的方法，新建一个 RaftNode，返回已提交信息的 channel、错误信息的 channel 和一个容量为 1 的快照 channel；其中前两者都是非阻塞的 channel.RaftNode 会消费 confChangeC 及 proposeC 里的消息，并做出相应的反应。

下面根据源码中给出的一个启动样例介绍服务端启动的 3 个 etcd 服务进程：

```
   raftexample1: ./raftexample --id 1 --cluster http://127.0.0.1:12379,
http://127.0.0.1:22379,http://127.0.0.1:32379 --port 12380
   raftexample2: ./raftexample --id 2 --cluster http://127.0.0.1:12379,
http://127.0.0.1:22379,http://127.0.0.1:32379 --port 22380
   raftexample3: ./raftexample --id 3 --cluster http://127.0.0.1:12379,
http://127.0.0.1:22379,http://127.0.0.1:32379 --port 32380
```

这 3 个 etcd 服务进程通过不同的端口区分，启动后，etcd 进程之间实现了通信，对外可以监听和处理命令行客户端的请求，至此 etcd server 已经启动完毕。下面就来分析 etcd 启动的过程。

8.1.2 etcd 整体架构分析

使用分层的方式来描绘 etcd 的架构，etcd 可分为 Client 客户端层、API 网络接口层、etcd Raft 算法层、逻辑层和 etcd 存储层；etcd 整体架构如图 8-1 所示。

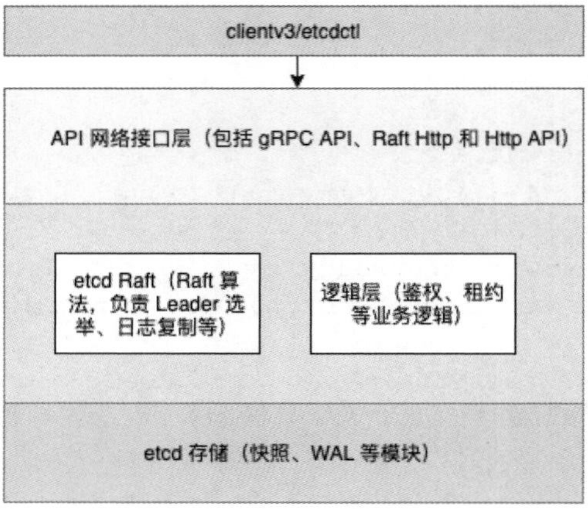

图 8-1　etcd 分层架构

etcd 服务端对 EtcdServer 结构进行了抽象，其包含 raftNode 属性，代表 raft 集群中的一个节点，启动入口在 etcdmain 包中的主函数。其主要的逻辑在 startEtcdOrProxyV2 函数中，代码如下：

```
// 位于 etcdmain/etcd.go:52
func startEtcdOrProxyV2() {
    grpc.EnableTracing = false

    cfg := newConfig()
    defaultInitialCluster := cfg.ec.InitialCluster
    // 异常日志处理
    defaultHost,                          dhErr                          :=
(&cfg.ec).UpdateDefaultClusterFromName(defaultInitialCluster)

    var stopped <-chan struct{}
    var errc <-chan error
    // identifyDataDirOrDie 返回 data 目录的类型
    which := identifyDataDirOrDie(cfg.ec.GetLogger(), cfg.ec.Dir)
    if which != dirEmpty {
        switch which {
        // 以何种模式启动 etcd
        case dirMember:
            stopped, errc, err = startEtcd(&cfg.ec)
        case dirProxy:
            err = startProxy(cfg)
        default:
```

```
            lg.Panic(..)
        }
    } else {
        shouldProxy := cfg.isProxy()
        if !shouldProxy {
            stopped, errc, err = startEtcd(&cfg.ec)
            if derr, ok := err.(*etcdserver.DiscoveryError); ok && derr.Err
== v2discovery.ErrFullCluster {
                if cfg.shouldFallbackToProxy() {
                    shouldProxy = true
                }
            }
        }
        if shouldProxy {
            err = startProxy(cfg)
        }
    }
    osutil.HandleInterrupts(lg)
    notifySystemd(lg)
  //…
  }
```

根据上述实现，可以绘制出 startEtcdOrProxyV2 调用流程，如图 8-2 所示。

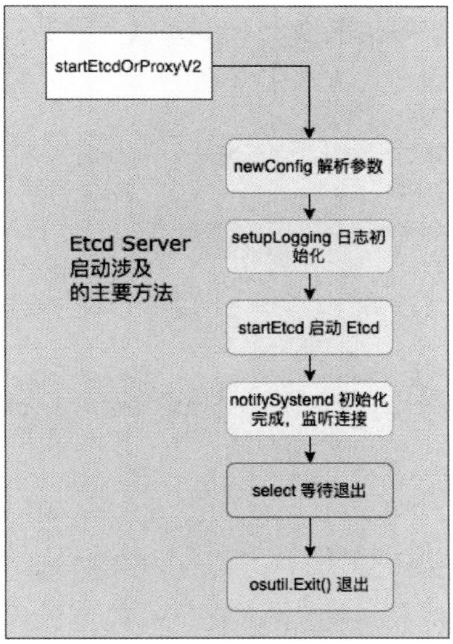

图 8-2　startEtcdOrProxyV2 调用流程图

通过一个表格（表 8-1）来具体解释图 8-2 中的每一个步骤。

表 8-1 startEtcdOrProxyV2 调用流程图解析

步骤名称	说　明
cfg := newConfig()	用于初始化配置，cfg.parse(os.Args[1:])，从第二个参数开始解析命令行输入参数
setupLogging()	用于初始化日志配置
identifyDataDirOrDie	判断 data 目录的类型，有 dirMember、dirProxy、dirEmpty，分别对应 etcd 目录、Proxy 目录和空目录。etcd 首先根据 data 目录的类型，判断启动 etcd 还是启动代理。如果是 dirEmpty，再根据命令行参数是否指定 proxy 模式来判断
startEtcd	核心的方法，用于启动 etcd（将在下面讲解这部分内容）
osutil.HandleInterrupts(lg)	注册信号，包括 SIGINT、SIGTERM，用来终止程序并清理系统
notifySystemd(lg)	初始化完成，监听对外的连接
select()	监听 channel 上的数据流动，异常捕获与等待退出
osutil.Exit()	接收到异常或退出的命令

通过上述流程，可以看到 startEtcdOrProxyV2 的重点是 startEtcd，其中包含 etcdServer 的创建、启动 backend 和 raftNode 等步骤。下面具体分析服务端初始化的过程。

8.2 服务端初始化过程

通过上面一小节，我们知道在 etcd 的入口方法中，startEtcd 启动 etcd 服务主要是通过调用 StartEtcd 方法，该方法的实现位于 embed 包，用于启动 etcd 服务器和 HTTP 处理程序，以进行客户端/服务器通信，方法定义如下：

```
// 位于 embed/etcd.go:92
func StartEtcd(inCfg *Config) (e *Etcd, err error) {
    // 校验 etcd 配置
    if err = inCfg.Validate(); err != nil {
        return nil, err
    }
    serving := false
    // 根据合法的配置，创建 etcd 实例
    e = &Etcd{cfg: *inCfg, stopc: make(chan struct{})}
    cfg := &e.cfg


    // 为每个 peer 创建一个 peerListener(rafthttp.NewListener),用于接收 peer
的消息
    if e.Peers, err = configurePeerListeners(cfg); err != nil {
        return e, err
    }
    // 创建 client 的 listener(transport.NewKeepAliveListener) contexts 的
map，用于服务端处理客户端的请求
    if e.sctxs, err = configureClientListeners(cfg); err != nil {
        return e, err
    }
```

```
    for _, sctx := range e.sctxs {
        e.Clients = append(e.Clients, sctx.l)
    }
    // 创建 etcdServer
    if e.Server, err = etcdserver.NewServer(srvcfg); err != nil {
        return e, err
    }
    e.Server.Start()
    // 在 rafthttp 启动后，配置 peer Handler
    if err = e.servePeers(); err != nil {
        return e, err
    }
    // ...有删减
    return e, nil
}
```

根据上述代码，可以总结出以下的调用步骤：

（1）inCfg.Validate()检查配置是否正确；

（2）e = &Etcd{cfg: *inCfg, stopc: make(chan struct{})}创建一个 etcd 实例；

（3）configurePeerListeners 为每个 peer 创建一个 peerListener(rafthttp.NewListener)，用于接收 peer 的消息；

（4）configureClientListeners 创建 client 的 listener(transport.NewKeepAliveListener)，用于服务端处理客户端的请求；

（5）etcdserver.NewServer(srvcfg)创建一个 etcdServer 实例；

（6）启动 etcdServer.Start()；

（7）配置 peer handler。

其中，etcdserver.NewServer(srvcfg)和 etcdServer.Start()分别用于创建一个 etcdServer 实例和启动 etcd。

服务端初始化涉及比较多的业务操作，包括 etcdServer 的创建、启动 backend、启动 raftNode 等，本节接下来将会具体介绍这些操作。

8.2.1　NewServer 创建实例

NewServer 方法用于创建一个 etcdServer 实例，可以根据传递过来的配置创建一个新的 etcdServer，在 etcdServer 的生存期内，该配置被认为是静态的。

etcd Server 的初始化涉及的主要方法，代码如下：

```
NewServer()
 |-v2store.New() // 创建 store，根据给定的命名空间来创建初始目录
 |-wal.Exist() //  判断 wal 文件是否存在
 |-fileutil.TouchDirAll // 创建文件夹
```

```
|-openBackend // 使用当前的 etcd db 返回一个 backend
|-restartNode()  // 已有 WAL，直接根据 SnapShot 启动，最常见的场景
|-startNode()      // 在没有 WAL 的情况下，新建一个节点
|-tr.Start  // 启动 rafthttp
|-time.NewTicker()  通过创建 &EtcdServer{} 结构体时新建 tick 时钟
```

需要注意的是，要在 kv 键值对重建之前恢复租期。当恢复 mvcc.KV 时，重新将 key 绑定到租约上。如果先恢复 mvcc.KV，它有可能在恢复之前将 key 绑定到错误的 lease。

另外就是最后的清理逻辑，在没有先关闭 kv 的情况下关闭 backend，可能导致恢复的压缩失败，并出现 TX 错误。

8.2.2 启动 backend

创建好 etcdServer 实例后，另一个重要的操作是启动 backend。backend 是 etcd 的存储支撑，openBackend 调用当前的 db 返回一个 backend。openBackend 方法的具体实现代码如下：

```
// 位于 etcdserver/backend.go:68
func openBackend(cfg ServerConfig) backend.Backend {
    // db 存储的路径
    fn := cfg.backendPath()


    now, beOpened := time.Now(), make(chan backend.Backend)
    go func() {
        // 单独协程启动 backend
        beOpened <- newBackend(cfg)
    }()
    // 阻塞，等待 backend 启动，或者 10s 超时
    select {
    case be := <-beOpened:
        return be


    case <-time.After(10 * time.Second):
    // 超时，db 文件被占用
        )
    }
    return <-beOpened
}
```

可以看到，在 openBackend 的实现中首先创建一个 backend.Backend 类型的 chan，并使用单独的协程启动 backend，设置启动的超时时间为 10s。beOpened <– newBackend(cfg) 主要用来配置 backend 启动参数，具体的实现则在 backend 包中。

etcd 底层的存储基于 boltdb，使用 newBackend 方法构建 boltdb 需要的参数，bolt.Open (bcfg.Path, 0600, bopts) 在给定路径下创建并打开数据库，其中第二个参数为打开文件的

权限。如果该文件不存在，将自动创建。传递 nil 参数将使 boltdb 使用默认选项打开数据库连接。

8.2.3 raft 启动过程分析

etcd 服务端实例在启动时根据不同的状态，以不同的方式启动 raft。在上面 NewServer 的实现中，可以基于条件语句判断 raft 的启动方式，具体实现代码如下：

```
switch {
  case !haveWAL && !cfg.NewCluster:
  // startNode
  case !haveWAL && cfg.NewCluster:
  // startNode
  case haveWAL:
  // restartAsStandaloneNode
  // restartNode
  default:
  return nil, fmt.Errorf("unsupported Bootstrap config")
}
```

haveWAL 变量对应的表达式为 wal.Exist(cfg.WALDir())，用来判断是否存在 WAL，cfg.NewCluster 则对应 etcd 启动时的--initial-cluster-state，标识节点初始化方式，该配置默认为 new，对应的变量 haveWAL 的值为 true。new 表示没有集群存在，所有成员以静态方式或 DNS 方式启动，创建新集群；existing 表示集群存在，节点将尝试加入集群。

在三种不同的条件下，raft 对应三种启动的方式，分别是：startNode、restart AsStandaloneNode 和 restartNode。下面将结合判断条件，具体介绍这三种启动方式。

1. startNode

在以下的两种条件下，raft 将调用 raft 中的 startNode 方法。

```
- !haveWAL && cfg.NewCluster
- !haveWAL && !cfg.NewCluster

- startNode(cfg, cl, cl.MemberIDs())
- startNode(cfg, cl, nil)

// startNode 的定义
func  startNode(cfg  ServerConfig,  cl  *membership.RaftCluster,  ids
[]types.ID) (id types.ID, n raft.Node, s *raft.MemoryStorage, w *wal.WAL);
```

可以看到，这两个条件下都会调用 startNode 方法，只不过调用的参数有差异。在没有 WAL 日志，并且是新配置结点的场景下，需要传入集群的成员 ids，如果加入已有的集群则不需要。

下面以其中的一种 case，具体分析：

```
case !haveWAL && !cfg.NewCluster:
  // 加入现有集群时检查初始配置，如有问题则返回错误
  if err = cfg.VerifyJoinExisting(); err != nil {
```

```
        return nil, err
    }
    // 使用提供的地址映射创建一个新 raft 集群
    cl,err=membership.NewClusterFromURLsMap(cfg.Logger,cfg.InitialCluster
Token, cfg.InitialPeerURLsMap)
    if err != nil {
        return nil, err
    }
    // GetClusterFromRemotePeers 采用一组表示 etcd peer 的 URL，并尝试通过访问
其中一个 URL 上的成员端点来构造集群
    existingCluster,gerr:=GetClusterFromRemotePeers(cfg.Logger,getRemote
PeerURLs(cl, cfg.Name), prt)
    if gerr != nil {
        return nil, fmt.Errorf("cannot fetch cluster info from peer urls: %v",
gerr)
    }
    iferr = membership.ValidateClusterAndAssignIDs(cfg.Logger, cl, existing
Cluster); err != nil {
        returnnil,fmt.Errorf("errorvalidatingpeerURLs%s:%v",existingCluster,
err)
    }
    // 校验兼容性
    if!isCompatibleWithCluster(cfg.Logger,cl,cl.MemberByName(cfg.Name).ID,
prt) {
        return nil, fmt.Errorf("incompatible with current running cluster")
    }

    remotes = existingCluster.Members()
    cl.SetID(types.ID(0), existingCluster.ID())
    cl.SetStore(st)
    cl.SetBackend(be)
    // 启动 raft Node
    id, n, s, w = startNode(cfg, cl, nil)
    cl.SetID(id, existingCluster.ID())
```

从上面的主流程来看，首先是做配置的校验，然后使用提供的地址映射创建一个新的 raft 集群，校验加入集群的兼容性，最后启动 raft Node。

StartNode 基于给定的配置和 raft 成员列表，返回一个新的节点，它将每个给定 peer 的 ConfChangeAddNode 条目附加到初始日志中。peers 的长度不能为零，如果长度为零将调用 RestartNode 方法。

RestartNode 与 StartNode 类似，但不包含 peers 列表，集群的当前成员关系将从存储中恢复。如果调用方存在状态机，则传入已应用到该状态机的最新一个日志索引值；否则直接使用零作为参数。

2. restartAsStandaloneNode

当已存在 WAL 文件时，raftNode 启动时首先需要检查响应文件夹的读写权限（当集群初始化后，discovery token 将不会生效）；然后加载快照文件，并从 snapshot 恢复 backend 存储。

cfg.ForceNewCluster 对应 etcd 配置中的--force-new-cluster，如果为 true，则强制创建一个新的单成员集群；否则重新启动 raft Node。

因此当--force-new-cluster 配置为 true 时，则调用 restartAsStandaloneNode，即强制创建一个新的单成员集群。该节点将提交配置更新，强制删除集群中的所有成员，并添加自身作为集群的一个节点，同时需要将其备份设置进行还原。

restartAsStandaloneNode 的实现中，首先读取 WAL 文件，并且丢弃本地未提交的 entries。createConfigChangeEnts 创建一系列 raft 条目（EntryConfChange），用于从集群中删除一组给定的 ID。如果当前节点 self 出现在条目中，也不会被删除；如果 self 不在给定的 ID 内，它将创建一个 raft 条目以添加给定的 self 默认成员，随后强制追加新提交的 entries 到现有的数据存储中。

最后是设置一些状态，构造 raftNode 的配置，重启 raft Node。

3. restartNode

在已有 WAL 数据的情况中，除了 restartAsStandaloneNode 场景，当--force-new-cluster 为默认的 false 时，直接重启 raftNode。这种操作相对来说比较简单，减少了丢弃本地未提交的 entries 以及强制追加新提交的 entries 的步骤。然后是直接重启 raftNode 还原之前集群节点的状态，读取 WAL 和快照数据，最后启动并更新 raftStatus。

8.2.4 rafthttp 启动

分析完 raftNode 的启动，接下来我们看 rafthttp 的启动。Transport 实现了 Transporter 接口，它提供将 raft 消息发送到 peer 并从 peer 接收 raft 消息的功能。具体实现代码如下：

```
// 位于 etcdserver/server.go:577
    tr := &rafthttp.Transport{
        Logger:      cfg.Logger,
        TLSInfo:     cfg.PeerTLSInfo,
        DialTimeout: cfg.peerDialTimeout(),
        ID:          id,
        URLs:        cfg.PeerURLs,
        ClusterID:   cl.ID(),
        Raft:        srv,
        Snapshotter: ss,
        ServerStats: sstats,
        LeaderStats: lstats,
        ErrorC:      srv.errorc,
    }
```

```
    // 启动 transport ，主要用于设置 transport 的相关属性，如 streamRt、pipelineRt 等
    if err = tr.Start(); err != nil {
        return nil, err
    }
    // add all remotes into transport
    for _, m := range remotes {
        if m.ID != id {
            tr.AddRemote(m.ID, m.PeerURLs)
        }
    }
    for _, m := range cl.Members() {
        if m.ID != id {
            tr.AddPeer(m.ID, m.PeerURLs)
        }
    }
    srv.r.transport = tr
```

如上代码所述，主要是构建 Transport。Transport 结构体实现了 Transporter 接口。它提供了将 raft 消息发送到 peer 并从 peer 接收 raft 消息的功能。需要调用 Handler 方法来获取处理程序，以处理从 peerURLs 接收到的请求。用户需要先调用 Start 才能调用其他功能，并在不再使用 Transport 时调用 Stop。

etcd 提供了 2 个消息发送的通道：stream 和 pipeline。

（1）stream

stream 维护一个 http 的长连接，用于发送 heartbeat,msgVote 等发送频次高，包比较小的消息。streamRoundTripper 设置默认的读写超时，因为读写包的 size 比较小。

（2）pipeline

pipeline 用于发送 snapshot 等包比较大，但是频次比较低的消息。pipelineRoundTripper 设置默认读写超时为 0 即不超时，因为读写 snapshotter 耗时较长。

rafthttp 的启动过程中首先要构建 Transport，并将 m.PeerURLs 分别赋值到 Transport 中的 Remote 和 Peer 中，之后将 srv.r.transport 指向构建好的 Transport 即可。

下面以发送一个 MsgApp 消息的案例来了解系统发送消息流程，如图 8-3 所示。

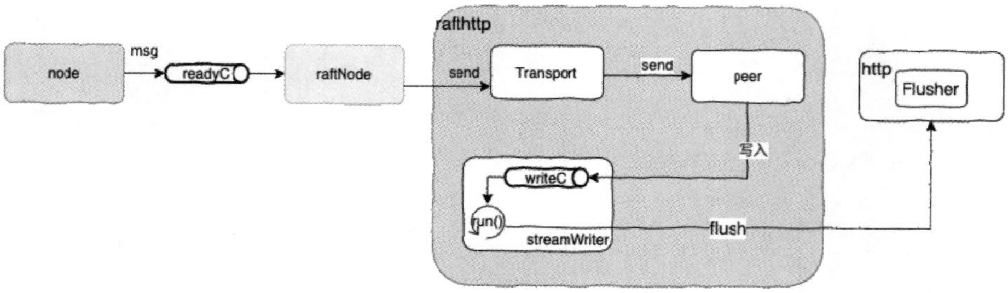

图 8-3　发送 MsgApp 消息的流程

发送 MsgApp 消息的流程步骤如下：

（1）消息首先经过 raft 模块处理 log entry 后封装成 ready 写入 readyC channel 中；

（2）server 模块从 channel 中取出 ready 实例，调用 rafthttp tranport 发送消息；

（3）peer 根据消息的类型决定使用 streamwriter 还是 pipeline 来发送当前消息，由于示例中使用了 MsgApp，因此最终写入 streamwriter 的 writec channel 中；

（4）streamWriter 的 run 协程从中读出消息，调用 http.Flusher 发送序列化后的消息。Go 的 http.Flusher 常用于文件上传/下载/内容预处理等流式 IO。

以上流程描述了etcd发送消息的主要过程，其中streamwriter单独启动一个协程run()，当其他的 peer 主动与当前的节点连接，peer 就会将连接写入 writerstream 的 connc，在 streamwriter 的 run 协程中获取这个连接并进行绑定。streamwriter 还会由定时器触发，定时发送心跳消息 msgHeartbeat。除此之外，还可以发送其他消息。

至此，我们介绍完了 etcd 服务端初始化的三个核心步骤：创建服务实例、启动 backend 以及 rafthttp 的启动。下面继续介绍服务端核心功能的启动。

8.3 启动 etcd 服务端

介绍完 etcd 服务端的初始化，然后就是 etcd 的真正启动，涉及集群内部节点之间的通信、初始化接收客户端请求等核心功能。主要调用步骤，代码如下：

```
// 位于 embed/etcd.go:220
e.Server.Start()
// 接收 peer 消息
if err = e.servePeers(); err != nil {
return e, err
}
// 接收客户端请求
if err = e.serveClients(); err != nil {
return e, err
}
// 提供导出 metrics
if err = e.serveMetrics(); err != nil {
return e, err
}
serving = true
```

启动 etcd Server，主要包括三个步骤,首先是 e.Server.Start 初始化 Server 启动的必要信息，然后实现集群内部通信，最后开始接收 peer 和客户端的请求，如 range、put 等请求。

1. e.Server.Start 初始化 Server 启动的必要信息

在处理请求之前，Start 方法初始化 Server 的必要信息，需要在 Do 和 Process 之前调用，且必须是非阻塞的，任何耗时的函数都必须在单独的协程中运行。

```
// etcdserver/server.go:686
func (s *EtcdServer) Start() {
```

```
    s.start()
    s.goAttach(func() { s.adjustTicks() })
    s.goAttach(func() { s.publish(s.Cfg.ReqTimeout()) })
    s.goAttach(s.purgeFile)
    s.goAttach(func(){monitorFileDescriptor(s.getLogger(),s.stopping) })
    s.goAttach(s.monitorVersions)
    s.goAttach(s.linearizableReadLoop)
    s.goAttach(s.monitorKVHash)
}
```

在 Start 方法中启动多个协程，包括调整选举的时钟、注册自身信息到服务器等。goAttach 在给定的函数上创建一个 Goroutine 并使用 etcdserver waitgroup 对其进行跟踪。

```
// 位于 etcdserver/server.go:700
func (s *EtcdServer) start() {

    if s.Cfg.SnapshotCount == 0 {
        s.Cfg.SnapshotCount = DefaultSnapshotCount
    }
    if s.Cfg.SnapshotCatchUpEntries == 0 {
        s.Cfg.SnapshotCatchUpEntries = DefaultSnapshotCatchUpEntries
    }

    s.w = wait.New() // 新建 WaitGroup 组以及一些管道服务
    s.applyWait = wait.NewTimeList()
    s.done = make(chan struct{})
    s.stop = make(chan struct{})
    s.stopping = make(chan struct{})
    s.ctx, s.cancel = context.WithCancel(context.Background())
    s.readwaitc = make(chan struct{}, 1)
    s.readNotifier = newNotifier()
    s.leaderChanged = make(chan struct{})
    // 构建 EtcdServer 相关的属性
    go s.run() // etcdserver/raft.go 启动应用层的协程
}
```

start 方法使用新的协程启动 etcd Server，当调用 etcd 后，更改 server 的字段将不再安全。该方法的实现首先是初识化 EtcdServer 的各个字段，如新建 WaitGroup 组以及一些管道服务和 stopping、done 等管道，最后才会启动应用层的协程。

2. 集群内部通信

集群内部的通信主要由 Etcd.servePeers 实现，在 rafthttp.Transport 启动后，配置集群成员的处理器。具体实现代码如下：

```
// 位于 embed/etcd.go:468
func (e *Etcd) servePeers() (err error) {
    // 生成 http.Handler 来处理 etcd 集群成员的请求
    ph := etcdhttp.NewPeerHandler(e.GetLogger(), e.Server)
    var peerTLScfg *tls.Config
    // 校验 TLS 配置
```

```
        if !e.cfg.PeerTLSInfo.Empty() {
            if peerTLScfg, err = e.cfg.PeerTLSInfo.ServerConfig(); err != nil {
                return err
            }
        }
        // 在监听器上接受请求的连接，并为每个连接创建一个新的 ServerTransport 和
goroutine
        for _, p := range e.Peers {
            u := p.Listener.Addr().String()
            gs := v3rpc.Server(e.Server, peerTLScfg)
            m := cmux.New(p.Listener)
            go gs.Serve(m.Match(cmux.HTTP2()))
            srv := &http.Server{
                Handler:     grpcHandlerFunc(gs, ph),
                ReadTimeout: 5 * time.Minute,
                ErrorLog:    defaultLog.New(ioutil.Discard, "", 0), // do not
log user error
            }
            go srv.Serve(m.Match(cmux.Any()))
            p.serve = func() error { return m.Serve() }
            p.close = func(ctx context.Context) error {
                // 停止集群成员的通信
                stopServers(ctx, &servers{secure: peerTLScfg != nil, grpc: gs,
http: srv})
                return nil
            }
        }

        // 在独立协程启动成员的监听
        for _, pl := range e.Peers {
            go func(l *peerListener) {
                u := l.Addr().String()
                // 接受集群成员的通信
                e.errHandler(l.serve())
            }(pl)
        }
        return nil
    }
```

上述实现中，首先生成 http.Handler 来处理 etcd 集群成员的请求，并做一些配置校验。goroutine 读取 gRPC 请求，然后调用 srv.Handler 处理这些请求。srv.Serve 总是返回非空的错误，当 Shutdown 或者 Close 时，返回的错误则是 ErrServerClosed。最后 srv.Serve 在独立协程启动对集群成员的监听。

3. 接收客户端请求

Etcd.serveClients 主要用来处理客户端请求，比如常见的 range、put 等请求。etcd 处理客户端的请求时，每个客户端的请求对应服务端的一个 goroutine 协程，这也是 etcd 高

性能的支撑，我们具体了解一下其实现代码如下：

```
// 位于 embed/etcd.go:612
func (e *Etcd) serveClients() (err error) {
    // TLS 检查
    if !e.cfg.ClientTLSInfo.Empty() {
        e.cfg.logger.Info(...)
    }

    // 为每个监听的地址启动一个客户端服务协程，根据 v2、v3 版本进行不同的处理
    var h http.Handler
    if e.Config().EnableV2 {
        if len(e.Config().ExperimentalEnableV2V3) > 0 {
                srv:=v2v3.NewServer(e.cfg.logger,v3client.New(e.Server),e.cfg.
ExperimentalEnableV2V3)
            h=v2http.NewClientHandler(e.GetLogger(),srv,e.Server.Cfg.Req
Timeout())
        } else {
            h=v2http.NewClientHandler(e.GetLogger(),e.Server,e.Server.
Cfg. ReqTimeout())
        }
    } else {
        mux := http.NewServeMux()
        etcdhttp.HandleBasic(mux, e.Server)
        h = mux
    }
    // 设置 GRPCKeepAliveMinTime
    gopts := []grpc.ServerOption{}
    if e.cfg.GRPCKeepAliveMinTime > time.Duration(0) {
        gopts=append(gopts,grpc.KeepaliveEnforcementPolicy(keepalive.
Enfor cementPolicy{
            MinTime:            e.cfg.GRPCKeepAliveMinTime,
            PermitWithoutStream: false,
        }))
    }
    // 设置 GRPCKeepAliveInterval 和 GRPCKeepAliveTimeout
    if e.cfg.GRPCKeepAliveInterval > time.Duration(0) &&
        e.cfg.GRPCKeepAliveTimeout > time.Duration(0) {
        gopts=append(gopts,grpc.KeepaliveParams(keepalive.ServerParameters{
            Time:    e.cfg.GRPCKeepAliveInterval,
            Timeout: e.cfg.GRPCKeepAliveTimeout,
        }))
    }

    //协程启动每一个客户端服务
    for _, sctx := range e.sctxs {
        go func(s *serveCtx) {
            e.errHandler(s.serve(e.Server,&e.cfg.ClientTLSInfo,h,e.err
Hand ler, gopts...))
```

```
        }(sctx)
    }
    return nil
}
```

etcd Server 为每个监听的地址启动一个客户端服务协程，根据 v2、v3 版本进行不同的处理。

在 serveClients 中，还设置了 gRPC 的属性，包括 GRPCKeepAliveMinTime 、GRPCKeepAliveInterval 以及 GRPCKeepAliveTimeout 等。

由于实现的逻辑较为清晰，笔者并未列出这部分代码。读者可以根据描述对照 etcd 服务端启动的源码，巩固对这部分的理解。启动 etcd 服务端，除了上面所讲到的服务端的初始化和功能的启动，还一个比较重要的步骤：内存索引的重建，下面将介绍索引恢复的过程。

8.4 索引的恢复

因为在 etcd 中所有的 keyIndex 都存储在内存的 b-Tree 中，具体来说是 treeIndex 模块。在前面章节，我们知道 etcd 在每次修改 key 时会生成一个全局递增的版本号（revision），然后通过数据结构 B-tree 保存用户 key 与版本号之间的关系，再以版本号作为 boltdb key，以用户的 key-value 等信息作为 boltdb value，保存到 boltdb。

当查询指定的键值对时，需要从 treeIndex 中获取对应 key 的版本号，然后通过这个版本号，从 BoltDB 获取 key 对应的 value 信息。因此在 etcd 启动服务时需要从 BoltDB 中将所有的数据都加载到内存中，即重构 b-Tree 索引，调用 restore 方法开始恢复索引，具体实现代码如下：

```
    // 位于 mvcc/kvstore.go:358
    func (s *store) restore() error {
        // 重建索引
        tx := s.b.BatchTx()
        tx.Lock()
        _,finishedCompactBytes:=tx.UnsafeRange(metaBucketName,finished
CompactKeyName, nil, 0)
            _,    scheduledCompactBytes    :=    tx.UnsafeRange(metaBucketName,
scheduledCompactKeyName, nil, 0)
        scheduledCompact := int64(0)
        //…// 保证索引 keys 加载的事务性
        keysGauge.Set(0)
        rkvc, revc := restoreIntoIndex(s.lg, s.kvindex)
        for {
            keys,vals:=tx.UnsafeRange(keyBucketName,min,max,int64(restore
Chunk Keys))
            //如果挂起的键总数超过还原块大小，则 rkvc 将阻塞，以防止它们占用太多内存。
            restoreChunk(s.lg, rkvc, keys, vals, keyToLease)
            //…有省略 //开始下一个集合
```

```
        newMin := bytesToRev(keys[len(keys)-1][:revBytesLen])
        newMin.sub++
        revToBytes(newMin, min)
    }
    close(rkvc)
    s.currentRev = <-revc
    //压缩的键将会被删除
    if s.currentRev < s.compactMainRev {
        s.currentRev = s.compactMainRev
    }
    if scheduledCompact <= s.compactMainRev {
        scheduledCompact = 0
    }
        //租约与键值对绑定
    for key, lid := range keyToLease {
        if s.le == nil {
            tx.Unlock()
            panic("no lessor to attach lease")
        }
        err := s.le.Attach(lid, []lease.LeaseItem{{Key: key}})
        if err != nil {
            s.lg.Error(…)
        }
    }
    tx.Unlock()
    return nil
}
```

在恢复索引的过程中，有一个用于遍历不同键值的生产者循环，其中由 UnsafeRange 和 restoreChunk 两个方法构成，这两个方法从 BoltDB 中遍历数据，然后将键值对传到 rkvc 中，交给 restoreIntoIndex 方法中创建的 goroutine 处理，实现代码如下：

```
// 位于 mvcc/kvstore.go:507
func restoreChunk(lg *zap.Logger, kvc chan<- revKeyValue, keys, vals
[][]byte, keyToLease map[string]lease.LeaseID) {
    for i, key := range keys {
        rkv := revKeyValue{key: key}
        if err := rkv.kv.Unmarshal(vals[i]); err != nil {
            lg.Fatal("failed to unmarshal mvccpb.KeyValue", zap.Error(err))
        }
        rkv.kstr = string(rkv.kv.Key)
        if isTombstone(key) {
            delete(keyToLease, rkv.kstr)
        } else if lid := lease.LeaseID(rkv.kv.Lease); lid != lease.NoLease
{
            keyToLease[rkv.kstr] = lid
        } else {
            delete(keyToLease, rkv.kstr)
        }
```

```
            kvc <- rkv
        }
    }
```

先被调用的 restoreIntoIndex 方法会创建一个用于接受键值对的 Channel，之后会在一个 Goroutine 中处理从 Channel 接收到的数据，并将这些数据恢复到内存的 btree 中，代码如下：

```
    // 位于 mvcc/kvstore.go:460
    func restoreIntoIndex(lg *zap.Logger, idx index) (chan<- revKeyValue,
<-chan int64) {
        rkvc, revc := make(chan revKeyValue, restoreChunkKeys), make(chan int64,
1)
        go func() {
            currentRev := int64(1)
            defer func() { revc <- currentRev }()
            // 从无序的索引流中恢复 treeIndex
            kiCache := make(map[string]*keyIndex, restoreChunkKeys)
            for rkv := range rkvc {
                ki, ok := kiCache[rkv.kstr]
                // 清楚 kiCache
                if !ok && len(kiCache) >= restoreChunkKeys {
                    i := 10
                    for k := range kiCache {
                        delete(kiCache, k)
                        if i--; i == 0 {
                            break
                        }
                    }
                }
                // cache ，没有命中，从 treeIndex 取
                if !ok {
                    ki = &keyIndex{key: rkv.kv.Key}
                    if idxKey := idx.KeyIndex(ki); idxKey != nil {
                        kiCache[rkv.kstr], ki = idxKey, idxKey
                        ok = true
                    }
                }
                rev := bytesToRev(rkv.key)
                currentRev = rev.main
                if ok {
                    if isTombstone(rkv.key) {
                        if err := ki.tombstone(lg, rev.main, rev.sub); err != nil
{
                            lg.Warn(…)
                        }
                        continue
                    }
                    ki.put(lg, rev.main, rev.sub)
```

```
            } else if !isTombstone(rkv.key) {
                ki.restore(lg,  revision{rkv.kv.CreateRevision,  0},  rev,
rkv.kv.Version)
                idx.Insert(ki)
                kiCache[rkv.kstr] = ki
            }
        }
    }()
    return rkvc, revc
}
```

恢复内存索引的相关代码在实现上非常精巧，两个不同的函数通过 channel 进行通信并使用 goroutine 处理任务，能够很好地将消息的生产者和消费者进行分离，可以通过图 8-4 直观地感受一下索引恢复的实现方式。

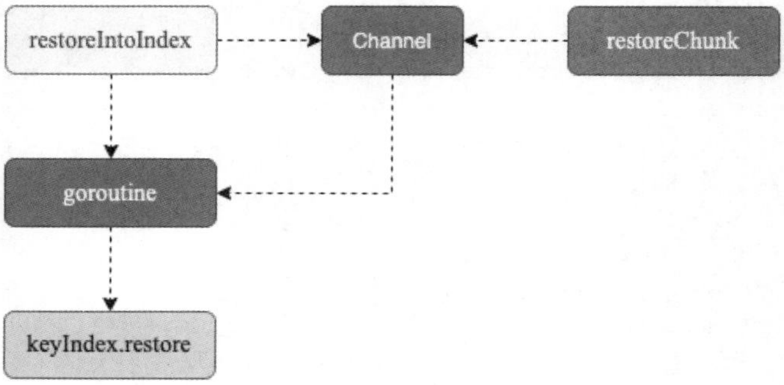

图 8-4 etcd 索引恢复的过程

channel 作为整个恢复索引逻辑的一个消息中心，也是符合 Go 语言推荐使用消息传递实现并发通信的 channel 机制。channel 的实现将遍历 BoltDB 中的数据和恢复索引两部分代码进行分离。

至此，我们已经介绍完了 etcd 服务端的初始化过程和 etcd 核心功能的启动，下面将介绍 etcd 服务端启动后如何处理客户端的读/写请求。

8.5 服务端处理请求

我们先来回顾一下 etcd 的整体架构。客户端访问 etcd 服务端，按照分层的架构可以划分为客户端层、API 接口层、etcd raft 层、业务逻辑层以及 etcd 存储。

客户端层如 clientv3 库和 etcdctl 等工具，用户通过 RESTful 方式进行调用，降低了 etcd 的使用复杂度；API 接口层提供了客户端访问服务端的通信协议和接口定义，以及服务端节点之间相互通信的协议。etcd v3 使用 gRPC 作为消息传输协议；etcd raft 层负责 Leader 选举和日志复制等功能，除了与本节点的 etcd server 通信外，还与集群中的其他 etcd 节点进行交互，实现分布式一致性数据同步的关键工作；etcd 的业务逻辑层，包括鉴权、租约、KVServer、MVCC 和 Compactor 压缩等核心功能特性；etcd 存储实现了快照、预写式日志 WAL（Write Ahead Log）。etcd V3 版本中，使用 boltdb 来持久化存储集群元数据和用户写入的数据。

结合上述内容，我们来看 kv 请求所涉及的 etcd 各个模块之间的交互过程。

8.5.1 gRPCAPI

我们先来看 etcd 服务端对外提供服务时 gRPC API 注册的过程。

服务端 gRPC 接口定义在 rpc.proto 文件中，这与 serviceKV 中的定义相对应。在 etcd 启动时，gRPC Server 也需要注册这些 kv 接口。具体启动的实现则定义在 grpc 包下，代码如下：

```
// 位于 etcdserver/api/v3rpc/grpc.go:38
funcServer(s*etcdserver.EtcdServer,tls*tls.Config,gopts...grpc.ServerOption) *grpc.Server {
    var opts []grpc.ServerOption
    opts = append(opts, grpc.CustomCodec(&codec{}))
    // 创建 grpc Server
    grpcServer := grpc.NewServer(append(opts, gopts...)...)
    // 注册各种服务到 gRPC Server
    pb.RegisterKVServer(grpcServer, NewQuotaKVServer(s))
    pb.RegisterWatchServer(grpcServer, NewWatchServer(s))
    pb.RegisterLeaseServer(grpcServer, NewQuotaLeaseServer(s))
    pb.RegisterClusterServer(grpcServer, NewClusterServer(s))
    pb.RegisterAuthServer(grpcServer, NewAuthServer(s))
    pb.RegisterMaintenanceServer(grpcServer, NewMaintenanceServer(s))

    hsrv := health.NewServer()
    hsrv.SetServingStatus("", healthpb.HealthCheckResponse_SERVING)
    healthpb.RegisterHealthServer(grpcServer, hsrv)

    grpc_prometheus.Register(grpcServer)

    return grpcServer
}
```

Server 方法主要用于启动各种服务。上述实现中，首先构建所需的参数以创建 gRPC Server；然后在启动时将实现 kv 各个方法的对象注册到 gRPC Server，在其上注册对应的拦截器，包括 KVServer、WatchServer、LeaseServer、ClusterServer、AuthServer 和 MaintenanceServer 等。

下面以 KVServer 为例，具体分析 etcd 服务端提供键值对读/写的流程。

8.5.2 接收与处理读请求

读请求是 etcd 中的高频操作。etcd 中读取单个 key 和批量 key 的方法所使用的都是 Range。因此对于读请求，围绕 Range 方法分析即可。

1. 实现细节

client 发送 RangeRPC 请求给 etcd 服务端后，首先经过 gRPC Server 上注册的拦截器拦截。我们从 gRPC 包中 KVServer 实现的 Range 方法看起：

```
// 位于 etcdserver/api/v3rpc/key.go:41
func (s *kvServer) Range(ctx context.Context, r *pb.RangeRequest) (*pb.RangeResponse, error) {
    // 检验 Range 请求的参数
    if err := checkRangeRequest(r); err != nil {
        return nil, err
    }

    resp, err := s.kv.Range(ctx, r) //调用 RaftKV.Range()
    if err != nil {
        return nil, togRPCError(err)
    }
    // 使用 etcd Server 的信息填充 pb.ResponseHeader
    s.hdr.fill(resp.Header)
    return resp, nil
}
```

Range 请求的主要部分在于调用 RaftKV.Range()方法。这将会调用到 etcdserver 包中对 RaftKV 的实现：

```
// 位于 etcdserver/v3_server.go:90
func (s *EtcdServer) Range(ctx context.Context, r *pb.RangeRequest) (*pb.RangeResponse, error) {

    ctx = context.WithValue(ctx, traceutil.TraceKey, trace)

    var resp *pb.RangeResponse
    var err error

    // 认证校验
    chk := func(ai *auth.AuthInfo) error {
        return s.authStore.IsRangePermitted(ai, r.Key, r.RangeEnd)
    }
    // 查询结果
    get := func() { resp, err = s.applyV3Base.Range(ctx, nil, r) }
    if serr := s.doSerialize(ctx, chk, get); serr != nil {
        err = serr
        return nil, err
    }
    return resp, err
}
```

EtcdServer 实现的 Range 方法较为简单，主要是先进行认证校验，然后调用 applierV3 接口中定义的 Range 方法来查询结果，该方法的实现如下：

```
// 位于 etcdserver/apply.go:280
func (a *applierV3backend) Range(ctx context.Context, txn mvcc.TxnRead,
r *pb.RangeRequest) (*pb.RangeResponse, error) {
    trace := traceutil.Get(ctx)

    resp := &pb.RangeResponse{}
    resp.Header = &pb.ResponseHeader{}

    if txn == nil {
        txn = a.s.kv.Read(trace)
        defer txn.End()
    }
    // 分页大小
    limit := r.Limit
    if r.SortOrder != pb.RangeRequest_NONE ||
        r.MinModRevision != 0 || r.MaxModRevision != 0 ||
        r.MinCreateRevision != 0 || r.MaxCreateRevision != 0 {
        limit = 0
    }
    if limit > 0 {
        // 多取一个，判断分页
        limit = limit + 1
    }
    // 构造 Range 请求
    ro := mvcc.RangeOptions{
        Limit: limit,
        Rev:   r.Revision,
        Count: r.CountOnly,
    }
    // 获取 Range 结果
    rr, err := txn.Range(r.Key, mkGteRange(r.RangeEnd), ro)
    if err != nil {
        return nil, err
    }

    // 排序
    sortOrder := r.SortOrder
    if  r.SortTarget  !=  pb.RangeRequest_KEY  &&  sortOrder  ==
pb.RangeRequest_NONE {

        sortOrder = pb.RangeRequest_ASCEND
    }

    }
    // 分页取
    if r.Limit > 0 && len(rr.KVs) > int(r.Limit) {
        rr.KVs = rr.KVs[:r.Limit]
        resp.More = true
```

```
    }
    resp.Header.Revision = rr.Rev
    resp.Count = int64(rr.Count)
    resp.Kvs = make([]*mvccpb.KeyValue, len(rr.KVs))
    for i := range rr.KVs {
        if r.KeysOnly {
            rr.KVs[i].Value = nil
        }
        resp.Kvs[i] = &rr.KVs[i]
    }
    // 组装响应
    return resp, n
}
```

applierV3backend 中的 Range 在实现时，首先准备分页的大小，多取一个，用于判断分页是否存在下一页。随后构造 Range 请求，调用 mvcc 包中的 Range 方法获取结果，最后对结果进行排序并将结果返回给客户端，由于当前的 mvcc.Range 实现返回按字典序升序的结果，因此默认情况下仅当目标不是 key 时才进行升序排序。

2. 读请求过程描述

经过上述代码分析，可以总结客户端发起读请求后的处理流程，如图 8-5 所示。

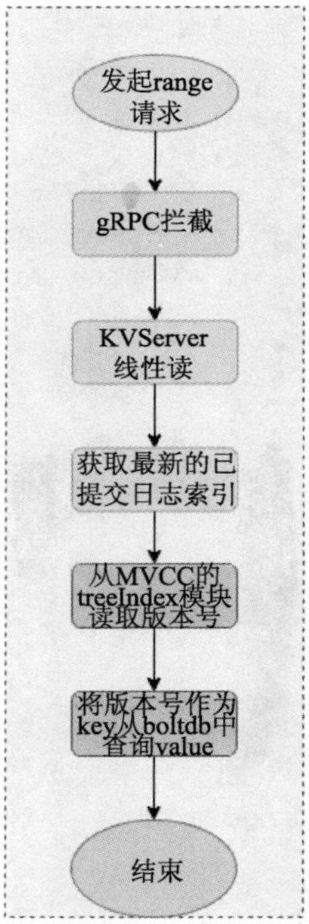

图 8-5　客户端发起读请求后的处理流程图

上面流程图对应的步骤描述如下：

（1）客户端发起请求之后，clientv3 首先根据负载均衡算法选择一个合适的 etcd 节点，然后调用 KVServer 模块对应的 RPC 接口，发起 Range 请求的 gRPC 远程调用；

（2）gRPC Server 上注册的拦截器拦截到 Range 请求，实现 Metrics 统计、日志记录等功能；

（3）进入读的主要过程，etcd 模式实现了线性读，使得任何客户端通过线性读都能及时访问到键值对的更新；

（4）线性读获取 Leader 已提交日志索引构造的最新 ReadState 对象，实现本节点状态机的同步；

（5）调用 MVCC 模块，根据 treeIndex 模块 B-tree 快速查找 key 对应的版本号；

（6）通过获取的版本号作为 key，查询存储在 boltdb 中的键值对，在之前的存储部分讲解过此过程。

client 发起读请求，通过负载均衡算法选取 etcd 实例后发出 gRPC 请求，经过 etcd 服务端的 KVServer 模块、线性读模块、MVCC 的 treeIndex 和 boltdb 模块紧密协作，服务端返回该读请求的结果。

8.5.3　接收与处理写请求

Put 操作用于插入或者更新指定的键值对。下面具体介绍写请求的整体流程。

Put 方法更新或者写入键值对到 etcd 中，相比于读请求，多了一步 Quota 配额检查存储空间的情况，用来检查写入时是否有足够的空间。实际执行时只针对 Put 和 Txn 操作，其他的请求如 Range 则直接调用对应的 handler。

```
// etcdserver/api/v3rpc/quota.go:59
func (s *quotaKVServer) Put(ctx context.Context, r *pb.PutRequest)
(*pb.PutResponse, error) {
    if err := s.qa.check(ctx, r); err != nil {
        return nil, err
    }
    return s.KVServer.Put(ctx, r)
}
```

check 方法将检查请求是否满足配额。如果空间不足，将会忽略请求并发出可用空间不足的警报。根据 Put 方法的调用过程，列出以下的主要方法：

```
quotaKVServer.Put() api/v3rpc/quota.go 首先检查是否满足需求
 |-quotoAlarm.check() 检查
 |-KVServer.Put() api/v3rpc/key.go 真正的处理请求
   |-checkPutRequest() 校验请求参数是否合法
   |-RaftKV.Put() etcdserver/v3_server.go 处理请求
   |=EtcdServer.Put() 实际调用的是该函数
   | |-raftRequest()
   |   |-raftRequestOnce()
   |     |-processInternalRaftRequestOnce() 真正开始处理请求
   |       |-context.WithTimeout() 创建超时的上下文信息
   |       |-raftNode.Propose() raft/node.go
   |         |-raftNode.step() 对于类型为 MsgProp 类型消息，向 propc 通道中传入
数据
   |-header.fill() etcdserver/api/v3rpc/header.go 填充响应的头部信息
```

KVServer.Put()的实现位于 api/v3rpc/key.go，用来真正地处理客户端请求。

```
// etcdserver/v3_server.go:130
func (s *EtcdServer) Put(ctx context.Context, r *pb.PutRequest)
(*pb.PutResponse, error) {
    ctx = context.WithValue(ctx, traceutil.StartTimeKey, time.Now())
    resp, err := s.raftRequest(ctx, pb.InternalRaftRequest{Put: r})
    if err != nil {
        return nil, err
    }
    return resp.(*pb.PutResponse), nil
}
```

将数据写入集群，涉及的内容比较复杂，还包括集群的通信。通过封装的 raftRequest，此时已经将添加记录的请求发送到 raft 协议的核心层处理。

写请求的处理流程如图 8-6 所示。

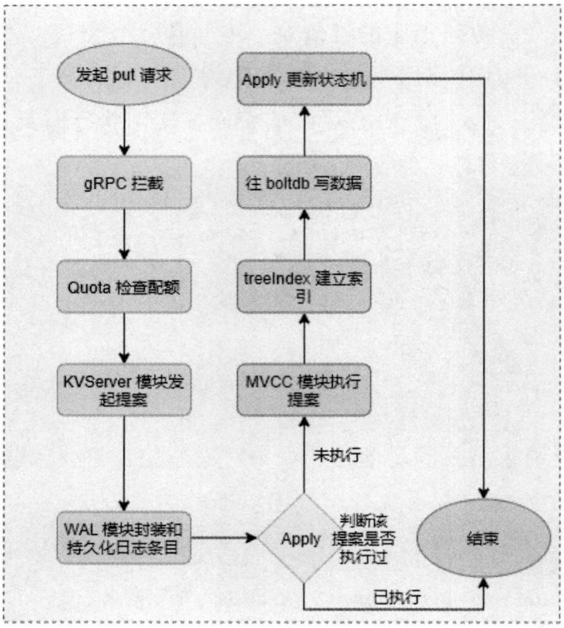

图 8-6　写请求的处理流程图

上面流程图对应的步骤描述如下：

（1）客户端发送写请求，通过负载均衡算法选取合适的 etcd 节点，发起 gRPC 调用；

（2）etcd server 的 gRPC Server 收到这个请求，经过 gRPC 拦截器拦截，实现 Metrics 统计和日志记录等功能；

（3）Quota 模块配额检查 db 的大小，如果超过会报 etcdserver: mvcc: database space exceeded 的告警，通过 Raft 日志同步给集群中的节点 db 空间不足，同时告警也会持久化到 db 中。etcd 服务端拒绝写入，对外提供只读的功能；

（4）配额检查通过，KVServer 模块经过限速、鉴权、包大小判断后，生成唯一的编号，这时才将写请求封装为提案消息，提交给 raft 模块；

（5）写请求的提案只能由 Leader 处理，获取 raft 模块的日志条目后，Leader 会广播提案内容。WAL 模块完成 raft 日志条目内容封装，当集群大多数节点完成日志条目的持久化，即将提案的状态变更为已提交，可以执行提案内容；

（6）Apply 模块用于执行提案，首先判断该提案是否被执行过，如果已经执行，则直接返回结束；未执行的情况下，将进入 MVCC 模块执行持久化提案内容的操作；

（7）MVCC 模块中的 treeIndex 保存 key 的历史版本号信息，treeIndex 使用 B-tree 结构维护 key 对应的版本信息，包含全局版本号、修改次数等属性。版本号代表 etcd 中的逻辑时钟，启动时默认的版本号为 1。键值对的修改、写入和删除都会使得版本号全局单调递增。写事务在执行时，首先根据写入的 key 获取或者更新索引，如果不存在该 key，则给予当前最大的 currentRevision 自增得到 revision；否则根据 key 获取 revision；

（8）根据从 treeIndex 中获取 revision、修改次数等属性，以及 put 请求传递的 key-value 信息，作为写入 boltdb 的 value，而将 revision 作为写入 boltdb 的 key。同时为了读请求能够获取最新的数据，etcd 在写入 boltdb 时也会同步数据到 buffer。因此上面介绍 etcd 读请求的过程时，会优先从 buffer 中读取，读取不到的情况下才会从 boltdb 读取，以此来保证一致性和性能。为了提高吞吐量，此时提案数据并未提交保存到 db 文件，而是由 backend 异步 goroutine 定时将批量事务提交；

（9）Server 通过调用网络层接口返回结果给客户端。

总的来说，这个过程为客户端发起写请求，由 Leader 节点处理，经过拦截器、Quota 配额检查后，KVServer 提交一个写请求的提案给 raft 一致性模块，经过 RaftHTTP 网络转发，集群中的其他节点半数以上持久化成功日志条目，提案的状态将变成已提交。然后 Apply 通过 MVCC 的 treeIndex、boltdb 执行提案内容，成功后更新状态机。

8.6 本章小结

本章主要介绍了 etcd server 模块，围绕 etcd server 对外提供的服务进行展开。具体分析了 etcd server 启动的流程以及涉及的主要方法。etcd 启动时需要经历服务端配置的初始化、根据不同的场景选择合适的方式启动 raft 和 rafthttp，之后则是 etcd 服务器的启动，实现集群内部通信，这些步骤完成后才可以处理客户端的请求。本章最后讲解了 etcdserver 接收客户端请求，并进行处理的步骤。

etcd server 模块是一个综合模块，也是 etcd 对外提供服务的核心。etcd 服务端的 Raft、KVServer、Quota、WAL、MVCC 和 Apply 等多个模块共同保障了 etcd 的读写一致性以及正确性。通过读写请求过程的学习，大家可以熟悉 etcd 各个模块之间的交互，以及分布式组件设计的原理和方法。下面将介绍 etcd 的具体使用实践细节，客户端如何接入 etcd 并进行操作。

第 9 章　etcd clientv3 客户端的使用

前面介绍了 etcd 服务端初始化启动以及处理客户端读/写请求的过程。对应地，还需要了解客户端的使用以及客户端 API 定义与实践。在熟悉 etcd 服务端相关的实现原理后，通过客户端的使用与实践，形成对 etcd 知识掌握的闭环。

etcd 支持多种语言的客户端，包括主流的 Go、Java、Python、C++语言等。本章将介绍 etcd 客户端 clientv3 的使用。基于 etcd 原生支持的 Go 语言客户端，来讲解应用程序如何接入 etcd，并与 etcd 服务端交互，实现查询、更新、删除、Lease 租约、Watch 监视机制和事务等功能，最后介绍一个基于 etcd 实现分布式事务的综合案例。本章的示例以 Go 语言客户端为主，读者需要准备好基本的 Go 语言开发环境。

9.1　在项目中引入 etcd clientv3 客户端

etcd 项目中提供 clientv3 的客户端包。我们来看一下如何引入 etcd 的 Go 语言客户 clientv3。在客户端项目中，声明 etcd clientv3 的使用，代码如下：

```
import "go.etcd.io/etcd/clientv3"
```

项目使用 Go Module 管理依赖。使用 module 自动引入相应的包。借助 go mod 命令，引入相应的第三方依赖，这里主要是 clientv3 go.etcd.io/etcd/clientv3。go mod 会自动帮助我们处理项目中的包依赖关系：

```
$ go mod tidy
```

命令执行完，控制台出现以下错误：

```
go: github.com/keets2012/etcd-book-code/client imports
        go.etcd.io/etcd/clientv3 tested by
        go.etcd.io/etcd/clientv3.test imports
        github.com/coreos/etcd/auth imports
        github.com/coreos/etcd/mvcc/backend imports
        github.com/coreos/bbolt: github.com/coreos/bbolt@v1.3.5: parsing
go.mod:
        module declares its path as: go.etcd.io/bbolt
                but was required as: github.com/coreos/bbolt
```

我们来分析一下错误原因。

首先从项目包名入手，coreos 维护的 bbolt 库声明它的 module 名称为 go.etcd.io/bbolt，结果在使用它的时候使用的包路径为 github.com/coreos/bbolt，导致不一致。

根据报错可知，这是由于 etcd 使用了错误的 bbolt 的包路径。这种情况下，只能进行局部替换，Go module 中提供了 replace 的方法用以替换某一个依赖，可以使用下面的方法替换：

```
replace github.com/coreos/bbolt => go.etcd.io/bbolt v1.3.5
```

然而替换后，还会出现以下错误：

```
go: go.etcd.io/bbolt@v1.3.5 used for two different module paths
(github.com/coreos/bbolt and go.etcd.io/bbolt)
```

按照错误的描述，项目中使用了两个不同的 bbolt，因此需要再加上一条 replace，使其成为不同的依赖路径。

```
replace go.etcd.io/bbolt v1.3.5 => github.com/coreos/bbolt v1.3.5
```

现在再执行 go mod tidy，bbolt 的问题已经解决了，但是新问题又来了：

```
github.com/keets2012/etcd-book-code/client imports
        go.etcd.io/etcd/clientv3 tested by
        go.etcd.io/etcd/clientv3.test imports
        github.com/coreos/etcd/integration imports
        github.com/coreos/etcd/proxy/grpcproxy imports
        google.golang.org/grpc/naming:                          module
google.golang.org/grpc@latest found (v1.32.0), but does not contain package
google.golang.org/grpc/naming
```

报错令人摸不着头脑，因此在网上搜索后发现 etcd 项目的 issue：etcd#11563、etcd#11650、etcd#11707。

翻看 issue，问题大致找到了，是因为 etcd 的代码和新版本的 grpc(v1.27.0)冲突，再次施展替换大法，让项目使用旧版本的 grpc，代码如下：

```
replace (
    google.golang.org/grpc => google.golang.org/grpc v1.26.0
)
```

再次执行依赖之间的关系，终于不再报错。检查 go.mod 文件，发现很多的 indirect 引用的库，居然还有两个 etcd ，代码如下：

```
github.com/coreos/etcd v3.3.25+incompatible
go.etcd.io/etcd v3.3.25+incompatible
github.com/coreos/bbolt v1.3.5 // indirect
```

github.com/coreos/bbolt 之所以显示为 indirect，是因为代码中还没有引用这个 package。当引用后，就可以看到 indirect 标记没了。

项目中引入了 go.etcd.io/etcd，为什么还会有一个 github.com/coreos/etcd？这两个路径的代码应该也一样。

由此可以判断肯定是某个库引用了 github.com/coreos/etcd。我们来搜索下是哪个库？go mod 提供了相关的命令，用到的两条命令如下：

```
go mod why 依赖 //解释为什么需要包或模块
go mod graph 依赖 //输出 module 需求图
$ go mod why github.com/coreos/etcd

go: finding module for package github.com/spf13/cobra
go: finding module for package github.com/spf13/pflag
```

```
go: found github.com/spf13/cobra in github.com/spf13/cobra v1.0.0
go: found github.com/spf13/pflag in github.com/spf13/pflag v1.0.5
```

除了使用上面两条命令，还可以使用 Go mod graph 查找，执行如下的命令筛选：

```
Go mod graph |grep github.com/coreos/etcd
github.com/keets2012/etcd-book-code
github.com/coreos/etcd@v3.3.25+incompatible
github.com/spf13/viper@v1.4.0
github.com/coreos/etcd@v3.3.10+incompatible
```

执行完命令后，看到是原因与 github.com/spf13/viper@v1.4.0 相关，github.com/coreos/etcd 使用了 github.com/spf13/cobra@v1.0.0 库，cobra 则使用 viper 的 1.4.0 版本。而 viper@v1.4.0 又使用了 etcd@v3.3.10+incompatible，这样就造成了循环依赖，从原先的 go.etcd.io/etcd 变成了 github.com/coreos/etcd。

由于 Go module 的一些 bug，以及开源项目使用 Go module 的错误姿势，go module 模式下导致使用 etcd 代码库困难重重。这里已经解决了 etcd clientv3 依赖引入的问题，继续进入客户端的初始化测试。

9.2 etcd 客户端初始化

解决完引入 etcd 依赖的问题之后，我们来关注 etcd 客户端的初始化过程。etcd clientv3 的初始化，需要根据我们配置的 etcd 节点，建立客户端与 etcd 集群的连接。

```
cli,err := clientv3.New(clientv3.Config{
    Endpoints:[]string{"localhost:2379"},
    DialTimeout: 5 * time.Second,
})
```

上述代码为实例化一个 client 的实现，这里需要传入的两个参数：

- Endpoints：etcd 的多个节点服务地址，因为我是单点本机测试，所以只传 1 个；
- DialTimeout：创建 client 的首次连接超时，这里传了 5 秒，如果 5 秒都没有连接成功就会返回 err；值得注意的是，一旦 client 创建成功，我们就不用再关心后续底层连接的状态了，client 内部会重连。

接着我们来看一下 client 的定义，如下：

```
type Client struct {
    Cluster
    KV
    Lease
    Watcher
    Auth
    Maintenance

    //用于认证的用户名
    Username string
    Password string
}
```

Client 结构体定义的属性字段，代表客户端能够使用的几大核心模块，其具体功能介绍如表 9-1 所示。

表 9-1　Client 结构体核心模块

核心模块	说　明
Cluster	向集群里增加 etcd 服务端节点，属于管理员操作
KV	我们主要使用的功能，即操作键值对
Lease	租约相关操作，比如申请一个 TTL=10 秒的租约
Watcher	观察订阅，从而监听最新的数据变化
Auth	管理 etcd 的用户和权限，属于管理员操作
Maintenance	维护 etcd，比如主动迁移 etcd 的 leader 节点，属于管理员操作

这 6 个模块也是客户端能够使用使用的主要功能，在后面分别具体介绍这几大核心模块。客户端初始化完整代码如下：

```
// client_init_test.go
package client
import (
 "context"
 "fmt"
 "go.etcd.io/etcd/clientv3"
 "testing"
 "time")// 测试客户端连接
func TestEtcdClientInit(t *testing.T) {

 var (
     config clientv3.Config
     client *clientv3.Client
     err    error
 )
 // 客户端配置
 config = clientv3.Config{
     // 节点配置
     Endpoints:   []string{"localhost:2379"},
     DialTimeout: 5 * time.Second,
 }
 // 建立连接
 if client, err = clientv3.New(config); err != nil {
     fmt.Println(err)
 } else {
     // 输出集群信息
     fmt.Println(client.Cluster.MemberList(context.TODO()))
 }
 client.Close()
}
```

执行以上代码，预期的执行结果如下：

```
=== RUN   TestEtcdClientInit
&{cluster_id:14841639068965178418        member_id:10276657743932975437
raft_term:3[ID:10276657743932975437name:"default"peerURLs:"http://localhos
t:2380" clientURLs:"http://0.0.0.0:2379" ] {} [] 0} <nil>
--- PASS: TestEtcdClientInit (0.08s)
PASS
```

从执行结果中可以看到，clientv3 与 etcd Server 的节点 localhost:2379 成功建立了连接，并且输出了集群的信息，下面即可以 etcd 进行操作。

9.3 kv 接口定义

KV 存储是使用 etcd 的常用功能，包括键值对的查询、更新、删除和压缩等功能。本节将介绍 etcd 客户端 KV 存储的相关源码定义与实现。kv 对象的实例通过以下方式获取：

```
client, err := clientv3.New(clientv3.Config{
    Endpoints:   []string{"127.0.0.1:2379"},
    DialTimeout: 2 * time.Second,
})
if client == nil || err == context.DeadlineExceeded {
    // handle errors
    fmt.Println(err)
    panic("invalid connection!")
}

kv  := clientev3.NewKV(client)
```

可以看到，通过 etcd 客户端的 client 连接构建 kv 对象实例。kv 接口的 UML 类图如图 9-1 所示。

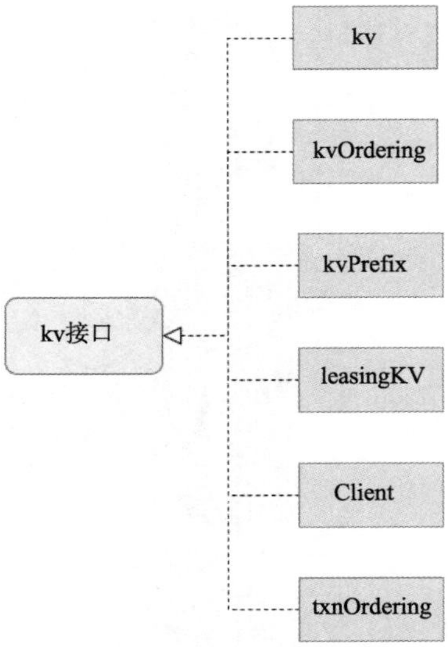

图 9-1　KV 接口的实现

kv 接口有 6 个实现对象，具体说明如表 9-2 所示。

表 9-2　KV 接口实现对象

实现对象	说　明
kv	kv 结构体实现了 KV 接口的方法，其内部实现基于 kv.Do 实现
kvOrdering	kvOrdering 确保序列化的请求不返回获取的版本小于修订版之前的版本
kvPrefix	构造 KV，多传入前缀的参数，kvPrefix 封装了一个 KV 实例，以便所有请求都以给定字符串为前缀
leasingKV	封装了一个 KV 实例，以便所有请求都通过租赁协议进行连接
Client	使用给定的配置创建一个 etcdv3 client，最常用的一种 KV 实例，上面的例子就是创建 Client
txnOrdering	txnOrdering 确保序列化的请求不会返回修订版本小于先前返回的修订版本的 txn 响应

我们接着来看一下 kv 接口的具体定义：

```
type KV interface {

    Put(ctx context.Context, key, val string, opts ...OpOption) (*PutRespo
nse, error)

    Get(ctx context.Context, key string, opts ...OpOption) (*GetResponse,
error)

    // 删除 key，可以使用 WithRange(end), [key, end) 的方式
    Delete(ctx context.Context, key string, opts ...OpOption) (*DeleteRes
ponse, error)

    Compact(ctx  context.Context,  rev  int64,  opts  ...CompactOption)
(*CompactResponse, error)

    Do(ctx context.Context, op Op) (OpResponse, error)

    Txn(ctx context.Context) Txn
}
```

从 kv 接口的定义可知，它就是一个接口对象，包含表 9-3 所示主要的 kv 操作方法。

表 9-3　KV 接口主要操作方法

操作方法	说　明
Put	存储键值对信息到 etcd 中
Get	检索 keys，获取指定的键对应的值信息
Delete	删除指定的键值对
Compact	压缩给定版本之前的 KV 历史数据
Do	指定某种没有事务的操作
Txn	创建一个事务

通过调用上述接口，客户端实现更新、查询、删除、压缩键值对和事务相关的操作。下面将介绍键值对操作相关的接口，并进行实践应用。

9.4 键值对的基本操作

键值对的基本操作包括 Put、Get 和 Delete，分别用于存储、获取和删除键值对。在前面 etcd 服务端的功能介绍过这几个功能的实现，在本节将具体分析这几个操作的使用方法与实践。

9.4.1 键值对存储

Put 方法用于存储键值对，put 的定义如下：

```
    Put(ctx context.Context, key, val string, opts ...OpOption)
(*PutResponse, error)
```

其中的参数说明如下：

- ctx：Context 包对象，是用来跟踪上下文的，比如超时控制；
- key：存储对象的 key；
- val：存储对象的 value；
- opts：可变参数，额外选项。

Put 将一个键值对放入 etcd 中。注意，键值可以是纯字节数组，字符串是该字节数组的不可变表示形式。要获取字节字符串，请执行：

```
string([] byte {0x10, 0x20})
```

Put 的使用方法如下：

```
putResp, err := kv.Put(context.TODO(),"aa", "hello-world!")
```

使用的方式比较简单，传入上下文 ctx，以及要存储的键值对。Put 接口的实现如下：

```
// 位于 clientv3/kv.go:113
func (kv *kv) Put(ctx context.Context, key, val string, opts ...OpOption)
(*PutResponse, error) {
  r, err := kv.Do(ctx, OpPut(key, val, opts...))
  return r.put, toErr(ctx, err)
}
// 位于 clientv3/kv.go:144
func (kv *kv) Do(ctx context.Context, op Op) (OpResponse, error) {
    var err error
    switch op.t {
case tPut:
        var resp *pb.PutResponse
        r := &pb.PutRequest{Key: op.key, Value: op.val, Lease:
int64(op.leaseID),PrevKv:op.prevKV,IgnoreValue:op.ignoreValue, IgnoreLease :
op.ignoreLease}
        resp, err = kv.remote.Put(ctx, r, kv.callOpts...)
        if err == nil {
            return OpResponse{put: (*PutResponse)(resp)}, nil
        }
// ...
```

Put 内部的实现是基于 kv.Do 方法，传入对应的 Op 为 Put，OpOption 为可选的函数传参，传参为 WithRange(end)时，Get 将返回[key，end)范围内的键；传参为 WithFromKey()时，Get 返回大于或等于 key 的键；当通过 rev>0 传递 WithRev(rev)时，Get 查询给定修订版本的键；如果压缩所查找的修订版本，则返回请求失败，并显示 ErrCompacted。传递 WithLimit(limit)时，返回的 key 数量受 limit 限制；传参为 WithSort 时，将对键进行排序。

从以上数据的存储和取值，我们知道 put 返回 PutResponse，注意，不同的 KV 操作对应不同的 response 结构，定义如下：

```
type (
    CompactResponse pb.CompactionResponse
    PutResponse     pb.PutResponse
    GetResponse     pb.RangeResponse
    DeleteResponse  pb.DeleteRangeResponse
    TxnResponse     pb.TxnResponse
)
```

有 5 种不同的响应对象，分别对应 5 种 Op 操作。我们来看一看 PutResponse 结构的定义：

```
type PutResponse struct {
    Header *ResponseHeader `protobuf:"bytes,1,opt,name=header" json:"
header,omitempty"`
    PrevKv                                              *mvccpb.KeyValue
`protobuf:"bytes,2,opt,name=prev_kv,json=prevKv" json:"prev_kv,omitempty"`
}
```

PutResponse 中的 Header，保存的主要是本次更新的 revision 信息。如果在请求中设置 prev_kv，则上一个键/值对将会被返回。

9.4.2　查询键值对

将键值对存储到 etcd 后，要用这些数据，就需要对存储的数据进行取值操作。默认情况下，使用 Get 接口将返回指定键对应的值。

```
Get(ctx context.Context, key string, opts ...OpOption) (*GetResponse,
error)
```

clientv3 中对应的使用方法如下：

```
getResp, err := kv.Get(context.TODO(), "aa")
```

在该方法中，传入需要检索的 key 值即可。opts 参数同 9.4.1 节 Put 方法参数，为可选的函数传参。从以上数据的存储和取值，我们知道 get 返回 GetResponse，而 GetResponse 映射到 RangeResponse，其结构定义如下：

```
type RangeResponse struct {
    Header*ResponseHeader`protobuf:"bytes,1,opt,name=header"json:
"header,omitempty"`
    // kvs is the list of key-value pairs matched by the range request.
    // kvs is empty when count is requested.
```

```
    Kvs  []*mvccpb.KeyValue  `protobuf:"bytes,2,rep,name=kvs" json:"kvs,
omitempty"`
    // more indicates if there are more keys to return in the requested range.
    More bool `protobuf:"varint,3,opt,name=more,proto3" json:"more,omitem
pty"`
    // count is set to the number of keys within the range when requested.
    Count int64 `protobuf:"varint,4,opt,name=count,proto3" json:"count,
omitempty"`
  }
```

从上面的结构定义中可以看到，Kvs 字段保存本次 Get 查询的所有 kv 对；mvccpb.KeyValue 对象的定义如下：

```
  type KeyValue struct {

    Key[]byte `protobuf:"bytes,1,opt,name=key,proto3" json:"key,omitempty"`
    // create_revision 是当前 key 的最后创建版本
    CreateRevision  int64  `protobuf:"varint,2,opt,name=create_revision,
json=createRevision,proto3" json:"create_revision,omitempty"`
    // mod_revision 是指当前 key 的最新修订版本
    ModRevision  int64  `protobuf:"varint,3,opt,name=mod_revision,json=
modRevision,proto3" json:"mod_revision,omitempty"`
    // key 的版本，每次更新都会增加版本号
    Versionint64`protobuf:"varint,4,opt,name=version,proto3"json:
"version,omitempty"`

    Value[]byte`protobuf:"bytes,5,opt,name=value,proto3"json:"value, omite
mpty"`
    // 绑定了 key 的租期 Id，当 lease 为 0 ，则表明没有绑定 key；租期过期，则会删
除 key
    Lease int64 `protobuf:"varint,6,opt,name=lease,proto3" json:"lease,
omitempty"`
  }
```

至于 RangeResponse.More 和 Count，当使用 withLimit()选项进行 Get 时会发挥作用，相当于分页查询。

然后，通过一个特别的 Get 选项，获取 aa 目录下的所有子目录：

```
  rangeResp, err := kv.Get(context.TODO(), "/aa", clientv3.WithPrefix())
```

WithPrefix() 用于查找以/aa 为前缀的所有 key，因此可以模拟出查找子目录的效果。

我们知道 etcd 是一个有序的 kv 存储，因此/aa 为前缀的 key 总是顺序排列在一起。

withPrefix 实际上会转化为范围查询，它根据前缀“/aa”生成一个 key range，范围为 [“/aa/”, “/aa0”)，这是因为比/大的字符是 0，所以以/aa0 作为范围的末尾，就可以扫描到所有的以“/aa/”打头的 key。

9.4.3 删除键值对

Delete 用于删除某一个键值对，该方法定义如下：

```
Delete(ctx context.Context, key string, opts ...OpOption) (*DeleteResponse, error)
```

当需要批量删除时，则需要用到可选参数 opts，比如赋值 WithRange(end), [key, end)。该方法的用法如下：

```
kvc.Delete(ctx2, "cc")
```

直接传入需要删除的键是一种比较简单的方式，下面具体看下该方法的内部实现：

```
// 位于 clientv3/kv.go:123
func (kv *kv) Delete(ctx context.Context, key string, opts ...OpOption) (*DeleteResponse, error) {
 r, err := kv.Do(ctx, OpDelete(key, opts...))
 return r.del, toErr(ctx, err)
}
//位于 clientv3/kv.go:144
func (kv *kv) Do(ctx context.Context, op Op) (OpResponse, error) {
    var err error
    switch op.t {
//...
    case tDeleteRange:
        var resp *pb.DeleteRangeResponse
        r := &pb.DeleteRangeRequest{Key: op.key, RangeEnd: op.end, PrevKv: op.prevKV}
        resp, err = kv.remote.DeleteRange(ctx, r, kv.callOpts...)
        if err == nil {
            return OpResponse{del: (*DeleteResponse)(resp)}, nil
        }
```

通过以上的代码，可以看到该方法的实现与 Put 方法类似，只不过 Delete 方法内部将 Op 封装成 tDeleteRange 的类型，kv.Do 方法也是基于对应的起始 key，以及 PrevKv 先前的键值对构建 DeleteRangeRequest。这里如果设置 PrevKv，则在删除它之前获取其值，并在响应结果中将该键值对返回。rpc 调用的 pb 文件中关于 DeleteRangeResponse 的定义如下：

```
type DeleteRangeResponse struct {
    Header*ResponseHeader`protobuf:"bytes,1,opt,name=header"json:"header,omitempty"`
    // deleted is the number of keys deleted by the delete range request.
    Deletedint64`protobuf:"varint,2,opt,name=deleted,proto3"json:"deleted,omitempty"`
    PrevKvs[]*mvccpb.KeyValue`protobuf:"bytes,3,rep,name=prev_kvs,json=prevKvs" json:"prev_kvs,omitempty"`
}
```

Header 与前面介绍一样，本次更新的 revision 信息，其次是 Deleted，代表成功删除多少键值对，最后则是我们所介绍的 PrevKv，用以返回之前的键值对信息。

9.4.4 数据空间压缩

Compact 用于压缩给定版本之前的 KV 历史数据。etcd 默认不会自动 compact，需要设置启动参数，或者通过命令执行 Compact 操作，特别是变更频繁的情况，建议进行压缩设置，否则会导致空间和内存的浪费以及错误。etcd v3 的默认的 backend quota 为 2GB，如果不设置压缩，boltdb 文件大小超过该限制后，就会出现以下错误：

```
Error: etcdserver: mvcc: database space exceeded
```

该错误导致数据无法写入。根据报错的信息以及官方文档中的说明（参见 https://coreos.com/etcd/ docs/latest/ op-guide/maintenance.html ），通过执行命令压缩 etcd 空间并且整理空间碎片即可。可见，Compact 压缩在日常使用 etcd 也是一个常见的操作。

etcd clientv3 的 kv 接口中关于压缩方法的定义如下：

```
    Compact(ctx context.Context, rev int64, opts ...CompactOption)
(*Compact Response, error)
```

调用压缩时，需要传入指定的版本号，该版本号之前的键值对历史数据都会被压缩。其用法如下：

```
kvc.Compact(ctx2, 5)
```

传入历史版本值为 5，所有修订版本在压缩修订版本之前，即 5 之前的版本，其数据都将不可访问。Compact 方法的实现如下：

```
// 位于 clientv3/kv.go:128
func (kv *kv) Compact(ctx context.Context, rev int64, opts ...CompactOption)
(*CompactResponse, error) {
    resp,err:=kv.remote.Compact(ctx,OpCompact(rev, opts...).toRequest(),
kv.callOpts...)
    if err != nil {
        return nil, toErr(ctx, err)
    }
    return (*CompactResponse)(resp), err
}
// 位于 etcdserver/etcdserverpb/rpc.pb.go:3536
func (c *kVClient) Compact(ctx context.Context, in *CompactionRequest,
opts ...grpc.CallOption) (*CompactionResponse, error) {
    out := new(CompactionResponse)
    err := grpc.Invoke(ctx, "/etcdserverpb.KV/Compact", in, out, c.cc,
opts...)
    if err != nil {
        return nil, err
    }
    return out, nil
}
```

kv 中 Compact 的实现是基于自动生成的 rpc 定义 Compact，调用 etcd server 中的 /etcdserverpb.KV/Compact 方法，而 Compact 方法的返回值为 CompactionResponse，其定义如下：

```
type CompactionResponse struct {
```

```
    Header*ResponseHeader`protobuf:"bytes,1,opt,name=header"json:"header,
omitempty"`
}
```

和其他的 response 一样，Header 中保存的主要是本次更新的 revision 信息，业务逻辑整体较为简单。

9.4.5　实践案例：客户端键值对操作

上面介绍了键值对的几种基本操作，键值对的操作相对来说较为简单，通过调用相关的接口实现包括读、写、删除三种功能。在 etcd 中定义 kv 接口，用来对外提供这些操作，下面进行具体的测试用例，描述客户端连接及相关操作，代码如下：

```
package client

import (
    "context"
    "fmt"
    "github.com/google/uuid"
    "go.etcd.io/etcd/clientv3"
    "testing"
    "time"
)

func TestKV(t *testing.T) {
    rootContext := context.Background()
    // 客户端初始化
    cli, err := clientv3.New(clientv3.Config{
        Endpoints:   []string{"localhost:2379"},
        DialTimeout: 2 * time.Second,
    })
    // etcd clientv3 >= v3.2.10, grpc/grpc-go >= v1.7.3
    if cli == nil || err == context.DeadlineExceeded {
        // handle errors
        fmt.Println(err)
        panic("invalid connection!")
    }
    // 客户端断开连接
    defer cli.Close()
    // 初始化 kv
    kvc := clientv3.NewKV(cli)
    //获取值
    ctx,cancelFunc:=context.WithTimeout(rootContext,time.Duration(2)*time.
Second)
    response, err := kvc.Get(ctx, "cc")
    cancelFunc()
    if err != nil {
        fmt.Println(err)
```

```
        }
        kvs := response.Kvs
        // 输出获取的 key
        if len(kvs) > 0 {
            fmt.Printf("last value is :%s\r\n", string(kvs[0].Value))
        } else {
            fmt.Printf("empty key for %s\n", "cc")
        }
        //设置值
        uuid := uuid.New().String()
        fmt.Printf("new value is :%s\r\n", uuid)
        ctx2,cancelFunc2:=context.WithTimeout(rootContext,time.Duration(2)*time.
Second)
        _, err = kvc.Put(ctx2, "cc", uuid)
        // 设置成功后，将该 key 对应的键值删除
        if delRes, err := kvc.Delete(ctx2, "cc"); err != nil {
            fmt.Println(err)
        } else {
            fmt.Printf("delete %s for %t\n", "cc", delRes.Deleted > 0)
        }
        cancelFunc2()
        if err != nil {
            fmt.Println(err)
        }
    }
```

以上的测试用例，主要是针对 kv 的操作，依次获取 key，即 Get()，对应 etcd 底层实现的 range 接口；其次是写入键值对，即 put 操作；最后删除刚刚写入的键值对。预期的执行结果如下：

```
=== RUN   Test
empty key for cc
new value is: 41e1362a-28a7-4ac9-abf5-fe1474d93f84
delete cc for true
--- PASS: Test (0.11s)
PASS
```

可以看到，刚开始 etcd 并没有存储键 cc 的值，随后写入新的键值对并测试将其删除。etcd clientv3 客户端除了调用上述的接口，还可以根据 Op 直接实现键值对的操作。

9.5 客户端的 Op 操作

Op 字面意思就是“操作”，Get 和 Put 都属于 Op，只是为了简化用户开发而开放的特殊 API。

```
Do(ctx context.Context, op Op) (OpResponse, error)
```

Do 在 KV 中应用单个非事务操作，Get/Put/Delete 适用于操作操作声明时执行的情况。

其参数 Op 是一个抽象的操作，可以是 Put/Get/Delete 等；而 OpResponse 是一个抽象的结果，可以是 PutResponse/GetResponse。

可通过以下函数来调用 Op：

```
func OpDelete(key string, opts ...OpOption) Op
func OpGet(key string, opts ...OpOption) Op
func OpPut(key, val string, opts ...OpOption) Op
func OpTxn(cmps []Cmp, thenOps []Op, elseOps []Op) Op
```

其实和直接调用 KV.Put，KV.GET 没什么区别。通过以下的案例来了解 Op 的具体操作。

在介绍完 etcd 客户端的 Op 操作后，进行相关的实践，基于 kv.Op 实现键值对的存储、获取和删除操作。代码实现如下：

```
package client
import (
    "context"
    "fmt"
    "github.com/google/uuid"
    "go.etcd.io/etcd/clientv3"
    "testing"
    "time")
func TestOp(t *testing.T) {

    client, err := clientv3.New(clientv3.Config{
        Endpoints:   []string{"localhost:2379"},
        DialTimeout: 2 * time.Second,
    })
    if client == nil || err == context.DeadlineExceeded {
        fmt.Println(err)
        panic("invalid connection!")
    }
    defer client.Close()
    kv := clientv3.NewKV(client)
    uuid := uuid.New().String()
    putOp := clientv3.OpPut("aa", uuid)
    if opResp, err := kv.Do(context.TODO(), putOp); err != nil {
        panic(err)
    } else {
        fmt.Println("写入 Revision:", opResp.Put().Header.Revision)
    }
    getOp := clientv3.OpGet("aa")
    if opResp, err := kv.Do(context.TODO(), getOp); err != nil {
        panic(err)
    } else {
        fmt.Println("数据 Revision:", opResp.Get().Kvs[0].ModRevision)
        fmt.Println("数据 value:", string(opResp.Get().Kvs[0].Value))
    }}
```

以上代码预期的输出结果如下：

```
API server listening at: 127.0.0.1:56540
=== RUN   TestOp
写入 Revision: 79
```

```
数据 Revision: 79
数据 value: 1501278f-6fa8-400e-bf7c-7079cdb2fe19
--- PASS: TestOp (0.07s)
PASS
```

在上述实现中，首先写入一个 key=aa，value 为随机生成的 uuid，随后读取 key=aa，结果中返回键值对的版本。

把这个 op 交给 Do 方法执行，返回的 opResp 结构如下：

```
type OpResponse struct {
    put *PutResponse
    get *GetResponse
    del *DeleteResponse
    txn *TxnResponse
}
```

分别对应 Op 的几个操作。这些都定义在 etcdserver/etcdserverpb/rpc.pb.go 中，读者可以自行了解。

etcd 客户端的 Op 操作相关的接口如 OpGet、OpPut、OpTxn 和 OpDelete 等，相比于 Get、Put 等接口是更加底层的实现，通过这些接口方法同样可以实现键值对的基本操作。下面将继续介绍 etcd 客户端中租约相关的使用实践。

9.6 客户端租约 Lease 的定义与实践

etcd 中键值对存储经常结合租赁合约，KV 接口的实现对象中，leasingKV 是专门用于获取绑定租赁合约的 KV 实例，这种实现基于客户端的缓存，这里介绍基于 etcd 服务端实现租约的基本用法以及如何实现键值对的续租。

9.6.1 租约的定义

租约 Lease 绑定在键值对上面，通过 etcd clientv3 获取一个 lease 对象，代码如下：

```
    rootContext := context.Background()

    client, err := clientv3.New(clientv3.Config{
        Endpoints:   []string{"127.0.0.1:2379"},
        DialTimeout: 2 * time.Second,
    })
    // etcd clientv3 >= v3.2.10, grpc/grpc-go >= v1.7.3
    if client == nil || err == context.DeadlineExceeded {
        // handle errors
        fmt.Println(err)
        panic("invalid connection!")
    }
    defer client.Close()

lease := clientv3.NewLease(client)
```

以上的实现中，在配置好 etcd client 后，通过 NewLease 方法初始化一个 lease 对象。Lease 的定义如下：

```
type Lease interface {
    Grant(ctx context.Context, ttl int64) (*LeaseGrantResponse, error)

    Revoke(ctx context.Context, id LeaseID) (*LeaseRevokeResponse, error)

    TimeToLive(ctx  context.Context,  id  LeaseID,  opts  ...LeaseOption)
(*LeaseTimeToLiveResponse, error)

    Leases(ctx context.Context) (*LeaseLeasesResponse, error)

    KeepAlive(ctxcontext.Context,idLeaseID)(<-chan*LeaseKeepAliveResponse,
error)

    KeepAliveOnce(ctxcontext.Context,idLeaseID)(*LeaseKeepAliveResponse,
error)
    Close() error
}
```

通过以上代码，我们知道 Lease 提供了 7 个主要接口，详细说明如表 9-4 所示。

表 9-4 Lease 提供的主要接口

接口名称	说 明
Grant	分配一个租约
Revoke	释放一个租约
TimeToLive	获取剩余 TTL 时间
Leases	列举所有 etcd 中的租约
KeepAlive	自动定时的续约某个租约
KeepAliveOnce	为某个租约续约一次
Close	释放当前客户端建立的所有租约

要想实现 key 自动过期，首先创建一个租约，它有 10s 的 TTL：

```
grantResp, err := lease.Grant(context.TODO(), 10)
```

grantResp 中主要使用 ID，也就是租约 ID：

```
// LeaseGrantResponse wraps the protobuf message LeaseGrantResponse.
type LeaseGrantResponse struct {
    *pb.ResponseHeader
    ID    LeaseID
    TTL   int64
    Error string
}
```

然后，用这个租约来 Put 一个会自动过期的 key：

```
kv.Put(context.TODO(),"/aa","lease-go",clientv3.WithLease(grantResp.ID
))
```

这里特别需要注意，有一种情况是在 Put 之前 Lease 已经过期了，那么这个 Put 操作会返回 error，此时需要重新分配 Lease。

9.6.2 租期的使用

通过 etcd 提供的租期功能，实现 key 的定期删除，那么租期如何使用呢？将客户端连接到指定的 etcd 服务端，申请租约并于键值对绑定。具体测试代码如下：

```
package client

import (
    "context"
    "fmt"
    "github.com/google/uuid"
    "go.etcd.io/etcd/clientv3"
    "testing"
    "time"
)

var (
    leaseId        clientv3.LeaseID
    getResp        *clientv3.GetResponse
    leaseGrantResp *clientv3.LeaseGrantResponse
    kv            clientv3.KV
    keepResp       *clientv3.LeaseKeepAliveResponse
    keepRespChan   <-chan *clientv3.LeaseKeepAliveResponse
)
func TestLease(t *testing.T) {
rootContext := context.Background()

    client, err := clientv3.New(clientv3.Config{
        Endpoints:   []string{"localhost:2379"},
        DialTimeout: 2 * time.Second,
    })
    if client == nil || err == context.DeadlineExceeded {
        fmt.Println(err)
        panic("invalid connection!")
    }
    defer client.Close()
    // 申请一个租约
    lease := clientv3.NewLease(client)
    if leaseGrantResp, err = lease.Grant(context.TODO(), 10); err != nil
{
        fmt.Println(err)
        return
    }
    leaseId = leaseGrantResp.ID
```

```
        // 申请一个租约
        lease = clientv3.NewLease(client)
        // keepLease(lease, int64(leaseId))

        // 获得 kv API 子集
        kv = clientv3.NewKV(client)
        uuid := uuid.New().String()
        ctx,cancelFunc:=context.WithTimeout(rootContext,time.Duration(2)
*time.Second)
        iferr = kv.Put(ctx,"dd",uuid,clientv3.WithLease(leaseId));err!=nil{
            fmt.Println(err)
            return
        }
        cancelFunc()
        for {
            ctx2,cancelFunc2:=context.WithTimeout(rootContext,time.Duration(2)
*time.Second)
            if getResp, err = kv.Get(ctx2, "dd"); err != nil {
                fmt.Println(err)
                return
            }
            cancelFunc2()
            if getResp.Count == 0 {
                fmt.Println("kv 过期了")
                break
            }
            fmt.Println("还没过期:", getResp.Kvs)
            time.Sleep(2 * time.Second)
        }

    }
```

以上的代码实现，首先是获取初始化好的 lease 对象，并获取一个租约，对应的时间为 10s。然后将这个租期 id 绑定到指定的 key，一个租期 Lease 可以对应多个键值对。最后是每隔 2s 循环检测，键值对是否过期，输出检测的结果。预期的执行结果如下：

```
    === RUN   TestLease
    还没过期: [key:"dd" create_revision:62 mod_revision:62 version:1
value:"7cacac70-76dc-4ec8-b7be-04e6d030e71c" lease:7587848943239472544 ]
    还没过期: [key:"dd" create_revision:62 mod_revision:62 version:1 value:"
7cacac70-76dc-4ec8-b7be-04e6d030e71c" lease:7587848943239472544 ]
    还没过期: [key:"dd" create_revision:62 mod_revision:62 version:1 value:"
7cacac70-76dc-4ec8-b7be-04e6d030e71c" lease:7587848943239472544 ]
    还没过期: [key:"dd" create_revision:62 mod_revision:62 version:1 value:"
7cacac70-76dc-4ec8-b7be-04e6d030e71c" lease:7587848943239472544 ]
    还没过期:[key:"dd" create_revision:62 mod_revision:62 version:1 value:
"7cacac70-76dc-4ec8-b7be-04e6d030e71c" lease:7587848943239472544 ]
    还没过期:[key:"dd" create_revision:62 mod_revision:62 version:1 value:
"7cacac70-76dc-4ec8-b7be-04e6d030e71c" lease:7587848943239472544 ]
```

```
kv 过期了
--- PASS: TestLease (12.23s)
PASS
```

可以看到程序的执行结果，键值对是在程序执行 10s 后过期，并退出应用。

9.6.3 自动续租

当实现服务注册时，需要主动给 Lease 进行续约，这需要调用 KeepAlive/Keep AliveOnce，可以在一个循环中定时的调用：

```
keepResp, err := lease.KeepAliveOnce(context.TODO(), grantResp.ID)
// sleep 一会...
```

keepResp 结构如下：

```
//LeaseKeepAliveResponsewrapstheprotobufmessage LeaseKeepAliveResponse.
type LeaseKeepAliveResponse struct {
    *pb.ResponseHeader
    ID  LeaseID
    TTL int64
}
```

KeepAlive 和 Put 一样，如果在执行前 Lease 就已经过期了，那么需要重新分配 Lease。etcd 并没有提供 API 来实现原子的 Put with Lease。

9.6.4 租约的续租

继续在之前的基础上完善租约的续租，定义一个内部函数 keepLease，用于刷新租期的有效时间，具体实现代码如下：

```
func keepLease(lease clientv3.Lease, leaseId int64) {
    var err error = nil
    ifkeepRespChan,err=lease.KeepAlive(context.TODO(),clientv3.LeaseID(lea
seId)); err != nil {
        fmt.Println("error is : ", err)
        return
    }
    go func() {
        for {
            select {
            case keepResp = <-keepRespChan:
                if keepRespChan == nil {
                    fmt.Println("租约已经失效了")
                    goto END
                } else { // 每秒会续租一次，所以就会受到一次应答
                    fmt.Println("收到自动续租应答:", keepResp.ID)
                }
            }
        }
```

```
        END:
    }()
}
```

KeepAlive 使给定的租约永远有效。如果发布到该通道的 keepalive 响应没有立即被消费，则租约客户端将至少每秒继续向 etcd 服务器发送保持活动请求，直到最新的响应被消费。以上的代码，预期的执行结果如下：

```
=== RUN   TestLease
收到自动续租应答: 7587848943239472555
还 没 过 期 :[key:"dd"create_revision:64mod_revision:64version:1value:
"8b09f79b-ce49-421f-9aa0-a5a0e144bc88" lease:7587848943239472555 ]
还 没 过 期 :[key:"dd"create_revision:64mod_revision:64version:1value:
"8b09f79b-ce49-421f-9aa0-a5a0e144bc88" lease:7587848943239472555 ]
收到自动续租应答: 7587848943239472555
还 没 过 期 :[key:"dd"create_revision:64mod_revision:64version:1value:
"8b09f79b-ce49-421f-9aa0-a5a0e144bc88" lease:7587848943239472555 ]
还 没 过 期 :[key:"dd"create_revision:64mod_revision:64version:1value:
"8b09f79b-ce49-421f-9aa0-a5a0e144bc88" lease:7587848943239472555 ]
收到自动续租应答: 7587848943239472555
还 没 过 期 :[key:"dd"create_revision:64mod_revision:64version:1value:
"8b09f79b-ce49-421f-9aa0-a5a0e144bc88" lease:7587848943239472555 ]
还 没 过 期 :[key:"dd"create_revision:64mod_revision:64version:1value:
"8b09f79b-ce49-421f-9aa0-a5a0e144bc88" lease:7587848943239472555 ]
收到自动续租应答: 7587848943239472555
...
```

可以看到程序一直在运行，并没有中断结束。keepRespChan 每秒都会收到客户端请求续租的应答。

etcd clientv3 客户端提供了很方便实用的租约 API 实现租约的创建、绑定、续租。下面介绍客户端 Watch 机制的定义与使用。

9.7 客户端 Watch 机制的定义与使用

Watch 机制用于监控 etcd 中键值对的变更，实现服务注册与发现时，经常需要监测注册中心的配置变更，以便能正确获取服务实例。etcd 中的 Watch 实现流程描述如下：

（1）在 etcd 写入一对 KV；

（2）使用 Watch 监听这对 KV，如果一切正常，这时候请求会被阻塞住；

（3）修改刚刚写入的 KV；

（4）阻塞的那个请求返回 Watch 到的结果。

下面介绍 Watch 相关的接口以及通信对象的定义。

9.7.1 Watch 相关接口定义

我们首先看下 clientv3 中对外提供的 watcher 接口，定义如下：

```
// 位于 clientv3/watch.go:45type Watcher interface {
    // watch 可以用于监测 key 或者 key 前缀。监测时间将会通过通道 WatchChan 返回
    Watch(ctx context.Context, key string, opts ...OpOption) WatchChan

    // Close 关闭 watcher 并取消所有的检测请求
    Close() error
}
```

watcher 接口定义了两个方法：Watch 和 Close。前者用于启动对指定 key 或者前缀的检测，后者用于关闭 watcher 并取消所有的检测请求。

watch 方法返回一个 WatchChan 类似的变量，WatchChan 是一个 channel，其定义如下：

```
type WatchChan <-chan WatchResponse
```

该通道传递 WatchResponse 类型，WatchResponse 定义如下：

```
// 位于 clientv3/watch.go:81type WatchResponse struct {
    Header pb.ResponseHeader
    Events []*Event

    // CompactRevision 用于指示 watcher 能够接收到的最小 revision
    CompactRevision int64

    Canceled bool

    // Created 用于指示 watcher 的创建成功
    Created bool

    closeErr error
}
```

其中，Canceled 用于指示 watch 故障。如果监视失败并且流将要关闭，则在关闭通道之前，通道会发送最终响应，该响应的 Cancelled 返回为 true，且为非空的 error。

Event 类型是一个 gRPC 生成的消息对象，其结构定义如下：

```
// 位于 mvcc/mvccpb/kv.pb.go:107type Event struct {
    // 事件的类型
    TypeEvent_EventType`protobuf:"varint,1,opt,name=type,proto3,enum=
mvccpb.Event_EventType" json:"type,omitempty"`
    // Kv 持有 event 的 KeyValue
    Kv *KeyValue `protobuf:"bytes,2,opt,name=kv" json:"kv,omitempty"`
    // prev_kv 持有的是当前事件的前一个事件的键值对
    PrevKv  *KeyValue  `protobuf:"bytes,3,opt,name=prev_kv,json=prevKv"
json:"prev_kv,omitempty"`
}
```

Type 表示事件的类型，有 PUT、DELETE 等；Kv 持有 event 的 KeyValue，PUT 时间包含当前的键值对，当指定 kv.Version=1 时，标识键的创建版本。DELETE/EXPIRE 事件包含被删除 key 的修订版本；prev_kv 持有的是当前事件的前一个事件的键值对。

9.7.2　watcher 接口的实现

实现了 watcher 接口的 watcher 类型，结构定义如下：

```
// 位于 clientv3/watch.go:134// watcher 实现了 Watcher 接口 type watcher
struct {
    remote pb.WatchClient

    // mu 用于保护 grpc streams map
    mu sync.RWMutex

    streams map[string]*watchGrpcStream
}
```

watcher 结构很简单，只有 3 个字段。remote 抽象发起 watch 请求的客户端，streams 是一个 map，这个 map 映射 grpc 交互的数据流。还有一个保护并发环境下数据流读写安全的读写锁 mu。

streams 所属的 watchGrpcStream 类型抽象所有交互的数据，其结构定义如下：

```
// 位于 clientv3/watch.go:146type watchGrpcStream struct {
    owner  *watcher
    remote pb.WatchClient

    // ctx 控制内部的 remote.Watch 请求
    ctx context.Context
    // ctxKey is the key used when looking up this stream's context
    ctxKey string

    cancel context.CancelFunc

    substreams map[int64]*watcherStream

    resuming []*watcherStream

    // reqc 发送一个 watch 请求给主协程
    reqc chan *watchRequest
    // respc 从 watch client 接收数据
    respc chan *pb.WatchResponse
    // 关闭完成的通道
    donec chan struct{}

    errc chan error
    // closingc 获取关闭 watchers 的 watcherStream
    closingc chan *watcherStream

    wg sync.WaitGroup

    resumec chan struct{}
    // closeErr 是指在关闭 watch 流遇到的错误
```

```
    closeErr error
}
```

需要注意的是，watchGrpcStream 也包含一个 watcher 类型的 owner 字段，watcher 和 watchGrpcStream 可以互相引用到对方。同时又定义了 watcher 对象中已经定义过的 WatchClient，WatchClient 是 watch 服务的客户端 API。

还有几个字段值得关注，一个是 substreams，其定义和注释如下：

```
// substreams holds all active watchers on this grpc stream
substreams map[int64]*watcherStream
```

substreams 是一个 watcherStream 类型的 map，watcherStream 类型的定义如下：

```
// 位于 clientv3/watch.go:215
type watcherStream struct {
    // initReq  用于初始化该请求
    initReq watchRequest
    // outc 发布监测响应给订阅者的通道
    outc chan WatchResponse
    // recvc 在发布前缓存监测响应的 chan
    recvc chan *WatchResponse

    donec chan struct{}

    closing bool
    // id 是在 grpc stream 上注册的编号
    id int64

    // buf 持有从 etcde 接收到但还未被客户端消费的事件
    buf []*WatchResponse
}
```

watcherStream 代表一个注册过的 watcher。其中定义了两个 channel，其中 outc 发布监测响应给订阅者的通道，recvc 在发布前缓存监测响应的 chan。watcherStream 使用 buf 暂存从 etcd 接收到但还未被客户端消费的事件。

通过图 9-2 所示的关系图，来整理 Watch 监视涉及各个对象之间的关系。

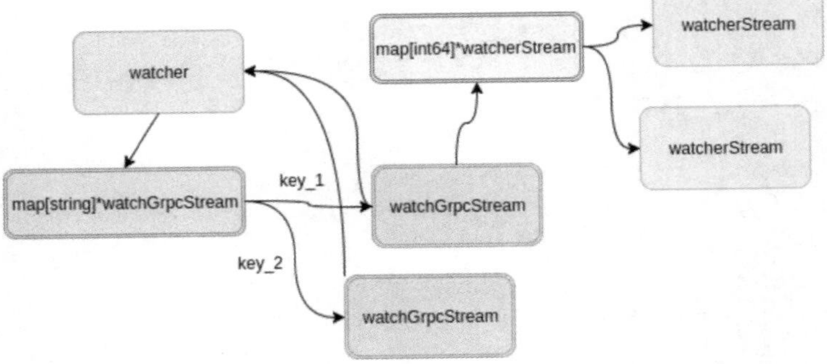

图 9-2　Watch 监视涉及各个对象之间的关系

watcher 实现 Watcher 接口，在其中定义 map[string] *watchGrpcStream，map 中 key 为对应的 ctx，值为 watchGrpcStream。在 watchGrpcStream 中，又有指向 watcher 的 owner 字段，watcher 和 watchGrpcStream 可以互相引用到对方。在 watchGrpcStream 中定义 map[int64]*watcherStream，watcherStream 代表一个注册过的 watcher，每一个 watch 都有与之对应的 watcherStream。

接下来就来具体看看 watcher 中如何实现 Watch 监控，代码如下：

```
// 位于 clientv3/watch.go:282
func (w *watcher) Watch(ctx context.Context, key string, opts ...OpOption)
WatchChan {
    // 应用配置
    ow := opWatch(key, opts...)

    var filters []pb.WatchCreateRequest_FilterType
    if ow.filterPut {
    filters = append(filters, pb.WatchCreateRequest_NOPUT)
    }
    if ow.filterDelete {
    filters = append(filters, pb.WatchCreateRequest_NODELETE)
    }

    // 根据传入的参数构造 watch 请求
    wr := &watchRequest{
    ctx:          ctx,
    //...
    }

    ok := false
    // 将请求上下文格式化为字符串
    ctxKey := fmt.Sprintf("%v", ctx)

    // 接下来配置对应的输出流，注意得加锁
    w.mu.Lock()

    // 如果 stream 为空，返回一个已经关闭的 channel
    // 这种情况应该是防止 streams 为空的情况
    if w.streams == nil {
    // closed
    w.mu.Unlock()
    ch := make(chan WatchResponse)
    close(ch)
    return ch
    }

    // 注意这里，前面我们提到 streams 是一个 map，该 map 的 key 是请求上下文
    // 如果该请求对应的流为空，则新建
    wgs := w.streams[ctxKey]
```

```
    if wgs == nil {
    wgs = w.newWatcherGrpcStream(ctx)
    w.streams[ctxKey] = wgs
    }
    donec := wgs.donec
    reqc := wgs.reqc
    w.mu.Unlock()

    // 这里要设置为缓冲
    closeCh := make(chan WatchResponse, 1)

    // 提交请求
    select {
    // 发送上面构造好的 watch 请求给对应的流
    case reqc <- wr:
    ok = true
    // 请求断开(这里应该囊括客户端请求断开的所有情况)
    case <-wr.ctx.Done():
    // watch 完成
    // 这里应该是处理非正常完成的情况
    // 注意下面的重试逻辑
    case <-donec:
    if wgs.closeErr != nil {
        // 如果不是空上下文导致流被丢弃的情况，则不应该重试
        closeCh <- WatchResponse{closeErr: wgs.closeErr}
        break
    }
    // retry; may have dropped stream from no ctxs
    return w.Watch(ctx, key, opts...)
    }
    // receive channel，如果是初始请求顺利发送才会执行这里
    if ok {
    select {
    case ret := <-wr.retc:
        return ret
    case <-ctx.Done():
    case <-donec:
        if wgs.closeErr != nil {
            closeCh <- WatchResponse{closeErr: wgs.closeErr}
            break
        }
        // retry; may have dropped stream from no ctxs
        return w.Watch(ctx, key, opts...)
    }
    }
    close(closeCh)
    return closeCh
}
```

watch 方法提交一个 watch 请求运行 run() 函数，并等待返回一个新的 watcher 通道。

watch 方法中，如果 context 为 context.Background/TODO，则返回的 WatchChan 将不会关闭并阻塞，直到触发事件为止，除非服务器返回不可恢复的错误。

首先根据传入的参数构造 watch 请求，然后配置对应的输出流，注意要加锁。如果 stream 为空，返回一个已经关闭的 channel，这种情况应该是防止 streams 为空的情况。前面提到 streams 是一个 map，该 map 的 key 是请求上下文。如果该请求对应的流为空，则新建；随后提交请求，watch 完成情况下，如果不是空上下文导致流被丢弃的情况，则不应该重试。否则重试非正常完成的情况。

watcher 接口的另一个方法 Close，用于关闭 watcher，并取消所有的 watch 请求。

```
// 位于 clientv3/watch.go:364func (w *watcher) Close() (err error) {

    w.mu.Lock()
    streams := w.streams
    w.streams = nil
    w.mu.Unlock()
    for _, wgs := range streams {
    if werr := wgs.Close(); werr != nil {
        err = werr
    }
    }
    // 返回一个 error
    return err
}
```

Close 方法关闭 watcher 时，在锁内先将 streams 字段置为空，在锁外再将一个个流都关闭。这样做的意义在于不管哪个流关闭失败都能先保证 streams 与这些流的关系被切断。

9.7.3　实践案例：客户端实现 Watch 监视功能

在了解了 Watch 实现的相关数据结构以及工作原理，下面将进行 Watch 的实践。通过 Watch 监听指定的键值对，在控制台输出相应的变化。

```
package client
import (
    "context"
    "fmt"
    "github.com/coreos/etcd/mvcc/mvccpb"
    "github.com/google/uuid"
    "go.etcd.io/etcd/clientv3"
    "testing"
    "time")
var (
    watchStartRevision int64
    watchRespChan      <-chan clientv3.WatchResponse
    watchResp          clientv3.WatchResponse
```

```
    event            *clientv3.Event
    watcher          clientv3.Watcher)
func TestWatch(t *testing.T) {
    rootContext := context.Background()

    client, err := clientv3.New(clientv3.Config{
        Endpoints:   []string{"localhost:2379"},
        DialTimeout: 2 * time.Second,
    })
    // etcd clientv3 >= v3.2.10, grpc/grpc-go >= v1.7.3
    if client == nil || err == context.DeadlineExceeded {
        // handle errors
        fmt.Println(err)
        panic("invalid connection!")
    }
    defer client.Close()

    uuid := uuid.New().String()
    kv := clientv3.NewKV(client)
    //var err error = nil
    // 模拟 KV 的变化
    go func() {
        for {
            _, err = kv.Put(rootContext, "bb", uuid)
            _, err = kv.Delete(rootContext, "bb")
            time.Sleep(1 * time.Second)
        }
    }()

    // 先 GET 到当前的值，并监听后续变化
    if getResp, err = kv.Get(context.TODO(), "bb"); err != nil {
        fmt.Println(err)
        return
    }

    // 现在 key 是存在的
    if len(getResp.Kvs) != 0 {
        fmt.Println("当前值:", string(getResp.Kvs[0].Value))
    }

    // 获得当前 revision
    watchStartRevision = getResp.Header.Revision + 1
    // 创建一个 watcher
    watcher = clientv3.NewWatcher(client)
    fmt.Println("从该版本向后监听:", watchStartRevision)

    ctx, cancelFunc := context.WithCancel(context.TODO())
    time.AfterFunc(5*time.Second, func() {
```

```
            cancelFunc()
        })

        watchRespChan = watcher.Watch(ctx, "bb", clientv3.WithRev(watchStart
Revision))
        // 处理 kv 变化事件
        for watchResp = range watchRespChan {
            for _, event = range watchResp.Events {
                switch event.Type {
                case mvccpb.PUT:
                    fmt.Println(" 修 改 为 :",string(event.Kv.Value),"Revisio
n:",event.Kv.CreateRevision, event.Kv.ModRevision)
                case mvccpb.DELETE:
                    fmt.Println("删除了", "Revision:", event.Kv.ModRevision)
                }
            }
        }
    }
```

上述 Watch 监视功能的测试，预期的执行结果如下：

```
=== RUN   TestWatch
当前值: 947d6526-d5b2-4c2b-9350-af3c61d79c22
从该版本向后监听: 66
修改为: 8fb2fbbc-0d08-40c5-8d5f-1530f6138a58 Revision: 57 66
删除了 Revision: 67
修改为: 8fb2fbbc-0d08-40c5-8d5f-1530f6138a58 Revision: 68 68
删除了 Revision: 69
修改为: 8fb2fbbc-0d08-40c5-8d5f-1530f6138a58 Revision: 70 70
删除了 Revision: 71
修改为: 8fb2fbbc-0d08-40c5-8d5f-1530f6138a58 Revision: 72 72
删除了 Revision: 73
修改为: 8fb2fbbc-0d08-40c5-8d5f-1530f6138a58 Revision: 74 74
删除了 Revision: 75
--- PASS: TestWatch (5.06s)
PASS
```

在测试的代码中，使用一个协程循环的写入和删除指定的键值对，写入周期为每隔 1s。主协程读取当前的键值，新建一个 watcher，从 66 版本开始向后监听。主协程设定 Watch 监测的 context 有效时间为 5s。根据 watchRespChan 的事件类型：PUT 或者 DELETE，输出相应的版本信息。根据结果可以看到，watch 监测输出 5 次变更事件即结束。

下面将介绍 etcd 客户端如何定义和使用 Txn 事务相关的接口。

9.8　etcd 中的事务

etcd 中事务是原子执行的，只支持 if/then/else 这种表达，能实现一些复杂的业务场景。

当需要开启一个事务，通过 KV 对象的方法实现，代码如下：

```
txn := kv.Txn(context.TODO())
```

基本的用法如下：

```
txnResp, err := txn.If(clientv3.Compare(clientv3.Value("/aa"), "=",
"hello")).
        Then(clientv3.OpGet("/aa")).
        Else(clientv3.OpGet("/test/", clientv3.WithPrefix())).
        Commit()
```

当指定的 If 条件满足，即执行 Then，否则执行 Else 中的操作，最后将事务提交。Txn 支持的方法如下：

```
type Txn interface {
    // If 用作一系列比较，如果所有的比较条件成立，则将继续执行 Then 的操作，否则将执行 Else 的操作。
    If(cs ...Cmp) Txn
    // Then 用来执行一系列操作，当 If 条件成立，操作列表将会被执行
    Then(ops ...Op) Txn

    // Else 同样用来执行一系列操作，当 If 执行失败
    Else(ops ...Op) Txn

    // 提交事务
    Commit() (*TxnResponse, error)
}
```

Txn 事务接口的基本用法中还涉及 clientv3.Compare(clientv3.Value("/aa"), "=", "hello"))，用于比较特定键的值是否与指定的值相等。当相等时，执行 Then 的业务逻辑，否则执行 Else 逻辑。value 方法如下：

```
// 位于 clientv3/compare.go:71
func Value(key string) Cmp {
    return Cmp{Key: []byte(key), Target: pb.Compare_VALUE}
}
```

这个 Value("/aa")返回的 Cmp 表达："/aa 这个 key 对应的 value"。

然后，利用 Compare 函数继续为"主语"增加描述，形成一个完整条件语句，即"/aa 这个 key 对应的 value"必须等于"hello"。

Compare 函数实际上是对 Value 返回的 Cmp 对象进一步修饰，增加了"="与"hello"两个描述信息，代码如下：

```
func Compare(cmp Cmp, result string, v interface{}) Cmp {
    var r pb.Compare_CompareResult

    switch result {
    case "=":
        r = pb.Compare_EQUAL
    case "!=":
        r = pb.Compare_NOT_EQUAL
    case ">":
        r = pb.Compare_GREATER
    case "<":
```

```
        r = pb.Compare_LESS
    default:
        panic("Unknown result op")
    }

    cmp.Result = r
    switch cmp.Target {
    case pb.Compare_VALUE:
        val, ok := v.(string)
        if !ok {
            panic("bad compare value")
        }
        cmp.TargetUnion = &pb.Compare_Value{Value: []byte(val)}
    case pb.Compare_VERSION:
        cmp.TargetUnion = &pb.Compare_Version{Version: mustInt64(v)}
    case pb.Compare_CREATE:
        cmp.TargetUnion=&pb.Compare_CreateRevision{CreateRevision:  must
Int64(v)}
    case pb.Compare_MOD:
        cmp.TargetUnion  =  &pb.Compare_ModRevision{ModRevision:  mustInt
64(v)}
    case pb.Compare_LEASE:
        cmp.TargetUnion = &pb.Compare_Lease{Lease: mustInt64orLeaseID(v)}
    default:
        panic("Unknown compare type")
    }
    return cmp
}
```

Cmp 可以用于描述”key=xxx 的 yyy 属性，必须=、!=、<、>，kkk 值”，比如：

- key=xxx 的 value，必须!=，hello；
- key=xxx 的 create 版本号，必须=，11233；
- key=xxx 的 lease id，必须=，12319231231238。

经过 Compare 函数修饰的 Cmp 对象，内部包含完整的条件信息，传递给 if 函数即可。

类似于 Value 的函数用于指定 yyy 属性，有表 9-5 所示的几个方法。

表 9-5 Compare 函数的说明

方法名称	说　明
func CreateRevision(key string) Cmp	key=xxx 的创建版本必须满足相应的条件
func LeaseValue(key string) Cmp	key=xxx 的 Lease ID 必须满足相应的条件
func ModRevision(key string) Cmp	key=xxx 的最后修改版本必须满足相应的条件
func Value(key string) Cmp	key=xxx 的创建值必须满足相应的条件
func Version(key string) Cmp	key=xxx 的累计更新次数必须满足相应的条件

最后 Commit 提交整个 Txn 事务，需要判断 txnResp 获知 If 条件是否成立，代码如下：

```
if txnResp.Succeeded { // If = true
        fmt.Println("~~~", txnResp.Responses[0].GetResponseRange().Kvs)
} else { // If =false
        fmt.Println("!!!", txnResp.Responses[0].GetResponseRange().Kvs)
}
```

上述代码中 Succeed=true 表示 If 条件成立，接下来需要获取 Then 或者 Else 中的 OpResponse 列表（因为可以传多个 Op），txnResp 的结构如下：

```
// 位于 etcdserver/etcdserverpb/rpc.pb.go:1639type TxnResponse struct {
    Header*ResponseHeader`protobuf:"bytes,1,opt,name=header"json:"header,
omitempty"`
    // succeeded is set to true if the compare evaluated to true or false
otherwise.
    Succeededbool`protobuf:"varint,2,opt,name=succeeded,proto3"json:"
succeeded,omitempty"`

    Responses[]*ResponseOp`protobuf:"bytes,3,rep,name=responses"json:"
responses,omitempty"`
}
```

在 txnResp 的结构中，Succeeded 代表事务执行的结果，成功或者失败；response 是响应的列表，如果成功为 true，则对应于执行成功的结果；如果 Succeeded 为 false，则为失败的响应。

至此，我们介绍完了 etcd 客户端 clientv3 中涉及的主要接口方法，接下来我们将会演示一个通过 Txn 实现分布式锁的综合案例。

9.9 综合案例：通过 Txn 实现分布式锁

在分布式环境下，数据一致性问题一直是个难点。相比于单进程，分布式环境的情况更加复杂。分布式与单机环境最大的不同是，它不是多线程而是多进程。由于多线程可以共享堆内存，因此可以简单地采取内存作为标记存储位置。而多进程可能都不在同一台物理机上，就需要将标记存储在一个所有进程都能看到的地方。

例如，秒杀场景就是一个常见的多进程场景。订单服务部署了多个服务实例，如秒杀商品有 4 个，第一个用户购买 3 个，第二个用户购买 2 个，理想状态下第一个用户能购买成功，第二个用户提示购买失败，反之亦可。而实际可能出现的情况是，两个用户都得到库存为 4，第一个用户买到 3 个，更新库存之前，第二个用户下了 2 个商品的订单，更新库存为 2，导致业务逻辑出错。

在上面的场景中，商品的库存是共享变量，面对高并发情况，需要保证对资源的访问互斥。在单机环境中，比如 Java 语言中其实提供了很多并发处理相关的 API，但是这些 API 在分布式场景中就无能为力了。由于分布式系统具备多线程和多进程的特点，且分布在不同机器中，synchronized 和 lock 关键字将失去原有锁的效果，仅依赖这些语言自身提供的

API 并不能实现分布式锁的功能，因此需要找到其他方法实现分布式锁。

常见的锁方案有如下三种：

（1）基于数据库实现分布式锁；

（2）基于 ZooKeeper 实现分布式锁；

（3）基于缓存实现分布式锁，如 redis、etcd 等。

下面简单介绍这几种锁的实现，其中重点介绍 etcd 实现锁的方法。

9.9.1　基于数据库实现分布式锁

基于数据库实现分布式锁有两种方式，一种是基于数据库表，另一种是基于数据库的排他锁。

1．基于数据库表的增删

基于数据库表的增删是最简单的实现方式，首先创建一张锁的表，主要包含方法名、时间戳等字段。

具体使用的方法为：当需要锁住某个方法时，在该表中插入一条相关的记录。需要注意的是，方法名有唯一性约束。如果有多个请求同时提交到数据库，数据库保证只有一个操作可以成功，那么就可以认为操作成功的那个线程获得该方法的锁，可以执行业务逻辑。执行完毕，需要删除该记录。

对于上述方案可以进行优化，如应用主从数据库，数据之间双向同步。一旦主库挂掉，将应用服务快速切换到从库上。除此之外，还可以记录当前获得锁的机器的主机信息和线程信息，下次再获取锁时先查询数据库，如果当前机器的主机信息和线程信息在数据库可以查到，直接把锁分配给该线程，实现可重入锁。

2．基于数据库排他锁

还可以通过数据库的排他锁来实现分布式锁。基于 MySQL 的 InnoDB 引擎，可以使用以下方法来实现加锁操作：

```
public void lock(){
    connection.setAutoCommit(false)
    int count = 0;
    while(count < 4){
        try{
            select * from lock where lock_name=xxx for update;
            if(结果不为空){
                // 代表获取到锁
                return;
            }
        }catch(Exception e){

        }
        // 为空或者抛异常都表示没有获取到锁
```

```
        sleep(1000);
        count++;
    }
    throw new LockException();
}
```

在查询语句后面增加 for update，数据库会在查询过程中给数据库表增加排他锁。当某条记录被加上排他锁后，其他线程就无法在该行记录上增加排他锁。其他没有获取到锁的线程就会阻塞在上述 select 语句上，可能出现两种结果：在超时之前获取到锁，在超时之前仍未获取到锁。

获得排他锁的线程即可获得分布式锁，获取到锁后，可以执行业务逻辑，执行业务后释放锁即可。

3. 基于数据库锁的总结

上面两种方式的实现都是依赖数据库的一张表，一种是通过表中记录的存在情况确定当前是否有锁存在，另一种是通过数据库的排他锁来实现分布式锁。优点是直接借助现有的关系型数据库，简单且容易理解；缺点是操作数据库需要一定的开销，性能问题以及 SQL 执行超时的异常需要考虑。

9.9.2 基于 ZooKeeper 实现分布式锁

基于 ZooKeeper 的临时节点和顺序特性可以实现分布式锁。

申请对某个方法加锁时，在 ZooKeeper 上与该方法对应的指定节点的目录下，生成一个唯一的临时有序节点。当需要获取锁时，只需判断有序节点中该节点是否为序号最小的一个。业务逻辑执行完成释放锁，只需将这个临时节点删除。这种方式也可以避免由于服务宕机导致的锁无法释放，产生的死锁问题。

Netflix 开源了一套 ZooKeeper 客户端框架 Curator，Curator 提供的 InterProcessMutex 是分布式锁的一种实现。acquire 方法获取锁，release 方法释放锁。另外，锁释放、阻塞锁、可重入锁等问题都可以有效解决。

关于阻塞锁的实现，客户端可以通过在 ZooKeeper 中创建顺序节点，并且在节点上绑定监听器 Watch。一旦节点发生变化，ZooKeeper 会通知客户端，客户端可以检查自己创建的节点是否是当前所有节点中序号最小的，如果是就获取到锁，执行业务逻辑。

ZooKeeper 实现的分布式锁也存在一些缺陷，比如，在性能上可能不如基于缓存实现的分布式锁。因为每次创建锁和释放锁的过程中，都要动态创建、销毁瞬时节点，实现锁功能。

此外，ZooKeeper 中创建和删除节点只能通过 Leader 节点来执行，然后将数据同步到集群中的其他节点。分布式环境中难免存在网络抖动，导致客户端和 ZooKeeper 集群之间的 session 连接中断，此时 ZooKeeper 服务端以为客户端挂了，就会删除临时节点。这时其他客户端就可以获取到分布式锁，会出现多个请求获取到同一把锁的问题，导致业务数据不一致。

9.9.3 基于缓存实现分布式锁

对于基于数据库实现分布式锁的方案来说，基于缓存来实现在性能方面会表现得更好一点，存取速度快很多，而且很多缓存可以集群部署，可以解决单点问题。基于缓存的锁有如下几种：memcached、redis、etcd。下面主要讲解基于 etcd 实现的分布式锁。

通过 etcd 实现分布式锁，同样需要满足一致性、互斥性和可靠性等要求。etcd 中的事务 txn、lease 租约以及 watch 监听特性，能够实现上述要求的分布式锁。

1. 思路分析

通过 etcd 的事务特性可以帮助实现一致性和互斥性。etcd 的事务特性，使用 IF-Then-Else 语句，IF 语言判断 etcd 服务端是否存在指定的 key，通过该 key 创建的版本号 create_revision 是否为 0 来检查 key 是否已存在，如果该 key 存在，版本号不为 0。满足 IF 条件的情况下则使用 Then 执 put 操作，否则 Else 语句将返回抢锁失败的结果。

当然，除了使用 key 是否创建成功作为 IF 的判断依据，还可以创建前缀相同的 key，通过比较这些 key 的 revision 来判断分布式锁应该属于哪个请求。

客户端请求在获取到分布式锁后，如果发生异常，需要及时将锁释放掉，因此需要租约。申请分布式锁时也需要指定租约时间，超过 lease 租期时间将会自动释放锁，保证业务的可用性。

但是在执行业务逻辑时，如果客户端发起的是一个耗时的操作，在操作未完成的情况下，租约时间过期，就会导致其他请求获取分布式锁，造成不一致。这种情况下就需要续租，即刷新租约，使得客户端和 etcd 服务端持续保持心跳。

2. 具体实现

基于上述分析思路，绘制实现 etcd 分布式锁的流程图，如图 9-3 所示。

基于 Go 语言实现的 etcd 分布式锁，测试代码如下：

```
func TestLock(t *testing.T) {
    // 客户端配置
    config = clientv3.Config{
        Endpoints:   []string{"localhost:2379"},
        DialTimeout: 5 * time.Second,
    }
    // 建立连接
    if client, err = clientv3.New(config); err != nil {
        fmt.Println(err)
        return
    }

    //上锁并创建租约
    lease = clientv3.NewLease(client)
```

```
if leaseGrantResp, err = lease.Grant(context.TODO(), 5); err != nil {
    panic(err)
}
leaseId = leaseGrantResp.ID
// 创建一个可取消的租约，主要是为了退出时能够释放
ctx, cancelFunc = context.WithCancel(context.TODO())

// 释放租约
defer cancelFunc()
defer lease.Revoke(context.TODO(), leaseId)

if keepRespChan, err = lease.KeepAlive(ctx, leaseId); err != nil {
    panic(err)
}
// 续约应答
go func() {
    for {
        select {
        case keepResp = <-keepRespChan:
            if keepRespChan == nil {
                fmt.Println("租约已经失效了")
                oto END
            } else { // 每秒会续租一次，所以就会收到一次应答
                fmt.Println("收到自动续租应答:", keepResp.ID)
            }
        }
    }
END:
}()

// 在租约时间内去抢锁（etcd 中的锁就是一个 key）
kv = clientv3.NewKV(client)

// 创建事务
txn = kv.Txn(context.TODO())

// If 不存在 key，Then 设置它，Else 抢锁失败
txn.If(clientv3.Compare(clientv3.CreateRevision("lock"), "=", 0)).
    Then(clientv3.OpPut("lock", "g", clientv3.WithLease(leaseId))).
    Else(clientv3.OpGet("lock"))


// 提交事务
if txnResp, err = txn.Commit(); err != nil {
    panic(err)
}
```

```
        if !txnResp.Succeeded {
            fmt.Println("锁被占用:", string(txnResp.Responses[0].GetResponse
Range().Kvs[0].Value))
            return
        }

        // 抢到锁后执行业务逻辑，没有抢到则退出
        fmt.Println("处理任务")
    time.Sleep(5 * time.Second)
  }
```

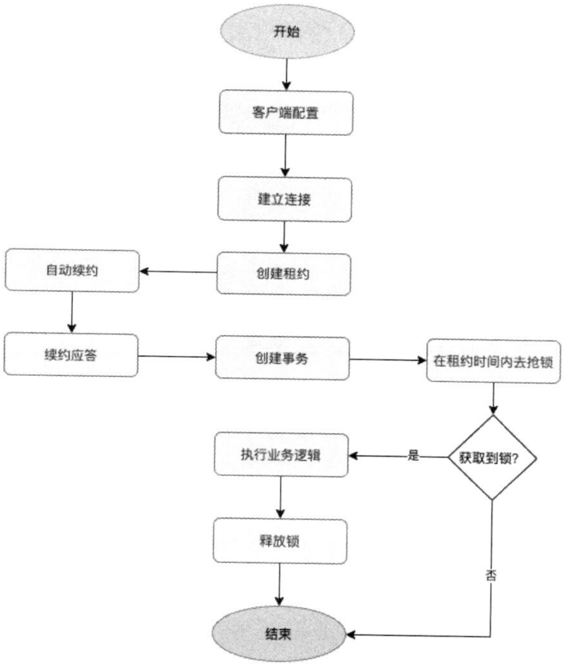

图 9-3　实现 etcd 分布式锁的流程图

预期的执行结果如下：

```
=== RUN   TestLock
处理任务
收到自动续租应答: 7587848943239472601
收到自动续租应答: 7587848943239472601
收到自动续租应答: 7587848943239472601
--- PASS: TestLock (5.10s)
PASS
```

总的来说，关于 etcd 分布式锁的实现过程分为 4 个步骤：

（1）客户端初始化与 etcd 服务端建立连接；

（2）创建租约，自动续租；

（3）创建事务，获取锁；

（4）执行业务逻辑，最后释放锁。

创建租约时，需要创建一个可取消的租约，主要是为了退出时能够释放。释放锁对应的步骤，在上面的 defer 语句中。当 defer 租约关掉时，分布式锁对应的 key 也会被释放掉。

9.10 本章小结

本章主要介绍了 etcd clientv3 中定义的主要方法和通信的对象，并进行实践。首先介绍了由于 Go module 缺陷引起的 etcd 包依赖冲突，etcd clientv3 中存在包的循环依赖，在引入时需要注意特殊的替换。其次重点介绍了几类操作，包括：etcd 中的 KV 存储、Op 操作、租约的使用、Watch 机制以及 etcd 中的事务。通过介绍这些方法的定义与实现，我们进行了案例实践，帮助我们掌握 etcd 客户端的使用。最后介绍了基于 etcd 实现分布式锁的原理。分布式架构不同于单体架构，涉及多服务之间多个实例的调用，在跨进程的情况下使用编程语言自带的并发原语没有办法实现数据的一致性，因此分布式锁出现，用来解决分布式环境中的资源互斥问题。

基于数据库实现分布式锁的两种方式：数据表增删和数据库的排他锁。基于 ZooKeeper 的临时节点和顺序特性也可以实现分布式锁，但是这两种方式或多或少存在性能和稳定性方面的缺陷。重点介绍了基于 etcd 实现分布式锁的方案，根据 etcd 的特点，利用事务 Txn、Lease 租约以及 Watch 监测实现分布式锁。

第 10 章将进入 etcd 的高级应用部分，介绍 etcd 集群的相关特性及其运维、etcd 在微服务架构和 Kubernetes 中的集成与使用。

第 10 章　etcd 集群运维

前面介绍了 etcd 功能特性的特点、使用以及原理，本章将探讨 etcd 集群运维的相关进阶应用。

etcd 集群部署后，动态调整集群是经常发生的情况，比如增加 etcd 节点、移除某个 etcd 节点，或者是更新 etcd 节点的信息。这些情况都需要动态调整 etcd 集群。同样，对于 etcd 集群来说，也需要对其进行调优，使其处于最佳的状态。

本章将介绍 etcd 如何进行常见的集群运行时重配置操作，etcd 运行时重配置命令的设计以及需要注意的内容。并通过分析 etcd 的架构，结合其核心部分对 etcd 集群进行优化。

10.1　集群运行时重配置

集群运行时重配置的前提条件是只有在大多数集群成员都在正常运行时，etcd 集群才能处理重配置请求。

从两个成员的集群中删除一个成员是不安全的，因为两个成员的集群中的大多数也是两个，如果在删除过程中出现故障，集群可能无法运行，需要从多数故障中重新启动。因此 etcd 官方建议：生产环境的集群大小始终大于两个节点。

10.1.1　使用场景介绍

集群的动态重新配置一般的使用场景，如图 10-1 所示。

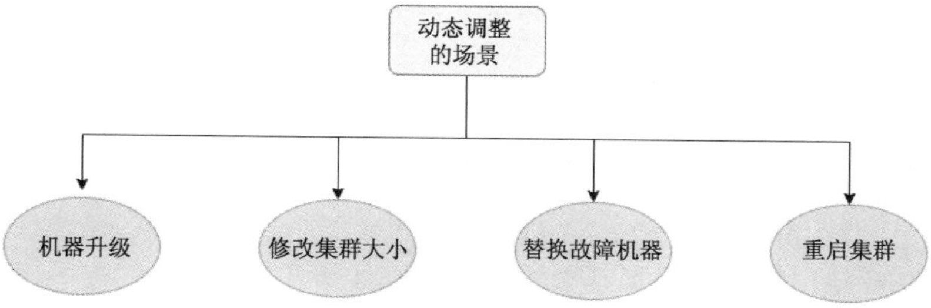

图 10-1　集群动态调整的场景

如上述场景中的大多数，都会涉及添加或移除成员。这些操作一般都会使用 etcd 自带的 etcdctl 命令行工具，命令如下：

```
member add          已有集群中增加成员
```

```
    member remove       移除已有集群中的成员
    member update       更新集群中的成员
    member list         集群成员列表
```

除了使用 etcdctl 修改成员，还可以使用 etcd v3 gRPC members API。

下面将基于 etcdctl 具体介绍 etcd 集群如何进行更新成员、删除成员和增加新成员等运维操作。

10.1.2 更新成员

更新成员有两种情况：client URLs 和 peer URLs。这两个配置的功能如下：

- client URLs 用于客户端的 URL，也就是对外服务的 URL；
- peer URLs 用作监听 URL，用于与其他节点通信。

下面具体分析这两种更新成员的情况。

1. 更新 client URLs

为了更新成员的 client URLs，只需使用更新后的 client URL 标记（ --advertise- lient-urls）或者环境变量来重启这个成员（ETCD_ADVERTISE_CLIENT_ URLS）。重启后的成员将自行发布更新后的 URL，错误更新的 client URL 将不会影响 etcd 集群的健康。

2. 更新 peer URLs

要更新成员的 peer URLs，首先通过成员命令更新它，然后重启成员，因为更新 peerURL 修改了集群范围配置并能影响 etcd 集群的健康。

当要更新某个成员的 peer URL 时，需要找到该目标成员的 ID，使用 etcdctl 列出所有成员：

```
    //设置环境变量
    $ ENDPOINTS=http://localhost:22379
    // 查询所有的集群成员
    $ etcdctl --endpoints=$ENDPOINTS member list -w table

    +------------------+---------+--------+------------------------+------
------------------+------------+
    |        ID        | STATUS  | NAME   |       PEER ADDRS       |      CLIENT
ADDRS      | IS LEARNER |
    +------------------+---------+--------+------------------------+------
------------------+------------+
    | 8211f1d0f64f3269 | started | infra1 | http://127.0.0.1:12380 |
http://127.0.0.1:12379 |    false |
    | 91bc3c398fb3c146 | started | infra2 | http://127.0.0.1:22380 |
http://127.0.0.1:22379 |    false |
    | fd422379fda50e48 | started | infra3 | http://127.0.0.1:32380 |
http://127.0.0.1:32379 |    false |
    +------------------+---------+--------+------------------------+------
------------------+------------+
```

在这个例子中，启动了三个节点的 etcd 集群。更新 8211f1d0f64f3269 成员 ID 并修改它的 peer URLs 值为 http://127.0.0.1:2380。

```
$ etcdctl    --endpoints=http://localhost:12379    member  update
8211f1d0f64f3269  --peer-urls=http://127.0.0.1:2380

Member 8211f1d0f64f3269 updated in cluster ef37ad9dc622a7c
```

可以看到，集群中 8211f1d0f64f3269 对应的成员信息更新成功。更新后，集群的成员列表如图 10-2 所示。

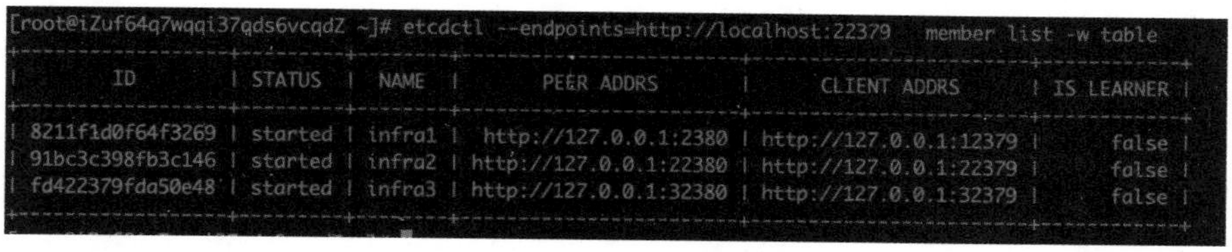

图 10-2　集群列表

使用新的配置重启 infra1，即可完成 etcd 集群成员的 peer URLs 更新。

10.1.3　删除成员

基于上面三个节点的集群，假设要删除 ID 为 8211f1d0f64f3269 的成员，可使用 remove 命令执行成员的删除：

```
$ etcdctl --endpoints=$ENDPOINTS member remove 8211f1d0f64f3269

Member 8211f1d0f64f3269 removed from cluster ef37ad9dc622a7c4
```

可以看到已经成功执行移除集群中 8211f1d0f64f3269 对应的成员 etcd 1，检查成员列表进行确认，如图 10-3 所示。

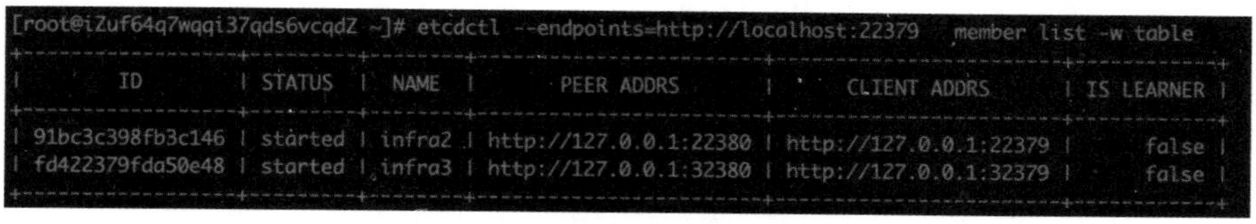

图 10-3　移除成员后确认成员列表

通过图 10-3 的成员列表可以看出，移除该成员后，集群的成员列表只有两个节点。接下来看看控制台日志输出的结果有没有什么变化，如图 10-4 所示。

```
13:14:54 etcd1 | {"level":"info","ts":"2020-10-18T13:14:54.375+0800","caller":"rafthttp/stream.go:459","msg":"stopped stream reader with remote peer","stream-reader-type":"stream Message","local-member-id":"8211f1d0f64f3269","remote-peer-id":"fd422379fda50e48"}
13:14:54 etcd1 | {"level":"info","ts":"2020-10-18T13:14:54.375+0800","caller":"rafthttp/peer.go:340","msg":"stopped remote peer","remote-peer-id":"fd422379fda50e48"}
13:14:54 etcd1 | Terminating etcd1
13:14:55 etcd3 | {"level":"info","ts":"2020-10-18T13:14:55.346+0800","caller":"raft/raft.go:923","msg":"fd422379fda50e48 is starting a new election at term 6"}
13:14:55 etcd3 | {"level":"info","ts":"2020-10-18T13:14:55.346+0800","caller":"raft/raft.go:713","msg":"fd422379fda50e48 became candidate at term 7"}
13:14:55 etcd3 | {"level":"info","ts":"2020-10-18T13:14:55.346+0800","caller":"raft/raft.go:824","msg":"fd422379fda50e48 received MsgVoteResp from fd422379fda50e48 at term 7"}
13:14:55 etcd3 | {"level":"info","ts":"2020-10-18T13:14:55.346+0800","caller":"raft/raft.go:811","msg":"fd422379fda50e48 [logterm: 6, index: 23] sent MsgVote request to 91bc3c398fb3c146 at term 7"}
13:14:55 etcd3 | {"level":"info","ts":"2020-10-18T13:14:55.346+0800","caller":"raft/node.go:331","msg":"raft.node: fd422379fda50e48 lost leader 8211f1d0f64f3269 at term 7"}
13:14:55 etcd2 | {"level":"info","ts":"2020-10-18T13:14:55.347+0800","caller":"raft/raft.go:859","msg":"91bc3c398fb3c146 [term: 6] received a MsgVote message with higher term from fd422379fda50e48 [term: 7]"}
13:14:55 etcd2 | {"level":"info","ts":"2020-10-18T13:14:55.347+0800","caller":"raft/raft.go:700","msg":"91bc3c398fb3c146 became follower at term 7"}
13:14:55 etcd2 | {"level":"info","ts":"2020-10-18T13:14:55.347+0800","caller":"raft/raft.go:960","msg":"91bc3c398fb3c146 [logterm: 6, index: 23, vote: 0] cast MsgVote for fd422379fda50e48 [logterm: 6, index: 23] at term 7"}
13:14:55 etcd2 | {"level":"info","ts":"2020-10-18T13:14:55.347+0800","caller":"raft/node.go:331","msg":"raft.node: 91bc3c398fb3c146 lost leader 8211f1d0f64f3269 at term 7"}
13:14:55 etcd3 | {"level":"info","ts":"2020-10-18T13:14:55.348+0800","caller":"raft/raft.go:824","msg":"fd422379fda50e48 received MsgVoteResp from 91bc3c398fb3c146 at term 7"}
13:14:55 etcd3 | {"level":"info","ts":"2020-10-18T13:14:55.348+0800","caller":"raft/raft.go:1302","msg":"fd422379fda50e48 has received 2 MsgVoteResp votes and 0 vote rejections"}
13:14:55 etcd3 | {"level":"info","ts":"2020-10-18T13:14:55.348+0800","caller":"raft/raft.go:765","msg":"fd422379fda50e48 became leader at term 7"}
13:14:55 etcd3 | {"level":"info","ts":"2020-10-18T13:14:55.348+0800","caller":"raft/node.go:325","msg":"raft.node: fd422379fda50e48 elected leader fd422379fda50e48 at term 7"}
13:14:55 etcd2 | {"level":"info","ts":"2020-10-18T13:14:55.348+0800","caller":"raft/node.go:325","msg":"raft.node: 91bc3c398fb3c146 elected leader fd422379fda50e48 at term 7"}
```

图 10-4　控制台日志输出

此时，目标成员将会自行关闭服务，并在日志中打印出移除信息：

```
13:14:54 etcd1 | {"level":"warn","ts":"2020-10-18T13:14:54.368+0800","caller":"rafthttp/peer_status.go:68","msg":"peer became inactive (message send to peer failed)","peer-id":"fd422379fda50e48","error":"failed to dial fd422379fda50e48 on stream Message (the member has been permanently removed from the cluster)"}
13:14:54 etcd1 | {"level":"warn","ts":"2020-10-18T13:14:54.368+0800","caller":"etcdserver/server.go:1084","msg":"servererror","error":"themember has been permanently removed from the cluster"}
```

这种方式可以安全地移除 leader 和其他成员。如果是移除 leader 的场景，新 leader 被选举时集群将处于不活动状态（inactive），且持续时间通常由选举超时时间和投票过程决定。

10.1.4　添加新成员

当新起节点时，需要加入现有的 etcd 集群中。添加新成员的过程有以下两个步骤：

（1）通过 HTTP members API 添加新成员到集群，gRPC members API 或者 etcdctl member add 命令；

（2）使用新的集群配置启动新成员，包括更新后的成员列表（现有成员加上新成员）。

下面的命令使用 etcdctl 指定 name 和 advertised peer URLs 来添加新的成员到集群。

```
$ etcdctl --endpoints=http://localhost:22379 member add infra4 --peer-urls=http://localhost:2380
Member 574399926694aee9 added to cluster ef37ad9dc622a7c4
```

```
ETCD_NAME="infra4"
ETCD_INITIAL_CLUSTER="infra4=http://localhost:2380,infra2=http://127.0.0.1:22380,infra3=http://127.0.0.1:32380"
ETCD_INITIAL_ADVERTISE_PEER_URLS="http://localhost:2380"
ETCD_INITIAL_CLUSTER_STATE="existing"
```

上面的命令中新增了名为 infra4 的节点，其启动标志了--peer-urls=http://localhost: 2380。

通过命令行的输出，可以看到添加成员执行成功。成员 574399926694aee9 添加到集群 ef37ad9dc622a7c4，并在下方输出集群现有的信息，这些信息很重要。

下面步骤就是基于新的集群配置启动刚刚添加的成员，直接使用 etcd 启动的方式如下：

```
etcd--nameinfra4--listen-client-urlshttp://127.0.0.1:2379--advertise-client-urls http://127.0.0.1:2379 --listen-peer-urls http://127.0.0.1:2380 --initial-advertise-peer-urls http://127.0.0.1:2380 --initial-cluster-token ef37ad9dc622a7c4 --initial-cluster-state existing --initial-cluster 'infra4=http://127.0.0.1:2380,infra2=http://127.0.0.1:22380,infra3=http://127.0.0.1:32380' --enable-pprof --logger=zap --log-outputs=stderr
```

虽然在启动命令中指定了集群的成员、集群的标志、集群状态等信息，但是会出现报错，代码如下：

```
Members:[&{ID:18d3ac4dcf19552b
RaftAttributes:{PeerURLs:[http://localhost:2380]IsLearner:false}
Attributes:{Name:ClientURLs:[]}}&{ID:91bc3c398fb3c146RaftAttributes:{PeerURLs:[http://127.0.0.1:22380]IsLearner:false}Attributes:{Name:infra2ClientURLs:[http://127.0.0.1:22379]}}&{ID:fd422379fda50e48RaftAttributes:{PeerURLs:[http://127.0.0.1:32380]IsLearner:false}Attributes:{Name:infra3ClientURLs:[http://127.0.0.1:32379]}}] RemovedMemberIDs:[]}: unmatched member while checkingPeerURLs(\"http://127.0.0.1:32380\"(resolvedfrom\"http://127.0.0.1:32380\")!=\"http://127.0.0.1:2380\"(resolvedfrom\"http://127.0.0.1:2380\"))","stacktrace":"go.etcd.io/etcd/etcdmain.startEtcdOrProxyV2\n\t/tmp/etcd-release-3.4.5/etcd/release/etcd/etcdmain/etcd.go:271\ngo.etcd.io/etcd/etcdmain.Main\n\t/tmp/etcd-release-3.4.5/etcd/release/etcd/etcdmain/main.go:46\nmain.main\n\t/tmp/etcd-release-3.4.5/etcd/release/etcd/main.go:28\nruntime.main\n\t/usr/local/go/src/runtime/proc.go:200"}
```

根据报错可以知道，这种方式使得启动的新节点也是集群的方式，peer URLs 不匹配，导致启动报错。

我们需要知道 etcdctl 添加成员时已经给出关于新成员的集群信息，并打印出成功启动它需要的环境变量。因此使用关联的标记为新的成员启动 etcd 进程，代码如下：

```
$ export ETCD_NAME="infra4"
$ export ETCD_INITIAL_CLUSTER="infra4=http://localhost:2380,infra2=http://127.0.0.1:22380,infra3=http://127.0.0.1:32380"
$ export ETCD_INITIAL_CLUSTER_STATE=existing

$ etcd --listen-client-urls http://localhost:2379 --advertise-client-urls http://localhost:2379 --listen-peer-urls http://localhost:2380
```

```
--initial-advertise-peer-urls http://localhost:2380
```

上述命令执行完成，新成员将作为集群的一部分运行并立即开始同步集群的其他成员。如果添加多个成员，官方推荐的做法是每次配置单个成员，并在添加更多新成员前验证它正确启动。

此时查看集群的状态如下：

```
    $ etcdctl --endpoints=http://localhost:22379  member list -w table
    +------------------+---------+--------+------------------------+------
------------------+------------+
    |        ID        | STATUS  | NAME   |       PEER ADDRS       |      CLIENT
ADDRS      | IS LEARNER |
    +------------------+---------+--------+------------------------+------
------------------+------------+
    | 18d3ac4dcf19552b | started | infra4 | http://localhost:2380   |
http://localhost:2379  |      false |
    | 91bc3c398fb3c146 | started | infra2 | http://127.0.0.1:22380 |
http://127.0.0.1:22379 |      false |
    | fd422379fda50e48 | started | infra3 | http://127.0.0.1:32380 |
http://127.0.0.1:32379 |      false |
    +------------------+---------+--------+------------------------+------
------------------+------------+
```

从命令的执行结果可以看到，集群成员已经多了一个，就是刚刚增加的。接下来看看日志输出的变化，如图 10-5 所示。

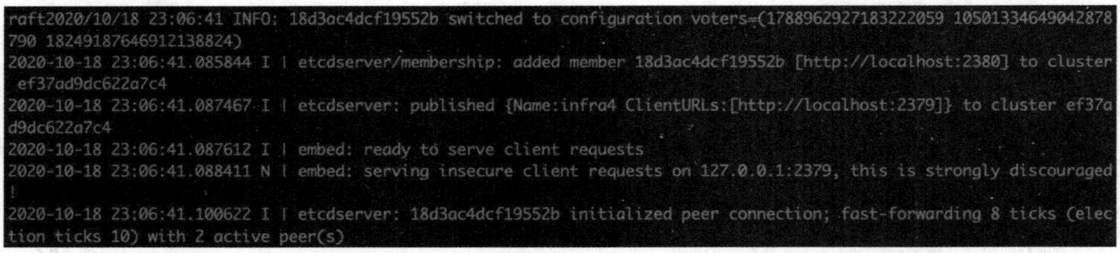
raft2020/10/18 23:06:41 INFO: 18d3ac4dcf19552b switched to configuration voters=(1788962927183222059 10501334649042878790 18249187646912138824)
2020-10-18 23:06:41.085844 I | etcdserver/membership: added member 18d3ac4dcf19552b [http://localhost:2380] to cluster ef37ad9dc622a7c4
2020-10-18 23:06:41.087467 I | etcdserver: published {Name:infra4 ClientURLs:[http://localhost:2379]} to cluster ef37ad9dc622a7c4
2020-10-18 23:06:41.087612 I | embed: ready to serve client requests
2020-10-18 23:06:41.088411 N | embed: serving insecure client requests on 127.0.0.1:2379, this is strongly discouraged!
2020-10-18 23:06:41.100622 I | etcdserver: 18d3ac4dcf19552b initialized peer connection; fast-forwarding 8 ticks (election ticks 10) with 2 active peer(s)

图 10-5　添加新成员日志输出

除此之外，如果添加新成员到一个节点的集群，在新成员启动前集群无法继续工作，因为它需要两个成员作为 galosh 才能在一致性上达成一致。这种情况仅发生在 etcdctl ember add 影响集群和新成员成功建立连接到已有成员的时间内。

10.1.5　增加一个 learner 成员

从 v3.4 版本开始，etcd 支持将新成员添加为 learner，即非投票成员。这个状态的成员主要是为了使添加集群新成员的过程更安全，并减少添加新成员造成集群的停机时间。

因此 etcd 官方推荐将新成员作为 learner 添加到集群中，直到集群稳定为止，这个过程可以描述为以下 4 个步骤：

（1）通过 gRPC 成员 API 或 etcdctl member add --learner 命令，将新成员添加为学习者；

（2）使用新的集群配置启动新成员，包括已更新成员的列表（现有成员加上新成员）；

（3）通过 gRPC 成员 API 或 etcdctl member promote 命令将新添加的 learner 提升为有投票权的成员；

（4）etcd server 验证升级请求以确保集群的运行安全。只有当 learner 节点的 raft 日志达到 Leader 的版本时，learner 才能被提升为有投票权的成员。如果学习者成员未能同步 Leader 的 raft 日志，则成员升级请求将失败。在这种情况下，需要等待并重试。

首先使用带有“--learner”的标志 etcdctl member add 将新成员添加为集群作为学习者，具体实现代码如下：

```
$ etcdctl member add infra3 --peer-urls=http://localhost:2380 --learner
```

执行成功后，需要使用上面类似的方式启动新的 etcd 节点。此时查看 etcdserver 的控制台日志（图 10-6）以及集群成员列表（图 10-7）。

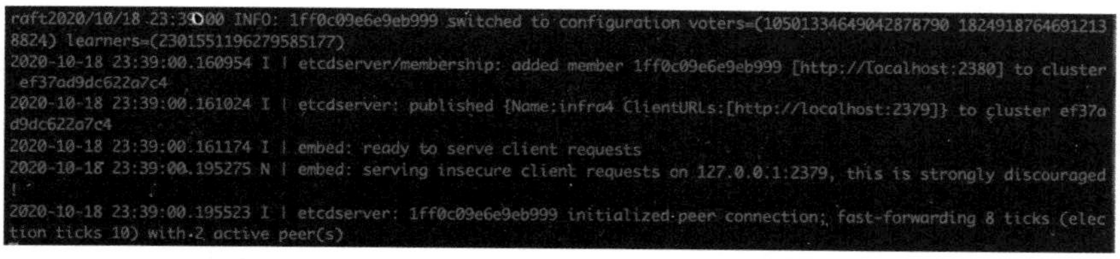

图 10-6　etcd server 的控制台日志

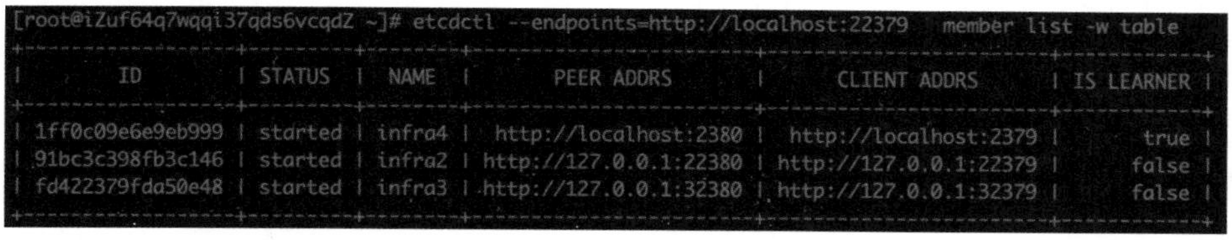

图 10-7　集群成员列表

可以看到，成功添加了一个 learner 成员。在为新添加的 learner 成员启动新的 etcd 流程后，需要使用 etcdctl 成员将 learner 提升为投票成员，实现代码如下：

```
$etcdctl--endpoints=http://localhost:22379memberpromote1ff0c09e6e9eb999
Member 1ff0c09e6e9eb999 promoted in cluster ef37ad9dc622a7c4
```

发现成员 1ff0c09e6e9eb999 成功提升为集群 ef37ad9dc622a7c4 的成员。查看 etcd 成员列表，结果如下：

```
$ etcdctl --endpoints=http://localhost:22379  member list -w table
+------------------+---------+--------+------------------------+------
------------------+------------+
|        ID        | STATUS  |  NAME  |       PEER ADDRS       |      CLIENT
ADDRS      | IS LEARNER |
+------------------+---------+--------+------------------------+------
------------------+------------+
```

```
    |  1ff0c09e6e9eb999  |  started  |  infra4  |    http://localhost:2380  |
http://localhost:2379 |      false |
    |  91bc3c398fb3c146  |  started  |  infra2  |  http://127.0.0.1:22380  |
http://127.0.0.1:22379 |      false |
    |  fd422379fda50e48  |  started  |  infra3  |  http://127.0.0.1:32380  |
http://127.0.0.1:32379 |      false |
    +------------------+---------+--------+------------------------+------
------------------+------------+
```

至此，基于 learner 成员，我们平稳实现了添加 etcd 正式成员的操作，并且减少了 etcd 的停机时间。

10.1.6 严格重配置检查模式（-strict-reconfig-check）

在 10.1.5 节中讲到，添加新成员时需要首先配置单个成员并在添加更多新成员前验证它正确启动，这种分成两步走的方式是 etcd 的最佳实践，也非常重要；因为如果最新添加的成员没有正确配置（如 peer URL 不正确），集群就会丢失法定人数。

发生法定人数丢失是因为最新加入的成员被法定人数计数，即使这个成员对其他已经存在的成员无法访问。同样，法定人数丢失可能发生在有连接问题或者操作问题时。

为了避免这个问题，etcd 提供了选项"-strict-reconfig-check"，也就是严格重配置检查模式。如果在 etcd 启动时将这个选项传递给 etcd，如果启动的成员的数量少于被重配置的集群的法定人数，etcd 将拒绝重配置请求。

为了保持兼容它被默认关闭，在 etcd 的最新版本中，官方推荐开启这个选项。

介绍完 etcd 如何进行常见的集群运行时重配置操作，下面将介绍 etcd 运行时重配置命令的设计以及需要注意的内容。

10.2 运行时重配置的设计及注意点

上面介绍了 etcd 集群重配置的常见操作。运行时重配置是分布式系统中难点之一，也很容易出错，需要了解运行时重配置命令的设计和注意点。

10.2.1 两阶段配置变更设计

在 etcd 中，出于安全考虑，每个 etcd 集群节点进行运行时重配置都必须经历两个阶段：通知集群新配置、加入新成员。

上面介绍的几种集群操作都是按照这两个步骤进行的。以添加新成员为例，两阶段描述如下。

阶段一：通知集群新配置。

将成员添加到 etcd 集群中，需要通过调用 API 将新成员添加到集群中。当集群同意配置修改时，API 调用返回。

阶段二：加入新成员。

要将新的 etcd 成员加入现有集群，需要指定正确的 initial-cluster 并将 initial-cluster-state 设置为 existing。成员启动时，它首先与现有集群通信，并验证当前集群配置是否与 initial-cluster 中指定的预期配置匹配。当新成员成功启动时，集群已达到预期的配置。

将过程分为两个独立的阶段，运维人员需要了解集群成员身份的变化，这实际上提供了更大的灵活性，也更容易理解这个过程。

通过上面的实践可以发现，进行集群运行重配置时，每一阶段都会确认集群成员的数量和状态，当第一阶段没有问题时才进行下一阶段的操作。这是为了第一阶段的状态不正常时，可以及时进行修正，从而避免因为第一阶段的配置问题，导致集群进入无序和混乱的状态。

10.2.2 集群重配置注意点

前面进行了集群运行时重配置的介绍与实践，但有两点在重配置时要特别注意。

（1）集群永久失去它的大多数成员，需要从旧数据目录启动新集群来恢复之前的状态。

集群永久失去它的大多数成员的情况下，完全有可能从现有集群中强制删除发生故障的成员来完成恢复。但是，etcd 不支持该方法，因为它绕过了不安全的常规共识提交阶段。

如果要删除的成员实际上并没有挂掉或通过同一集群中的不同成员强行删除，etcd 最终会得到具有相同 clusterID 的分散集群。这种方式将导致后续很难调试和修复。

（2）运行时重配置禁止使用公用发现服务

公共发现服务应该仅用于引导集群。成功引导集群后，成员的 IP 地址都是已知的。若要将新成员加入现有集群，需使用运行时重新配置 API。

如果依靠公共发现服务会存在一些问题，如公共发现服务自身存在的网络问题、公共发现服务后端是否能够支撑访问负载等。

通过以上介绍我们知道 etcd 公共发现服务的种种问题。如果要使用运行时重配置的发现服务，最好的选择是构建一个私有服务。

下面总结一下集群配置常见的错误，以及如何正确地进行配置集群。

10.3 集群配置避坑指南

etcd 集群配置经常会出现一些问题，本节将介绍集群配置常见的问题。

1. 初始集群成员列表不全

在以下示例代码中，没有将新主机包括在枚举节点列表中。但是，如果这是一个新集群，则必须将该节点添加到初始集群成员列表中，否则会报错。

```
$etcd--nameinfra1--initial-advertise-peer-urls http://192.168.10.8:2380 \
  --listen-peer-urls http://192.168.10.8:2380 \
  --listen-client-urls http://192.168.10.8:2379,http://127.0.0.1:2379 \
```

```
    --advertise-client-urls http://192.168.10.8:2379 \
    --initial-cluster infra0=http://192.168.10.7:2380 \
    --initial-cluster-state new
  etcd: infra1 not listed in the initial cluster config
  exit 1
```

以上的命令行配置中，initial-cluster 只列出集群现有的 infra0，而新加的 infra1 并不在其中，因此会报错 infra1 不在初始化集群配置中。

在新增节点时，需要注意的是，在“-initial-cluster”中将新加的节点列出来。

2. 节点监听多个地址失败

如果需要将某个节点（infra0）映射到与其在集群列表中枚举的地址（192.168.0.7:2380）不同的地址（127.0.0.1:2380）上，即此节点想要监听多个地址，那么这些地址都必须列在 initial-cluster 配置指令中。配置命令如下：

```
  $ etcd --name infra0 --initial-advertise-peer-urls http://127.0.0.1:2380 \
    --listen-peer-urls http://192.168.10.7:2380 \
    --listen-client-urls http://192.168.10.7:2379,http://127.0.0.1:2379 \
    --advertise-client-urls http://192.168.10.7:2379 \
    --initial-cluster
infra0=http://192.168.10.7:2380,infra1=http://192.168.10.8:2380,infra2=htt
p://192.168.10.9:2380 \
    --initial-cluster-state new
  etcd: error setting up initial cluster: infra0 has different advertised
URLs in the cluster and advertised peer URLs list
  exit 1
```

在以上的命令配置中，“initial-advertise-peer-urls”指定的是 127.0.0.1:2380，而在集群初始化配置中指定的是 192.168.10.7:2380，因此控制台报错 infra0 广播的成员地址不一致。正确的做法是要将这些地址都添加到 initial-cluster 配置指令中。

3. 新节点加入集群需要确保配置的一致性

如果新节点配置了一组与当前集群不同的参数，新节点尝试加入当前集群，在启动时将出现 cluster ID 不匹配的错误，一组配置参数以及报错提示如下：

```
  # 当前集群的配置
  $ etcd--nameinfra2--initial-advertise-peer-urls http://192.168.0.9:2380 \
    --listen-peer-urlshttp://192.168.10.9:2380 \
    --listen-client-urlshttp://192.168.10.9:2379,http://127.0.0.1:2379 \
    --advertise-client-urls http://192.168.10.9:2379 \
    --initial-cluster
infra0=http://192.168.10.7:2380,infra1=http://192.168.10.8:2380,infra2=htt
p://192.168.10.9:2380 \
    --initial-cluster-state new

  # 新节点的启动命令
  $etcd--nameinfra3--initial-advertise-peer-urlshttp://192.168.10.10:2380 \
    --listen-peer-urls http://192.168.10.10:2380 \
    --listen-client-urls http://192.168.10.10:2379,http://127.0.0.1:2379 \
```

```
    --advertise-client-urls http://192.168.10.10:2379 \
    --initial-cluster
infra0=http://192.168.10.7:2380,infra1=http://192.168.10.8:2380,infra3=htt
p://192.168.10.10:2380 \
    --initial-cluster-state new
  etcd: conflicting cluster ID to the target cluster (c6ab534d07e8fcc4 !=
bc25ea2a74fb18b0). Exiting.
  exit 1
```

因此在配置 etcd 集群时，需要注意的是，新加节点的配置要与当前集群的配置保持一致。

4. 发现服务没有指定集群的大小

当获取的动态发现令牌未携带集群大小的参数时会出现什么情况呢？以公共发现服务的请求为例，进行验证，示例代码如下：

```
  $ curl https://discovery.etcd.io/new
  https://discovery.etcd.io/3e86b59982e49066c5d813af1c2e2579cbf573de

  $etcd--nameinfra0--initial-advertise-peer-urls http://192.168.10.7:2380 \
    --listen-peer-urls http://192.168.10.7:2380 \
    --listen-client-urls http://192.168.10.7:2379,http://127.0.0.1:2379 \
    --advertise-client-urls http://192.168.10.7:2379 \
    --discovery
https://discovery.etcd.io/3e86b59982e49066c5d813af1c2e2579cbf573de
  etcd: error: the cluster doesn’t have a size configuration value in
https://discovery.etcd.io/3e86b59982e49066c5d813af1c2e2579cbf573de/_config
  exit 1
```

通过控制台可以知道，使用该动态令牌启动集群失败，etcd 集群需要知道集群大小的配置。因此，获取动态令牌时，必须指定群集大小。发现服务使用“集群大小”来了解何时发现最初组成集群的所有成员。

5. 集群已被初始化的情况会忽略 discovery token

当加入的集群已被初始化，该节点的 discovery token 配置将被忽略，并在控制台有如下提示：

```
  $ etcd--nameinfra0 --initial-advertise-peer-urls http://192.168. 0.7:2380 \
    --listen-peer-urls http://192.168.10.7:2380 \
    --listen-client-urls http://192.168.10.7:2379,http://127.0.0.1:2379 \
    --advertise-client-urls http://192.168.10.7:2379 \
    --discovery
https://discovery.etcd.io/3e86b59982e49066c5d813af1c2e2579cbf573de
  etcdserver: discovery token ignored since a cluster has already been
initialized. Valid log found at /var/lib/etcd
```

在日常配置集群时，一定要注意哪些配置是必需的，哪些能够对集群起作用，更要了解对于集群来说具体的作用是什么。

下面将关注如何进行集群的调优，从哪些方面着手提升 etcd 集群的性能。

10.4 调优

在日常工作中经常会遇到各种服务调优，同样，对于 etcd 集群来说，也需要对其进行调优，使其处于最佳的状态。

本节将通过分析 etcd 的架构，结合其核心部分对 etcd 集群进行优化。

10.4.1 etcd 整体分析

在对 etcd 进行调优前，先来看看 etcd 集群的架构图，如图 10-8 所示。

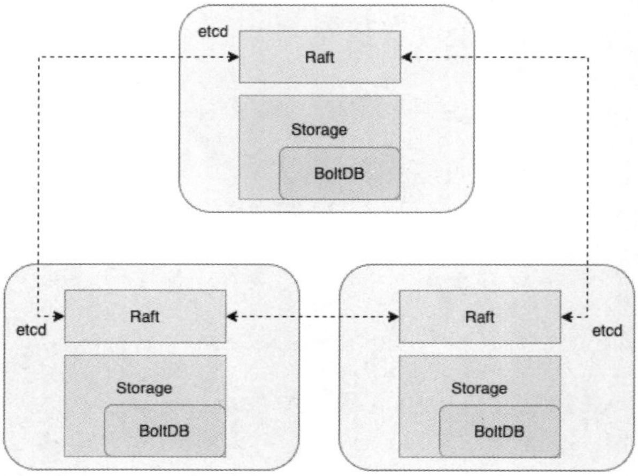

图 10-8 etcd 集群架构

图 10-8 是一个简化的 etcd 集群。完整的 etcd 的架构中包括 API 通信层、Raft 算法层、业务逻辑层（包括鉴权、租约等）和 Storage 存储层。

在图中只标识了 Raft 层，Raft 层是实现 etcd 数据一致性的关键，etcd 节点之间通过 Raft 实现一致性通信。Raft 同步数据需要通过网络，因此网络延迟和网络带宽会影响 etcd 的性能。

还有 Storage 层，Storage 层依赖 BoltDB 作为底层，用以持久化键值对。Storage 层还有 WAL 日志、快照模块。当然，谈起存储势必要提到磁盘 I/O 的性能，WAL 日志受到磁盘 I/O 写入速度影响，fdatasync 延迟也会影响 etcd 性能。BoltDB Tx 的锁以及 BoltDB 本身的性能也将影响 etcd 的性能。上述这些因素都有可能造成 etcd 的性能损失。

10.4.2 推荐的服务器配置

我们来看一下部署 etcd 集群服务器的配置，这也是优化需要首先考虑的内容。

etcd 在开发或测试的场景下，对硬件要求不高，而且也能运行良好。比如，在笔记本电脑或低配置服务器上就可以使用 etcd 进行开发测试。然而在实际生产环境中运行 etcd

集群时，对于性能等方面的要求就变得很高，比如 etcd 集群对外提供服务时要求的高可用性和可靠性。因此，匹配的硬件环境是进行生产部署的良好开端。下面从 CPU 处理器、内存大小、磁盘和网络几个方面，具体介绍 etcd 官方推荐的生产环境配置。

1. CPU 处理器

大部分情况下，etcd 的部署对 CPU 处理器的要求不高。一般的集群只需双核到四核的 CPU 就能平稳运行。如果 etcd 集群负载的客户端达到数千个，每秒的请求数可能是成千上万个，这种情况就需要增加 CPU 的配置，通常需要 8~16 个专用内核。

2. 内存大小

etcd 对内存的需求同样也不是很高，etcd 服务端内存占用相对较小。当然，即使这样也要分配足够的内存给 etcd，通常 8GB 大小的内存就足够了。etcd 服务器会缓存键值数据，其余大部分内存用于跟踪 watch 监视器。因此，对于具有数千个 watch 监视器或者数百万键值对的大型部署，需要相应地将内存扩展到 16GB 以上。

3. 磁盘

磁盘 I/O 速度是影响 etcd 集群性能和稳定性的最关键因素。I/O 速度慢的磁盘会增加 etcd 请求的延迟，并有可能影响集群的稳定性。etcd 的一致性共识算法 Raft 依赖元数据，持久存储在日志中，因此大多数 etcd 集群成员须将请求写入磁盘。

另外，etcd 还将以增量的方式将检查点写入磁盘中，以便截断该日志。如果这些写入花费的时间太长，心跳可能会超时并触发选举，进而破坏集群的稳定性。通常，可以使用基准测试工具判断磁盘的速度是否适合 etcd，为了测量实际的顺序 IOPS，建议使用磁盘基准测试工具，例如 DiskBench 或者 fio。

etcd 对磁盘写入延迟非常敏感，通常需要 7 200 r/min 的磁盘。对于负载较重的集群，官方建议使用 SSD 固态硬盘。etcd 仅需要适度的磁盘带宽，但是当故障成员需要赶上集群时，更大的磁盘带宽可以缩短恢复时间。通常，10MB/s 的带宽可以在 15s 内恢复 100MB 数据，对于大型集群，建议使用 100MB/s 或更高的速度在 15s 内恢复 1GB 数据。

在条件允许的情况下，一般使用 SSD 作为 etcd 的存储。与机械硬盘相比，SSD 写入延迟较低，能够提高 etcd 的稳定性和可靠性。如果使用机械硬盘，尽量使用转速达到 15 000 r/min 的磁盘。对于机械磁盘和 SSD，使用 RAID 0 也是提高磁盘速度的有效方法。由于 etcd 的一致复制已经获得高可用性，至少三个集群成员不需要 RAID 的镜像和磁盘阵列。

4. 网络

多个成员的 etcd 集群部署得益于快速可靠的网络。为了使 etcd 既能实现一致性，又能实现容忍分区性，需要网络保证低延迟和高带宽。低延迟使得 etcd 成员可以快速通信，高带宽可以减少恢复故障 etcd 成员的时间，具有分区中断的不可靠网络将导致 etcd 集群的可用性降低。1GbE 对于常见的 etcd 部署就足够了，对于大型 etcd 集群，10 GBE 的网络可以缩短平均恢复时间。

还可以通过规避在多个数据中心部署 etcd 成员的方式来减少网络开销，单个数据中心内部署 etcd 成员可以避免延迟开销，提升 etcd 集群的可用性。

10.4.3 etcd 调优

前面介绍了部署 etcd 推荐的硬件配置，当硬件配置固定时，我们看看如何优化 etcd 服务。

etcd 启动时的默认设置适用于网络低延迟的场景，网络延迟较高的场景下，如网络跨域数据中心，心跳间隔和选举超时的设置就需要优化。每一次超时时间应该包含一个请求从发出到响应成功的时间，当然网络慢不仅是延迟导致的，还可能受到 etcd 集群成员的低速磁盘 I/O 影响。

1．磁盘

etcd 集群对磁盘的延迟非常敏感。因为 etcd 需要存储变更日志，多个进程同时操作磁盘可能引起更高的 fsync 延迟。I/O 的延迟问题可能引起 etcd 丢失心跳、请求超时或者 Leader 临时丢失，可通过提高 etcd 进程的磁盘优先级来解决磁盘延迟问题。

在 Linux 系统中，etcd 的磁盘优先级可以通过 Ionic 去配置，Ionice 的命令如下：

```
[root@etcd1 ~]# ionice -h


ionice - sets or gets process io scheduling class and priority.


Usage:
  ionice [OPTION] -p PID [PID...]
  ionice [OPTION] COMMAND


Options:
  -c, --class <class>   scheduling class name or number
                         0: none, 1: realtime, 2: best-effort, 3: idle
  -n, --classdata <num> scheduling class data
                         0-7 for realtime and best-effort classes
  -p, --pid=PID          view or modify already running process
  -t, --ignore           ignore failures
  -V, --version          output version information and exit
  -h, --help             display this help and exit
```

根据 Ionice 的提示，我们知道 Ionice 用来获取或设置程序的 I/O 调度与优先级。因此，可以执行以下的命令：

```
$ sudo ionice -c2 -n0 -p `pgrep etcd`
```

上述命令指定-c2 尽最大努力的调度策略，即操作系统将会尽最大努力设置 etcd 进程为最高优先级。

2. 网络调优

如果 etcd 集群的 Leader 实例拥有大量并发客户端连接，网络延迟可能会导致 Follower 成员与 Leader 之间通信的请求处理被延迟。在 Follower 的 Send Buffer 中能看到错误的列表，类似以下的错误：

```
    dropped MsgProp to 917ad13ee8235c3a since streamMsg's sending buffer is full
    dropped MsgAppResp to 917ad13ee8235c3a since streamMsg's sending buffer is full
```

面对这种情况，可以通过提高 Leader 的网络优先级来提高 Follower 请求的响应。在 Linux 系统中，可以使用流量控制机制来确定对等流量的优先级。流量控制器 TC（Traffic Control）用于 Linux 内核的流量控制，其实现主要是通过在输出端口处建立一个队列来实现流量控制。

```
    tc qdisc add dev ens192 root handle 1: prio bands 3

    tc filter add dev ens192 parent 1: protocol ip prio 1 u32 match ip sport 2380 0xffff flowid 1:1

    tc filter add dev ens192 parent 1: protocol ip prio 1 u32 match ip dport 2380 0xffff flowid 1:1

    tc filter add dev ens192 parent 1: protocol ip prio 2 u32 match ip sport 2379 0xffff flowid 1:1

    tc filter add dev ens192 parent 1: protocol ip prio 2 u32 match ip dport 2379 0xffff flowid
```

以上的 5 条命令中，protocol ip 表示该过滤器应该检查报文分组的协议字段。prio 1 表示它们对报文处理的优先级，对于不同优先级的过滤器，系统将按照从小到大的优先级排序。其中第一条命令，建立一个优先级队列，并将该队列绑定到网络物理设备 ens192 上，其编号为 1:0。可以查看本地网卡的名称，以笔者的 Centos 7 为例，可以观察到本地的网卡名称为 ens192，结果如图 10-9 所示。

然后有 4 条过滤器的命令，过滤器主要服务于分类。通过上述代码可以观察到：用于成员间通信的 2380 端口的命令优先级高于 2379 端口。每一个端口有两条命令，分别对应 sport 和 dport。依次执行过滤器，对于相同的优先级，系统将按照命令的先后顺序执行。这几个过滤器还用到 u32 选择器（命令中 u32 后面的部分）来匹配不同的数据流。

[root@etcd1 ~]# ip addr
1: lo: <LOOPBACK,UP,LOWER_UP> mtu 65536 qdisc noqueue state UNKNOWN group default qlen 1000
link/loopback 00:00:00:00:00:00 brd 00:00:00:00:00:00
inet 127.0.0.1/8 scope host lo
valid_lft forever preferred_lft forever
inet6 ::1/128 scope host
valid_lft forever preferred_lft forever
2: ens192: <BROADCAST,MULTICAST,UP,LOWER_UP> mtu 1500 qdisc mq state UP group default qlen 1000
link/ether 00:50:56:b0:05:e9 brd ff:ff:ff:ff:ff:ff
inet 192.168.10.7/24 brd 192.168.10.255 scope global noprefixroute ens192
valid_lft forever preferred_lft forever
inet6 fe80::606:71a5:6717:476/64 scope link noprefixroute
valid_lft forever preferred_lft forever
inet6 fe80::37c8:e5c:4ba8:1d1e/64 scope link tentative noprefixroute dadfailed
valid_lft forever preferred_lft forever

图 10-9 查看本地网卡

第二条和第三条命令，判断的是 dport 和 sport 字段，表示出去或者进来的不同类数据包。如果该字段与 Oxffff 进行与操作的结果是 2380，则 flowid 1:1 表示将把该数据流分配给类别 1:1。通过 TC 命令能够提高 Leader 与 etcd 集群成员之间的网络优先级，使得 etcd 集群处于一个可靠的状态。

3. 快照

etcd 追加所有键值对的变更到日志中，这些日志每一行记录一个 key 的变更，日志规模在不断增长。当简单使用 etcd 时，这些日志增长不会有问题，但集群规模比较大时，问题就会显现，日志越来越多且数据量也会变得越来越大。

为了避免大量日志，etcd 会定期生成快照。这些快照通过将当前状态的修改保存到日志，并移除旧的日志，以实现日志的压缩。

创建快照对于 etcd v2 版本来说开销比较大，所以只有当更改记录操作达到一定数量后，才会制作快照。在 etcd 中，默认创建快照的配置是每 10 000 次更改才会保存快照，如果 etcd 的内存和磁盘使用率过高，也可以降低这个阈值，命令如下：

```
$ etcd --snapshot-count=5000
#或者使用环境变量的方式
$ ETCD_SNAPSHOT_COUNT=5000 etcd
```

使用以上两种方式，都可以实现 etcd 实例修改达到 5 000 次就会保存快照。

4. 时间参数

基本的分布式一致性协议依赖于两个单独的时间参数，分别是心跳间隔和选举超时：

- 心跳间隔（Heartbeat Interval），该参数通常用来保活，代表 Leader 通知所有的 Follower，它还活着，仍然是 Leader，该参数被设置为节点之间网络往返时间，etcd 默认心跳间隔是 100ms；
- 选举超时（Election Timeout），表示 Follower 在多久后还没有收到 Leader 的心跳，它就自己尝试重新发起选举变成 Leader，一般为了避免脑裂发生，这个时间会稍微长一点，etcd 的默认选举超时是 1 000ms，当然，如果时间太长也会导致数据一致性的问题。

一个 etcd 集群中的所有节点应该设置一样的心跳间隔和选举超时。如果设置不一样可能导致集群不稳定。默认值可以通过命令行参数或环境参数覆盖（单位是 ms），如下所示：

```
# 令行参数:
$ etcd --heartbeat-interval=100 --election-timeout=500
# 环境参数:
$ ETCD_HEARTBEAT_INTERVAL=100 ETCD_ELECTION_TIMEOUT=500 etcd
```

在命令中设置心跳间隔为 100ms，选举超时为 500ms。对应的环境变量设置在下方，较为方便。

当然，在实际调整参数时需要考虑网络、服务硬件、负载、集群的规模等因素。心跳间隔推荐设置为节点之间的最大 RTT，一般可设置为 RTT 的 0.5～1.5 倍。如果心跳间隔太短，etcd 实例会频繁发送没必要的心跳，增加 CPU 和网络的使用率。另外，过长的心跳间隔也会延长选举超时时间，一旦选举超时过长，还会导致需要更长的时间才能发现 Leader 故障。测量 RTT 最简单方法就是用 PING 工具。

对于选举超时的时间，应该基于心跳间隔和节点的平均 RTT 去设置。选举超时应该至少是 RTT 的 10 倍，这样才能视为在该网络中容错。例如，节点间的 RTT 是 10ms，那么超时时间至少应该是 100ms。

选举超时时间最大限制是 50 000ms（50s），只有 etcd 被部署在全球范围内时，才使用这个值。如果出现不均匀的网络性能或者常规的网络延迟和丢失，会引起多次 etcd 网络重试，所以 5s 是一个安全的 RTT 最高值。只有心跳间隔为 5s 时，超时时间才设置为 50s。

当然除了服务端的优化，在日常使用过程中还要注意客户端的使用，正确的用法对于一个组件来说很重要。从实践角度来说，etcd 多用于读多写少的场景，读/写的开销不一样，应尽量避免频繁更新键值对数据。除此之外，还应尽可能地复用 lease，避免重复创建 lease。对于相同 TTL 失效时间的键值对，绑定到相同的 lease 租约上也可以避免大量重复创建 lease。

下面将讨论 etcd 在出现问题宕机后如何从故障中恢复。

10.5 故障恢复

etcd 的设计能够承受机器故障。一个 etcd 集群可以从临时故障（如计算机重新启动）中自动恢复，并且对于拥有 N 个成员的集群最多可以承受（N－1）/2 个永久故障。如果成员由于硬件故障或磁盘损坏而永久失败，则它将失去对集群的访问权限。如果集群永久丢失的成员数超过（N－1）/2 个，则灾难性地失败，将不可避免地丢失 Leader。一旦 Leader 丢失，集群将无法达成共识，因此无法继续接受更新。

为了从灾难性故障中恢复，etcd v3 提供快照和还原功能来重新创建集群，而不会丢失关键数据。

1. 备份快照

要恢复集群，首先需要从 etcd 成员那里获取键空间的快照。可以使用 etcdctl snapshot save 命令从活动成员中获取快照，也可以从 etcd 数据目录中复制成员/快照/db 文件。

定期对 etcd 集群进行快照可作为 etcd 键空间的持久备份。通过对 etcd 成员的后端数据库进行定期快照，可以将 etcd 集群恢复到具有已知良好状态的时间点。

使用 etcdctl 保存快照，以下命令将指定成员提供的键空间快照存到文件 snapshot.db。

```
$ etcdctl snapshot save backup.db
# 输出结果如下
{"level":"info","ts":1607845221.930149,"caller":"snapshot/v3_snapshot.go:110","msg":"created temporary db file","path":"backup.db.part"}
{"level":"info","ts":1607845221.9450557,"caller":"snapshot/v3_snapshot.go:121","msg":"fetching snapshot","endpoint":"127.0.0.1:2379"}
{"level":"info","ts":1607845221.9692798,"caller":"snapshot/v3_snapshot.go:134","msg":"fetched snapshot","endpoint":"127.0.0.1:2379","took":0.038992547}
{"level":"info","ts":1607845221.9693696,"caller":"snapshot/v3_snapshot.go:143","msg":"saved","path":"backup.db"}
Snapshot saved at backup.db

$ etcdctl --write-out=table snapshot status backup.db
+----------+----------+------------+------------+
|   HASH   | REVISION | TOTAL KEYS | TOTAL SIZE |
+----------+----------+------------+------------+
| fe01cf57 |       10 |          7 | 2.1 MB     |
+----------+----------+------------+------------+
```

以上命令保存了 etcd 当前的快照，修订号为 10，拥有 7 个键值。

2. 恢复集群

将 etcd 中的数据备份后，需要停掉集群中的所有 etcd 服务。确保所有 etcd 节点停止成功，执行以下的命令：

```
$ ps -ef|grep etcd|grep -v etcd|wc -l
0
```

etcd 停止后，移除所有 etcd 服务实例的数据目录。接下来就是还原集群，这需要一个“db”快照文件。使用 etcdctl snapshot restore 命令还原集群快照将创建新的 etcd 数据目录；所有成员都应使用相同的快照进行还原。还原会覆盖一些快照元数据（特别是成员 ID 和集群 ID）；成员失去了以前的身份。元数据的覆盖可以防止新成员无意中加入现有集群。因此，为了从快照启动集群，还原必须启动新的集群。

还可以在还原时选择性地验证快照完整性。如果快照是通过 etcdctl snapshot save 创建，则它将具有一个完整性哈希值，由 etcdctl snapshot restore 检查。如果快照是从数据目录复制的，则没有完整性哈希，并且只能使用“--skip-hash-check”进行还原。

恢复时使用 etcd 集群配置标志初始化一个新的集群成员，且保存 etcd 的键值对的内容。继续上一个示例，创建三个成员集群，并启用新的 etcd 数据目录（infra0.etcd、infra1.etcd、infra2.etcd），命令如下：

```
# infra0 执行恢复
$ ETCDCTL_API=3 etcdctl snapshot restore snapshot.db \
  --name infra0 \
  --initial-clusterinfra0=http://192.168.10.7:2380,infra1=http://192.
68.10.8:2380,infra2=http://192.168.10.9:2380 \
  --initial-cluster-token etcd-cluster-1 \
  --initial-advertise-peer-urls http://192.168.10.7:2380
# infra1 执行恢复
$ ETCDCTL_API=3 etcdctl snapshot restore snapshot.db \
  --name infra1 \
  --initial-cluster
infra0=http://192.168.10.7:2380,infra1=http://192.168.10.8:2380,infra2=htt
p://192.168.10.9:2380 \
  --initial-cluster-token etcd-cluster-1 \
  --initial-advertise-peer-urls http://192.168.10.8:2380
# infra2 执行恢复
$ ETCDCTL_API=3 etcdctl snapshot restore snapshot.db \
  --name infra2 \
  --initial-cluster
infra0=http://192.168.10.7:2380,infra1=http://192.168.10.8:2380,infra2=htt
p://192.168.10.9:2380 \
  --initial-cluster-token etcd-cluster-1 \
  --initial-advertise-peer-urls http://192.168.10.9:2380
```

接下来需要指定新的 data 目录来启动 etcd，代码如下：

```
# infra0 启动
$ etcd \
  --name infra0 \
  --listen-client-urls http://192.168.10.7:2379 \
  --advertise-client-urls http://192.168.10.7:2379 \
  --listen-peer-urls http://192.168.10.7:2380 &
# infra1 启动
$ etcd \
  --name infra1 \
  --listen-client-urls http://192.168.10.8:2379 \
  --advertise-client-urls http://192.168.10.8:2379 \
  --listen-peer-urls http://192.168.10.8:2380 &
# infra2 启动
$ etcd \
  --name infra2 \
  --listen-client-urls http://192.168.10.9:2379 \
  --advertise-client-urls http://192.168.10.9:2379 \
  --listen-peer-urls http://192.168.10.9:2380 &
```

此时，已还原的 etcd 集群变成可用状态，并根据给定的快照提供键值对服务。

3. 使用错误的 URL 从成员错误配置中恢复集群

在之前，etcd 对使用错误 URL 的成员身份错误配置抛出异常（v3.2.15 之后的版本在 etcd 服务器抛出异常之前返回错误给客户端）。

对于这个问题，官方推荐的方法是从快照还原。“--force-new-cluster” 可用于在保留现有应用程序数据的同时覆盖集群成员资格，但强烈建议不要这样做，因为如果以前集群中的其他成员仍然存活，它将引起异常，需要确保定期保存快照的有效性，在遇到问题时，可以从容地从快照中还原数据。

出现故障问题，需要恢复，在正常运行的状态下，同样需要定期进行维护，接下来将介绍 etcd 定期维护的一些方式。

10.6 高可用之定期维护

etcd 集群需要定期维护才能保持可靠性。etcd 服务端通常可以自动执行定期维护，且不会造成停机或性能显著下降等情况。

所有 etcd 的维护都涉及管理 etcd 键空间消耗的存储资源。存储空间的限制可以防止键空间大小的无限扩张；如果 etcd 集群某个成员的存储空间不足，配额将触发集群范围的警报，这将使系统进入有限操作维护模式。为了避免空间不足以写入键空间，必须压缩 etcd 键空间的历史记录。还可以通过对 etcd 成员进行碎片整理来回收存储空间本身。最后，etcd 成员定期快照备份，对恢复由于误操作引起的意外逻辑数据丢失或损坏很有帮助。

1. 保留 raft 日志

etcd 的“--snapshot-count”命令可配置应用的 raft 条目数，以在压缩前保留在内存中。当“--snapshot-count ”达到时，服务器首先将快照数据保留在磁盘上，然后截断旧条目。当慢速 Follower 在压缩索引前请求日志时，Leader 将发送快照，强制 Follower 覆盖其状态。

“--snapshot-count ”越高，快照中就会将更多 raft 条目保留在内存中，从而导致反复出现更高的内存使用率。由于 Leader 保留最新的 raft 条目的时间更长，因此速度较慢的 Follower 有更多的时间赶上 Leader 快照。“--snapshot-count ”是在较高的内存使用量和慢速 Follower 的更好可用性之间进行权衡的方法。

从 v3.2 开始，“--snapshot-count ”的默认值已从 10 000 更改为 100 000。

在性能方面，“--snapshot-count ”大于 100 000 可能会影响写入吞吐量。数量更多的内存中对象可能会降低 GoGC 标记阶段的 runtime.scanobject 的速度，并且频繁的内存回收会降低分配速度。性能取决于工作负载和系统环境。但是，通常过于频繁的压缩会影响集群的可用性和写入吞吐量。同样，压缩的周期太长，数据积累太多也会对 Go 语言垃圾收集器施加很大的压力。

2. 压缩历史记录：v3 API 键值数据库

由于 etcd 保留了集群中所有版本确切的历史记录，所以需要定期压缩历史记录以避免性能下降和存储空间耗尽。etcd 集群需要定期维护才能保持可靠性，etcd 的维护通常可以自动执行，无须停机，也不会影响性能下降。

压缩历史数据会丢弃给定的压缩版本前所有的历史数据，在压缩数据后，后端数据存储可能会出现内部碎片，碎片仍占用存储空间，因此需要对碎片进行整理将空间释放回文件系统。etcdctl 的压缩命令如下：

```
# compact up to revision 3
$ etcdctl compact 3
```

经过压缩，该版本之前所有 key 的 value 都将不可用，因此压缩版本为 3 之前的值变得不可获取：

```
$ etcdctlget --rev=2 foo
Error:  rpc error: code = 11 desc = etcdserver: mvcc: required revision has
been compacted
```

还可以将 etcd 设置为使用“--auto-compaction-*”选项，在几个小时内自动压缩键空间，命令如下：

```
$ etcd --auto-compaction-retention=1
```

如上命令只保留一小时的历史记录。带有“--auto-compaction-retention = 10”的 v3.0.0 和 v3.1.0 在 v3 键值存储上每 10 小时运行一次定期压缩。压缩器仅支持定期压缩。Compactor 每 5 分钟记录一次最新修订，直到达到第一个压缩周期。如果压缩失败，它将在 5 分钟后重试。

v3.2.0 压缩程序每小时运行一次。压缩器仅支持定期压缩。Compactor 每隔 5 分钟记录一次最新修订。

在 v3.3.0/1/2 中“--auto-compaction-mode = revision --auto-compaction-retention = 1000”配置选型将会自动在最新版本上压缩，每 5 分钟 1 000 次（最新版本为 30 000，紧凑版本为 29 000）。例如，当“--auto-compaction-retention = 10h”时，etcd 首先等待 10 小时进行第一次压缩，然后每小时进行一次压缩（10 小时的 1/10），代码如下：

```
0Hr  (rev = 1)
1hr  (rev = 10)
...
8hr  (rev = 80)
9hr  (rev = 90)
10hr (rev = 100, Compact(1))
11hr (rev = 110, Compact(10))
...
```

无论压缩成功与否，此过程将在给定压缩周期的每 1/10 中重复一次。如果压缩成功，则只会从历史修订记录中删除压缩的修订。

在 v3.3.3 中，“--auto-compaction-mode = revision --auto-compaction-retention = 1000”

自动在最新版本上压缩，每 5 分钟 1 000 次（最新版本为 30 000 时，在 29 000 版本上压缩）。以前，“--auto-compaction-mode = periodic --auto-compaction-retention = 72h ”说明每 7.2 小时自动压缩，每 72 小时保留窗口一次。

3. 碎片整理

压缩键空间后，后端数据库可能会出现内部碎片。内部碎片仍会消耗存储空间。内部压缩旧修订会碎片化 etcd，在后端数据库中留有空隙。etcd 应用本身可以使用碎片空间，但碎片对物理机文件系统来说不可用。换句话说，删除应用程序数据不会回收磁盘上的空间。

碎片整理过程会将此存储空间释放回文件系统。对每个成员进行碎片整理，以避免集群范围内的延迟峰值。

要对 etcd 成员进行碎片整理，可使用以下的 etcdctl defrag 命令：

```
$ etcdctl defrag
Finished defragmenting etcd member[192.168.10.7:2379]
```

需要注意的是，对活动成员进行碎片整理会阻止系统在重建其状态时读取和写入数据。

此外，碎片整理请求不会在集群上复制。即该请求仅应用于本地 etcd 节点。在 --endpoints 标志或--cluster 标志中指定所有成员，以自动查找所有集群成员。

对集群中的所有端点运行碎片整理命令如下：

```
$ etcdctl defrag --cluster
Finished defragmenting etcd member[http://192.168.10.7:2379]
Finished defragmenting etcd member[http://192.168.10.8:2379]
Finished defragmenting etcd member[http://192.168.10.9:2379]
```

要在 etcd 未运行时直接对 etcd 数据目录进行碎片整理，可以使用以下的命令：

```
$ etcdctl defrag --data-dir <path-to-etcd-data-dir>
```

4. 限定空间大小

etcd 中的空间配额可确保集群以可靠的方式运行；如果没有空间配额，出现 keyspace 过大，可能会影响 etcd 的性能，极端情况下甚至会耗尽存储空间，从而导致无法预测的集群状态。如果任何成员的键值空间超出空间限制，则 etcd 会发出一个警报，该警报会将集群置于维护模式，该模式仅接受 key 读取和删除。只有在释放键空间中足够的空间并对后端数据库进行碎片整理以及清除空间配额警报后，集群才能恢复正常运行。

默认情况下，etcd 的保守空间配额设置适合大多数应用程序，同时可以在命令行上以字节为单位进行配置：

```
$ etcd --quota-backend-bytes=$((16*1024*1024))
```

以上的命令设置一个较小的 16MB 的限额。可以通过循环触发空间配额，具体实现代码如下：

```
# 写入 keyspace
$ while [ 1 ]; do dd if=/dev/urandom bs=1024 count=1024 | 
ETCDCTL_API=3 ./etcdctl put key || break; done
```

```
...
{"level":"warn","ts":"2020-12-13T16:04:05.106+0800","caller":"clientv3
/retry_interceptor.go:62","msg":"retrying        of        unary        invoker
failed","target":"endpoint://client-1f73490f-46a1-4376-b20f-4c72879e6a39/1
27.0.0.1:2379","attempt":0,"error":"rpc error: code = ResourceExhausted desc
= etcdserver: mvcc: database space exceeded"}
Error: etcdserver: mvcc: database space exceeded

# 查看 etcd 实例的状态
$ ETCDCTL_API=3 etcdctl --write-out=table endpoint status
```

通过查看 etcd 实例的状态，确认已经超出配额，结果如图 10-10 所示，

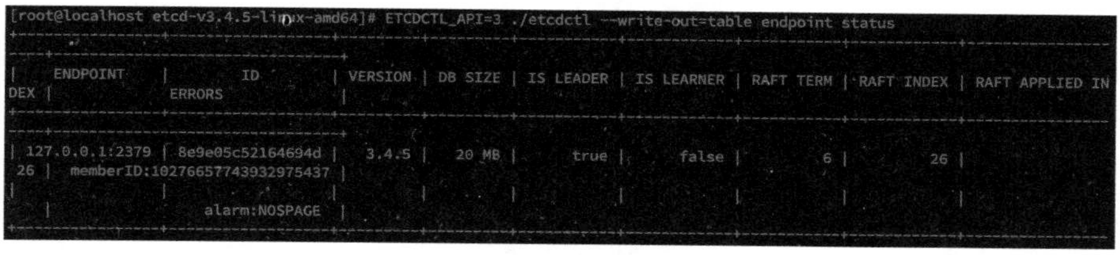

图 10-10 查看 etcd 实例的状态

```
# 确认警报发起
$ ETCDCTL_API=3 etcdctl alarm list
memberID:10276657743932975437 alarm:NOSPACE
```

删除过多的键空间数据并对后端数据库进行碎片整理将使集群重新回到配额限制内，实现代码如下：

```
# 获取当前的版本号
$  rev=$(ETCDCTL_API=3  etcdctl  --endpoints=:2379  endpoint  status
--write-out="json" | egrep -o '"revision":[0-9]*' | egrep -o '[0-9].*')
# 压缩所有的旧版本
$ ETCDCTL_API=3 etcdctl compact $rev
compacted revision 14
# 碎片整理
$ ETCDCTL_API=3 etcdctl defrag
Finished defragmenting etcd member[127.0.0.1:2379]
# 取消报警
$ ETCDCTL_API=3 etcdctl alarm disarm
memberID:10276657743932975437 alarm:NOSPACE
# 测试写入
$ ETCDCTL_API=3 etcdctl put newkey 123
OK
```

上述代码中，“etcd_mvcc_db_total_size_in_use_in_bytes”指明了历史记录压缩后的实际数据库使用情况，而“etcd_debugging_mvcc_db_total_size_in_bytes”则显示数据库的大小，包括等待进行碎片整理的可用空间。后者仅在前者接近时才增加，这意味着当这两个指标都接近配额时，需要进行历史版本压缩以避免触发空间配额。

需要注意的是，“etcd_debugging_mvcc_db_total_size_in_bytes”从 v3.4 重命名为

“etcd_mvcc_db_total_size_in_bytes”。

下面将介绍 etcd 提供的服务监控接口，通过这些 API 接口，可以帮助我们快速地发现和定位问题。

10.7 etcd 服务监控

每个 etcd 服务器都通过 http 端点在其客户端端口上提供本地监视信息。监视数据对于系统运行状况检查和集群调试都非常有用。

1．调试端点

如果设置“--debug”，则 etcd 服务器将在其客户端端口上的/debug 路径下导出调试信息。设置“--debug”会降低性能并增加详细的日志记录。

/debug/pprof 是标准的 Go 语言运行时概要分析端点。该端点可用于分析 CPU、堆、互斥量和 Goroutine 的利用率。例如，go tool pprof 获得 etcd 耗时的前 10 个函数，命令如下：

```
$ go tool pprof http://localhost:2379/debug/pprof/profile
```

连接上后，执行命令 top10，获取耗时的前 10 个函数，输出如图 10-11 所示的结果。

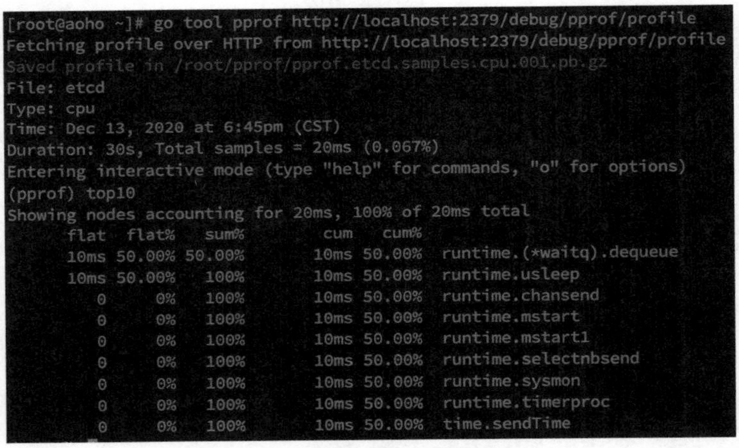

```
[root@aoho ~]# go tool pprof http://localhost:2379/debug/pprof/profile
Fetching profile over HTTP from http://localhost:2379/debug/pprof/profile
Saved profile in /root/pprof/pprof.etcd.samples.cpu.001.pb.gz
File: etcd
Type: cpu
Time: Dec 13, 2020 at 6:45pm (CST)
Duration: 30s, Total samples = 20ms (0.067%)
Entering interactive mode (type "help" for commands, "o" for options)
(pprof) top10
Showing nodes accounting for 20ms, 100% of 20ms total
      flat  flat%   sum%        cum   cum%
      10ms 50.00% 50.00%       10ms 50.00%  runtime.(*waitq).dequeue
      10ms 50.00%   100%       10ms 50.00%  runtime.usleep
         0     0%   100%       10ms 50.00%  runtime.chansend
         0     0%   100%       10ms 50.00%  runtime.mstart
         0     0%   100%       10ms 50.00%  runtime.mstart1
         0     0%   100%       10ms 50.00%  runtime.selectnbsend
         0     0%   100%       10ms 50.00%  runtime.sysmon
         0     0%   100%       10ms 50.00%  runtime.timerproc
         0     0%   100%       10ms 50.00%  time.sendTime
```

图 10-11　查看耗时的函数方法

除此之外，/debug/requests 端点还提供了通过 Web 浏览器提供 gRPC 跟踪和性能统计信息，读者可以自行尝试下，这里不再展开阐述。

2．Metric 端点

etcd 服务器在其客户端端口的/metrics 路径下暴露指标信息，可在“--listen-metrics-urls”配置中指标存储的指定位置。metrics 可以通过 curl 命令获取，代码如下：

```
$ curl -L http://localhost:2379/metrics | grep -v debugging # ignore unstable debugging metrics

# HELP etcd_cluster_version Which version is running. 1 for 'cluster_version' label with current cluster version
```

```
# TYPE etcd_cluster_version gauge
etcd_cluster_version{cluster_version="3.4"} 1
# HELP etcd_disk_backend_commit_duration_seconds Thelatency distributions of commit called by backend.
# TYPE etcd_disk_backend_commit_duration_seconds histogram
etcd_disk_backend_commit_duration_seconds_bucket{le="0.001"} 3
etcd_disk_backend_commit_duration_seconds_bucket{le="0.002"} 6
etcd_disk_backend_commit_duration_seconds_bucket{le="0.004"} 6
etcd_disk_backend_commit_duration_seconds_bucket{le="0.008"} 6
etcd_disk_backend_commit_duration_seconds_bucket{le="0.016"} 6
etcd_disk_backend_commit_duration_seconds_bucket{le="0.032"} 6
etcd_disk_backend_commit_duration_seconds_bucket{le="0.064"} 6
etcd_disk_backend_commit_duration_seconds_bucket{le="0.128"} 6
...
```

服务端 metrics 端点对外的提供指标信息，一般来说都会通过其他中间件统计展示，成为一组时序数据，常见的组合是 Prometheus 和 Grafana，通过配置在 Web 页面展示出来。

3. 健康检查

从 v3.3.0 开始，除了响应/metrics 端点外，"--listen-metrics-urls" 指定的任何地址也将响应/health 端点。如果标准端点配置双向（客户端）TLS 身份验证，但是负载均衡器或监视服务仍需要访问运行状况检查，这种情况下仍然很有用。

下面通过 curl 命令来获取 health 信息，返回结果为 json。

```
$ curl http://127.0.0.1:2379/health
# 返回结果
{
  "health": "true"
}
```

可以使用这个接口检查 etcd 集群中每一个实例的状态，在出现问题时能够及时报警。

4. Prometheus 监控

Prometheus 是一个开源的系统监控和警报工具包，由 SoundCloud 开源。Prometheus 存储的是时序数据，即按相同时序（相同名称和标签），以时间维度存储连续的数据的集合。

时序（time series）是由名字（Metric）以及一组 key/value 标签定义的，具有相同的名字以及标签属于相同时序。Prometheus 具有如下的特点：

- 多维数据模型，时间序列由 metric 名字和 K/V 标签标识；
- 灵活的查询语言（PromQL）；
- 单机模式，不依赖分布式存储；
- 基于 HTTP 采用 pull 方式收集数据；
- 支持 push 数据到中间件；
- 通过服务发现或静态配置发现目标；
- 多种图表和仪表盘。

运行 Prometheus 监控服务是提取和记录 etcd 指标的最简单方法。下面讲解 Prometheus 监控服务的安装和具体使用方法。

（1）安装 Prometheus 和基本设置

Prometheus 也是 Go 语言实现，可以下载二进制文件直接解压执行即可。

```
$ PROMETHEUS_VERSION="2.21.0"
$wget
https://github.com/prometheus/prometheus/releases/download/v$PROMETHEUS_VERSION/prometheus-$PROMETHEUS_VERSION.linux-amd64.tar.gz-O/tmp/prometheus-$PROMETHEUS_VERSION.linux-amd64.tar.gz
$ tar -xvzf /tmp/prometheus-$PROMETHEUS_VERSION.linux-amd64.tar.gz
--directory /tmp/ --strip-components=1
$ /tmp/prometheus --version
# 输出结果如下
prometheus,version2.21.0(branch:HEAD,revision:e83ef207b6c2398919b69cd87d2693cfc2fb4127)
  build user:       root@a4d9bea8479e
  build date:       20200911-11:35:02
  go version:       go1.15.2
```

将 Prometheus 的抓取工具设置为针对 etcd 集群端点，命令如下：

```
cat > /tmp/test-etcd.yaml <<EOF
global:
  scrape_interval: 10s
scrape_configs:
  - job_name: test-etcd
    static_configs:
    -targets:['192.168.10.7:2379','192.168.10.8:2379','192.168.10.9:2379']
EOF
cat /tmp/test-etcd.yaml
```

设置 Prometheus 的 handler，代码如下：

```
nohup /tmp/prometheus \
    --config.file /tmp/test-etcd.yaml \
    --web.listen-address ":9090" \
    --storage.local.path "test-etcd.data" >> /tmp/test-etcd.log  2>&1 &
```

如上配置后，Prometheus 将每 10s 抓取一次 etcd 指标。

（2）告警

对于 Prometheus 1.x 和 Prometheus 2.x，etcd v3 集群有一组默认警报。

需要注意的是，告警设置时可能需要调整 job 标签以适合特定需求。编写规则是为了将其应用于单个集群，因此建议选择集群唯一的标签。

（3）UI 界面：Grafana

Prometheus 是一个时序数据库，采集各种指标后，直接查看很不方便，因此需要一个丰富的 UI 界面。这里选用 Grafana。Grafana 是一个跨平台的开源的度量分析和可视化工具，可通过将采集的数据查询然后可视化的展示，并及时通知。主要有表 10-1 所示的 6 个特点。

表 10-1 Grafana 的特点

特点名称	说 明
展示方式	快速灵活的客户端图表，面板插件有许多不同方式的可视化指标和日志，官方库中具有丰富的仪表盘插件，比如热图、折线图、图表等多种展示方式
数据源	Graphite、InfluxDB、OpenTSDB、Prometheus、Elasticsearch、CloudWatch 和 KairosDB 等
通知提醒	以可视方式定义最重要指标的警报规则，Grafana 将不断计算并发送通知，在数据达到阈值时通过 Slack、PagerDuty 等获得通知
混合展示	在同一图表中混合使用不同的数据源，可以基于每个查询指定数据源，甚至自定义数据源
注释	使用来自不同数据源的丰富事件注释图表，将鼠标悬停在事件上会显示完整的事件元数据和标记
过滤器	Ad-hoc 过滤器允许动态创建新的键/值过滤器，这些过滤器会自动应用于使用该数据源的所有查询

注意：关于 Grafana 的安装，参见 https://grafana.com/，本书中不再赘述。

下面来部署和配置 Grafana 平台，并以 Prometheus 为数据源，建立对 Go 程序的数据展示面板。使用 Docker 部署 Grafana 镜像，命令如下：

```
docker run -d -p 3000:3000 --name=grafana grafana/grafana
```

Grafana 具有内置的 Prometheus 支持，所以只需配置 Prometheus 数据源。在 Web 网页上登录网站 http://192.168.10.7:3000/，用户名和密码默认都是 admin，登录后要修改登录密码。

然后配置 Grafana 的数据源，配置界面如图 10-12 所示，从列表中选择 Prometheus，然后在 URL 一栏填写其服务器地址，Access 一栏选择 Server 项，再单击 Save & Test 按钮检查并保存，这样就将上文配置的 Prometheus 设置为 Grafana 的数据源。

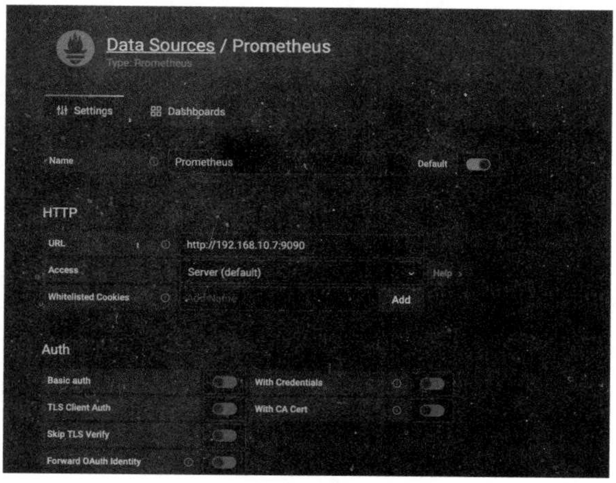

图 10-12 配置 Grafana 的数据源

最后，建立 etcd metrics 数据的可视化看板（见图 10-13），从界面左侧的加号点击，可以从 0 开始新建可视化看板，也可以导入其他人开源的可视化看板。

新建看板时，只要在 Metrics 中输入自己想要监控的数据名称即可，比如想要监控 etcd 程序中 put 操作的数量，则输入 etcd_debugging_mvcc_put_total，然后上方图标就会显示出对应的数据。

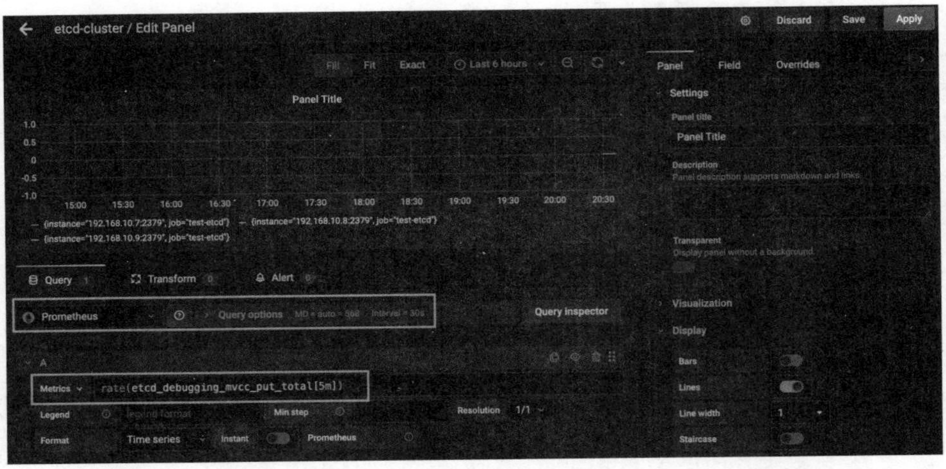

图 10-13　etcd metrics 数据的可视化看板

如果是导入 etcd 仪表板模板，在 https://grafana.com/grafana/dashboards 上搜索 etcd 相关的看板配置，然后检查这个看板配置是否和我们所收集数据的 Exporter 相互吻合，确定后，复制该看板详情页面的网络 URL。这里选择 https://grafana.com/grafana/dashboards/ 3070。

在加载框中输入刚刚复制的地址，如图 10-14 所示。

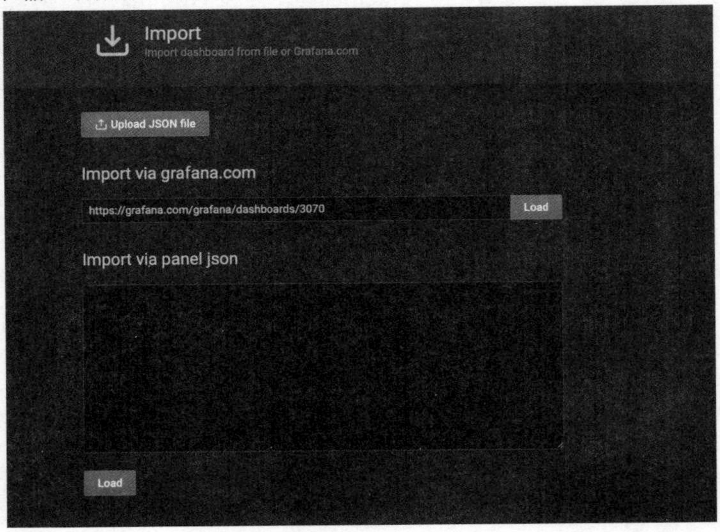

图 10-14　导入 dashboard

单击 Load 按钮，即可加载相关的仪表盘配置，如图 10-15 所示。还可以根据自己的需要修改仪表盘相关的名称，单击 Import 按钮即可成功。

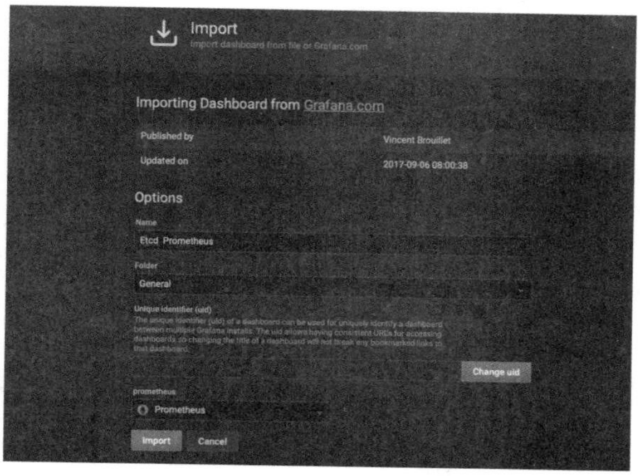

图 10-15 导入仪表盘配置

配置完成的最终页面如图 10-16 所示，读者在进行实践时还可以根据实际的情况进行看板的调整，以符合当前的业务场景和统计需求。

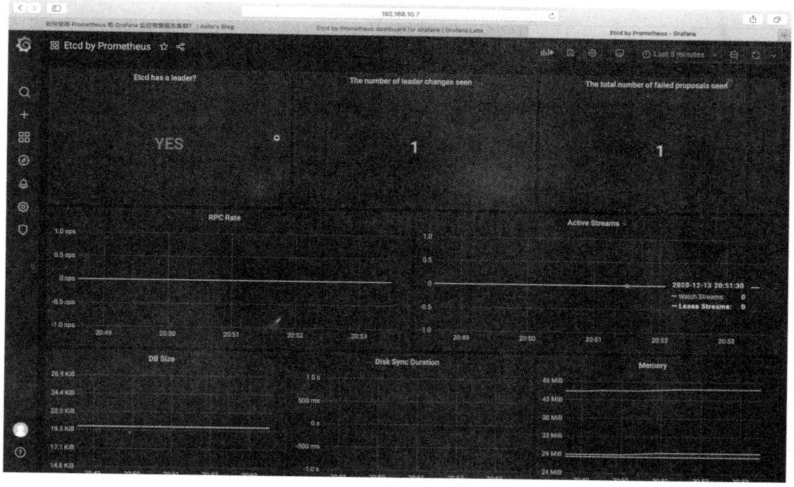

图 10-16 配置完成的最终页面

至此，我们介绍完了 etcd 服务监控的相关配置，通过 etcd 的监控 API 接口，很方便地接入到可视化组件 Grafana 中，实现多维度的监控视图和故障报警。

10.8 本章小结

本章主要介绍了 etcd 运行时重配置集群的常见操作以及 etcd 是如何设计运行时重配置、使用的注意点。然后介绍了 etcd 集群优化的几个方法，包括 etcd 的核心模块。etcd 物理机的硬件参数也会影响 etcd 的性能，因此介绍了官方推荐的硬件配置。集群的优化包括磁盘、网络、快照以及时间参数的几种调优方法。最后介绍了故障恢复、定期维护和集群监控等 etcd 运维的手段。

分布式系统中，运行时集群重配置是一个难点。运行时重配置会涉及集群的稳定性和可用性，因此需要慎之又慎，尽可能避免运行时集群重配置。如果必须重配置 etcd 集群，需要遵循两阶段配置变更的思想，平稳可靠地进行重配置操作。

除了服务端的优化，在日常使用过程中还要注意客户端的使用，正确的用法对于一个组件来说很重要。从实践角度来说，etcd 多用于读多写少的场景，读写的开销不一样，应尽量避免频繁更新键值对数据。除此之外，还应尽可能地复用 lease，避免重复创建 lease。对于相同 TTL 失效时间的键值对，绑定到相同的 lease 租约上也可以避免大量重复创建 lease。

第 11 章将介绍 etcd 的一些扩展模式和功能，包括 etcd 网关模式、gRPC-Gateway 和 gRPC Proxy 等，这些功能特性使得 etcd 成为一个更加完善的云原生存储组件。

第 11 章 etcd 提供的扩展功能

第 10 章介绍了 etcd 集群运维的运行时重配置、集群调优、故障恢复和监控等功能特性与使用方法，这一章我们将来探讨 etcd 提供的一些扩展功能。

etcd 中有 etcd 网关与 gRPC-Gateway 两种类型的网关，很多读者会问：这两种网关有什么区别以及各自的用途是什么？etcd 中的 gRPC proxy 是在 gRPC 层（L7）运行的无状态 etcd 反向代理，那它又是代理什么呢。

本章将围绕 etcd 网关、gRPC-Gateway 以及 gRPC proxy 这三种扩展功能的应用与实践展开讲解。

11.1 etcd 网关模式：构建 etcd 集群的门户

etcd 网关是一个简单的 TCP 代理，可将网络数据转发到 etcd 集群。网关是无状态且透明的，它既不会检查客户端请求，也不会干扰集群响应，支持多个 etcd 服务器实例，并采用简单的循环策略。etcd 网关将请求路由到可用端点，并向客户端隐藏故障，使得客户端感知不到服务端的故障。后期可能会支持其他访问策略，例如加权轮询。

11.1.1 什么时候使用 etcd 网关模式

使用客户端连接到 etcd 服务器时，每个访问 etcd 的应用程序必须知道所要访问的 etcd 集群实例的地址，即用来提供客户端服务的地址：ETCD_LISTEN_CLIENT_URLS。

如果同一服务器上的多个应用程序访问相同的 etcd 集群，每个应用程序仍需要知道 etcd 集群的广播的客户端端点地址。如果将 etcd 集群重新配置，拥有不同的端点，那么每个应用程序还需要更新其端点列表。在大规模集群环境下，重新配置的操作既造成重复又容易出错。

以上问题都可以通过 etcd 网关来解决：使用 etcd 网关作为稳定的本地端点，对于客户端应用程序来说，不会感知到集群实例的变化。典型的 etcd 网关配置是使每台运行网关的计算机在本地地址上侦听，并且每个 etcd 应用程序都连接对应的本地网关，发生 etcd 集群实例的变更时，只需网关更新其端点，而不需要更新每个客户端应用程序的代码实现。

当然也不是所有的场景都适用 etcd 网关，比如下面这两个场景就不适合使用。

（1）性能提升

etcd 网关不是为提高 etcd 集群性能设计的。它不提供缓存、watch 流合并或批量处理等功能。etcd 团队目前正在开发一种缓存代理，旨在提高集群的可伸缩性。

（2）在集群上运行管理系统

类似 Kubernetes 的高级集群管理系统本身支持服务发现。应用程序可以使用系统默认的 DNS 名称或虚拟 IP 地址访问 etcd 集群。例如，负责为 Service 提供 Cluster 内部的服务发现和负载均衡的 Kube-proxy 其实等效于 etcd 网关的职能。

总而言之，为了自动传播集群端点更改，etcd 网关在每台机器上都运行，为多个应用提供访问相同的 etcd 集群服务。

11.1.2 etcd 网关模式实践

下面基于 etcd 网关模式进行实战演练，配置的环境信息如图 11-1 所示。

ID	STATUS	NAME	PEER ADDRS	CLIENT ADDRS	IS LEARNER
2c9a6a25aed35afc	started	etcd3.blueskykong.com	http://192.168.10.9:2380	http://192.168.10.9:2379	false
572e5803448b8b4c	started	etcd1.blueskykong.com	http://192.168.10.7:2380	http://192.168.10.7:2379	false
c68afd3994e50843	started	etcd2.blueskykong.com	http://192.168.10.8:2380	http://192.168.10.8:2379	false

图 11-1　网关模式实践环境

启动 etcd 网关，通过 etcd gateway 命令代理这些静态端点，代码如下：

```
$ etcd gateway start --endpoints=http://192.168.10.7:2379,http://192.168.10.8:2379,http://192.168.10.9:2379

#响应结果如下:
{"level":"info","ts":1607794339.7171252,"caller":"tcpproxy/userspace.go:90","msg":"ready to proxy client requests","endpoints":["192.168.10.7:2379","192.168.10.8:2379","192.168.10.9:2379"]}
```

需要注意的是，--endpoints 是以逗号分隔的、用于转发客户端连接的 etcd 服务器目标列表。默认值为 127.0.0.1:2379，不能使用类似以下的配置：

```
--endpoints=https://127.0.0.1:2379
```

因为网关并不能决定 TLS。其他常用配置如下：

- - listen-addr 绑定的接口和端口，用于接受客户端请求，默认配置为 127.0.0.1:23790；
- - retry-delay 重试连接到失败的端点延迟时间。默认为 10ms。需要注意的是，值的后面标注单位，类似 123 的设置不合法，命令行会出现参数不合法，报错信息如下：

```
invalid argument "123" for "--retry-delay" flag: time: missing unit in duration 123
```

- - insecure-discovery 接受不安全或容易受到中间人攻击的 SRV 记录。默认为 false；
- - trusted-ca-file 是 etcd 集群的客户端 TLS CA 文件的路径，用于认证端点。

除了使用静态指定 endpoint 的方式，还可以使用 DNS 进行服务发现，进行 DNS SRV 条目设置。

通过上面的介绍可以指导 etcd 网关通常用于 etcd 集群的门户，是一个简单的 TCP 代理，将客户端请求转发到 etcd 集群，对外屏蔽 etcd 集群内部的实际情况，在集群出现故障或者异常时，可以通过 etcd 网关进行切换。

11.2　gRPC-Gateway：为非 gRPC 的客户端提供 HTTP 接口

etcd v3 使用 gRPC 作为消息传输协议。etcd 项目中包括基于 gRPC 的 Go client 和命令行工 etcdctl，客户端通过 gRPC 框架与 etcd 集群通信。对于不支持 gRPC 的客户端语言，etcd 提供 JSON 的 gRPC-Gateway，通过 gRPC-Gateway 提供 RESTful 代理，转换 HTTP/JSON 请求为 gRPC 的 Protocol Buffer 格式的消息。

需要注意的是，在 HTTP 请求体中的 JSON 对象，其包含的 key 和 value 字段都被定义成 byte 数组，因此必须在 JSON 对象中，使用 base64 编码对内容进行处理。为了方便，在下面例子中将使用 curl 发起 HTTP 请求，其他的 HTTP/JSON 客户端（如浏览器、Postman 等）都可以进行这些操作。

11.2.1　etcd 版本与 gRPC-Gateway 接口对应的关系

gRPC-Gateway 提供的接口路径自 etcd v3.3 已经变更，具体如表 11-1 所示。

表 11-1　gRPC-Gateway 接口路径与 etcd 版本对应

etcd 版本	路径变更
etcd v3.2 及之前的版本	只能使用 [CLIENT-URL]/v3alpha/* 接口
etcd v3.3	使用 CLIENT-URL/v3alpha/*
etcd v3.4	使用 CLIENT-URL/v3beta/，且废弃了[CLIENT-URL]/v3alpha/
etcd v3.5	只使用 CLIENT-URL/v3beta/

由表 11-1 所示的接口与 etcd 版本的对应关系，可以看到，即使是 v3 版本下的 API，gRPC-Gateway 提供的接口路径在内部细分的版本下也有不同，所以需要注意当前正在使用的 etcd 版本。

下面将基于 etcd 提供的 gRPC-Gateway 接口进行键值对读写、watch、事务和安全认证的实践。

11.2.2　键值对读写操作

下面分别使用接口/v3/kv/range 和/v3/kv/put 进行读写 keys。将键值对象写入 etcd，代码如下：

```
$ curl -L http://localhost:2379/v3/kv/put \
  -X POST -d '{"key": "Zm9v", "value": "YmFy"}'
# 输出结果如下:
{"header":{"cluster_id":"14841639068965178418","member_id":"1027665774
3932975437","revision":"16","raft_term":"9"}}
```

可以看到，通过 HTTP 请求成功写入一对键值对，其中键为 Zm9v，值为 YmFy。键值对经过了 base64 编码，实际写入的键值对为 foo:bar。

接下来，我们通过/v3/kv/range 接口读取刚刚写入的键值对，代码如下：

```
$ curl -L http://localhost:2379/v3/kv/range \
  -X POST -d '{"key": "Zm9v"}'


# 输出结果如下:
{"header":{"cluster_id":"14841639068965178418","member_id":"102766577439
32975437","revision":"16","raft_term":"9"},"kvs":[{"key":"Zm9v","create_rev
ision":"13","mod_revision":"16","version":"4","value":"YmFy"}],"count":"1"}
```

通过 range 接口，获取"Zm9v"对应的值，完全符合预期。当想要获取前缀为指定值的键值对时，可以使用以下请求：

```
$ curl -L http://localhost:2379/v3/kv/range \
  -X POST -d '{"key": "Zm9v", "range_end": "Zm9w"}'

# 输出结果如下:
{"header":{"cluster_id":"14841639068965178418","member_id":"102766577439
32975437","revision":"16","raft_term":"9"},"kvs":[{"key":"Zm9v","create_rev
ision":"13","mod_revision":"16","version":"4","value":"YmFy"}],"count":"1"}
```

在请求中指定 key 的范围为 Zm9v~Zm9w。结果只返回一个键值对，符合预期。通过接口/v3/kv/range 和/v3/kv/put，可以方便地读写键值对。

11.2.3 watch 键值

键值对的 watch 也是 etcd 中经常用到的功能。etcd 中提供了/v3/watch 接口来监测 keys，watch 刚刚写入的“Zm9v”，请求如下：

```
$ curl -N http://localhost:2379/v3/watch \
  -X POST -d '{"create_request": {"key":"Zm9v"} }' &
# 输出结果如下:
{"result":{"header":{"cluster_id":"12585971608760269493","member_id":"
13847567121247652255","revision":"1","raft_term":"2"},"created":true}}
```

创建一个监视 key 为 Zm9v 的请求，etcd 服务端返回创建成功的结果。

另外发起一个请求，用以更新该键值，请求如下：

```
$ curl -L http://localhost:2379/v3/kv/put \
  -X POST -d '{"key": "Zm9v", "value": "YmFy"}' >/dev/null 2>&1
```

在 watch 请求的执行页面，可以看到执行结果，如图 11-2 所示。

当写入键值后，触发监测事件的发生，控制台输出时间的细节。HTTP 请求客户端与 etcd 服务端建立长连接，当监听的键值对发生变更时，将事件通知给客户端。

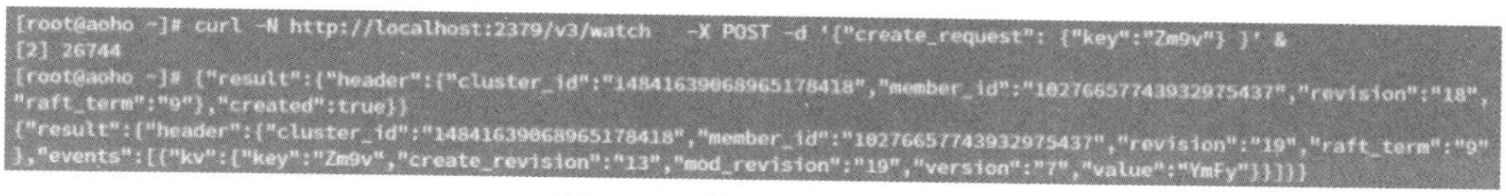
[root@aoho ~]# curl -N http://localhost:2379/v3/watch -X POST -d '{"create_request": {"key":"Zm9v"} }' &
[2] 26744
[root@aoho ~]# {"result":{"header":{"cluster_id":"14841639068965178418","member_id":"10276657743932975437","revision":"18","raft_term":"9"},"created":true}}
{"result":{"header":{"cluster_id":"14841639068965178418","member_id":"10276657743932975437","revision":"19","raft_term":"9"},"events":[{"kv":{"key":"Zm9v","create_revision":"13","mod_revision":"19","version":"7","value":"YmFy"}}]}}

图 11-2 执行 watch 请求

11.2.4 etcd 事务的实现

事务用于完成一组操作，通过对比指定的条件，成功的情况下执行相应的操作，否则回滚。在 gRPC-Gateway 中提供了 API 接口，通过/v3/kv/txn 接口发起一个事务。

先来对比指定键值对的创建版本，如果成功则执行更新操作。

为了获取创建版本，在执行前，先查询该键值对的信息，命令如下：

```
# 查询键值对的版本
$ curl -L http://localhost:2379/v3/kv/range  -X POST -d '{"key": "Zm9v"}'
#响应结果
{"header":{"cluster_id":"14841639068965178418","member_id":"10276657743932975437","revision":"20","raft_term":"9"},"kvs":[{"key":"Zm9v","create_revision":"13","mod_revision":"20","version":"8","value":"YmFy"}],"count":"1"}

# 事务，对比指定键值对的创建版本
$ curl -L http://localhost:2379/v3/kv/txn \
  -X POST \
  -d
'{"compare":[{"target":"CREATE","key":"Zm9v","createRevision":"13"}],"success":[{"requestPut":{"key":"Zm9v","value":"YmFy"}}]}'

#响应结果

{"header":{"cluster_id":"14841639068965178418","member_id":"10276657743932975437","revision":"20","raft_term":"9"},"succeeded":true,"responses":[{"response_put":{"header":{"revision":"20"}}}]}
```

然后发起事务，用以设置键值，compare 是断言列表，拥有多个联合的条件，这里的条件是当 createRevision 的值为 13 时（在上面请求查询到该键值的创建版本为 13），表示符合条件，因此事务可以成功执行。

下面是一个对比指定键值对版本的事务，HTTP 请求实现如下：

```
# 事务，对比指定键值对的版本
$ curl -L http://localhost:2379/v3/kv/txn \
  -X POST \
  -d
'{"compare":[{"version":"8","result":"EQUAL","target":"VERSION","key":"Zm9v"}],"success":[{"requestRange":{"key":"Zm9v"}}]}'
#响应结果
{"header":{"cluster_id":"14841639068965178418","member_id":"10276657743932975437","revision":"6","raft_term":"3"},"succeeded":true,"responses":[
```

```
{"response_range":{"header":{"revision":"6"},"kvs":[{"key":"Zm9v","create_
revision":"2","mod_revision":"6","version":"4","value":"YmF6"}],"count":"1
"}}]}
```

上述命令获取指定版本的键值，可以看到 compare 中 target 的枚举值为 VERSION。通过比较，发现键 Zm9v 对应的 version 确实是 8，因此执行查询结果，返回 Zm9v 对应的正确值 YmF6。

11.2.5 HTTP 请求的安全认证

HTTP 的方式访问 etcd 服务端，需要考虑安全的问题，gRPC-Gateway 中提供的 API 接口支持开启安全认证。通过/v3/auth 接口设置认证，实现认证的流程如图 11-3 所示。

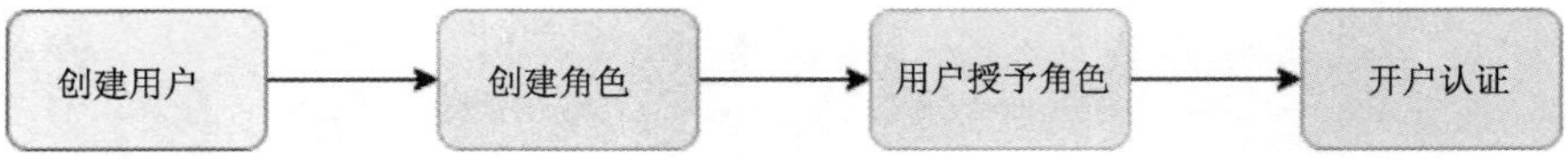

图 11-3 HTTP 请求认证的流程

按照上面的流程，依次对应的命令如下：

```
# 创建 root 用户
$ curl -L http://localhost:2379/v3/auth/user/add \
-X POST -d '{"name": "root", "password": "123456"}'
#响应结果
{"header":{"cluster_id":"14841639068965178418","member_id":"1027665774
3932975437","revision":"20","raft_term":"9"}}

# 创建 root 角色
curl -L http://localhost:2379/v3/auth/role/add \
  -X POST -d '{"name": "root"}'
#响应结果 {"header":{"cluster_id":"14841639068965178418","member
_id":"10276657743932975437","revision":"20","raft_term":"9"}}

# 为 root 用户授予角色
curl -L http://localhost:2379/v3/auth/user/grant \
  -X POST -d '{"user": "root", "role": "root"}'
# 响 应 结 果 {"header":{"cluster_id":"14841639068965178418","  member
_id":"10276657743932975437","revision":"20","raft_term":"9"}}

# 开启权限
$ curl -L http://localhost:2379/v3/auth/enable -X POST -d '{}'
#响应结果  {"header":{"cluster_id":"14841639068965178418","member_id":
"10276657743932975437","revision":"20","raft_term":"9"
```

以上的请求中，首先创建 root 用户和角色，将 root 角色赋予到 root 用户，这样就可以开启用户的权限。接下来就是进行身份验证，并进行 HTTP 访问。流程如图 11-4 所示。

图 11-4　身份验证流程

使用/v3/auth/authenticateAPI 接口对 etcd 进行身份验证以获取身份验证令牌，代码如下：

```
# 获取 root 用户的认证令牌
$ curl -L http://localhost:2379/v3/auth/authenticate \
  -X POST -d '{"name": "root", "password": "123456"}'
#响应结果
{"header":{"cluster_id":"14841639068965178418","member_id":"102766577439329
75437","revision":"21","raft_term":"9"},"token":"DhRvXkWhOkINVQXI.57"}
```

请求获取到 token 的值为 DhRvXkWhOkINVQXI.57。接下来，设置请求的头部 Authorization 为刚刚获取到的身份验证令牌，以使用身份验证凭据设置 key 值：

```
$ curl -L http://localhost:2379/v3/kv/put \
  -H 'Authorization : DhRvXkWhOkINVQXI.57' \
  -X POST -d '{"key": "Zm9v", "value": "YmFy"}'

#响应结果      {"header":{"cluster_id":"14841639068965178418","member_
id":"10276657743932975437","revision":"21","raft_term":"9"}}
```

可以看到，上述请求设置成功 Zm9v 对应的 YmFy。如果 token 不合法，会出现 401 的错误，如图 11-5 所示。

```
POST http://106.15.233.99:2379/v3/kv/put

HTTP/1.1 401 Unauthorized
Access-Control-Allow-Headers: accept, content-type, authorizatio
Access-Control-Allow-Methods: POST, GET, OPTIONS, PUT, DELETE
Access-Control-Allow-Origin: *
Content-Type: application/json
Trailer: Grpc-Trailer-Content-Type
Date: Fri, 11 Dec 2020 15:22:18 GMT
Transfer-Encoding: chunked

{
  "error": "etcdserver: invalid auth token",
  "message": "etcdserver: invalid auth token",
  "code": 16
}
```

图 11-5　token 不合法时进行 HTTP 访问

etcdgRPC-Gateway 中提供的 API 接口还有如/v3/auth/role/delete、/v3/auth/role/get 等其他接口，限于篇幅，只介绍其中常用的几个，其他的接口可以参见 rpc.swagger.json。

我们知道 gRPC-Gateway 是对 etcd 的 gRPC 通信协议的补充，有些语言的客户端不支持 gRPC 通信协议，此时就可以使用 gRPC-Gateway 对外提供的 HTTP API 接口。通过 HTTP 请求，实现与 gRPC 调用协议同样的功能。

下面继续介绍 gRPC proxy 代理模式的相关概念与使用。

11.3 gRPC 代理模式：实现可伸缩的 etcd API

gRPC proxy 是在 gRPC 层（L7）运行的无状态 etcd 反向代理，旨在减少核心 etcd 集群上的总处理负载。gRPC proxy 合并了监视和 Lease API 请求，实现了水平可伸缩性。同时，为了保护集群免受滥用客户端的侵害，gRPC proxy 实现了键值对的读请求缓存。

本节将围绕 gRPC proxy 基本应用、客户端端点同步、可伸缩的 API、命名空间的实现和其他扩展功能展开介绍。

11.3.1 gRPC proxy 基本应用

首先配置 etcd 集群，集群中拥有如表 11-2 所示的静态成员信息.

表 11-2 集群成员信息

Name	Address	HostName
Infra0	192.168.10.7	infra0.blueskykong.com
Infra1	192.168.10.8	infra1.blueskykong.com
Infra2	192.168.10.9	infra2.blueskykong.com

使用 etcd grpc-proxy start 的命令开启 etcd 的 gRPC proxy 模式，包含表 11-2 中的静态成员，代码如下：

```
    $ etcd grpc-proxy start
--endpoints=http://192.168.10.7:2379,http://192.168.10.8:2379,http://192.1
68.10.9:2379 --listen-addr=192.168.10.7:12379

    {"level":"info","ts":"2020-12-13T01:41:57.561+0800","caller":"etcdmain
/grpc_proxy.go:320","msg":"listeningforgRPCproxyclientrequests","address":
"192.168.10.7:12379"}
    {"level":"info","ts":"2020-12-13T01:41:57.561+0800","caller":"etcdmain
/grpc_proxy.go:218","msg":"started                                    gRPC
proxy","address":"192.168.10.7:12379"}
```

可以看到，etcd gRPC proxy 启动后在 192.168.10.7:12379 监听，并将客户端的请求转发到上述三个成员其中的一个。通过下述客户端读写命令，经过 proxy 发送请求：

```
    $ ETCDCTL_API=3 etcdctl --endpoints=192.168.10.7:12379 put foo bar
    OK
    $ ETCDCTL_API=3 etcdctl --endpoints=192.168.10.7:12379 get foo
    foo
    bar
```

通过 grpc-proxy 提供的客户端地址进行访问，proxy 执行的结果符合预期，使用方法和普通的方式完全相同。

11.3.2　客户端端点同步

gRPC 代理是 gRPC 命名的提供者，支持在启动时通过写入相同的前缀端点名称进行注册。这样可以使客户端将其端点与具有一组相同前缀端点名的代理端点同步，进而实现高可用性。

下面启动两个 gRPC 代理，在启动时指定自定义的前缀“___grpc_ proxy_endpoint”来注册 gRPC 代理：

```
$ etcd grpc-proxy start --endpoints=localhost:12379  --listen-addr=127.0.0.1:23790 --advertise-client-url=127.0.0.1:23790  --resolver-prefix="___grpc_proxy_endpoint"  --resolver-ttl=60
{"level":"info","ts":"2020-12-13T01:46:04.885+0800","caller":"etcdmain/grpc_proxy.go:320","msg":"listening for gRPC proxy client requests","address":"127.0.0.1:23790"}
{"level":"info","ts":"2020-12-13T01:46:04.885+0800","caller":"etcdmain/grpc_proxy.go:218","msg":"started gRPC proxy","address":"127.0.0.1:23790"}
2020-12-13 01:46:04.892061 I | grpcproxy: registered "127.0.0.1:23790" with 60-second lease

$ etcd grpc-proxy start --endpoints=localhost:12379 \
>  --listen-addr=127.0.0.1:23791 \
>  --advertise-client-url=127.0.0.1:23791 \
>  --resolver-prefix="___grpc_proxy_endpoint" \
>  --resolver-ttl=60
{"level":"info","ts":"2020-12-13T01:46:43.616+0800","caller":"etcdmain/grpc_proxy.go:320","msg":"listening for gRPC proxy client requests","address":"127.0.0.1:23791"}
{"level":"info","ts":"2020-12-13T01:46:43.616+0800","caller":"etcdmain/grpc_proxy.go:218","msg":"started gRPC proxy","address":"127.0.0.1:23791"}
2020-12-13 01:46:43.622249 I | grpcproxy: registered "127.0.0.1:23791" with 60-second lease
```

在上面的启动命令中，将需要加入的自定义端点--resolver-prefix 设置为“___grpc_ proxy_e ndpoint”。启动成功后，验证 gRPC 代理在查询成员时是否列出其所有成员作为成员列表，执行如下的命令：

```
ETCDCTL_API=3 etcdctl --endpoints=http://localhost:23790 member list --write-out table
```

如图 11-6 所示，通过相同的前缀端点名完成自动发现所有成员列表的操作。

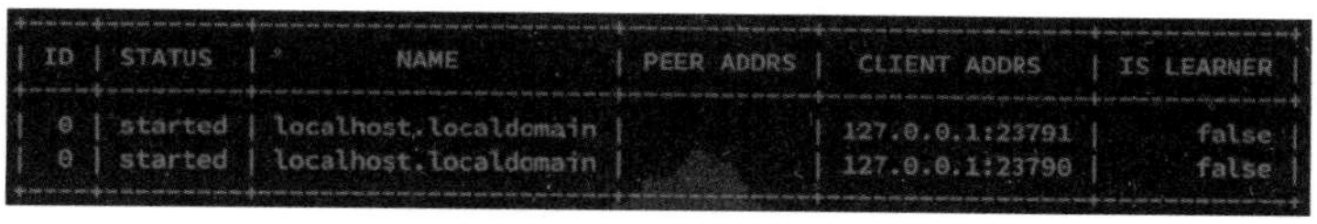

ID	STATUS	NAME	PEER ADDRS	CLIENT ADDRS	IS LEARNER
0	started	localhost.localdomain		127.0.0.1:23791	false
0	started	localhost.localdomain		127.0.0.1:23790	false

图 11-6　端点自动同步结果

同样，客户端也可以通过 Sync 方法自动发现代理的端点，代码实现如下：

```
cli, err := clientv3.New(clientv3.Config{
   Endpoints: []string{"http://localhost:23790"},
})
if err != nil {
   log.Fatal(err)
}
defer cli.Close()

// 获取注册过的 grpc-proxy 端点
if err := cli.Sync(context.Background()); err != nil {
   log.Fatal(err)
}
```

相应地，如果配置的代理没有配置前缀，gRPC 代理启动命令如下：

```
$ ./etcd grpc-proxy start --endpoints=localhost:12379 \
>  --listen-addr=127.0.0.1:23792 \
>  --advertise-client-url=127.0.0.1:23792
# 输出结果
{"level":"info","ts":"2020-12-13T01:49:25.099+0800","caller":"etcdmain
/grpc_proxy.go:320","msg":"listening    for    gRPC    proxy    client
requests","address":"127.0.0.1:23792"}
{"level":"info","ts":"2020-12-13T01:49:25.100+0800","caller":"etcdmain
/grpc_proxy.go:218","msg":"started gRPC proxy","address":"127.0.0.1:23792"}
```

验证 gRPC proxy 的成员列表 API 是否只返回自己的 advertise-client-url：

```
ETCDCTL_API=3  etcdctl  --endpoints=http://localhost:23792  member  list
--write-out table
```

此时查看成员的列表信息，结果如图 11-7 所示。

ID	STATUS	NAME	PEER ADDRS	CLIENT ADDRS	IS LEARNER
0	started	localhost.localdomain		127.0.0.1:23792	false

图 11-7　未配置代理前缀的执行结果

从图 11-7 可以看到，未配置代理前缀的执行结果如预期那样：没有配置代理的前缀端点名时，获取其成员列表只显示当前节点的信息，也不会包含其他的端点。

11.3.3　可伸缩的 watch API

如果客户端监视同一键或某一范围内的键，gRPC 代理可以将这些客户端监视程序（c-watcher）合并为连接到 etcd 服务器的单个监视程序（s-watcher）。当 watch 事件发生时，代理将所有事件从 s-watcher 广播到其 c-watcher。

假设 N 个客户端监视相同的 key，则 gRPC 代理可以将 etcd 服务器上的监视负载从 N 减少到 1。用户可以部署多个 gRPC 代理，进一步分配服务器负载。

如图 11-8 所示，三个客户端监视键 A。gRPC 代理将三个监视程序合并，从而创建一个附加到 etcd 服务器的监视程序。

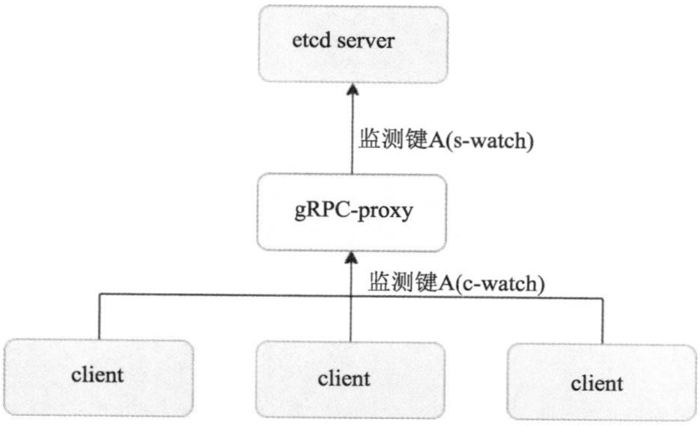

图 11-8　watcher 合并

为了有效地将多个客户端监视程序合并为一个监视程序，gRPC 代理在可能的情况下将新的 c-watcher 合并为现有的 s-watcher。由于网络延迟或缓冲的未传递事件，合并的 s-watcher 可能与 etcd 服务器不同步。

如果没有指定监视版本，gRPC 代理将不能保证 c-watcher 从最近的存储修订版本开始监视。例如，如果客户端从修订版本为 1000 的 etcd 服务器监视，则该监视者将从修订版本 1000 开始。如果客户端从 gRPC 代理监视，则可能从修订版本 990 开始监视。

类似的限制也适用于“取消”操作。取消 watch 后，etcd 服务器的修订版可能大于取消的响应修订版。

对于大多数情况，这两个限制一般不会引起问题，未来也可能会有其他选项强制观察者绕过 gRPC 代理以获得更准确的修订响应。

11.3.4　可伸缩的 lease API

为了保持客户端申请租约的有效性，客户端至少建立一个 gRPC 连接到 etcd 服务器，以定期发送心跳信号。如果 etcd 工作负载涉及很多的客户端租约活动，这些流可能会导致 CPU 使用率过高。为了减少核心集群上的流总数，gRPC 代理支持将 lease 流合并。

假设有 N 个客户端正在更新租约，则单个 gRPC 代理将 etcd 服务器上的流负载从 N 减少到 1。在部署的过程中，可能还有其他 gRPC 代理，进一步在多个代理之间分配流。

如图 10-19 所示，三个客户端更新了三个独立的租约（L1、L2 和 L3）。gRPC 代理将三个客户端租约流（c-stream）合并为连接到 etcd 服务器的单个租约（s-stream），以保持活动流。代理将客户端租约的心跳从 c-stream 转发到 s-stream，然后将响应返回相应的 c-stream。

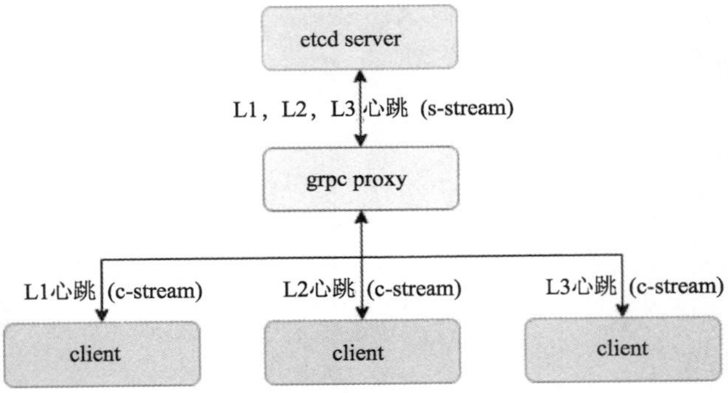

图 11-9　租约流合并

除此之外，gRPC 代理在满足一致性时会缓存请求的响应。该功能可以保护 etcd 服务器免遭恶意 for 循环中滥用客户端的攻击。

11.3.5　命名空间的实现

前面讲到 gRPC proxy 的端点可以通过配置前缀，自动发现。而当应用程序期望对整个键空间有完全控制，etcd 集群与其他应用程序共享的情况下，为了使所有应用程序都不会相互干扰地运行，代理可以对 etcd 键空间进行分区，以便客户端大概率访问完整的键空间。

当给代理提供标志--namespace 时，所有进入代理的客户端请求都将转换为在键上具有用户定义的前缀。普通的请求对 etcd 集群的访问将会在指定的前缀（指定的 --namespace 的值）下，来自代理的响应将删除该前缀；而这个操作对于客户端来说是透明的，根本察觉不到前缀。

下面给 gRPC proxy 命名，只需启动时指定--namespace 标识，代码如下：

```
$ ./etcd grpc-proxy start --endpoints=localhost:12379 \
>   --listen-addr=127.0.0.1:23790 \
>   --namespace=my-prefix/

{"level":"info","ts":"2020-12-13T01:53:16.875+0800","caller":"etcdmain/grpc_proxy.go:320","msg":"listening for gRPC proxy client requests","address":"127.0.0.1:23790"}
{"level":"info","ts":"2020-12-13T01:53:16.876+0800","caller":"etcdmain/grpc_proxy.go:218","msg":"started gRPC proxy","address":"127.0.0.1:23790"}
```

此时，对代理的访问会在 etcd 群集上自动地加上前缀，对于客户端来说没有感知。通过 etcdctl 客户端进行尝试：

```
$ ETCDCTL_API=3 etcdctl --endpoints=localhost:23790 put my-key abc
# OK
$ ETCDCTL_API=3 etcdctl --endpoints=localhost:23790 get my-key
# my-key
```

```
# abc
$ ETCDCTL_API=3 etcdctl --endpoints=localhost:2379 get my-prefix/my-key
# my-prefix/my-key
# abc
```

上述三条命令，首先通过代理写入键值对，然后读取。为了验证结果，第三条命令通过 etcd 集群直接读取，需要加上代理的前缀，两种方式得到的结果完全一致。因此，使用 proxy 的命名空间即可实现 etcd 键空间分区，对于客户端来说非常便利。

11.3.6　其他扩展功能

gRPC 代理的功能非常强大，除了上述提到的客户端端点同步、可伸缩 API、命名空间功能，还提供了指标与健康检查接口和 TLS 加密中止的扩展功能。

1. 指标与健康检查接口

gRPC 代理为--endpoints 定义的 etcd 成员公开了/health 和 Prometheus 的/metrics 接口。通过浏览器访问这两个接口，如图 11-10 和图 11-11 所示。

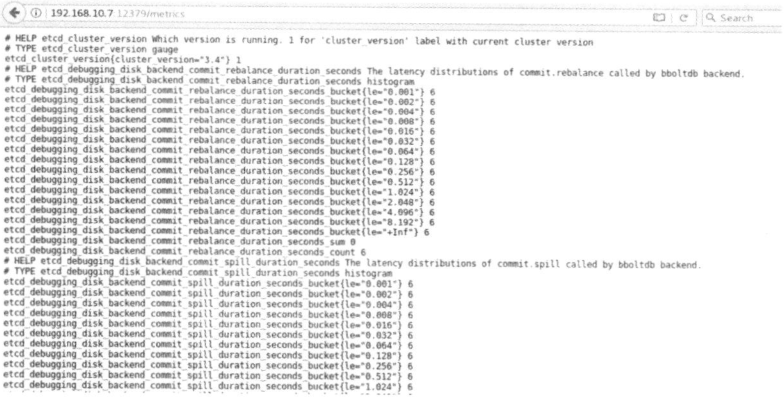

图 11-10　访问 metrics 接口的结果

图 11-11　访问 health 接口的结果

通过代理访问/metrics 端点的结果，和普通的 etcd 集群实例没有什么区别，同样也会结合一些中间件进行统计和页面展示，如 Prometheus 和 Grafana 的组合。

除了使用默认的端点访问这两个接口，另一种方法是定义一个附加 URL，该 URL 将通过--metrics-addr 标志来响应/metrics 和/health 端点。命令如下：

```
$ ./etcd grpc-proxy start \
```

```
    --endpoints http://localhost:12379 \
    --metrics-addr http://0.0.0.0:6633 \
    --listen-addr 127.0.0.1:23790 \
```

在执行以上启动命令时，有以下的命令行输出，提示指定的 metrics 监听地址为 http://0.0.0.0:6633。

```
{"level":"info","ts":"2021-01-30T18:03:45.231+0800","caller":"etcdmain
/grpc_proxy.go:456","msg":"gRPCproxylisteningformetrics","address":"http:/
/0.0.0.0:6633"}
```

2．TLS 加密的代理

通过使用 gRPC 代理 etcd 集群的 TLS，可以给没有使用 HTTPS 加密方式的本地客户端提供服务，实现 etcd 集群的 TLS 加密中止，即未加密的客户端与 gRPC 代理通过 HTTP 方式通信，gRPC 代理与 etcd 集群通过 TLS 加密通信。下面进行实践：

```
$ etcd --listen-client-urls https://localhost:12379 --advertise-client-
urlshttps://localhost:2379--cert-file=peer.crt--key-file=peer.key--trusted
-ca-file=ca.crt --client-cert-auth
```

上述命令使用 HTTPS 启动了单个成员的 etcd 集群，然后确认 etcd 集群以 HTTPS 的方式提供服务：

```
# fails
$ ETCDCTL_API=3 etcdctl --endpoints=http://localhost:2379 endpoint status
# works
$ ETCDCTL_API=3 etcdctl --endpoints=https://localhost:2379
--cert=client.crt --key=client.key --cacert=ca.crt endpoint status
```

显然第一种方式不能访问。

接下来通过使用客户端证书连接到 etcd 端点 https://localhost:2379，并在 localhost: 12379 上启动 gRPC 代理，命令如下：

```
$ etcd grpc-proxy start --endpoints=https://localhost:2379 --listen-addr
localhost:12379--certclient.crt--keyclient.key--cacert=ca.crt--insecure-sk
ip-tls-verify
```

启动后，通过 gRPC 代理写入一个键值对测试：

```
$ ETCDCTL_API=3 etcdctl --endpoints=http://localhost:12379 put abc def
# OK
```

可以看到，使用 HTTP 的方式设置成功。回顾上述操作，通过 etcd 的 gRPC 代理实现了代理与实际的 etcd 集群之间的 TLS 加密，而本地的客户端通过 HTTP 的方式与 gRPC 代理通信。因此这是一个简便的调试和开发手段，在生产环境需要谨慎使用，以防安全风险。

11.4 本章小结

本章主要介绍了 etcd 网关模式、gRPC 网关和 gRPC 代理模式。通过上面的讲解与实践，我们来总结下 etcd 网关模式和 gRPC 网关的用途和使用场景如下：

（1）etcd 网关通常用于 etcd 集群的门户，是一个简单的 TCP 代理，将客户端请求转发到 etcd 集群，对外屏蔽了 etcd 集群内部的实际情况，在集群出现故障或者异常时，可以通过 etcd 网关进行切换；

（2）gRPC-Gateway 则是对于 etcd 的 gRPC 通信协议的补充，有些语言的客户端不支持 gRPC 通信协议，此时可以使用 gRPC-Gateway 对外提供的 HTTPAPI 接口。通过 HTTP 请求，实现与 gRPC 调用协议同样的功能。

总的来说，etcd 网关与 gRPC-Gateway 是 etcd 中两个不同的功能，不能混为一谈，只有理解了它们各自的功能，才能在适当的场景使用。

gRPC 代理则用于支持多个 etcd 服务器端点，当代理启动时，它会随机选择一个 etcd 服务器端点来使用，该端点处理所有请求，直到代理检测到端点故障为止。如果 gRPC 代理检测到端点故障，它将切换到其他可用的端点，对客户端继续提供服务，并且隐藏了存在问题的 etcd 服务端点。

第 12 章将结合具体的实践案例介绍 etcd 在微服务和云原生架构中的应用。

第 12 章　etcd 在微服务和云原生架构中的应用

在单体应用向微服务架构演进的过程中，原本的巨石型应用会按照业务需求被拆分成多个微服务，每个服务提供特定的功能，并可能依赖于其他的微服务。每个微服务实例都可以动态部署，服务实例之间的调用通过轻量级的远程调用方式（HTTP、消息队列等）实现，它们之间通过预先定义好的接口进行访问。

微服务架构“分而治之”的手段将大型系统按业务分割成多个互相协作的微服务，每个微服务关注于自身业务职责，可以独立开发、部署和维护，从而更好地应对频繁的需求变更和迭代。但是数量众多的微服务实例给运维带来了巨大的挑战，如果没有好的办法快速部署和启动微服务，微服务架构带来的好处将所剩无几。而容器化和容器编排的兴起正好弥补了这个不足。etcd 是 Kubernetes 中的重要组件，用作存储集群状态的数据库。etcd 作为配置存储中心使用，Kubernetes 可以更加专注容器编排的核心功能。

本章将介绍 etcd 在微服务架构和云原生架构中的应用，实践如何集成 etcd 到主流的 Go 语言微服务框架中（如 etcd 原生的 clientv3 API、go-micro 和 Go-kit），并分析 etcd 在 Kubernets 使用的原理。

12.1　微服务架构中的服务注册与发现

在传统单体应用中，应用部署在固定的物理机器或云平台上，一般通过固定在代码内部或者配置文件的服务地址和端口直接发起调用。由于应用数量较少，系统结构复杂度不高，开发人员和运维人员可以较为轻松地进行管理和配置。

随着应用架构向微服务架构迁移，服务数量的增加和动态部署、动态扩展的特性，使得服务地址和端口在运行时随时可变。对此，需要一个额外的中心化组件统一管理动态部署的微服务应用的服务实例元数据，一般称它为服务注册与发现中心。

服务注册与发现主要包含两部分：服务注册的功能与服务发现的功能。

- 服务注册是指服务实例启动时将自身信息注册到服务注册与发现中心，并在运行时通过心跳等方式向其汇报自身服务状态；
- 服务发现是指服务实例向服务注册与发现中心获取其他服务实例信息，用于远程调用。

总的来说，服务注册与发现中心主要有以下职责：

（1）管理当前注册到服务注册与发现中心的微服务实例元数据信息，包括服务实例的服务名、IP 地址、端口号、服务描述和服务状态等；

（2）与注册到服务发现与注册中心的微服务实例维持心跳，定期检查注册表中的服务实例是否在线，并剔除无效服务实例信息；

（3）提供服务发现能力，为服务调用方提供服务提供方的服务实例元数据。

通过服务发现与注册中心，可以很方便地管理系统中动态变化的服务实例信息。同时，它也可能成为系统的瓶颈和故障点。因为服务之间的调用信息来自服务注册与发现中心，当它不可用时，服务之间的调用也就无法正常进行。因此服务发现与注册中心一般会集群化部署，提供高可用性和高稳定性。

除了具体的功能，那么有没有理论指导如何实现微服务架构中的服务注册与发现呢？这就要提到分布式中著名的 CAP 理论了，第 1 章就介绍过 CAP 理论。

这里简要回忆下 CAP 相关的概念。在本质上来讲，微服务应用属于分布式系统的一种落地实践，而分布式系统最大的难点是处理各个节点之间数据状态的一致性。即使是无状态的 HTTP RESTful API 请求，在处理多服务实例场景下修改数据状态的请求，也需要通过数据库或者分布式缓存等外部系统维护数据的一致性。CAP 原理就是描述分布式系统下节点数据同步的基本定理。

基于分布式系统的基本特质，必须要满足 P，接下来需要考虑满足 C 还是 A。根据 CAP 理论，etcd 在满足网络分区可用性的基础上，优先满足了一致性 C。但是当 etcd 出现异常时，无法向其写入新数据。

在微服务架构中，多个微服务间的通信需要依赖服务注册与发现组件获取指定服务实例的地址信息，才能正确地发起 RPC 调用，保证分布式系统的高可用、高并发。下面将通过自己动手基于 etcd 实现微服务架构中的服务注册与发现功能、在常用的微服务框架中集成 etcd 作为服务注册与发现组件以及分析 etcd 在云原生平台中的应用。

12.2 原生实现服务注册与发现

下面基于 etcd 原生的 clientv3 API 实现服务的注册，对外提供服务。其他服务调用该服务时，则通过服务名发现对应的服务实例，随后发起调用。简单示例的服务架构，如图 12-1 所示。

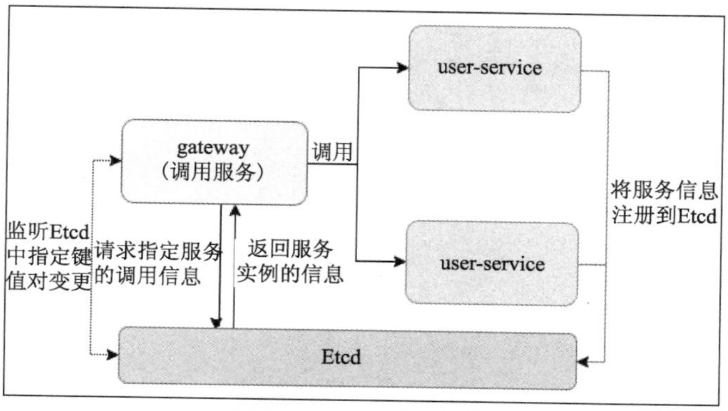

图 12-1 etcd 服务架构

Gateway 作为调用服务，user-service 作为被调用服务，所有的服务都注册到 etcd。Gateway 发起调用时，首先请求 etcd 获取其对应的服务器地址和端口，各个服务通过 lease 租约机制与 etcd 保持心跳，通过 watch 机制监测注册到 etcd 上的服务实例变化。

12.2.1 user-service 的实现

首先实现的是 user-service，user-service 将实例信息注册到 etcd，包括 host、port 等信息。暂且注册 host 地址与 port，注册到 etcd 后，user-service 定期续租服务实例信息，相当于保持心跳。续租的频率可以控制，因为频繁的续租请求会造成通信资源的占用。代码如下：

```
package main

import (
    "context"
    "go.etcd.io/etcd/clientv3"
    "log"
    "time"
)

// 创建租约注册服务
type ServiceReg struct {
    client        *clientv3.Client
    lease         clientv3.Lease
    leaseResp     *clientv3.LeaseGrantResponse
    canclefunc    func()
    keepAliveChan <-chan *clientv3.LeaseKeepAliveResponse
    key           string
}

func NewServiceReg(addr []string, timeNum int64) (*ServiceReg, error) {
    conf := clientv3.Config{
        Endpoints:   addr,
        DialTimeout: 5 * time.Second,
    }

    var (
        client *clientv3.Client
    )

    if clientTem, err := clientv3.New(conf); err == nil {
        client = clientTem
    } else {
        return nil, err
    }
```

```
    ser := &ServiceReg{
        client: client,
    }

    if err := ser.setLease(timeNum); err != nil {
        return nil, err
    }
    go ser.ListenLeaseRespChan()
    return ser, nil
}

func main() {
    ser, _ := NewServiceReg([]string{"localhost:2379"}, 5)
  defer ser.RevokeLease()
    if err := ser.PutService("/user", "http://localhost:8080"); err != nil
{
        log.Panic(err)
    }
    // 阻塞，持续运行
    select{}
}
```

上述代码首先初始化 etcd 连接，通过 ServiceReg 创建租约注册服务。然后设置 Lease、续租，将服务的注册绑定到创建好的 Lease 上。主函数入口中增加了 select 阻塞，模拟服务的持续运行。

下面具体来看创建租约和设置续租的实现，代码如下：

```
// 设置租约
func (this *ServiceReg) setLease(timeNum int64) error {
    lease := clientv3.NewLease(this.client)

    // 设置租约时间
    leaseResp, err := lease.Grant(context.TODO(), timeNum)
    if err != nil {
        return err
    }

    // 设置续租
    ctx, cancelFunc := context.WithCancel(context.TODO())
    leaseRespChan, err := lease.KeepAlive(ctx, leaseResp.ID)

    if err != nil {
        return err
    }

    this.lease = lease
    this.leaseResp = leaseResp
    this.canclefunc = cancelFunc
    this.keepAliveChan = leaseRespChan
```

```
        return nil
    }

    // 监听续租情况
    func (this *ServiceReg) ListenLeaseRespChan() {
        for {
            select {
            case leaseKeepResp := <-this.keepAliveChan:
                if leaseKeepResp == nil {
                    log.Println("已经关闭续租功能\n")
                    return
                } else {
                    log.Println("续租成功\n")
                }
            }
        }
    }

    // 通过租约注册服务
    func (this *ServiceReg) PutService(key, val string) error {
        kv := clientv3.NewKV(this.client)
        log.Printf("register user server for %s\n", val)
        _, err := kv.Put(context.TODO(), key, val, clientv3.WithLease(this.
leaseResp.ID))
        return err
    }

    // 撤销租约
    func (this *ServiceReg) RevokeLease() error {
        this.canclefunc()
        time.Sleep(2 * time.Second)
        _, err := this.lease.Revoke(context.TODO(), this.leaseResp.ID)
        return err
    }
```

上面的实现中，设置键值对的租期是 5s，即服务心跳的 TTL。为了过期后 user-service 依然能够被其他服务正确调用，需要定期续租。其实这也是一种保持心跳的形式，通过单独开启协程进行续租，keepAliveChan 用于接收续租的结果。当服务关闭，调用 RevokeLease，释放租约。

12.2.2 客户端调用

调用 user-service 的客户端，客户端将从 etcd 获取 user 服务的实例信息，并监听 etcd 中 user 服务实例的变更，实现代码如下：

```
    package main

    import (
```

```
    "context"
    "github.com/coreos/etcd/mvcc/mvccpb"
    "go.etcd.io/etcd/clientv3"
    "log"
    "sync"
    "time"
)
// 客户端连接的结构体
type ClientInfo struct {
    client     *clientv3.Client
    serverList map[string]string
    lock       sync.Mutex
}
// 初始化 etcd 客户端连接
func NewClientInfo(addr []string) (*ClientInfo, error) {
    conf := clientv3.Config{
        Endpoints:   addr,
        DialTimeout: 5 * time.Second,
    }
    if client, err := clientv3.New(conf); err == nil {
        return &ClientInfo{
            client:     client,
            serverList: make(map[string]string),
        }, nil
    } else {
        return nil, err
    }
}
// 获取服务实例信息
func (this *ClientInfo) GetService(prefix string) ([]string, error) {
    if addrs, err := this.getServiceByName(prefix); err != nil {
        panic(err)
    } else {
        log.Println("get service ", prefix, " for instance list: ", addrs)
        go this.watcher(prefix)
        return addrs, nil
    }
}
// 监控指定键值对的变更
func (this *ClientInfo) watcher(prefix string) {
    rch  :=  this.client.Watch(context.Background(),  prefix,  clientv3.
WithPrefix())
    for wresp := range rch {
        for _, ev := range wresp.Events {
            switch ev.Type {
            case mvccpb.PUT: // 写入的事件
                this.SetServiceList(string(ev.Kv.Key),
string(ev.Kv.Value))
```

```
                case mvccpb.DELETE: // 删除的事件
                    this.DelServiceList(string(ev.Kv.Key))
                }
            }
        }
    }

    func main() {
        cli, _ := NewClientInfo([]string{"localhost:2379"})
        cli.GetService("/user")
      // select 阻塞，持续运行
        select {}
    }
```

上述实现主要包括以下几个步骤：

（1）创建一个 client，与 etcd 建立连接；

（2）匹配到所有相同前缀的 key，把值存到 serverList 的 map 结构中；

（3）Watch 该 key 对应的前缀，当有增加或删除时修改 map 中的数据，该 map 实际维护实时的服务列表。

总的来说，先创建 etcd 连接，构建 ClientInfo 对象，然后获取指定的服务 user 实例信息；最后监测 user 服务实例的变更事件，根据不同的事件产生不同的行为。

以下代码是客户端实现涉及的主要函数：

```
    // 根据服务名，获取服务实例信息
    func (this *ClientInfo) getServiceByName(prefix string) ([]string, error)
{
        resp,err:=this.client.Get(context.Background(),prefix,clientv3.
WithPrefix())
        if err != nil {
            return nil, err
        }


        addrs := this.extractAddrs(resp)
        return addrs, nil
    }
    // 根据 etcd 的响应，提取服务实例的数组
    func (this *ClientInfo) extractAddrs(resp *clientv3.GetResponse) []string
{
        addrs := make([]string, 0)
        if resp == nil || resp.Kvs == nil {
            return addrs
        }
        for i := range resp.Kvs {
            if v := resp.Kvs[i].Value; v != nil {
                this.SetServiceList(string(resp.Kvs[i].Key),
string(resp.Kvs[i].Value))
```

```
            addrs = append(addrs, string(v))
        }
    }
    return addrs
}
// 设置 serverList
func (this *ClientInfo) SetServiceList(key, val string) {
    this.lock.Lock()
    defer this.lock.Unlock()
    this.serverList[key] = string(val)
    log.Println("set data key :", key, "val:", val)
}
// 删除本地缓存的服务实例信息
func (this *ClientInfo) DelServiceList(key string) {
    this.lock.Lock()
    defer this.lock.Unlock()
    delete(this.serverList, key)
    log.Println("del data key:", key)
    if newRes, err := this.getServiceByName(key); err != nil {
        log.Panic(err)
    } else {
        log.Println("get  key ", key, " current val is: ",newRes)

    }
}
// 工具方法，转换数组
func (this *ClientInfo) SerList2Array() []string {
    this.lock.Lock()
    defer this.lock.Unlock()
    addrs := make([]string, 0)


    for _, v := range this.serverList {
        addrs = append(addrs, v)
    }
    return addrs
}
```

客户端本地有保存服务实例的数组：serverList，获取到 user 的服务实例信息后，将数据保存到 serverList 中，客户端会监控 user 的服务实例变更事件，并相应调整自身保存的 serverList。

12.2.3　运行结果

依次运行 user 服务和调用的客户端，结果如下：

```
// 服务端控制台输出
2021-03-14 13:08:13.913059I|registeruser server for http://localhost:8080
2021-03-14 13:08:13.932964 I | 续租成功
...
```

```
// client 控制台输出
2021-03-14   18:25:37.462231   I   |   set   data   key   :   /user   val: http://localhost:8080
2021-03-14 18:25:37.462266 I | get service  /user  for instance list: [http://localhost:8080]
```

可以看到，服务端控制台在持续输出续租的内容，客户端启动后监测到服务端的 put 事件，并成功获取到/user 的服务实例信息：http://localhost:8080。user 服务关闭，控制台有以下的输出：

```
// user 服务关闭之后，client 控制台输出
2021-03-14 18:25:47.509583 I | del data key: /user
2021-03-14 18:25:47.522095 I | get  key  /user  current val is:  []
```

user 服务关闭后，服务实例信息从 etcd 删除。再次获取指定的服务名，返回空的信息，符合预期。

介绍完了基于 etcd 实现微服务的注册与发现，下面具体介绍常见的微服务框架如何集成 etcd。

12.3 go-micro 集成 etcd

在构建微服务时，使用服务发现可以减少配置的复杂性，go-micro 也是 Go 语言中常用的微服务框架。go-micro 的发现机制是可插拔的，支持多种组件，如 etcd 和 ZooKeeper 等，具体详见 micro/go-plugins。

首先介绍 go-micro 微服务框架。go-micro 是一个可插拔的 RPC 框架，用于分布式系统的开发，具有表 12-1 所示的 6 个特性。

表 12-1 go-micro 特性

特性名称	说　明
服务发现（Service Discovery）	自动服务注册与名称解析
负载均衡（Load Balancing）	在服务发现之上构建智能的负载均衡机制
同步通信（Synchronous Comms）	基于 RPC 的通信，支持双向流
异步通信（Asynchronous Comms）	内置发布/订阅的事件驱动架构
消息编码（Message Encoding）	基于 Content-Type 的动态编码，支持 ProtoBuf、JSON，开箱即用
服务接口（Service Interface）	所有特性都被打包在简单且高级的接口中，方便开发微服务

go-micro 旨在利用接口使微服务架构抽象化，并且提供了一系列默认且完整的开箱即用的插件。

12.3.1 定义消息格式

go-micro 使用 ProtoBuf 定义消息格式。创建一个类型为 proto 的文件 hi.proto，其中定义了调用接口的参数以及返回的对象：

```
syntax = "proto3";
```

```
package hello;

service Greeter {
    rpc Hello(HelloRequest) returns (HelloResponse) {}
}

message HelloRequest {
    string from = 1;
    string to = 2;
    string msg = 3;
}

message HelloResponse {
    string from = 1;
    string to = 2;
    string msg = 3;
}
```

以上的代码定义了Greeter的接口，Hello方法的参数为HelloRequest，结果返回 HelloResponse对象。

然后生成 API 接口。需要使用 protoc 来生成 protobuf 代码文件，以此生成对应的 Go 语言代码，包括以下的三个插件：

- protoc：用来将 proto 文件编译成指定语言的文件；
- protoc-gen-go：生成指定的 proto 文件的 Go 代码；
- protoc-gen-micro：根据 proto 文件生成 micro 框架相关的代码。

使用以下命令分别安装这几个插件：

```
go get github.com/golang/protobuf/{proto,protoc-gen-go}
go get github.com/micro/protoc-gen-micro
```

然后在当前目录下运行以下的命令，生成两个模板文件：

```
$ protoc  --micro_out=. --go_out=. greeter.proto
```

运行后，当前目录的结构如下：

```
$ tree
.
├── hello.pb.go
├── hello.pb.micro.go
└── hello.proto
```

可以看到，通过工具生成两个文件，一个是 Go 语言结构文件，另一个属于 go-micro RPC 的接口文件。基于生成的两个文件，可以创建“打招呼”的请求。部分生成的代码如下：

```
// Greeter service 客户端的 API
type GreeterService interface {
    Hello(ctxcontext.Context,in *HelloRequest, opts ...client.CallOption)
(*HelloResponse, error)
}
```

```
type greeterService struct {
    c    client.Client
    name string
}

func NewGreeterService(name string, c client.Client) GreeterService {
    if c == nil {
        c = client.NewClient()
    }
    if len(name) == 0 {
        name = "hello"
    }
    return &greeterService{
        c:    c,
        name: name,
    }
}

func (c *greeterService) Hello(ctx context.Context, in *HelloRequest,
opts ...client.CallOption) (*HelloResponse, error) {
    req := c.c.NewRequest(c.name, "Greeter.Hello", in)
    out := new(HelloResponse)
    err := c.c.Call(ctx, req, out, opts...)
    if err != nil {
        return nil, err
    }
    return out, nil
}

// Greeter service 服务端
type GreeterHandler interface {
    Hello(context.Context, *HelloRequest, *HelloResponse) error
}

func RegisterGreeterHandler(s server.Server, hdlr GreeterHandler,
opts ...server.HandlerOption) error {
    type greeter interface {
        Hello(ctx context.Context, in *HelloRequest, out *HelloResponse)
error
    }
    type Greeter struct {
        greeter
    }
    h := &greeterHandler{hdlr}
    return s.Handle(s.NewHandler(&Greeter{h}, opts...))
}
```

```
type greeterHandler struct {
    GreeterHandler
}

func (h *greeterHandler) Hello(ctx context.Context, in *HelloRequest, out
*HelloResponse) error {
    return h.GreeterHandler.Hello(ctx, in, out)
}
```

gRPC 的调用方法装在生成的 go-micro RPC 的接口文件中。为了演示，只定义一个 Hello 接口，可以看到上面的代码实现还是比较简单的。

12.3.2　server 服务端

下面开始实现服务端，服务端需要注册 handlers 处理器，用以对外提供服务并接收请求。服务端的具体实现代码如下：

```
package main

import (
    "context"
    hello "github.com/keets2012/etcd-book-code/ch10/micro/srv/proto"
    "log"

    "github.com/micro/go-micro"
    "github.com/micro/go-micro/registry"
    "github.com/micro/go-plugins/registry/etcdv3"
)

type Greet struct{}

func (s *Greet) Hello(ctx context.Context, req *hello.HelloRequest, rsp
*hello.HelloResponse) error {
    log.Printf("received req %#v \n", req)
    rsp.From = "server"
    rsp.To = "client"
    rsp.Msg = "ok"
    return nil
}

func main() {
    reg := etcdv3.NewRegistry(func(op *registry.Options) {
        op.Addrs = []string{"127.0.0.1:2379",
        }
    })
    service := micro.NewService(
        micro.Name("hello.srv.say"),
        micro.Registry(reg),
```

```
    )
    service.Init()
  // 注册 GreeterHandler，传入服务和处理器
    hello.RegisterGreeterHandler(service.Server(), new(Greet))
  // 运行服务
    if err := service.Run(); err != nil {
        panic(err)
}
}
```

micro.NewService 用于初始化服务，然后返回一个 Service 接口的实例。

上述实现中，使用 etcd 替换默认的 Consul 作为服务注册与发现组件。处理器会与服务一起被注册，就像 HTTP 处理器一样，通过调用 server.Run 服务启动，同时绑定代码配置中的地址作为接收请求的地址。服务启动时向注册中心注册自身服务的相关信息，并在接收到关闭信号时注销。

12.3.3 client 调用

下面来看客户端如何调用。客户端应用发起到服务端的远程调用请求，实现客户端与服务端“打招呼”的功能，代码如下：

```
package main

import (
    "context"
    hello "github.com/keets2012/etcd-book-code/ch10/micro/srv/proto"
    "log"

    "github.com/micro/go-micro"
    "github.com/micro/go-micro/registry"
    "github.com/micro/go-plugins/registry/etcdv3"
)

func main() {
    reg := etcdv3.NewRegistry(func(op *registry.Options) {
        op.Addrs = []string{
            "127.0.0.1:2379",
        }
    })
    //创建 service
    service := micro.NewService(
        micro.Registry(reg),
    )
    service.Init()
    // 创建 greet 客户端，需要传入服务名与服务客户端方法构建的对象
    greetClient  :=  hello.NewGreeterService("hello.srv.say",  service.
Client())
```

```
    param := &hello.HelloRequest{
        From: "client",
        To:   "server",
        Msg:  "hello aoho",
    }

    rsp, err := greetClient.Hello(context.Background(), param)
    if err != nil {
        panic(err)
    }

    log.Println(rsp)
}
```

proto 生成的 RPC 接口已经将调用方法的流程封装好。hello.NewGreeterService 需要使用服务名与客户端对象来请求指定的接口，即 hello.srv.say，然后调用 Hello 方法。

```
func(c*sayService)Hello(ctxcontext.Context,in*SayParam,opts...client.CallOption) (*SayResponse, error) {
    req := c.c.NewRequest(c.name, "Say.Hello", in)
    out := new(SayResponse)
    err := c.c.Call(ctx, req, out, opts...)
    if err != nil {
        return nil, err
    }
    return out, nil
}
```

主要的流程都在 c.c.Call 方法中。简单梳理一下整个流程，首先得到服务节点的地址，根据该地址查询连接池里是否有连接，如果有则取出来，如果没有则创建。然后进行数据传输，传输完成后把 client 连接放回到连接池内。

12.3.4 运行结果

上述操作实现了客户端与服务端的“打招呼”功能，下面分别运行服务端和客户端的应用程序，注意执行的先后顺序，得到的结果如下：

```
// 服务端的控制台输出
2021-03-16 23:00:23.365137 I | Transport [http] Listening on [::]:65331
2021-03-16 23:00:23.365230 I | Broker [http] Connected to [::]:65332
2021-03-16 23:00:23.365474 I | Registry [etcd] Registering node: hello.srv.say-6407b896-66d4-4cb1-81fd-d743ff6a97ec
2021-03-16 23:01:16.946948 I | received req &hello.SayRequest{From:"client", To:"server",Msg:"helloaoho",XXX_NoUnkeyedLiteral:struct{}{},XXX_unrecognized:[]uint8(nil), XXX_sizecache:0}


//客户端的控制台输出
2021-03-16 23:01:16.947531 I | from:"server" to:"client" msg:"ok"
```

依次启动服务端、客户端，客户端发起一个打招呼的请求给服务端，可以看到服务端的控制台输出收到的请求，并返回 ok 响应给到客户端，符合实现预期。

至此，成功在 go-micro 框架中集成了 etcd 作为服务注册与发现组件。下面继续介绍在 Go-kit 中集成 etcd 作为服务注册与发现组件。

12.4 Go-kit 集成 etcd

下面看另一个流行的 Go 语言微服务框架 Go-kit 如何集成 etcd。

Go-kit 提供了用于实现系统监控和弹性模式组件的库，例如日志记录、跟踪、限流和熔断等，这些库协助工程师提高微服务架构的性能和稳定性。Go-kit 框架分层如图 12-2 所示。

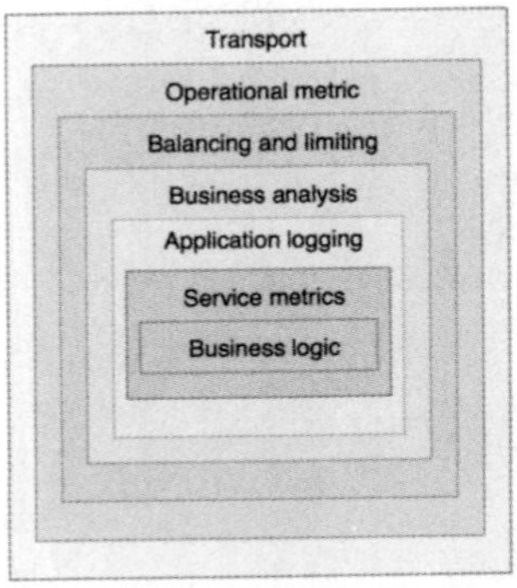

图 12-2 Go-kit 框架分层

除了用于构建微服务的工具包，Go-kit 还为工程师提供了良好的架构设计原则示范。Go-kit 提倡工程师使用 Alistair Cockburn 提出的 SOLID 设计原则、领域驱动设计（DDD）。所以 Go-kit 不仅仅是微服务工具包，它也非常适合构建优雅的整体结构。

Go-kit 提供了三层模型来解耦业务，这也是使用它的主要目的，模型由上到下分别是 transport→endpoint→service。

（1）传输层（transport）用于网络通信，服务通常使用 HTTP、gRPC 等网络传输方式，或使用 NATS 等发布订阅系统相互通信。除此之外，Go-kit 还支持使用 AMQP 和 Thrift 等多种网络通信模式。

（2）接口层（endpoint）是服务器和客户端的基本构建模块。在 Go-kit 中，每个对外提供的服务接口方法都会定义为一个端点（Endpoint），以便在服务器和客户端之间进行网络通信。每个端点利用传输层通过使用 HTTP 或 gRPC 等具体通信模式对外提供服务。

（3）服务层（service）是具体的业务逻辑实现。服务层的业务逻辑包含核心业务逻辑，即要实现的主要功能。它不会也不应该进行 HTTP 或 gRPC 等具体网络传输，或者请求和响应消息类型的编码和解码。

Go-kit 在性能和扩展性等方面表现优异。下面介绍如何在 Go-kit 中集成 etcd 作为服务注册与发现组件，以及构建用户登录的场景、用户登录系统之后获取认证的令牌，然后实现 Go-kit 的 gRPC 调用。

12.4.1 定义消息格式

Go-kit 的消息通信也是基于 protobuf 格式。这里定义了两个 proto，其中一个定义了登录的 RPC 请求和响应的结构体，另一个则定义了 RPC 请求的方法。分别如下：

```
// user.proto
syntax = "proto3";
package pb;

message Login {
    string Account = 1;
    string Password = 2;
}

message LoginAck {
    string Token = 1;
}
user.proto 定义了 Login 请求和 LoginAck 应答的结构体

// service.proto
syntax = "proto3";
package pb;
import "user.proto";
service User {
    rpc RpcUserLogin (Login) returns (LoginAck) {
    }
}
```

service.proto 引用 user.proto 中定义的结构体，定义了一个方法 RpcUserLogin，请求参数为 Login 对象，响应结果为 LoginAck。

生成对应的 gRPC pb 文件，执行以下的命令：

```
$ protoc --go_out=plugins=grpc:. *.proto
```

生成 pb 文件后，目录中增加了两个文件，文件结构如下：

```
$ tree
.
├── make.sh
├── service.pb.go
├── service.proto
├── user.pb.go
└── user.proto
```

生成的文件基于 gRPC 调用的标准格式生成，这里就不具体列出了。

12.4.2 user 服务

由于 user 服务的实现代码比较多，这里侧重讲解 Go-kit 集成使用 etcd 部分。user 服务的入口主函数如下：

```
var grpcAddr = flag.String("g", "127.0.0.1:8881", "grpcAddr")

var quitChan = make(chan error, 1)
```

```
func main() {
    flag.Parse()
    var (
        etcdAddrs = []string{"127.0.0.1:2379"}
        serName   = "svc.user.agent"
        grpcAddr  = *grpcAddr
        ttl       = 5 * time.Second
    )
    utils.NewLoggerServer()
    // 初始化 etcd 客户端
    options := etcdv3.ClientOptions{
        DialTimeout:   ttl,
        DialKeepAlive: ttl,
    }
    etcdClient, err := etcdv3.NewClient(context.Background(), etcdAddrs,
options)
    if err != nil {
        utils.GetLogger().Error("[user_agent]NewClient",zap.Error (err))
        return
    }
  // 基于 etcdClient 初始化 Registar
    Registar := etcdv3.NewRegistrar(etcdClient, etcdv3.Service{
        Key:   fmt.Sprintf("%s/%s", serName, grpcAddr),
        Value: grpcAddr,
    }, log.NewNopLogger())
    go func() {
        golangLimit := rate.NewLimiter(10, 1)
        server := src.NewService(utils.GetLogger())
        endpoints := src.NewEndPointServer(server, golangLimit)
      // 构造 EndPointServer
        grpcServer := src.NewGRPCServer(endpoints, utils.GetLogger())
      // 监听 tcp 地址和端口
        grpcListener, err := net.Listen("tcp", grpcAddr)
        if err != nil {
            utils.GetLogger().Warn("[user_agent]Listen",zap.Error(err))
            quitChan <- err
            return
        }
        Registar.Register()
        baseServer:=grpc.NewServer(grpc.UnaryInterceptor(grpctransport.
Interceptor))
        pb.RegisterUserServer(baseServer, grpcServer)
        if err = baseServer.Serve(grpcListener); err != nil {
            utils.GetLogger().Warn("[user_agent]Serve",zap.Error(err))
        quitChan <- err
        return
    }
```

```
    }()
    go func() {
        c := make(chan os.Signal, 1)
        signal.Notify(c, syscall.SIGINT, syscall.SIGTERM)
        quitChan <- fmt.Errorf("%s", <-c)
    }()
    utils.GetLogger().Info("[user_agent] run " + grpcAddr)
    err = <-quitChan
      // 注销连接
    Registar.Deregister()
    utils.GetLogger().Info("[user_agent] quit err", zap.Error(err))
}
```

user 服务集成 etcd 的主要步骤如下：

（1）初始化 etcd 客户端；

（2）基于 etcdClient 初始化 Registar；

（3）Registar.Register()注册 user 服务到 etcd，RegisterService 将服务及其实现注册到 gRPC 服务器，必须在调用服务之前调用 RegisterService；

（4）服务关闭时，注销 etcd 连接。

12.4.3 客户端调用

在微服务架构中，用户登录的操作，一般由 user 服务校验其身份信息的合法性，如果合法则为该用法返回认证的令牌。测试客户端就是模拟 auth 认证服务的实现。

```
func TestNewUserAgentClient(t *testing.T) {
 // 初始化 UserAgent，返回的是一个 UserAgent
 client, err := NewUserAgentClient([]string{"127.0.0.1:2379"}, logger)
 if err != nil {
     t.Error(err)
     return
 }
  // 循环调用，为了测试 user 多实例注册到 etcd，客户端调用的情况
 for i := 0; i < 6; i++ {
     time.Sleep(time.Second)
     userAgent, err := client.UserAgentClient()
     if err != nil {
         t.Error(err)
         return
     }
     ack, err := userAgent.Login(context.Background(), &pb.Login{
         Account:  "aoho",
         Password: "123456",
     })
     if err != nil {
         t.Error(err)
         return
```

```
        }
        t.Log(ack.Token)
    }

}
```

上述代码示例是测试的主要代码，首先读取配置，初始化 UserAgent，其实就是得到指定服务的一个 etcdv3 客户端实例。这里获取了 etcd 中键为 svc.user.agent 的值。

```
func NewUserAgentClient(addr []string, logger log.Logger) (*UserAgent, error) {
    var (
        etcdAddrs = addr
        serName   = "svc.user.agent"
        ttl       = 5 * time.Second
    )
    options := etcdv3.ClientOptions{
        DialTimeout:   ttl,
        DialKeepAlive: ttl,
    }
    etcdClient, err := etcdv3.NewClient(context.Background(), etcdAddrs, options)
    if err != nil {
        return nil, err
    }
    instancerm, err := etcdv3.NewInstancer(etcdClient, serName, logger)
    if err != nil {
        return nil, err
    }
    return &UserAgent{
        instancerm: instancerm,
        logger:     logger,
    }, err
}
```

在 NewUserAgentClient 的实现中，根据传入的 etcdAddrs 构建 etcdClient，并通过 etcdClient 和 serName 构建 instancerm，指向的类型为 Instancer。

```
type Instancer struct {
 cache  *instance.Cache
 client Client
 prefix string
 logger log.Logger
 quitc  chan struct{}
}
```

Instancer 选出存储在 etcd 键空间中的实例。同时将 watch 该键空间中的任何事件类型的更改，这些更改将更新实例器的实例信息。

至此，我们实现了 user 服务和调用 user 服务的客户端测试方法。

12.4.4 运行结果

启动 3 个服务地址，分别为：127.0.0.1:8881、127.0.0.1:8882 和 127.0.0.1:8883，启动命令和测试结果如下：

```
$ ./user_agent -g 127.0.0.1:8881
2021-03-17 13:31:15      INFO     utils/log_util.go:89      [NewLogger]
success
2021-03-17 13:31:15     INFO    user_agent/main.go:75    [user_agent] run
127.0.0.1:8881

$ ./user_agent -g 127.0.0.1:8882
2021-03-17 13:31:12   INFO   utils/log_util.go:89   [NewLogger] success
2021-03-1713:31:12INFOuser_agent/main.go:75[user_agent]run127.0.0.1:8882

$ ./user_agent -g 127.0.0.1:8883
2021-03-17 13:31:08   INFO   utils/log_util.go:89   [NewLogger] success
2021-03-17 13:31:08     INFO    user_agent/main.go:75    [user_agent] run
127.0.0.1:8883
依次运行服务端和测试函数，可以得到如下的结果：
=== RUN   TestNewUserAgentClient
ts=2021-03-17T05:31:22.605559Zcaller=instancer.go:32prefix=svc.user.ag
ent instances=3
    TestNewUserAgentClient:user_agent_test.go:44:  eyJhbGciOiJIUzI1NiIs
InR5cCI6IkpXVCJ9.eyJOYW1lIjoiYW9obyIsIkRjSWQiOjEsImV4cCI6MTYwMDMyMDcxMywia
WF0IjoxNjAwMzIwNjgzLCJpc3MiOiJraXRfdjQiLCJuYmYiOjE2MDAzMjA2ODMsInN1YiI6Imx
vZ2luIn0.Eo-uytDEuAJyPGooXB2mC6uga-C-krVdthEQSYkqG-k
    ...
--- PASS: TestNewUserAgentClient (6.11s)
PASS
```

根据测试函数的运行结果，svc.user.agent 有三个服务实例。客户端 6 次调用 user 服务的登录结果都是成功的，TestNewUserAgentClient 输出获取到的 JWT Token。同时在启动的三个 user 服务端控制台输出如下的日志信息：

```
// 8883
2021-03-1713:31:24DEBUGsrc/middleware_server.go:31[9f4221fd-ec8c-53f2-b2
ac-26e9cb4501ba]{" 调 用  LoginlogMiddlewareServer":  "Login","req":"Account:
\"aoho\"assword:\"123456\"","res":"Token:\"eyJhbGciOiJIUzI1NiIsInR5cCI6IkpX
VCJ9.eyJOYW1lIjoiYW9obyIsIkRjSWQiOjEsImV4cCI6MTYwMDMyMDcxNCwiaWF0IjoxNjAwMz
IwNjg0LCJpc3MiOiJraXRfdjQiLCJuYmYiOjE2MDAzMjA2ODQsInN1YiI6ImxvZ2luIn0.atzew
yzrwRtBVCCg_4eZo7iiJKXGV6nJs-_BA9JDSLQ\" ", "time": "188.861μs", "err": null}

// 8882
2021-03-1713:31:26DEBUGsrc/middleware_server.go:31[9ece68d5-9e56-515c-
a417-77f371b04910]   {" 调 用  Login  logMiddlewareServer":  "Login",  "req":
"Account:\"aoho\"assword:\"123456\"","res":
"Token:\"eyJhbGciOiJIUzI1NiIsInR5cCI6IkpXVCJ9.eyJOYW1lIjoiYW9obyIsIkRjSWQi
OjEsImV4cCI6MTYwMDMyMDcxNiwiaWF0IjoxNjAwMzIwNjg2LCJpc3MiOiJraXRfdjQiLCJuYm
```

```
YiOjE2MDAzMjA2ODYsInN1YiI6ImxvZ2luIn0.KLjK_mf11C_ssO_X5sKyzr55ftUEh2D5mfxS
5xTKbP4\" ", "time": "195.477 μ s", "err": null}
   2021-03-1713:31:27DEBUGsrc/middleware_server.go:31[de1d3e65-d389-5232-92
54-33e4cb6c9060]{" 调 用  LoginlogMiddlewareServer":"Login","req":"Account:
\"aoho\"assword:\"123456\"","res":"Token:\"eyJhbGciOiJIUzI1NiIsInR5cCI6IkpX
VCJ9.eyJOYW1lIjoiYW9obyIsIkRjSWQiOjEsImV4cCI6MTYwMDMyMDcxNywiaWF0IjoxNjAwMz
IwNjg3LCJpc3MiOiJraXRfdjQiLCJuYmYiOjE2MDAzMjA2ODcsInN1YiI6ImxvZ2luIn0.2jkry
vYTJVnsrXuNWB_SyYqKxQB-l5dos7bGUP2aLyo\" ", "time": "104.817 μ s", "err": null}
   // 8881
   2021-03-1713:31:23DEBUGsrc/middleware_server.go:31[c521bfb2-5a48-58c8-
aa74-fdf78adc443f]{"调用 Login logMiddlewareServer":"Login","req": "Account:
\"aoho\"assword:\"123456\"","res":"Token:\"eyJhbGciOiJIUzI1NiIsInR5cCI6IkpX
VCJ9.eyJOYW1lIjoiYW9obyIsIkRjSWQiOjEsImV4cCI6MTYwMDMyMDcxMywiaWF0IjoxNjAwMz
IwNjgzLCJpc3MiOiJraXRfdjQiLCJuYmYiOjE2MDAzMjA2ODMsInN1YiI6ImxvZ2luIn0.Eo-uy
tDEuAJyPGooXB2mC6uga-C-krVdthEQSYkqG-k\" ", "time": "173.146 μ s", "err": null}
   2021-03-1713:31:25DEBUGsrc/middleware_server.go:31[9ffc9f63-d925-5999-
9b9b-2bf544654010]{"调用 Login logMiddlewareServer":"Login","req":"Account:
\"aoho\"assword:\"123456\"","res":"Token:\"eyJhbGciOiJIUzI1NiIsInR5cCI6IkpX
VCJ9.eyJOYW1lIjoiYW9obyIsIkRjSWQiOjEsImV4cCI6MTYwMDMyMDcxNSwiaWF0IjoxNjAwMz
IwNjg1LCJpc3MiOiJraXRfdjQiLCJuYmYiOjE2MDAzMjA2ODUsInN1YiI6ImxvZ2luIn0.OwMi3
3WbWz4SuIIRsTO0uOzg2d7qx5CDyISetnsbiiE\" ", "time": "174.443 μ s", "err": null}
   2021-03-1713:31:28DEBUGsrc/middleware_server.go:31[c5459a23-0999-5861-80
d2-fea508815ac5] {"调用 Login logMiddlewareServer":"Login","req": "Account:
\"aoho\"assword:\"123456\"","res":"Token:\"eyJhbGciOiJIUzI1NiIsInR5cCI6IkpX
VCJ9.eyJOYW1lIjoiYW9obyIsIkRjSWQiOjEsImV4cCI6MTYwMDMyMDcxOCwiaWF0IjoxNjAwMz
IwNjg4LCJpc3MiOiJraXRfdjQiLCJuYmYiOjE2MDAzMjA2ODgsInN1YiI6ImxvZ2luIn0.TR6gc
jlZ7rb2PXQg5XJz1AX0cGJc706UAuT9VyWR1Wg\" ", "time": "68.345 μ s", "err": null
```

从上面的日志信息可以知道，客户端根据 etcd 中存储的实例信息发起调用，成功实现了负载均衡。如果关闭某一个实例，客户端会监测到服务实例的变更，本地的服务实例列表会踢掉该实例，这种机制使得 Go-kit 的负载均衡依然奏效。

在开头就提到 etcd 是云原生架构下的存储基石，可见其在云原生环境中的重要地位，下面将分析 etcd 在 Kubernetes 的应用。

12.5 etcd 在 Kubernetes 中如何保证容器的调度

etcd 是 Kubernetes 中的重要组件，用作存储集群状态的数据库。etcd 作为配置存储中心使用，Kubernetes 可以更加专注容器编排的核心功能。

本节介绍 Kubernetes 的相关概念，以及 etcd 在 Kubernetes 中的部署方式。通过一个用户服务部署的案例，介绍 etcd 在 Kubernetes 创建 Pod 过程中的作用。

12.5.1 什么是 Kubernetes

Docker 作为容器化技术，相比于虚拟化显得更加轻量。然而仅有容器还是不够的，虽然它解决了应用程序运行环境的集成问题，但大量的容器需要人工部署，导致人力成本和出错率的增加，对此需要一定的容器编排工具对大量运行的容器进行管理。Kubernetes 就是这样一款工具，用来进行容器化管理和调度，两者配合使用，如图 12-3 所示。

Kubernetes 由 Google 开源，目的是管理公司内部运行的成千上万台服务器，降低应用程序部署管理的成本。Kubernetes 将基础设施抽象化，简化了应用开发、部署和运维等工作，提高了硬件资源的利用率，是一款优秀的容器管理和编排系统。

Kubernetes 主要由两类节点组成：Master 节点主要负责管理和控制，是 Kubernetes 的调度中心；Node 节点受 Master 节点管理，属于工作节点，负责运行具体的容器应用。整体结构，如图 12-4 所示。

图 12-3　Docker 与 Kubernetes

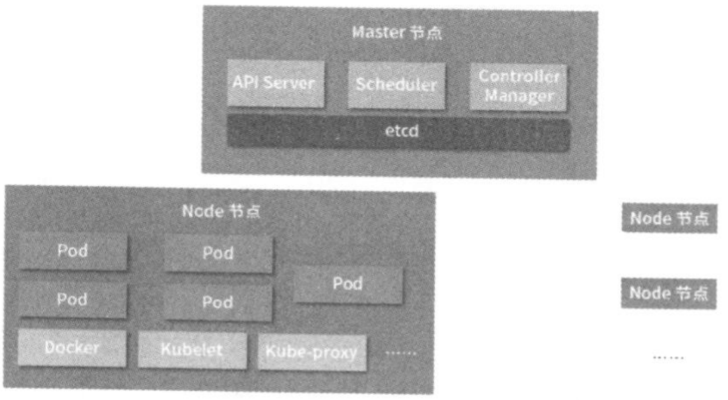

图 12-4　Kubernetes 结构

Master 节点主要由 4 个部分组成，如表 12-2 所示。

表 12-2　Master 节点主要组成

组成部分	说　明
API Server	对外提供 Kubernetes 的服务接口和 watch 监听机制，以供各类客户端使用，是 Kubernetes 中各组件交互的枢纽。当收到创建 Pod 请求时会对 API Server 进行认证检查，然后写入 etcd
Scheduler	负责对集群内部的资源进行调度，按照预设的策略将 Pod 调度到相应的 Node 节点
Controller Manager	作为管理控制器，负责维护整个集群的状态
etcd	保存整个集群的状态数据

Node 节点也有 4 个主要组成部分，如表 12-3 所示。

表 12-3　Node 节点主要组成

组成部分	说　明
Pod	Kubernetes 创建和部署的基本操作单位，它代表集群中运行的一个进程，内部由一个或多个共享资源的容器组成，可以简单将 Pod 理解成一台虚拟主机，主机内的容器共享网络、存储等资源
Docker	该部分是 Pod 中最常见的容器 runtime，Pod 也支持其他容器 runtime
Kubelet	负责维护调度到它所在 Node 节点的 Pod 的生命周期，包括创建、修改、删除和监控等
Kube-proxy	负责为 Pod 提供代理，为 Service 提供集群内部的服务发现和负载均衡，Service 可以看作一组提供相同服务的 Pod 的对外访问接口

12.5.2 etcd 在 Kubernetes 中的部署

前面介绍了 Kubernetes 的基本架构，在 Kubernetes 集群中，etcd 有两种部署方式，一种是 etcd 实例可以作为 Pod 部署在 Master 节点上，如图 12-5 所示。

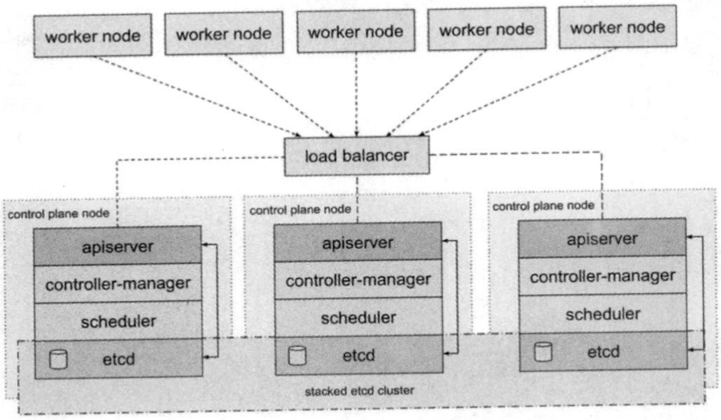

图 12-5 etcd 作为 Pod 部署的方式

另一种是将 etcd 部署在集群外部，用以增加可靠性和安全性，如图 12-6 所示。

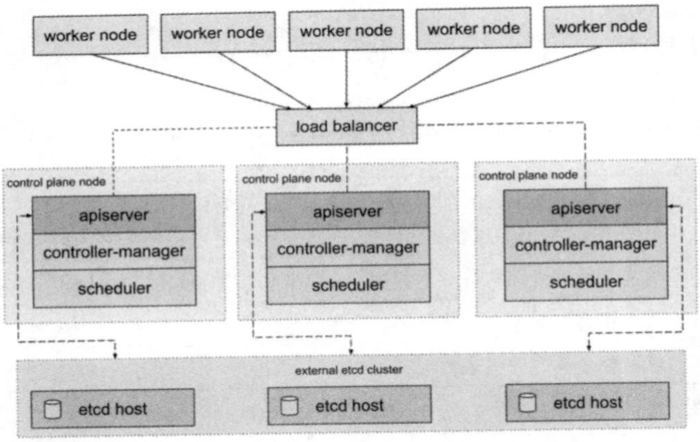

图 12-6 etcd 集群单独部署

根据上面的两种部署方式，可以看到 etcd 集群的部署方式影 Kubernetes 集群的规模。当在落地实践中期望充分地利用服务器资源，并不希望用这些机器来跑集群控制管理组件时，很多部署方案会采用第一种方案，把主机节点、工作节点和 etcd 集群都放在一起复用资源。从高可用架构来讲，这种架构存在一定的缺陷。当出现节点宕机，这种架构的隐患使得业务应用受到极大的影响。容器技术主要是对运行进程的隔离，它并不是为系统进程设计的隔离工具，容器的生命周期都很短，随时会失败。当容器进程出错时，隔离环境很难还原故障的环境。常用的办法就是通过重启容器来忽略故障，期望能快速排除故障。

通常的高可用架构实践是将工作节点和控制节点分开部署，即第二种方案。在虚拟化混合环境下，控制节点可以使用小型的物理机或者虚拟机来部署最为合适。当然，直接使用物理机来部署主控节点是很浪费的，建议在现有物理机集群中先使用虚拟化软件划分出虚拟机来提供管理节点的管理资源，常见的如 OpenStack、VMware vSphere 等虚拟化软件。

在 Kubernetes 集群中，Pod 是所有业务类型的基础，也是 K8S 管理的最小单位，它是一个或多个容器的组合。接下来学习如何使用 Kubernetes 创建 Pod 部署后端服务。

12.5.3　Kubernetes 部署 user 服务

创建 Pod 部署 user 服务以及它依赖的 Redis 和 MySQL 数据库，通过这个例子熟悉 Kubernetes 的基本用法。可以基于 YAML 文件描述配置过程，使用 kubectl 命令行工具访问 Kubernetes 的接口。user 服务的 Pod 描述如下：

```
apiVersion: v1
kind: Pod
metadata:
name: user-service
labels:
name: user-service
spec:
containers:                              # 定义 user 容器，开放 10086 端口
- name: user
image: user
ports:
- containerPort: 10086
imagePullPolicy: IfNotPresent
- name: mysql                            # 定义 MySQL 容器，开放 3306 端口
image: mysql-for-user
ports:
- containerPort: 3306
env:
- name: MYSQL_ROOT_PASSWORD
value: "123456"
imagePullPolicy: IfNotPresent
- name: redis                            # 定义 Redis 容器，开放 6379 端口
image: redis:5.0
ports:
- containerPort: 6379
imagePullPolicy: IfNotPresent
```

上述 YAML 文件中，展示了部署 user、MySQL 和 Redis 3 个容器应用的简单 Pod。

由于在同一个Pod中的多个容器是并发启动的，为了保证user服务启动时Redis和MySQL数据库已经部署启动完成，在user服务的main函数中增加time.Sleep，延迟user服务的启动。通过kubectl create命令和YAML描述启动Pod。命令如下：

```
kubectl create -f user-service.yaml
```

此操作将在Kubernetes集群的Node节点中创建单个Pod。通过以下两个命令可以查看user-service Pod的信息并进入Pod中：

```
kubectl get pod user-service
kubectl exec -ti user-service -n default  -- /bin/bash
```

以上创建Pod的操作步骤一般会产生5个事件，按照时间顺序梳理如下：

（1）调度user-service 到对应的Node；

（2）拉取镜像user:latest；

（3）成功拉取镜像；

（4）创建容器user；

（5）启动Startedcontainer user。

单个Pod不具备自我恢复的能力，当Pod所在的Node出现问题时，Pod很可能被删除，这就会导致 Pod 中容器提供的服务被终止。为了避免这种情况的发生，可以使用Controller管理Pod，Controller提供创建和管理多个Pod的能力，帮助被管理的Pod自愈和更新。常见的Controller如表12-4所示。

表 12-4　常见 Controller 与说明

名　称	说　明
Replication Controller	确保用户定义的Pod副本数保持不变
ReplicaSet	是RC的升级版，在选择器（Selector）的支持上优于RC，RC只支持基于等式的选择器，但RS还支持基于集合的选择器
Deployment	在RS的基础上提供 Pod 的更新能力，在 Deployment 配置文件中 Pod template 发生变化时，它能将现在集群的状态逐步更新成 Deployment 中定义的目标状态
StatefulSets	其中的Pod是有序部署且具备稳定的标识，是一组存在状态的 Pod 副本

比如，可以使用DeploymentController管理user-service Pod，配置如下：

```
apiVersion: apps/v1
kind: Deployment
metadata:
name: user-service
labels:
name: user-service
spec:
replicas: 3
selector:
matchLabels:
name: user-service
template:
```

```
metadata:
labels:
name: user-service
spec:
containers:                      # 定义 user 容器，开放 10086 端口
- name: user
image: user
ports:
- containerPort: 10086
imagePullPolicy: IfNotPresent
- name: mysql                     # 定义 MySQL 容器，开放 3306 端口
image: mysql-for-user
ports:
- containerPort: 3306
env:
- name: MYSQL_ROOT_PASSWORD
value: "123456"
imagePullPolicy: IfNotPresent
- name: redis                     # 定义 Redis 容器，开放 6379 端口
image: redis:5.0
ports:
- containerPort: 6379
imagePullPolicy: IfNotPresent
```

在上述配置中，指定了 kind 的类型为 Deployment，副本的数量为 3，选择器为匹配标签 name:user-service。可以发现原来 Pod 的配置放到 template 标签下，并添加 name: user-service 的标签。DeploymentController 将会使用 template 下的 Pod 配置来创建 Pod 副本，并通过标签选择器监控 Pod 副本的数量。当副本数不足时，将根据 template 创建 Pod。

执行以下命令即可通过 Deployment Controller 管理 user-service Pod，命令如下：

```
kubectl create -f user-service-deployment.yaml
```

可通过 kubectl get Deployment 命令查看 user-service 的 Pod 副本状态，命令如下：

```
kubectl get Deployment user-service
```

DeploymentController 默认使用 RollingUpdate 策略更新 Pod，也就是滚动更新的方式；另一种更新策略是 Recreate，创建出新的 Pod 之前先杀掉所有已存在的 Pod，可通过 spec.strategy.type 标签指定更新策略。当且仅当 Deployment 的 Podtemplate 中的 label 更新或者镜像更改时，Deployment 的 rollout 将被触发，比如希望更新 Redis 的版本：

```
kubectl set image deployment/user-service redis=redis:6.0
```

这将触发 user-service Pod 的重新部署。当 Pod 被 Deployment Controller 管理时，单独使用 kubectldelete pod 无法删除相关 Pod，DeploymentController 会维持 Pod 副本数量不变，这时需要通过 kubectldeleteDeployment 删除相关 Deployment 配置，比如删除 user-service 的 Deployment 配置，命令如下：

```
kubectl delete Deployment user-service
```

我们在这一小节介绍了 Kubernetes 的相关概念、etcd 在 Kubernetes 中的两种部署方

式以及示例了在 Kubernetes 创建 Pod 部署一个后端服务。那么接下来将会深入穿件 Pod 的过程，看看 etcd 在创建 Pod 过程中所承担的工作。

12.6 创建 Pod 流程分析

通过前面的 Kubernetes 集群架构图，可以发现各组件都通过 API Server 实现数据交互，且依赖 API Server 提供的资源变化监听机制。而 API Server 对外提供的监听机制，则是由 etcd Watch 提供的底层支持。

为了更好地理解创建 Pod 的过程，笔者绘制了下面这张时序图，如图 12-7 所示。

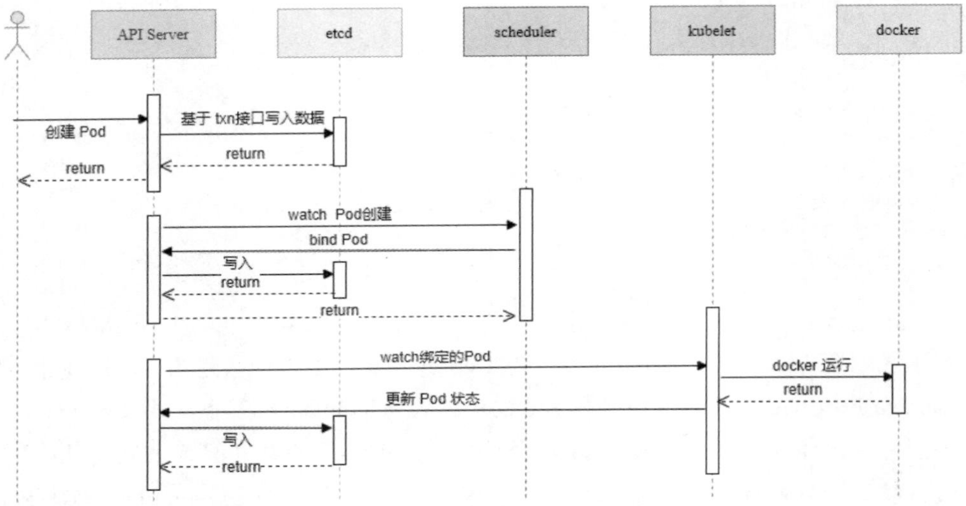

图 12-7 创建 Pod 的流程图

该时序图展示了创建 Pod 的流程，基本流程如下。

（1）用户提交创建 Pod 的请求，可通过 API Server 的 REST API，也可用 kubectl 命令行工具，支持 JSON 和 YAML 两种格式；

（2）API Server 处理用户请求，存储 Pod 数据到 etcd；

（3）调度器通过 API Server 的 watch 机制检测到新的 Pod 后，尝试为 Pod 绑定 Node；

（4）调度器根据规则过滤掉不符合要求的主机。比如 Pod 指定了所需的资源，就要过滤掉资源不够的主机；

（5）调度器根据整体优化的策略，比如，把一个 Replication Controller 的副本分布到不同的主机上，选择最低负载的主机；

（6）根据选定的主机，进行 Pod 绑定操作，并将结果存储到 etcd 中；

（7）Kubelet 根据调度结果执行 Pod 创建操作。Pod 绑定成功后，执行 docker run 命令启动容器。Scheduler 调用 API Server 的 API 在 etcd 中创建一个 bound Pod 对象，描述

在一个工作节点上绑定运行的所有 Pod 信息。运行在每个工作节点上的 Kubelet 也会定期与 etcd 同步 bound Pod 信息，一旦发现应该在该工作节点上运行的 bound Pod 对象没有更新，则调用 Docker API 创建并启动 Pod 内的容器。

总的来说，用户通过 APIServer 创建 Pod，然后 APIServer 将其写入 etcd。调度器 watch 到一个“未绑定”的 Pod，会决定在哪个节点上运行该 Pod，随后将绑定信息写回到 APIServer。Kubelet watch 绑定到其节点上 Pod 的更改事件，并通过 Docker 运行容器。Kubelet 通过 docker runtime 监视 Pod 的状态。当出现变更事件时，Kubelet 会将当前状态的变更反馈给 API Server。

下面具体分析创建 Pod 所涉及的核心流程。

12.6.1 etcd 如何存储 Kubernetes 的数据

首先来看 etcd 如何存储 Kubernetes 集群中的元数据。通过以下的命令，可以获取 Kubernetes 存储在 etcd 中的 keys。

```
$etcdctl--endpoints=https://192.168.10.124:2379--cacert=/etc/kubernetes/pki/etcd/ca.crt--cert=/etc/kubernetes/pki/etcd/healthcheck-client.crt--key=/etc/kubernetes/pki/etcd/healthcheck-client.keyget/--prefix--keys-only|grep -Ev "^$"

# 得到的部分结果
/registry/apiregistration.k8s.io/apiservices/v1.
/registry/apiregistration.k8s.io/apiservices/v1.apps
/registry/apiregistration.k8s.io/apiservices/v1.authentication.k8s.io
/registry/apiregistration.k8s.io/apiservices/v1.authorization.k8s.io
/registry/apiregistration.k8s.io/apiservices/v1.autoscaling
/registry/apiregistration.k8s.io/apiservices/v1.batch
/registry/apiregistration.k8s.io/apiservices/v1.coordination.k8s.io
/registry/apiregistration.k8s.io/apiservices/v1.networking.k8s.io
/registry/apiregistration.k8s.io/apiservices/v1.rbac.authorization.k8s.io
/registry/apiregistration.k8s.io/apiservices/v1.scheduling.k8s.io
/registry/apiregistration.k8s.io/apiservices/v1.storage.k8s.io
/registry/secrets/kube-system/kubernetes-dashboard-certs
/registry/secrets/kube-system/kubernetes-dashboard-key-holder
/registry/secrets/kube-system/kubernetes-dashboard-token-rtr49
/registry/secrets/kube-system/namespace-controller-token-prfx2
```

由于结果很多，还有很多键的省略。但是通过上述结果可以知道，这些键定义了集群中所有资源的配置和状态：Nodes、Namespaces、ServiceAccounts、Roles and RoleBindings, ClusterRoles/ClusterRoleBindings、ConfigMaps、Secrets、Workloads: Deployments, DaemonSets, Pods、Cluster's certificates、The resources within each apiVersion、The events that bring the cluster in the current state。

元数据资源在 etcd 中的存储格式由前缀、资源类型、namespace 和具体资源名组成。

可以根据具体资源名和 namespace 查询存储在 etcd 中的元数据。API Server 提供了—etcd -prefix 配置项，用以自定义配置 etcd prefix，默认为 registry 并支持将资源存储在多个 etcd 集群。

除此之外，kubectl 支持使用标签查看 Pods 信息。比如执行 kubectl get po -l app=user 命令，指定了标签查询，此时会向 etcd 发起一个遍历 default namespace 下的 Pods 操作。因此，当某个 namespace 中创建的 Pods 资源数量很大时，通过 kubectl 使用标签频繁查询会影响 etcd 的性能。

12.6.2 APIServer 策略层的处理

再来看 API Server 如何将元数据写入 etcd。API Server 是一个策略组件，提供对 etcd 的访问控制。APIServer 是 Kubernetes 中的核心协调组件，能够让 Kubernetes 以松耦合的方式实现组件之间的交互。

请求到达 API Server，首先做相应的校验，包括创建请求的合法性、权限校验等。主要包括认证模块、限速模块、审计模块、授权模块以及控制模块。

API Server 定义了一套 ORM 机制，实现了资源对象和 etcd 存储对象的映射、资源对象之间关联的关系。例如，某个 Pod 属于某个资源，资源对应具体的 Deployment，用 Owner-Reference 字段定义所属的 object，同时定义对应的缓存机制、Callback 机制、验证机制等，实现查询操作集合。

创建 Pods 的请求经过准入校验后，由相应的资源逻辑进行处理。API Server 封装了资源创建、更新、删除的策略接口，新增一个资源只需实现对应的策略。创建一个资源主要由 BeforeCreate、Storage.Create 以及 AfterCreate 三大步骤组成。

Kubernetes 集群使用事务 Txn 接口防止并发创建、更新被覆盖等问题。当执行完 BeforeCreate 策略后，API Server 调用 Storage 模块的 Create 接口写入资源。Storage.Create 接口调用底层存储模块 etcd3，将 user Deployment 资源对象写入 etcd。

12.6.3 Watch 机制

通过 Txn 接口成功将数据写入 etcd 后，kubectl create 命令执行完毕，返回给 client。通过上面的时序图可以知道，API Server 并没有任何逻辑去真正创建 Pod，Controller Manager 组件中的一系列控制器将根据 Watch 的结果进行后续的 Pod 创建、调度以及运行。

Kubernetes 使用 Watch 机制获取数据变化的事件，etcd Watch 机制提供了流式推送机制，相比于定时轮询减少了高昂的查询开销，方便 API Server 实现数据的监听。服务器端的 store 对象利用 etcd 的 Watch 机制，当 Watch 机制触发时，数据的变化信息将封装成 event 对象并打包发送出去，客户端则通过不停地监听尝试读取 event chunk。

需要注意的是，Kubernetes 社区提供了通用的 Informer 组件，实现了客户端与 APIServer 之间的资源和事件同步。Informer 机制的 Reflector 封装了 Watch、List 操作，结合本地 Cache、Indexer，控制器加载完初始状态数据后，其他操作只需从本地缓存读取，极大降低了 API Server 和 etcd 的压力。

12.7　本章小结

本章主要讲解了 etcd 在微服务架构中的应用，三种不同的场景：原生实现服务注册与发现、go-micro 集成 etcd 和 Go-kit 集成 etcd。go-micro 把分布式系统的各种细节抽象出来，方便进行组件切换。go-micro 的新版本工具集弃用了 Consul，建议使用 etcd。Go-kit 是 Go 语言工具包的集合，可以帮助构建强大、可靠和可维护的微服务，不过 Go 语言目前还不支持泛型，interface 的定义相对来说也比较烦琐。我们针对每一种不同的场景都进行了应用实践。

然后介绍了 etcd 在 Kubernetes 平台中的应用。API Server 是 Kubernetes 的核心组件，也是唯一与 etcd 直接交互的组件。API Server 一个重要特性是支持 Watch 机制，使得 API Server 的客户端可以使用与 etcd 相同的协调模式。通过使用 Kubernetes 将 user 服务以及它的依赖服务的容器打包到同一个 Pod 中进行容器编排。通过部署 user 服务，相信大家对 Kubernetes 的使用已经有了一个大概的了解。

最后介绍了 Pod 创建过程，以及 etcd 在存储元数据中起到的作用，涉及 etcd 存储 Kubernetes 集群数据的形式、API Server 策略层的处理以及 Watch 机制。Scheduler 监听到待调度的 Pod，最后完成分配 Node 以及绑定 IP 的过程。希望通过这一部分内容的学习，能够加深大家对容器运行和编排的认识。

读 者 意 见 反 馈 表

亲爱的读者：

感谢您对中国铁道出版社有限公司的支持，您的建议是我们不断改进工作的信息来源，您的需求是我们不断开拓创新的基础。为了更好地服务读者，出版更多的精品图书，希望您能在百忙之中抽出时间填写这份意见反馈表发给我们。随书纸制表格请在填好后剪下寄到：北京市西城区右安门西街8号中国铁道出版社有限公司大众出版中心 荆波收（邮编：100054）。或者采用传真（010-63549458）方式发送。此外，读者也可以直接通过电子邮件把意见反馈给我们，E-mail地址是：176303036@qq.com。我们将选出意见中肯的热心读者，赠送本社的其他图书作为奖励。同时，我们将充分考虑您的意见和建议，并尽可能地给您满意的答复。谢谢！

所购书名：______________________________

个人资料：

姓名：________________性别：____________年龄：____________文化程度：__________________

职业：________________________电话：____________________E-mail：______________________

通信地址：____邮编：____________________

您是如何得知本书的：

□书店宣传 □网络宣传 □展会促销 □出版社图书目录 □老师指定 □杂志、报纸等的介绍 □别人推荐

□其他（请指明）____

您从何处得到本书的：

□书店 □邮购 □商场、超市等卖场 □图书销售的网站 □培训学校 □其他

影响您购买本书的因素（可多选）：

□内容实用 □价格合理 □装帧设计精美 □带多媒体教学光盘 □优惠促销 □书评广告 □出版社知名度

□作者名气 □工作、生活和学习的需要 □其他

您对本书封面设计的满意程度：

□很满意 □比较满意 □一般 □不满意 □改进建议

您对本书的总体满意程度：

从文字的角度 □很满意 □比较满意 □一般 □不满意

从技术的角度 □很满意 □比较满意 □一般 □不满意

您希望书中图的比例是多少：

□少量的图片辅以大量的文字 □图文比例相当 □大量的图片辅以少量的文字

您希望本书的定价是多少：

本书最令您满意的是：

1.

2.

您在使用本书时遇到哪些困难：

1.

2.

您希望本书在哪些方面进行改进：

1.

2.

您需要购买哪些方面的图书？对我社现有图书有什么好的建议？

您更喜欢阅读哪些类型和层次的书籍（可多选）？

□入门类 □精通类 □综合类 □问答类 □图解类 □查询手册类 □实例教程类

您在学习计算机的过程中有什么困难？

您的其他要求：